Les fumiers et les principes de la fumure

Charles Morton Aikman

Writat

Cette édition parue en 2024

ISBN :9789359943084

Publié par
Writat
email : info@writat.com

Contenu

PRÉFACE.

Lorsque le présent ouvrage a été entrepris pour la première fois, il n'existait que peu d'ouvrages en anglais traitant de son sujet, et pratiquement aucun traitant de manière approfondie de la question du fumage. Toutefois, au cours des dernières années, en raison de l'intérêt grandissant porté à l'enseignement agricole, la demande de littérature scientifique agricole a donné naissance à un certain nombre d'ouvrages nouveaux. Malgré cela, l'auteur se risque à croire que la lacune que le présent traité était initialement destiné à combler n'est toujours pas comblée.

Tous ceux qui s'intéressent à l'agriculture sont bien conscients de l'importance du sujet. Il n'est pas exagéré de dire que l'introduction de la fumure artificielle a révolutionné l'élevage moderne. En fait, sans l'aide d'engrais artificiels, les cultures arables telles qu'elles sont pratiquées actuellement seraient impossibles. Il y a cinquante ans, on pouvait dire que cette pratique était inconnue ; Pourtant, ce phénomène est devenu si répandu qu'à l'heure actuelle, le capital investi dans le commerce du fumier dans ce seul pays s'élève à des millions de sterling. Il est donc à peine besoin de souligner qu'une pratique dans laquelle des intérêts monétaires aussi vastes sont impliqués mérite l'examen le plus attentif de la part de tous les étudiants en sciences agricoles, ainsi que, pourrait-on ajouter, des économistes politiques.

Le but du présent ouvrage est de fournir sous une forme concise et populaire les principaux résultats des recherches agricoles récentes sur la question de la fertilité des sols, ainsi que sur la nature et l'action des divers engrais. Il ne prétend pas être un traité exhaustif sur le sujet et ne contient que les faits qui semblent à l'auteur avoir une incidence importante sur la pratique agricole. Dans le traitement de son sujet, on peut dire qu'il se situe à mi-chemin entre l'excellent et élaboré traité récemment publié par le professeur Storer sur "L'agriculture dans certaines de ses relations avec la chimie" - un ouvrage qui doit être chaleureusement recommandé à tous les étudiants en sciences agricoles, et auquel l'auteur profiterait de cette occasion pour reconnaître sa dette — et l'admirable petit ouvrage du Dr JMH Munro sur « Sols et fumiers ».

Afin de rendre l'ouvrage aussi intelligible que possible pour le lecteur agricole ordinaire, toutes les questions tabulaires et les questions de nature plus ou moins technique ont été reléguées dans les annexes jointes à chaque chapitre.

L'expérience assez vaste de l'auteur en tant que chargé de cours en vulgarisation universitaire et en tant que chargé de cours en relation avec les programmes d'enseignement agricole des conseils de comté, au cours des dernières années, l'incite à croire que le travail peut être d'une valeur particulière pour ceux qui enseignent les sciences agricoles. .

Il doit exprimer la profonde obligation qui lui incombe, comme tous les auteurs de chimie agricole, envers les recherches classiques de Sir John Bennet Lawes, Bart., et de Sir J. Henry Gilbert, en cours depuis plus de cinquante ans à Sir Station expérimentale de John Lawes à Rothamsted. Sa dette de gratitude envers ces éminents chercheurs a été encore augmentée par leur gentillesse en lui permettant de leur dédier l'ouvrage et par avoir bien voulu lire des parties de l'ouvrage en guise d'épreuve. Outre l'utilisation gratuite qui a été faite tout au long du livre des résultats de ces expériences, le dernier chapitre contient, sous forme de tableau, un bref résumé de quelques-unes des recherches les plus importantes de Rothamsted sur l'action des différents engrais.

L'auteur doit en outre beaucoup aux nombreux ouvrages allemands et français sur le sujet, en particulier à l'encyclopédie « Lehrbuch der Düngerlehre » du professeur Heiden et aux divers écrits du Dr Emil von Wolff.

Parmi les ouvrages anglais, il mentionnerait particulièrement l'aide qu'il a reçue des écrits de MR Warington , FRS, du professeur SW Johnson, du professeur Armsby , du regretté Dr Augustus Voelcker et d'autres. Il souhaite également remercier la nouvelle édition du « Book of the Farm » de Stephens, et il doit remercier son éditeur, son ami M. James Macdonald, secrétaire de la Highland and Agricultural Society of Scotland, pour avoir lu des parties de son des épreuves.

Il lui appartient également de remercier ses amis, le Dr Bernard Dyer, secrétaire honoraire de la Society of Public Analysts, le Dr AP Aitken, chimiste de la Highland and Agricultural Society of Scotland ; le professeur Douglas Gilchrist de Bangor ; M. FJ Cooke, feu de Flitcham ; M. Hermann Voss de Londres ; et le professeur Wright de Glasgow, pour l'avoir aidé dans la révision des épreuves.

LABORATOIRE D'ANALYSE ,
128 WELLINGTON STREET, GLASGOW ,
janvier 1894.

PARTIE I.
INTRODUCTION HISTORIQUE

INTRODUCTION HISTORIQUE.

On peut dire que la chimie agricole, comme la plupart des branches des sciences naturelles, est entièrement issue du développement moderne. S'il est vrai que nous avons de nombreuses spéculations anciennes sur le sujet, on ne peut guère dire qu'elles aient une grande valeur scientifique. Les grandes questions qui devaient d'abord être résolues par l'agrochimiste étaient : Quelle est la nourriture des plantes ? et : Quelle est la source de cette nourriture ? La seconde de ces deux questions se prête plus facilement à une réponse que la première. La source de nourriture végétale ne peut être que l'atmosphère ou le sol. Cependant, comme la composition de l'atmosphère n'a été découverte qu'à la fin du siècle dernier et que la chimie du sol est une question qui nécessite encore beaucoup de travail avant que nous en soyons en possession d'une connaissance complète, il Il sera immédiatement évident que les conditions fondamentales pour une solution de la question faisaient défaut. On peut donc dire que le début d'une véritable chimie agricole scientifique date des brillantes découvertes associées aux noms de Priestley, Scheele, Lavoisier, Cavendish et Black, c'est-à-dire vers la fin du siècle dernier.

Premières théories sur la source de nourriture végétale.

Bien qu'il en soit ainsi, et même s'il faut considérer les premières tentatives faites pour résoudre cette question comme étant, pour la plupart, de peu de valeur scientifique, il n'est pas sans intérêt, du point de vue historique, de jeter un bref coup d'œil sur quelques-unes de ces tentatives. ces vieilles spéculations intéressantes.

La doctrine aristotélicienne, concernant la possibilité de diviser la matière en quatre éléments dits primaires, *le feu* , *l'air* , *la terre* et *l'eau* , qui existaient sous une forme ou une autre jusqu'à la naissance de la chimie moderne, a naturellement eu une influence importante sur ces premiers éléments. théories.

Van Helmont .

Parmi les tentatives les plus anciennes et les plus importantes faites pour résoudre le problème de la croissance des plantes, on trouve celle de Jean Baptiste Van Helmont , l'un des alchimistes les plus connus, qui prospéra vers le début du XVIIe siècle. Van Helmont croyait avoir prouvé par une expérience concluante que tous les produits végétaux pouvaient être générés à partir de l'eau. Les détails de cette expérience classique étaient les suivants : -

"Il prit un poids donné de terre sèche - 200 livres - et dans cette terre il planta un saule qui pesait 5 livres, et il l'arrosa soigneusement de temps en temps avec de l'eau de pluie pure, en prenant soin d'empêcher tout de la poussière ou de la saleté tombant sur la terre dans laquelle poussait la plante. Il laissa pousser cette plante pendant cinq ans, et à la fin de cette période, estimant que son expérience avait été suffisamment longue, il arracha son arbre par les racines. , secoua toute la terre, sécha à nouveau la terre, pesa la terre et pesa la plante. Il constata que la plante pesait maintenant 169 livres 3 onces, alors que le poids du sol restait à peu près ce qu'il était, soit environ 200 livres. Il n'avait perdu que 2 onces de poids. » [1]

Helmont est donc parvenu était que la source de nourriture végétale était *l'eau* . [2]

La théorie de Digby.

Quelque cinquante ans plus tard, un livre extrêmement intéressant fut publié portant le titre suivant : « Un discours concernant la végétation des plantes, prononcé par Sir Kenelm Digby, au Gresham College, le 23 janvier 1660. (Lors d'une réunion de la Société pour la promotion Connaissance philosophique par expériences. Londres : imprimé pour John Williams, dans la Petite-Bretagne, face à l'église St Botolph, 1669.)' L'auteur attribue la croissance des plantes à l'influence d'un *baume* que contient l'air. Ce livre est particulièrement intéressant car il contient la première reconnaissance de la valeur du salpêtre comme fumier. Ce qui suit est un extrait de cet intéressant ouvrage ancien : -

« La maladie, et enfin la mort d'une plante, dans son cours naturel, proviennent du manque de ce jus balsamique salin, qui, je l'ai dit, la fait gonfler, germer et s'augmenter. Ce besoin peut provenir soit de une destitution dans le lieu où pousse la plante, comme lorsqu'elle se trouve dans un sol stérile ou un air mauvais, ou à cause d'un défaut dans la plante elle-même, qui n'a pas de vigueur suffisante pour l'attirer, même si elle se trouve dans sa sphère. comme lorsque la racine est devenue si dure, obstruée et froide qu'elle a perdu ses fonctions végétales. Or, ces deux problèmes peuvent être corrigés , dans une large mesure, par un seul et même remède. Les sols aux sources froides et affamées ne servent à rien, tandis que les eaux boueuses et salées amenées à déborder sur un morceau de terrain l'enrichissent beaucoup. Mais surtout, la rosée bien digérée fait que toutes les plantes se prélassent et prospèrent le plus. Or, qu'est-ce qui peut bien être qui donne à ces liqueurs avec une vertu si prolifique ? L' eau pure qui est commune à tous ne peut pas être elle ; il doit y avoir quelque chose d'autre enfermé en elle, à laquelle l'eau ne sert que de véhicule. Examinez-le par l'art spagyrique, et vous verrez que ce n'est autre chose qu'un *sel nitreux* qui se dilate dans l'eau. C'est ce sel qui donne la fécondité à toutes choses : et de ce sel (bien entendu) non seulement tous les végétaux, mais aussi tous les minéraux tirent leur origine. A l'aide de *salpêtre ordinaire* , dilaté dans l'eau et mêlé à quelque autre substance terreuse convenable, qui puisse le familiariser un peu avec le blé dans lequel j'ai essayé de l'introduire, j'ai fait que le sol le plus stérile dépasse de loin le sol le plus riche. , en donnant une récolte prodigieusement abondante. J'ai vu des graines de chanvre trempées dans cette liqueur qui, avec le temps, a fait naître de telles plantes, car, par leur hauteur et leur dureté, elles semblaient plutôt être du bois de taillis d'au moins quatorze ans, que du chanvre ordinaire. Les pères de la doctrine chrétienne à Paris gardent encore chez eux pour monument (et en effet il est admirable) un plant d'orge composé de 249 tiges, sortant d'une racine ou d'un grain d'orge ; dans lequel on comptait plus de 18,000 grains ou graines d'orge. Mais pensez-vous que ce soit à peine le salpêtre, absorbé dans la graine ou la racine, qui cause cette fertilité ? non : cela serait bientôt épuisé et ne pourrait fournir de matière à une si vaste descendance. Le salpêtre y est comme un aimant, qui attire un sel semblable qui féconde l'air, et a fait dire au Cosmopolite qu'il y a dans l'air une nourriture cachée de la vie. " [3]

Duhamel et Hales .

Les noms de l'écrivain français Duhamel et de l'Anglais Stephen Hales peuvent être mentionnés en passant comme auteurs d'ouvrages portant sur la question de la physiologie végétale. Ces deux écrivains ont prospéré vers le milieu du XVIIIe siècle. Les écrits du premier contenaient de nombreuses informations précieuses sur les effets du greffage, le mouvement de la sève et l'influence de la lumière sur la croissance des légumes, ainsi que les résultats des expériences que l'auteur avait faites sur l'influence du traitement des plantes avec certaines substances. 'Essais statiques, contenant des Staticks végétaux ; ou un récit de quelques expériences statiques sur la sève des légumes, par Stephen Hales, DD' (2 vol.), a été publié à Londres en 1738 ; et contenait, comme le montre son titre, des rapports d'expériences à peu près de même nature que celles de Duhamel.

La théorie de Jethro Tull.

On peut faire référence à une théorie qui a suscité un intérêt considérable lors de sa première publication : celle de Jethro Tull. La principale valeur de la contribution de Tull au sujet de la science agricole était qu'il soulignait l'importance des opérations de travail du sol en avançant une théorie pour expliquer le fait, universellement reconnu , que plus un sol était labouré à fond, plus les récoltes étaient luxuriantes. serait. Comme la théorie de Tull a eu une influence très considérable en suscitant l'intérêt pour un grand nombre des problèmes les plus importants de la chimie agricole, et comme elle contenait en elle-même de nombreux éléments dont nous n'avons compris la valeur que ces dernières années, un bref exposé de ce point la théorie n'est peut-être pas sans intérêt.

Selon Tull, la nourriture des plantes est constituée des particules du sol. Ces particules doivent cependant être rendues très infimes avant qu'elles ne deviennent disponibles pour la plante, qui les absorbe au moyen de ses radicelles. Cette pulvérisation du sol s'effectue dans la nature indépendamment de l'agriculteur, mais seulement très lentement, et l'agriculteur doit donc la hâter au moyen d'opérations de labour. Plus ces opérations seront effectuées efficacement, plus les réserves de nourriture végétale seront abondantes dans le sol. Il introduisit et préconisa par conséquent le système d'élevage à la houe. Cette théorie, nous dit-il, lui fut suggérée par l'habitude, qu'il avait remarquée sur le continent, de cultiver la vigne en rangs, et de biner de temps en temps les intervalles entre ces rangs. Les excellents résultats qui suivirent ce mode de culture l'incitèrent à l'adopter en Angleterre pour ses cultures agricoles. Il semait donc ses récoltes en rangées ou en billons, suffisamment espacés pour permettre un labourage minutieux des intervalles par labourage aussi bien que par binage manuel. Il continua ainsi jusqu'à ce que la plante atteigne sa maturité. Quant à la largeur exacte de l'intervalle le plus approprié, il fit un grand nombre d'expériences. D'abord, dans la culture du blé, il fit cet intervalle de six pieds de largeur ; mais plus tard il adopta un intervalle de moindre largeur, qui arriva finalement à être entre quatre et cinq pieds. Il expérimenta également sur chaque billon séparé quel était le meilleur nombre de rangées de blé à semer, adoptant dernièrement, comme cela était le plus pratique, deux rangées espacées de dix pouces. Le grand succès qu'il rencontra dans ce système de culture l'incita à publier les résultats de ses expériences dans son célèbre ouvrage « Horse-Hoeing Husbandry ».

Même si la théorie de Tull reposait sur des principes profondément solides, il se laissa emporter par son succès personnel et en tira des déductions injustifiables. Il parvint ainsi à la conclusion que la rotation des cultures n'était pas nécessaire, à condition qu'un système minutieux de travail du sol soit mis en œuvre. Selon lui, les engrais pourraient également être entièrement supprimés dans son système de culture, car la véritable fonction de tous les engrais est d'aider à la pulvérisation du sol par fermentation.

Les premiers faits scientifiques vraiment précieux apportés à la science ont été réalisés par Priestley, Bonnet, Ingenhousz et Sénébier .

C'est à Charles Bonnet (1720-1793), naturaliste suisse, que revient le mérite d'avoir apporté la première contribution à une découverte de très grande importance, à savoir la véritable source du *carbone* , dont nous savons maintenant qu'il forme une si grande partie de la substance végétale. Bonnet, qui s'était consacré à la question de la fonction des feuilles, remarqua que lorsque celles-ci étaient immergées dans l'eau, on voyait, au bout d'un certain temps, s'accumuler à leur surface. De la Hire, il faut le souligner, avait remarqué ce même fait environ soixante ans plus tôt. Il restait cependant à Priestley le soin d'identifier ces bulles avec le gaz qu'il avait découvert peu de temps auparavant, à savoir l'oxygène. Priestley avait observé, vers cette époque, un fait intéressant : les plantes possédaient le pouvoir de purifier l'air vicié par la présence de vie animale. [4] L'étape suivante dans cette découverte très intéressante et importante a été franchie par John Ingenhousz (1730-1799), un éminent médecin et philosophe naturel. En 1779, Ingenhousz publia à Londres un ouvrage intitulé « Expériences sur les légumes ». Il y donne les résultats de quelques expériences importantes qu'il a faites sur la question déjà étudiée par Bonnet et Priestley. Ces expériences ont prouvé que les feuilles des plantes ne cèdent leur oxygène qu'en présence de la lumière du soleil. En 1782, il publia un autre ouvrage sur « L'influence du règne végétal sur la création animale ». [5]

La source du gaz, que Bonnet avait remarqué pour la première fois comme étant émis par les feuilles des plantes, que Priestley avait identifié comme étant de l'oxygène et qu'Ingenhousz avait prouvé qu'il ne se dégageait que sous l'influence des rayons du soleil, fut finalement montrée par un naturaliste suisse. , Jean Sénébier [6] (1742-1809), comme étant le *gaz acide carbonique* de l'air, que la plante absorbait et décomposait, cédant l'oxygène et assimilant le carbone.

En 1795, un livre traitant des relations entre chimie et agriculture est publié. Cet ouvrage a été écrit par un noble écossais, le comte de Dundonald, et présente un intérêt particulier du fait qu'il s'agit du premier livre en langue anglaise sur la chimie agricole. Le titre complet est le suivant : « Un traité montrant le lien intime qui subsiste entre l'agriculture et la chimie ».

Dans son introduction, l'auteur dit : « Les lents progrès que l'agriculture a faits jusqu'ici en tant que science doivent être attribués au manque d'éducation de la part des cultivateurs de la terre et au manque de connaissances chez les auteurs qui ont écrit sur l'agriculture, du lien intime qui existe entre la science et celle de la chimie : en effet, il n'y a pas d'opération ou de processus non seulement mécanique qui ne dépende de la chimie, qui se définit comme une connaissance des propriétés des corps, et des effets résultant de leurs différentes combinaisons.

En citant ce passage, le professeur SW Johnson remarque : [7] "Earl Dundonald ne pouvait manquer de voir que la chimie allait bientôt ouvrir un avenir splendide à l'art ancien qui avait toujours été et sera toujours le principal soutien des nations. Mais quand il écrivait, combien faible était la lumière que la chimie pouvait jeter sur les questions fondamentales de la science agricole ! La nature chimique de l'atmosphère était alors une découverte remontant à peine à vingt ans. La composition de l'eau n'était connue que depuis douze ans. Le seul récit de la composition des plantes qu'Earl Dundonald pouvait donner était le suivant : « Les légumes sont constitués de matières mucilagineuses, de matières résineuses, de matières analogues à celles des animaux et d'une certaine proportion d'huile... En outre, les légumes contiennent des matières terreuses, autrefois contenu en solution dans les jus nouvellement absorbés des légumes en croissance. Certes, il explique en mentionnant dans les pages suivantes que l'amidon appartient à la matière mucilagineuse, et que l'analyse par le feu des végétaux donne des sels alcalins solubles et du phosphate de chaux insoluble. Mais ces sels, soutenait-il, se formaient au cours du processus de combustion. , à l'exception de leur chaux ; et le fait qu'ils soient extraits du sol et constituent la nourriture indispensable des plantes, Sa Seigneurie ne le savait pas. L'essentiel de la chimie agricole avec lui était que les plantes "sont composées de gaz avec une petite proportion de matière calcaire ; car, bien que cette découverte puisse sembler sans importance pour l'agriculteur pratique, elle mérite pourtant bien son attention et son attention.

De Saussure.

L'année 1804 a vu la publication de la contribution de loin la plus importante apportée à la science jusqu'à présent. C'était ' Recherches Chimique sur la Végétation », de Théodore de Saussure, l'un des chimistes agricoles les plus illustres du siècle. De Saussure fut le premier à attirer l'attention sur les constituants minéraux ou cendrés de la plante ; et anticipons ainsi, dans une certaine mesure, la célèbre théorie « minérale » ultérieure du grand Liebig. Le chimiste français soutenait que ces ingrédients de cendre étaient essentiels ; et que sans eux, la vie végétale était impossible. Il a également présenté de nouvelles expériences à l'appui de la théorie, basée sur les expériences de Bonnet, Priestley, Ingenhousz et Sénébier , selon laquelle les plantes obtiennent leur carbone à partir de l'acide carbonique présent dans l'air, sous l'influence de la lumière du soleil. Il était d'avis que l' *hydrogène* et *l'oxygène* de la plante provenaient probablement principalement de l'eau. Il montra que la plus grande partie de la substance de la plante provenait de l'air et de l'eau, et que la partie cendre provenait seule du sol. C'est à Saussure que nous devons la première affirmation précise sur les différentes sources de nourriture de la plante. On peut dire que l'intervalle de près d'un siècle a montré que ses vues étaient, dans l'ensemble, correctes.

Source d'azote végétal.

Il y avait une question qui, même à cette époque reculée de l'histoire du sujet, retenait l'attention des chimistes agricoles, à savoir la question de la source de l' *azote de la plante* , question qui peut être décrite à juste titre à l'heure actuelle. comme toujours la question brûlante de la chimie agricole. [8]

Dès qu'on a découvert que l'azote était un constituant de la substance végétale ; des spéculations quant à sa source ont été lancées. Le fait que l'air fournissait un réservoir illimité de cet élément précieux, et l'analogie de l'absorption du carbone (provenant de la même source par les feuilles des plantes), ont naturellement suggéré à l'esprit des premiers chercheurs. que l'azote libre de l'air était la source de l'azote de la plante. Cependant, comme aucune expérience directe ne pouvait être invoquée pour prouver cette théorie et que, de plus, l'azote était trouvé dans le sol et semblait être un ingrédient nécessaire à tous les sols fertiles, l'opinion selon laquelle le sol était la seule source a progressivement supplanté l'ancienne théorie. Il faut cependant accorder peu de valeur à ces premières théories, car on peut difficilement dire qu'elles étaient fondées sur des expériences sérieuses. En fait, on peut affirmer avec certitude, à la lumière des expériences ultérieures, qu'il était impossible de trancher cette question à cette époque précoce, du fait que les appareils analytiques, d'une nature suffisamment délicate, étaient alors totalement inconnus. En fait , ce n'est qu'au cours des dernières années qu'il a été possible de réaliser des expériences qui peuvent être considérées comme cruciales. Un bref aperçu de l'évolution de nos connaissances sur les relations entre l'azote et la plante sera donné plus loin.

Conférences de Sir Humphry Davy.

Une série de conférences sur la chimie agricole, données par Sir Humphry Davy au cours des années 1802-1812, pour le Conseil de l'Agriculture, puis publiées sous forme de livre en 1813, [9] nous offre l'occasion d'évaluer, assez précisément, l'état des connaissances sur le sujet à l'époque.

Dans sa conférence d'ouverture, Davy déclare : "La chimie agricole n'a pas encore reçu une forme régulière et systématique. Elle n'a été pratiquée que depuis peu de temps par des expérimentateurs compétents. Les doctrines n'ont pas encore été rassemblées dans un traité élémentaire,... et ", ajoute-t-il, " je suis sûr que vous recevrez avec indulgence la première tentative faite dans ce pays pour l'illustrer par une série de démonstrations expérimentales.

Il remarque plus loin : « Il est évident que l'étude de la chimie agricole devrait être commencée par quelques recherches générales sur la composition et la nature des corps matériels, ainsi que sur la loi de leurs changements. La surface de la terre, l'atmosphère et l'atmosphère. l'eau qui en est déposée doit, soit ensemble, soit séparément, fournir tous les principes impliqués dans la végétation, et ce n'est qu'en examinant la nature chimique de ces principes que nous sommes capables de découvrir quelle est la nourriture des plantes, et la manière dont cette nourriture est fournie et préparée pour leur alimentation. »

Davy continue en disant : « Aucun principe général ne peut être établi concernant les mérites comparatifs des différents systèmes de culture et des divers systèmes de culture adoptés dans différentes régions, à moins que la nature chimique du sol et les circonstances physiques dans lesquelles il est exposé, sont pleinement connus.

Il reconnaît l'énorme importance des expériences. « Rien ne manque plus en agriculture que les expériences dont toutes les circonstances sont minutieusement et scientifiquement détaillées. »

A propos de la composition des plantes, il dit : « Il est évident que les substances végétales les plus essentielles sont constituées d'hydrogène, de carbone et d'oxygène, en différentes proportions, généralement seuls, mais dans quelques cas combinés sous forme de carbone et d'azote. Les acides, les alcalis , les terres, les oxydes métalliques et les composés salins, bien que nécessaires à l'économie végétale, doivent être considérés comme de moindre importance, particulièrement dans leurs relations avec l'agriculture, que les autres principes.

Plus loin : « On demandera : les terres pures du sol sont-elles simplement actives comme agents mécaniques ou chimiques indirects, ou fournissent-elles réellement de la nourriture à la plante ?

Il répond à cette question en disant que « l'eau et les matières animales et végétales en décomposition existant dans le sol constituent la véritable nourriture des plantes ; et comme les parties terreuses du sol sont utiles pour retenir l'eau, de manière à la fournir dans le sol ». proportionnés aux racines des végétaux, ils sont donc également efficaces pour produire la bonne répartition de la matière animale ou végétale. Lorsqu'ils sont également mélangés avec elle, ils l'empêchent de se décomposer trop rapidement, et par leur moyen les parties solubles sont fournies en proportions appropriées. »

Valeur des conférences de Davy.

La principale valeur de ces conférences réside dans le fait qu'elles constituent la première tentative de relier d'une manière systématique les divers faits épars, jusqu'alors constatés, et d'interpréter leur influence sur la pratique agricole. Nous avons là, il est vrai, un étrange mélange de faits appartenant plutôt à la botanique et à la physiologie qu'à la chimie agricole ; néanmoins, ils ont sans aucun doute fourni une grande impulsion à la recherche, et en même temps ils ont beaucoup contribué à populariser la science.

Mais Davy n'a pas seulement résumé et systématisé les différents résultats obtenus par d'autres, il a également apporté lui-même de nombreuses contributions précieuses à la science. Les conclusions qu'il tirait des résultats qu'il obtenait étaient sans doute dans bien des cas fausses, et dans d'autres cas exagérées ; néanmoins les résultats possèdent un intérêt permanent. On peut dire qu'il a mis au point bon nombre des propriétés *physiques* ou *mécaniques les plus importantes* d'un sol, tout en exagérant l'importance de l'influence de ces propriétés sur la question de la fertilité. [dix]

Ces expériences portaient sur le pouvoir d'absorption de chaleur et d'eau d'un sol. Il expérimenta sur un sol brun fertile et une argile froide et stérile, et découvrit à quelle vitesse ils perdaient de la chaleur. "Rien", dit-il, "ne peut être plus évident que le fait que la chaleur agréable du sol, particulièrement au printemps, doit être de la plus haute importance pour la plante en croissance ; ... de sorte que la température de la surface, lorsqu'elle est nue et exposé aux rayons du soleil, fournit au moins une indication du degré de fertilité. »

encore : « Le pouvoir des sols à absorber l'eau de l'air est étroitement lié à la fertilité... J'ai comparé le pouvoir d'absorption de nombreux sols, en ce qui concerne l'humidité atmosphérique, et je l'ai toujours trouvé plus grand dans les sols les plus fertiles. sols ; de sorte qu'il offre une méthode pour juger de la productivité de la terre. »

Là où il s'est trompé, c'est en surestimant les fonctions des propriétés mécaniques d'un sol, et en considérant la fertilité comme leur seule due.

Au cours des trente années suivantes, peu de progrès semblent avoir été réalisés en matière de nouvelles expérimentations.

En 1834, Boussingault , [11] l'agrochimiste français le plus distingué du siècle, commença cette série de brillantes expériences chimico -agricoles dans son domaine de Bechelbronn , en Alsace, dont les résultats ont tant ajouté à la science agricole. C'était le premier exemple de combinaison de « la science avec la pratique », de l'institution d'un laboratoire dans une ferme ; une combinaison particulièrement adaptée pour promouvoir les intérêts de la science agricole, et un exemple qui a été suivi depuis avec des résultats si magnifiques dans le cas de la célèbre station expérimentale de Rothamsted de Sir John Lawes et d'autres stations de recherche moins connues.

de Boussingault parut en 1836 et s'intitulait « La quantité d'azote dans différents types d'aliments et sur la valeur égale des aliments fondée sur ces données ».

L'année suivante, d'autres articles furent publiés sur des sujets tels que la quantité de gluten dans différentes sortes de blé ; sur les considérations météorologiques sur l'influence des diverses opérations agricoles, telles que les défrichements étendus, l'assèchement de grands marécages, etc., du climat sur un pays ; et sur des expériences sur la culture de la vigne.

Boussingault fut le premier observateur à étudier les principes scientifiques qui sous-tendent le système de *rotation des cultures* . En 1838, il publia les résultats de quelques expériences très élaborées qu'il avait menées sur ce sujet. Il fut également le premier chimiste à réaliser des expériences élaborées en vue de trancher la question de l'assimilation par les plantes de l'azote atmosphérique libre. Sa première contribution sur le sujet fut publiée en 1838, mais ne peut guère être considérée comme possédant une grande valeur scientifique, sauf dans la mesure où elle stimula de nouvelles recherches. Treize ans plus tard, il revint sur cette question ; et au cours des années 1851-1855, il réalisa des expériences très élaborées dont les résultats, jusqu'à tout récemment, étaient généralement considérés comme ayant, avec les expériences de MM. Lawes, Gilbert et Pugh, définitivement résolu la question. [12]

En 1839, Boussingault fut élu membre de l'Institut français, honneur qui lui fut rendu en reconnaissance de ses grands services rendus à la chimie agricole. [13]

Ce qui précède est un bref résumé de l'histoire du développement de la chimie agricole jusqu'à l'année 1840, année qui a vu la publication de l'un des ouvrages les plus mémorables sur le sujet, paru au cours du siècle actuel : le premier rapport de Liebig à la British Association, œuvre qui peut être considérée comme constituant une époque dans l'histoire de la science. La position de Liebig en tant qu'agrochimiste était si importante et son influence en tant qu'enseignant si puissante que quelques faits biographiques ne seraient peut-être pas déplacés avant d'aborder une évaluation de son travail.

Liebig.

Liebig est né à Darmstadt en 1803. Il était fils d'un saleur et se consacra très tôt à l'étude de la chimie de la seule manière dont il disposait au début, c'est-à-dire dans une boutique d'apothicaire. Cependant, trouvant bientôt ses possibilités d'études limitées, il quitta l'apothicairerie pour l'Université de Bonn. Il ne resta pas longtemps à Bonn, mais quitta bientôt cette université pour Erlangen, où il étudia pendant quelques années et obtint son doctorat. diplôme en 1822. Ses études ultérieures furent poursuivies à Paris auprès de Gay-Lussac, Thénard , Dulong et d'autres chimistes distingués. Grâce à l'influence d'A. Humboldt, qui se trouvait alors à Paris et dont il eut le bonheur de faire la connaissance, il fut reçu dans le laboratoire privé de Gay-Lussac. En 1824, c'est-à-dire alors qu'il n'avait que vingt et un ans, il fut nommé professeur *extraordinaire* de chimie à l'université de Giessen. Deux ans plus tard, il fut nommé professeur *Ordinarius* , poste qu'il occupa pendant vingt-cinq ans. En 1845, il fut créé baron et en 1852 nommé professeur à Munich. Il mourut en 1873.

Son premier rapport à la British Association.

Le rapport mentionné ci-dessus a été rédigé par Liebig à la demande de la section chimique de la British Association. Il fut lu lors d'une réunion de l'Association tenue à Glasgow en 1840, et fut ensuite publié sous forme de livre, sous le titre de « Chimie dans ses applications à l'agriculture et à la physiologie ». La position, la formation passée et l'expérience de Liebig étaient de nature à particulièrement le préparer au rôle de pionnier de la nouvelle science. Comme l'a fait remarquer Sir JH Gilbert [14] : « Dans le traitement de son sujet, il a non seulement appelé à son aide les connaissances antérieures qui concernaient directement son sujet, mais il a également mis à profit les triomphes plus récents de la chimie organique, dont de nombreux dont avait été gagné dans son propre laboratoire.

Dans sa dédicace à la British Association au début du livre, Liebig déclare : « Une agriculture parfaite est le véritable fondement de tout commerce et de toute industrie ; c'est le fondement de la richesse des États. Mais un système agricole rationnel ne peut être formé sans l'application de principes scientifiques ; car un tel système doit être basé sur une connaissance exacte des moyens de nutrition des légumes, et de l'influence des sols et de l'action du fumier sur eux. Cette connaissance, nous devons la chercher dans la

- 14 -

chimie, qui enseigne le mode de rechercher la composition et d'étudier les caractères des différentes substances dont les plantes tirent leur nourriture.

Sa critique de la théorie de « l'humus ».

Le premier sujet abordé par Liebig est la base scientifique de la théorie dite de « l'humus ». La théorie de l'humus semble avoir été promulguée pour la première fois par Einhof et Thaer vers la fin du siècle dernier. Thaer soutenait que l'humus était la source de nourriture végétale. Il a déclaré dans ses écrits publiés que la fertilité d'un sol dépendait réellement de son humus ; car cette substance, à l'exception de l'eau, est la seule source de nourriture végétale. Mais de Saussure, par ses expériences, dont il avait publié les résultats en 1804, avait montré la fausseté de cette théorie de l'humus ; et ses déclarations avaient été développées et étayées par les recherches du chimiste français Braconnot et du chimiste allemand Sprengel. Cependant, malgré les expériences de Saussure, Braconnot et Sprengel, la croyance selon laquelle les plantes tiraient la partie carbonée de leur substance de l'humus semblait encore être répandue en 1840.

On ne peut donc guère dire que Liebig ait été le premier à contester la théorie de l'humus, mais il lui a certainement porté le coup mortel. Il réaffirma les conclusions de Saussure et, par quelques calculs simples, montra très clairement qu'elles étaient totalement intenables. L'un des arguments les plus frappants qu'il a avancés était le fait que l'humus du sol lui-même était constitué de la matière végétale pourrie des plantes précédentes. Dans ces conditions, comment, se demande-t-il, pourrait-il être la source originelle du carbone des plantes ? Raisonner ainsi, c'était simplement raisonner en cercle. Il a souligné en outre que l'insolubilité relative de l'humus dans l'eau, ou même dans les solutions alcalines, s'opposait à son acceptation comme correcte.

Sa théorie minérale.

Après avoir ainsi contesté la théorie de l'humus, il aborde ensuite la question de l'origine des différents constituants végétaux. En traitant de la relation du sol à la plante, il avance sa théorie « minérale ». Il ne fait aucun doute que, même si les progrès de la science depuis l'époque de Liebig nous ont amenés à modifier considérablement sa théorie minérale, elle contenait l'énoncé d'un des faits les plus importants de la chimie de la physiologie végétale. Il fut le premier à estimer pleinement l'énorme importance de la partie minérale de la nourriture végétale et à montrer la voie à suivre pour découvrir l'une des principales sources de fertilité d'un sol. Jusqu'à cette époque, les constituants des cendres étaient généralement considérés comme d'importance mineure. En soulignant l'opinion contraire et en insistant sur leur caractère essentiel pour la vie végétale, il a donné à la recherche agricole un nouvel élan dans la bonne direction. Son énoncé de sa théorie minérale était dans l'ensemble vrai, mais n'était pas toute la vérité.

De Saussure, comme on l'a déjà souligné, anticipait dans une certaine mesure la théorie minérale de Liebig. Il est d'avis que, quel que soit le cas de certains des constituants minéraux des plantes, d'autres sont nécessaires, dans la mesure où ils se trouvent toujours dans les cendres. Parmi ceux-ci, il cite les phosphates alcalins. "Leur petite quantité n'indique pas leur inutilité", remarque-t-il avec sagacité. Sir Humphry Davy, comme cela a déjà été souligné, n'a pas reconnu la véritable importance des constituants des cendres. Il restait donc à Liebig de réaffirmer l'importante doctrine du caractère essentiel de la matière minérale, déjà impliquée dans une certaine mesure par de Saussure.

Liebig dit : « L'acide carbonique, l'eau et l'ammoniaque sont nécessaires à l'existence des plantes, parce qu'ils contiennent les éléments à partir desquels leurs organes sont formés ; mais d'autres substances sont également nécessaires à la formation de certains organes destinés à des fonctions spéciales, particulières à " Chaque famille de plantes. Les plantes obtiennent ces substances de nature inorganique. "

Tout en insistant sur l'importance des constituants minéraux, il le fait d'une manière plus ou moins générale, sans distinguer suffisamment un constituant minéral d'un autre.

Comme toutes les plantes contiennent certains acides organiques, et que ces acides organiques se trouvent presque toujours à l'état neutre , *c'est*- à-dire en combinaison avec des bases telles que la potasse, la soude, la chaux et la magnésie, la plante doit être en mesure d'absorber suffisamment de ces bases alcalines pour neutraliser ces acides. D'où la nécessité de ces constituants minéraux dans le sol. Selon lui, cependant, la nature exacte des bases n'était pas un point très important. En bref, il supposait, comme l'a souligné Sir JH Gilbert, un plus grand degré de remplaçabilité mutuelle entre les bases qu'on ne peut l'admettre aujourd'hui.

Passant à l'examen de la différence de composition minérale des différents sols, il l'attribue à la différence des roches qui forment les sols. « L'altération » est le grand agent à l'œuvre pour rendre disponibles les réserves de fertilité autrement bloquées. Il attribue les bienfaits de la jachère exclusivement à l'apport accru de ces composés incombustibles qui sont ainsi rendus disponibles à la plante. A propos de ce sujet, il dit : « De la partie précédente de ce chapitre » (dans laquelle il a expliqué l'altération) « on voit que la jachère est cette période de culture où la terre est exposée à une désintégration progressive par l'action des terres agricoles. le temps, dans le but de libérer une certaine quantité d' alcalis et de silice, qui seront absorbés par les futures plantes."

Sa théorie des fumiers.

En traitant des engrais, il a montré comment les constituants les plus importants des engrais étaient *la potasse* et *les phosphates* . Dans la première édition de son ouvrage , il insistait également sur la valeur de *l'azote* présent dans les engrais, condamnant le manque de précautions, dans le traitement des engrais animaux, contre la perte d'azote.

Dans les éditions ultérieures de son ouvrage , il semble s'être éloigné de cette opinion et estimait qu'il n'était pas nécessaire d'apporter de l'azote dans les engrais, puisque l'ammoniac lavé par la pluie était une source suffisante de tout l'azote dont la plante avait besoin. C'est là que Liebig s'est égaré, d'abord en niant l'importance de l'apport d'azote sous forme d'engrais ; et deuxièmement, en surestimant la quantité d'ammoniac emportée par les pluies, qui s'est révélée par la suite tout à fait insuffisante pour fournir aux plantes la totalité de leur azote. [15]

Sa théorie de la rotation des cultures.

En expliquant les avantages de la rotation des cultures, Liebig a avancé une théorie très ingénieuse, mais qui était en grande partie de nature spéculative et qui s'est depuis révélée sans fondement scientifique. En effet, un type de culture excrétait des matières particulièrement favorables à un autre type de culture. Il n'a pas dit s'il considérait ces excrétions comme positivement préjudiciables à la culture qui les excrétait ; mais il en a déduit que ce qui était excrété par la culture était ce qui n'était pas nécessaire et ce qui pouvait donc être de peu d'utilité pour une culture de même nature qui la suivait.

La deuxième partie du rapport de Liebig traitait des processus de fermentation, de décomposition et de putréfaction.

Publication du deuxième rapport de Liebig à la British Association.

En 1842, Liebig rédigea son deuxième rapport célèbre à la British Association, publié par la suite sous le titre « Animal Chemistry » ; ou, Chimie organique dans ses applications à la physiologie et à la pathologie. La publication de ce rapport a suscité un intérêt encore plus grand que la publication de son premier ouvrage. On peut dire qu'il y a contribué autant à la physiologie animale que, dans son premier ouvrage, à la chimie agricole.

Ses principaux ouvrages ultérieurs sur la chimie agricole furent « Principes de chimie agricole », publiés en 1855, et « Sur la théorie et la pratique de l'agriculture », 1856.

Les services de Liebig à la chimie agricole.

Nous avons tenté d'esquisser de la manière la plus brève possible certains des points principaux de l'enseignement de Liebig, tels qu'ils sont contenus dans son célèbre rapport à la British Association en 1840. Jusqu'à cette année-là, la chimie agricole peut difficilement être décrite comme ayant une existence distincte en tant que une branche de la chimie. Une œuvre très précieuse, il est vrai, avait déjà été faite, notamment par ses deux grands prédécesseurs, de Saussure et Boussingault ; mais c'était, jusqu'en 1840, une science faite de faits isolés. Le génie de Liebig en a fait une branche importante de la chimie, a fourni la connexion nécessaire entre les faits et, par une série de généralisations brillantes , a formé les principes sur lesquels tous les progrès ultérieurs ont été construits.

Comme nous l'avons déjà indiqué, la principale prétention de Liebig au rang de plus grand chimiste agricole du siècle ne repose pas sur le nombre ou la valeur de ses recherches actuelles, mais sur le pouvoir formateur qu'il a exercé dans l'évolution de la science. Son cerveau a étudié tout le domaine de la chimie agricole et a vu des lois et des principes là où d'autres n'ont vu qu'une confusion de faits isolés et, dans de nombreux cas, apparemment contradictoires.

Mais si grande que soit la valeur directe de l'œuvre de Liebig, on peut se demander si sa valeur indirecte ne l'était pas encore plus. La publication de son célèbre ouvrage eut pour effet de donner un intérêt général à des questions qui possédaient jusqu'alors un intérêt particulier, et cela pour relativement peu de personnes. Tant sur le continent qu'en Angleterre, de très nombreuses discussions ont eu lieu concernant ses diverses théories.

Développement de la recherche agricole en Allemagne.

Mais c'est surtout en Allemagne que l'œuvre de Liebig porta ses fruits les plus importants et les plus immédiats. Grâce au grand chimiste, le gouvernement allemand a reconnu l'importance de faire progresser la recherche scientifique par le biais d'aides d'État. Des départements agricoles furent ajoutés à certaines universités, en grande partie aux frais de l'État, tandis que des stations de recherche agricole furent, les unes après les autres, instituées dans différentes régions du pays.

La première des stations de recherche agricole à être fondée fut celle désormais célèbre de Möckern , près de Leipzig. Elle a été instituée en 1851. D'autres ont suivi, jusqu'à ce qu'il existe aujourd'hui environ soixante-dix à quatre-vingts de ces *Versuchs-Stationen* dispersées dans toute l'Allemagne, toutes bien équipées et faisant un excellent travail. On peut avoir une idée de l'activité des stations allemandes lorsqu'on affirme que jusqu'en 1877, le nombre total d'articles reprenant les résultats de leurs expériences publiés par elles s'élève à plus de 2000. [16]

Retracer le développement de la chimie agricole après l'époque de Liebig, comme on le faisait avant 1840, n'est plus possible. Cela est dû à l'énorme augmentation du nombre de travailleurs sur le terrain, ainsi qu'à la nature superposée de leur travail, qui rend presque impossible un enregistrement chronologique strict. Il vaudra donc mieux essayer de donner un bref exposé de nos connaissances actuelles sur le sujet, en nommant les principaux ouvriers dans les divers départements du sujet.

Les expériences de Rothamsted.

Avant de le faire, il convient de faire référence aux travaux et aux expériences de deux chimistes anglais vivants, qui ont beaucoup contribué à nos connaissances dans toutes les branches de la science, à savoir Sir John Lawes, Bart., et Sir JH Gilbert, FRS

La renommée des expériences de Rothamsted est désormais mondiale ; et aucune station expérimentale n'a jamais produit une quantité de travail aussi importante que la station de recherche magnifiquement équipée de Rothamsted. On peut dire que la station de Rothamsted date de 1843, bien que Sir John Lawes ait mené des expériences sur le terrain pendant dix ans avant cette date. [17] En 1843, Sir John Lawes s'associa à l'éminent chimiste Sir JH Gilbert, et les nombreux articles publiés depuis portèrent presque invariablement les deux noms. Les dépenses liées à l'exploitation de la station ont été entièrement supportées par Sir John Lawes lui-même ; qui a en outre mis de côté une somme de 100 000 £, le laboratoire et certaines zones de terrain, pour la poursuite des enquêtes après sa mort. Les champs en expérimentation s'étendent sur une cinquantaine d'acres. Par un acte de fiducie signé le 14 février 1889, Sir John Lawes a cédé la station expérimentale de Rothamsted à la nation anglaise, pour qu'elle soit gérée par des administrateurs.

Il est impossible d'entrer dans le détail de la nature et de la portée des expériences de Rothamsted. [18] On peut affirmer que, depuis 1847, environ quatre-vingts articles ont été publiés sur des expériences sur le terrain et sur des expériences sur la végétation ; tandis que trente articles ont été publiés faisant état d'expériences sur l'alimentation des animaux. [19]

Ce qui a toujours caractérisé ces expériences précieuses, c'est leur caractère pratique. Si leur objectif a été entièrement scientifique, l'ampleur des expériences et les conditions dans lesquelles elles ont été réalisées ont été telles qu'elles en ont fait des expériences essentiellement *techniques*. C'est pour cette raison que leurs résultats présentent et posséderont toujours un intérêt particulier pour tout agriculteur pratique.

Les plus grands services que les expériences de Rothamsted ont rendus à la chimie agricole ont été les précieuses contributions qu'elles ont apportées à notre connaissance de la fonction de l'azote en agriculture ; sa relation sous ses différentes formes chimiques avec la vie végétale ; et les sources d'azote présentes dans les plantes. Des recherches des plus approfondies ont été effectuées sur ce qui est encore l'une des questions les plus vivement débattues de l'heure actuelle, à savoir la relation entre l'azote « libre » de l'atmosphère et la plante. Les recherches approfondies de M. R. Warington, FRS, sur l'importante question de *la nitrification*, qui sont en cours au Laboratoire de Rothamsted depuis quinze ans et auxquelles il sera fait référence dans leur intégralité, seront également de la plus haute valeur. le chapitre sur la nitrification.

C'est aussi aux expériences de Rothamsted que nous devons la réfutation de la théorie minérale de Liebig. En fait, on peut affirmer avec certitude qu'aucun expérimentateur dans le domaine de la chimie agricole n'a apporté à la science des contributions plus nombreuses et plus précieuses que ces illustres chercheurs.

Examen de nos connaissances actuelles en chimie agricole.

On peut maintenant tenter d'indiquer brièvement notre connaissance actuelle des faits les plus importants concernant la physiologie végétale, l'agronomie et la fumure.

Composition immédiate de la plante.

Les grands progrès réalisés dans le sens de l'amélioration de la précision des anciens procédés analytiques et la découverte de nombreux nouveaux procédés nous ont fourni des analyses élaborées de la composition des plantes. Nous savons maintenant que la substance végétale est constituée d'un grand nombre de substances organiques complexes, formées de carbone, d'hydrogène, d'oxygène et d'azote, [20] et que ces substances constituent en moyenne environ 95 pour cent de la substance végétale. la matière végétale sèche ; les 5 pour cent restants étant constitués de substances minérales. Quant à l'origine de ces différentes substances, nos connaissances sont, dans l'ensemble, assez complètes. En ce qui concerne le carbone des plantes à feuilles vertes, qui représente de 40 à 50 pour cent, des recherches ultérieures ont confirmé les conclusions de Sénébier et de Saussure, selon lesquelles sa source est le gaz carbonique de l'air. La décomposition du gaz carbonique s'effectue par les feuilles sous l'influence de la lumière du soleil. Il est en effet probable qu'une certaine quantité de carbone puisse être obtenue à partir de l'acide carbonique absorbé par les racines des plantes. Cette source de carbone peut revêtir une importance considérable, en particulier au cours des premiers stades de croissance des plantes. D'une manière générale, cependant, on peut dire de toutes les plantes à feuilles vertes que la principale source de carbone est l'acide carbonique présent dans l'atmosphère.

Fixation du carbone par les plantes.

La manière exacte dont cette décomposition du gaz carbonique est effectuée par les feuilles n'est pas encore claire. Il semble dépendre directement, d'une manière ou d'une autre, de la chlorophylle, ou matière colorante verte . Cette décomposition de l'acide carbonique et la fixation du carbone par la plante avec formation d'amidon n'ont lieu que sous l'influence de la lumière solaire. Pendant la nuit se produit une action réflexe, communément appelée *respiration* , et qui est exactement analogue à la respiration animale. [21] La vitesse à laquelle la fixation du carbone a lieu dépend de la force des rayons du soleil. Elle semble se dérouler très rapidement sous un fort soleil tropical. [22] L'action de la lumière solaire sur l'absorption du carbone a été étudiée par un certain nombre d'observateurs, entre autres par Sachs, Draper, Cloez , Gratiolet , Caillet, Prillieux , Lommel, etc.

Action de la lumière sur la croissance des plantes.

Des expériences faites par plusieurs observateurs, notamment Pfeffer, ont montré que les rayons jaunes du spectre solaire sont les plus puissants pour induire cette décomposition.

Des expériences intéressantes ont été réalisées par différents observateurs sur la possibilité de faire pousser des plantes sous l'influence de la lumière artificielle. S'il semble que la lumière des lampes à huile ou à gaz ne soit pas en mesure de favoriser la croissance, sauf dans des cas très exceptionnels, la lumière électrique, ou autre lumière artificielle puissante, semble capable de remplacer la lumière du soleil. Heinrich fut le premier à montrer que la lumière du soleil pouvait être remplacée par la lumière du magnésium.

Des expériences avec la lumière électrique ont été réalisées par Hervé-Mangon en France et le Dr Siemens en Angleterre. On a observé que les plantes cultivées sous l'influence de la lumière électrique étaient d'une couleur verte plus claire que celles cultivées dans des conditions normales, indiquant ainsi une croissance plus faible ; En fait, Siemens était d'avis que la lumière électrique était environ deux fois moins efficace que la lumière du jour. [23]

Ces expériences sont intéressantes d'un point de vue industriel ; car il est concevable qu'à une époque lointaine, l'électricité puisse être appelée au secours de l'agriculteur.

Source d'oxygène des plantes.

En ce qui concerne la source de l'oxygène, qui, après le carbone, est l'élément le plus présent dans la substance végétale, soit environ 40 pour cent, tout semble indiquer qu'il provient principalement de l'eau. qui est également la source de l'hydrogène de la plante. En plus de l'eau, l'acide carbonique et l'acide nitrique peuvent également fournir de petites quantités. Il a été prouvé de manière assez concluante que l'oxygène atmosphérique, bien que nécessaire à la croissance des plantes et favorisant les divers processus chimiques vitaux, n'est pas une source directe d'oxygène pour les plantes. Le rôle important joué par l'oxygène de l'air dans certaines étapes de la croissance de la plante est reconnu depuis longtemps . Malpighi, il y a près de deux cents ans, observait que pour le processus de germination, l'air atmosphérique était nécessaire ; et peu de temps après la découverte de la composition de l'air, l'oxygène fut identifié comme le gaz important favorisant ce processus. L'oxygène est également particulièrement nécessaire pendant la période de maturation.

Source d'hydrogène des plantes.

L'hydrogène, qui représente environ 6 pour cent, provient, comme nous l'avons déjà souligné, principalement de l'eau. Il est possible que l'ammoniac constitue également une source.

Source d'azote des plantes.

Lorsqu'il s'agit de la source de l'azote, qui se trouve dans la substance végétale dans une proportion variant d'une fraction de pour cent à environ 4 pour cent, nous entrons dans une question beaucoup plus controversée.

Quelle est la source, ou quelles sont les sources, de l'azote végétal ? C'est une question à laquelle on a consacré plus de temps et plus de recherches qu'à la solution de toute autre question liée à la chimie agricole.

La source la plus évidente est l'azote libre, qui constitue les quatre cinquièmes de l'air atmosphérique. On a déjà évoqué cette question. [24] Priestley fut le premier d'une longue liste d'expérimentateurs sur cette question intéressante.

Dès 1771, il affirmait que certaines plantes avaient le pouvoir d'absorber l'azote libre ; et il appuyait cette opinion par les résultats de certaines expériences qu'il avait faites sur le sujet. Huit ans plus tard, c'est- à-dire en 1779, Ingenhousz confirma cette conclusion et déclara que toutes les plantes pouvaient absorber, en l'espace de quelques heures, des quantités notables d'azote gazeux. Le premier à s'opposer à cette théorie fut de Saussure qui, en 1804, réalisa des expériences montrant que les plantes étaient incapables d' utiliser l'azote libre.

Des expériences ultérieures, réalisées par Woodhouse et Sénébier , confortèrent les conclusions de Saussure. Nous avons déjà mentionné les recherches approfondies de Boussingault sur le sujet. [25] Ses premières expériences ont été réalisées en 1838. Il a conclu que les plantes n'absorbaient pas l'azote libre. Georges Ville fut le premier à réaffirmer l'ancienne théorie, avancée par Priestley et Ingenhousz . Son opinion était fondée sur les expériences qu'il avait menées au cours des années 1849-1852. Le sujet suscita un tel intérêt à l'époque qu'un comité de l'Académie française, composé de Dumas, Regnault, Péligot , Chevreul et Decaisne , fut nommé pour enquêter sur les expériences de Ville. Le résultat de l'enquête de la Commission fut de confirmer les expériences de Ville. Il est cependant significatif que la plante expérimentée par la Commission soit *le cresson* , *une plante non légumineuse* . Il est généralement admis que les résultats des expériences récentes confirment les expériences de Ville. Il convient simplement de souligner qu'il ne s'agit pas d'une déduction nécessaire. L'assimilation de l'azote libre par les *légumineuses* , autant que les recherches modernes l'ont révélé, ne s'effectue que sous l'influence de la vie micro-organique. Les expériences de Ville étaient cependant censées être menées dans des conditions *stérilisées* .

Entre- temps , les résultats de la deuxième série d'expériences de Boussingault , réalisées entre 1851 et 1855, furent publiés et confirmèrent ses expériences antérieures.

Les résultats d'un grand nombre d'expériences réalisées par la suite confortèrent les conclusions de Boussingault . Parmi eux, on peut citer Mène , Harting, Gunning, Lawes, Gilbert et Pugh, Roy, Petzholdt et Bretschneider.

Une telle quantité de preuves accablantes aurait naturellement pu être considérée comme prouvant de manière concluante que l'azote libre de l'air n'est pas une source d'azote disponible pour la plante. La question n'était cependant pas tranchée. En 1876 Berthelot le rouvre. Des expériences qu'il avait faites, il concluait que l'azote libre était fixé par divers composés organiques, sous l'influence de décharges électriques silencieuses. En 1885, il réalisa de nouvelles expériences dont il conclut que les sols argileux avaient le pouvoir de fixer l'azote libre de l'atmosphère. Ils y parvenaient, selon lui, par l'intermédiaire de micro-organismes. Schloesing a montré récemment que cette fixation de l'azote libre par les sols est extrêmement douteuse. [26] Le gain d'azote observé dans de telles conditions peut s'expliquer par l'absorption par le sol de l'azote combiné – à savoir l'ammoniac – de l'air.

Les premières expériences de Berthelot en 1876 ont eu pour effet de stimuler un certain nombre d'autres expériences, de sorte que nous possédons maintenant la solution de ce problème très important et longtemps débattu.

Les noms des chercheurs les plus connus sur ce sujet, outre ceux de Berthelot, sont ceux de Hellriegel, Wilfarth, Dehérain , Joulie, Dietzell , Frank, Emil von Wolff, Atwater, Woods, Nobbe, Ward, Breal, Boussingault , Wagner, Schultz. - Lupitz , Fleischer, Pagnoul , Schloesing , Laurent, Petermann, Pradmowsky , Beyrenick , Lawes et Gilbert.

Il est impossible d'entrer dans les détails de ces expériences les plus importantes. On peut plutôt tenter de les résumer brièvement .

Expériences récentes sur la question de l'azote.

En premier lieu, on peut se demander : comment est-il possible que les expériences élaborées précédentes, publiées avant 1876, se révèlent désormais peu fiables ? Une explication satisfaisante peut être trouvée dans le fait, comme Lawes et Gilbert l'ont récemment souligné, que la fixation de l'azote libre par la plante, ou dans le sol, a lieu, voire pas du tout, par l'intermédiaire de l'électricité ou de micro-ondes. -organismes, ou des deux. Toutefois, les expériences antérieures étaient organisées de manière à exclure l'influence de l'une ou l'autre de ces agences.

La question a en outre été limitée dans sa portée. On suppose aujourd'hui que seules les plantes de l' ordre des *légumineuses* ont le pouvoir de puiser dans l'azote libre de l'atmosphère. Parmi les expériences mentionnées ci-dessus, celles de Hellriegel et de Wilfarth sont les plus frappantes et les plus importantes. Ils ont découvert dans leurs expériences que si les légumineuses ont le pouvoir d'obtenir leur azote de l'air, ce n'est pas le cas des céréales.

Des expériences similaires menées par Atwater en Amérique et d'autres confirment cette conclusion.

Leurs conclusions peuvent être brièvement résumées comme suit : -

(*a*) Que les légumineuses, telles que les pois, etc., ont le pouvoir de puiser leurs réserves d'azote dans l'azote libre de l'air d'une manière que n'ont pas d'autres plantes ; et qu'ils possèdent ainsi deux sources d'azote : le sol et l'air.

b) Que cette absorption d'azote libre n'est pas effectuée directement par la plante, mais résulte, pour ainsi dire, de l'action conjointe de certains micro-organismes présents dans certains sols et dans la plante elle-même (*symbiose*) .

c) Que cette fixation est liée à la formation de minuscules tubercules sur les racines des plantes de la classe des légumineuses ; et que ces tubercules peuvent être le foyer de l'organisme fixateur.

(*d*) Que ces micro-organismes fixateurs ne sont pas présents dans tous les sols. [27]

Même si la relation entre l'azote libre et la plante a longtemps été, et est toujours, un problème très obscur, il a été très tôt reconnu que l'azote combiné présent dans les sols et le fumier était une source importante de nourriture pour les plantes. Nous avons déjà évoqué la première théorie de Sir Kenelm Digby concernant la valeur des nitrates. [28] De Saussure, comme nous l'avons également déjà vu, était pleinement impressionné par l'importance de l'application de l'azote au sol sous forme de fumier. L'attitude initiale de Liebig sur cette question était que l'épandage d'azote dans le fumier était tout à fait inutile, car la plante disposait d'une source suffisante d'ammoniac présent dans l'air, qu'il supposait à tort en quantité suffisante pour subvenir à tous les besoins de la plante. les récoltes. Malgré cette reconnaissance précoce de la valeur de l'azote combiné pour la plante, ce n'est que depuis quelques années que nous avons acquis des connaissances précises quant à la valeur respective de ses différents composés comme engrais, ou quant à la forme sous laquelle il est assimilé par les plantes. la plante. Il existe sous trois formes : (1) sous forme d'azote organique ; (2) sous forme de sels d'ammoniaque ; (3) sous forme de nitrates et de nitrites. De nombreux travaux expérimentaux ont été consacrés ces dernières années à l'étude de l'action comparée et des mérites de ces trois formes.

Relation entre l'azote organique et la plante.

Premièrement, en ce qui concerne la relation entre l'azote organique et la plante. Il existe un grand nombre de composés organiques différents contenant de l'azote. Que la plante soit capable d'assimiler certains de ces composés organiques semble, d'après plusieurs expériences, extrêmement probable. De certaines recherches, effectuées dès 1857, Sir Charles Cameron conclut que la plante pouvait assimiler l'un d'entre eux, à savoir *l'urée* . Mais d'après ce que nous avons appris par la suite sur le processus de « nitrification », il est fort probable que l'azote de ces expériences ait d'abord été transformé en nitrates avant d'être assimilé. Quoi qu'il en soit, comme les plantes n'ont pas été testées pour l'urée, les expériences doivent être considérées comme laissant le problème sans solution.

D'autres expériences de même nature ont été réalisées par le professeur SW Johnson, les différents types d'azote expérimentés étant l' *acide urique* , *l'acide hippurique* et *la guanine* . Mais là encore, aucune conclusion définitive ne peut être tirée, car aucune analyse des plantes n'a été effectuée. Plus récemment, cependant, le Dr Hampe a mené des expériences avec *l'urée* , *l'acide urique* , *l'acide hippurique* et *le glycocolle* . Ces expériences peuvent être considérées comme démontrant le fait qu'au moins un composé organique de l'azote est susceptible d'être assimilé, l'urée étant effectivement identifiée comme étant présente dans les plantes expérimentées. Grâce à d'autres expériences réalisées par le Dr Paul Wagner et Wolff, *la glycine* , *la tyrosine* et *la créatine* peuvent être assimilées par la plante.

Plantes capables d'absorber certaines formes d'azote organique.

On peut donc conclure de ces expériences intéressantes que les plantes sont capables d'absorber certaines formes organiques d'azote. Il est extrêmement improbable qu'ils le soient dans la nature, ces formes organiques d'azote étant rarement présentes dans le sol ou, si elles sont présentes, étant converties en sels d'ammoniac ou de nitrate avant assimilation.

Nature de l'humus dans le sol.

En ce qui concerne l'azote organique, nous pouvons faire brièvement référence à cette substance connue sous le nom d' *humus* , nom appliqué à la partie organique des sols, substance qui figure si largement dans les premières théories de la nutrition des plantes. L'enquête la plus approfondie sur la composition de l'humus a été réalisée par Mulder. Selon Mulder, il est composé d'un certain nombre de corps organiques, et il a identifié les substances suivantes : ulmine, humine , acides ulmique, humique, géique , etc. Ces corps sont composés de carbone, d'hydrogène et d'oxygène, qui sont invariablement associés à l'azote. Detmer et Simon ont approfondi le sujet. La véritable fonction de l'humus, semble-t-il, outre ses nombreuses propriétés mécaniques, est de fournir, par sa décomposition, de l'acide carbonique et de l'azote — sous forme d'ammoniaque et d'acide nitrique — au sol ; le premier agissant comme solvant de la nourriture minérale, le second comme source d'azote de la plante. La vieille théorie selon laquelle la présence d'humus dans un sol est une condition de fertilité n'est donc pas si éloignée de la vérité. Là où il y a une abondance d'humus dans le sol, il est probable qu'il y ait aussi une abondance d'azote.

Relation de l'ammoniac à la plante.

Il semble incontestable que l'azote est directement absorbé par les plantes sous forme d'ammoniac. Liebig, comme nous l'avons vu, a conclu que c'était la principale source d'azote pour la plante et que les composés ammoniaqués présents dans l'air constituaient une réserve entièrement suffisante. Des recherches ultérieures, tout en confirmant ses convictions jusqu'à présent quant à la capacité des plantes à assimiler l'azote sous forme d'ammoniac, ont prouvé que la quantité d'ammoniac présente dans l'air est très infime et totalement insuffisante pour fournir à la plante la totalité de son azote. son azote. Des recherches ont été faites à ce sujet par Graeger , Fresenius, Pierre, Bineau et Ville. Selon les recherches de Ville, parmi les plus récentes, la quantité ne dépasse pas 30 *parties par milliard de parties d'air* . [29] On peut se faire une idée de la valeur de cette source d'azote en estimant la quantité qui tombe, dissoute dans la pluie, sur un acre de sol tout au long de l'année. Diverses estimations de la quantité totale d'azote combiné ainsi apporté au sol ont été réalisées. Il est vrai qu'il existe un certain écart entre ces différentes estimations, dû sans doute en grande partie à la différence des circonstances dans lesquelles les enquêtes ont été menées. M Warington a fait plusieurs enquêtes à Rothamsted et, selon ses chiffres les plus récemment publiés, la quantité totale ne s'élève qu'à 3,37 livres par acre et par an, dont seulement 2,53 livres sont sous forme d'ammoniac lui-même. [30]

Comme nous l'avons déjà mentionné, il ne fait aucun doute que les plantes peuvent absorber l'azote sous forme d'ammoniac. La question de savoir dans quelle mesure les feuilles des plantes sont capables d'absorber l'ammoniac est une question très controversée. Il est probable que s'ils y parviennent, ce n'est que dans une très faible mesure. [31] La question de savoir si les racines de la plante peuvent ou non absorber l'ammoniac est également une question très controversée. Ce point est très difficile à trancher, et se complique beaucoup du fait que l'ammoniac, lorsqu'il est appliqué au sol , se transforme si rapidement en acide nitrique. Malgré ces difficultés et les nombreuses controverses sur ce point, les expériences de Ville, Hosäus et Lehmann semblent indiquer sans aucun doute que l'ammoniac est une source directe d'azote. Les expériences de Lehmann semblent en outre indiquer qu'il existe certaines périodes de croissance d'une plante où sa préférence pour les sels d'ammoniac semble être plus grande qu'à d'autres moments. Mais ce point, il faut l'avouer, reste encore obscur. La grande difficulté pour le décider, comme on vient de le dire, réside dans le fait que les sels d'ammoniaque, lorsqu'ils sont appliqués à un sol, sont, par le processus de nitrification, convertis en nitrates. En expérimentant donc avec l'ammoniac et en notant les résultats, il est presque impossible de dire, sauf par des analyses ultérieures, si l'azote contenu dans les sels d'ammoniac n'a pas été converti en nitrates avant l'assimilation.

Relation de l'acide nitrique à la plante.

Troisièmement, quant à l'azote sous forme de nitrates. S'il est vrai que les plantes peuvent absorber l'azote sous certaines formes organiques et sous forme de sels d'ammoniac, il est désormais bien connu que la principale source d'azote, et de loin la plus importante, est l'acide nitrique. Il est probable que plus de 90 pour cent de l'azote du sol absorbé par les plantes à feuilles vertes est absorbé sous forme de nitrates. La tendance de tous les composés azotés du sol est à la conversion en acide nitrique. C'est la dernière forme d'azote du sol. La méthode précise par laquelle s'effectue cette conversion est une découverte qui date seulement de quelques années. La grande importance économique de cette découverte, faite par les chimistes français Schloesing et Müntz, et associée dans ce pays aux noms de Warington , Munro et PF Frankland, ne se mesure que progressivement. C'est sans doute l'une des réalisations les plus intéressantes dans le domaine de la chimie agricole de ces dernières années.

Nitrification.

C'est en 1877 que les deux chimistes français mentionnés ci-dessus publièrent les résultats de certaines expériences qu'ils avaient effectuées, qui prouvaient que la nitrification, nom donné au processus par lequel l'ammoniac ou d'autres sels d'azote sont convertis dans le sol en nitrique. acide – était dû à l'action de la vie micro-organique.

La base de la théorie repose sur le fait que des solutions diluées de sels d'ammoniaque ou d'urine, contenant tous les constituants nécessaires de l'alimentation végétale, si elles sont préalablement stérilisées , peuvent être conservées pendant une période de temps indéfiniment longue, à condition que l'air fourni soit filtré à travers du coton , — de manière à empêcher l'entrée de micro-organismes — sans aucune formation de nitrates. Introduisez cependant dans une telle solution un peu de terre fraîche, et la nitrification suivra bientôt.

Les conditions dans lesquelles agit le ferment de nitrification, ainsi que la nature du ferment, ou plutôt des ferments, ont ensuite été soigneusement étudiées par Schloesing et Müntz, Winogradsy , Dehérain , Kellner, et d'autres observateurs continentaux, et notamment par Warington , Munro, et PF Frankland dans ce pays. Ces conditions ne peuvent être abordées ici. Ils seront détaillés dans le chapitre sur la nitrification. En bref, il s'agit d'une certaine plage de température (entre légèrement au-dessus du point de congélation et 50°C, l'activité maximale se situant, selon Schloesing et Müntz, vers 30°C) ; un apport abondant d'oxygène dans l'atmosphère (d'où le fait observé par Warington , que la nitrification est principalement limitée à la surface du sol) ; une certaine quantité d'humidité; et la présence de certains des constituants végétaux minéraux nécessaires, ainsi que la présence de carbonate de chaux.

La lumière que ces découvertes jettent sur la question extrêmement compliquée de la fertilité du sol est considérable, car il s'ensuit qu'aucun sol ne peut être considéré comme réellement fertile dans lequel le processus de nitrification ne s'effectue pas librement. Ils expliquent en outre de nombreux faits, observés jusqu'ici mais mal compris, concernant l'action des différents engrais azotés.

Constituants de cendres de la plante.

Nous arrivons maintenant à considérer l'état actuel de nos connaissances sur le caractère essentiel de la cendre ou de la partie minérale de la plante. Alors qu'une partie de la substance de la plante était peu connue jusqu'à l'époque de Liebig, elle a, depuis la publication de sa célèbre théorie « minérale », fait l'objet d'un nombre toujours croissant d'investigations.

Jusqu'en 1800, on ne savait pratiquement rien de la fonction des composants des cendres. En 1802, de Saussure écrivait qu'on ne savait pas si les constituants de nombreuses plantes étaient dus aux sols sur lesquels elles poussaient, ou s'ils étaient le produit de la croissance végétale. Cependant, deux ans plus tard, il fut en mesure de réaliser un certain nombre d'expériences qui posèrent réellement le sujet sur une base scientifique solide. Le caractère essentiel des composants des cendres n'a cependant été mis hors de tout doute que par les recherches de Wiegmann et Polstorff , effectuées en 1840.

Nous avons déjà évoqué le grand élan donné à la recherche par la promulgation de la théorie minérale de Liebig.

Méthodes de recherche.

Pour résumer l'immense travail effectué depuis 1840, en vue de vérifier le caractère essentiel des diverses substances trouvées dans les cendres des plantes, deux méthodes d'expérimentation ont été suivies.

Sols artificiels.

La première de ces deux méthodes fut celle adoptée dans les fameuses expériences faites par le prince Salm-Horstmar, qui ont tant fait pour approfondir nos connaissances sur cette question. Elle consistait à faire pousser des plantes sur un sol artificiel – constitué de charbon de sucre, de quartz pulvérisé ou de sable purifié – auquel étaient ajoutés les différents constituants alimentaires.

Culture de l'eau.

Bien que les résultats obtenus par le prince Salm-Horstmar par cette méthode aient été des plus précieux, les expérimentateurs ultérieurs ont abandonné sa méthode pour l'autre méthode, à savoir la « culture de l'eau ». Le milieu utilisé dans ce processus est de l'eau pure ; et c'est aux expériences faites dans la culture de l'eau que nous devons une grande partie de nos connaissances actuelles, en ce qui concerne la relation entre les constituants du frêne et la plante.

Les noms de ceux qui ont travaillé dans ce département sont très nombreux. Parmi eux, on peut citer Knop, Sachs, Stohmann , Nobbe, Rautenberg, Kühn, Lucanus, W. Wolff, Hampe, Beyer, E. Wolff, P. Wagner, Bretschneider et Lehmann. Les résultats obtenus par ces expérimentateurs et d'autres ont démontré les faits suivants.

Les substances qui ont été trouvées dans les cendres des plantes sont : *la potasse , la soude , la chaux , la magnésie , l'oxyde de fer , l'oxyde de manganèse , l'acide phosphorique , l'acide sulfurique , la silice , l' acide carbonique , le chlore , la lithia* , la *rubidie , l'alumine , l'oxyde de cuivre , brome , iode* et parfois même d'autres substances. Parmi ceux-ci, cependant, six seulement sont probablement absolument nécessaires à la croissance des plantes : la *potasse , la chaux , la magnésie , l'oxyde de fer , l'acide phosphorique* et *l'acide sulfurique* . Trois autres substances semblent également être presque invariablement présentes, et peuvent éventuellement être essentielles, du moins en quantités très infimes, à savoir le *chlore , la soude* et *la silice* . En ce qui concerne *l'alumine* et *l'oxyde de cuivre* , ces constituants doivent être considérés comme accidentels ; tandis que *l'iode* et *le brome* ne sont présents que dans les cendres des plantes marines.

Méthode d'absorption des aliments végétaux.

Un domaine de la physiologie végétale qui a fait l'objet de nombreux travaux est la méthode par laquelle les racines des plantes absorbent leur nourriture. La nourriture de la plante est absorbée en solution par les racines. Son absorption s'effectue, selon Fischer et Dutrochet , qui ont longuement étudié le sujet, par le processus connu sous le nom *d'endosmose* . Il a également été établi par de nombreuses expériences que différentes plantes nécessitent différents constituants dans des proportions différentes.

L'eau comme transporteur d'aliments végétaux.

La fonction remplie par l'eau, en tant que transporteur de nourriture végétale, et le mouvement de la sève de la plante, sont des questions qui ont également fait l'objet de beaucoup d'attention. Le mouvement de la sève des plantes semble avoir attiré beaucoup d'attention dès les premiers stades de l'étude de la physiologie végétale. Dès 1679, Marriotte l'étudiait. Parmi d'autres anciens expérimentateurs figuraient Hales, Guettard, Sénébier , Saint-Martin, de Candolle et Miguel. Plus récemment, Schübler , Lawes et Gilbert, Knop, Sachs, Unger et Hosäus ont étudié cette question . On peut avoir une idée de l'énorme quantité d'eau transpirée par les feuilles des plantes en affirmant que de 233 à 912 livres d'eau sont transpirées pour chaque livre de tissu végétal formé. [32]

Agronomie.

Lorsqu'il s'agit des questions relatives à la chimie du sol, on constate que tant de recherches ont été consacrées à cette seule branche de la chimie agricole qu'elle en constitue une branche particulière à part entière, connue en France sous le nom d' *agronomie* . et être enseigné dans les grandes écoles agricoles par des professeurs spéciaux dans ce domaine. L'intérêt de l'étude des propriétés des sols a été reconnu très tôt. Cette étude s'est longtemps limitée en grande partie à leurs *propriétés physiques* , ou communément appelées leurs propriétés *mécaniques* . Ainsi, Sir Humphry Davy a établi de nombreux faits importants concernant les propriétés des sols d'absorption et de rétention de chaleur et d'eau.

Rétention par le sol des aliments végétaux.

Ce n'est que plus tard que fut découvert le pouvoir des sols de fixer à partir de leurs solutions aqueuses divers aliments végétaux, tant organiques qu'inorganiques. La première reconnaissance de cette propriété la plus importante des sols a été faite par Gazzeri , qui, en 1819, a attiré l'attention sur le fait que la partie liquide sombre du fumier de ferme était purifiée en passant à travers l'argile. Il a conclu que les sols, plus particulièrement les sols argileux, possédaient la propriété de pouvoir fixer à partir de leurs solutions aqueuses les constituants alimentaires végétaux nécessaires, et de les fixer sans risque de perte, en permettant seulement un apport progressif à la plante selon les besoins.

Les premières expériences réalisées à ce sujet furent celles de Huxtable et Thompson en 1850. La partie liquide du fumier de ferme fut filtrée à travers le sol puis examinée, lorsqu'on constata qu'elle avait non seulement perdu sa couleur , mais aussi son odeur. . L'ammoniac et les sels d'ammoniac ont également été expérimentés et il a été constaté que les sols possédaient le pouvoir de fixer l'ammoniac.

Nous devons cependant à Thomas Way la contribution la plus précieuse apportée par un seul chercheur sur ce sujet important. Ses expériences n'ont pas été faites seulement sur l'ammoniaque, mais aussi sur d'autres bases, telles que la potasse, la chaux, la magnésie, la soude, etc. Depuis les expériences de Way, de nombreux travaux ont été réalisés par Liebig, Stohmann , Henneberg et Heiden, ainsi que par Voelcker, Eichhorn, Knop, Rautenberg, Pochwissnew , Warington , Beyer, Bretschneider, Sestini , Laskowsky, Strehl, Pillnitz , Peters, W. Wolff. , Lehmann et Biedermann.

Bases et acides fixés par le sol.

De ces expériences, on peut considérer comme prouvé d'une manière incontestable que les sols ont le pouvoir de fixer plus ou moins les bases suivantes : ammoniaque, potasse, chaux, magnésie et soude ; ainsi que les deux acides phosphorique et silicique. L'ordre dans lequel sont fixées les différentes bases est un point important. Il semblerait que le sol ait une plus grande affinité pour les substances fumières les plus précieuses, telles que l'ammoniaque, la potasse et la chaux, et que ces substances soient d'abord fixées. Qu'en fixant l'une quelconque des bases mentionnées ci-dessus à partir de sa solution, elle ne peut le faire qu'aux dépens d'une autre base. Ainsi, pour fixer la potasse, il faut renoncer soit à la chaux, soit à la magnésie, soit à la soude. De plus, lorsqu'une base en solution, comme le sulfate ou le chlorure, est absorbée par un sol, la base est seule fixée, tandis que l' acide sulfurique ou le chlore reste en solution. Enfin, la quantité de base absorbée par un sol dépend de la concentration de sa solution, de la nature de sa combinaison et de la température. Way a découvert dans ses expériences qu'un sol argileux a plus de pouvoir qu'un sol tourbeux, et qu'un sol tourbeux a plus de pouvoir qu'un sol sableux.

Voilà pour le fait de l'absorption du sol ; quant à la ou aux causes de cette absorption, un grand nombre de théories ont été avancées. Ceux-ci peuvent être divisés en deux classes : ceux qui en tiennent compte comme étant dus aux propriétés physiques du sol ; et ceux, en revanche, l'expliquent par une action chimique.

C'est à cette dernière classe qu'appartenaient Way's. Il l'explique comme dû à la formation dans le sol de silicates doubles hydratés, constitués d'un silicate d'alumine et d'un silicate de base fixe. Brüstlein et Peters, en revanche, estimaient qu'il s'agissait d'un phénomène purement physique. Une théorie a été avancée selon laquelle cela serait dû à la formation d' ulmates et d'humates insolubles, formés par l'union des acides ulmique et humique, ainsi que des bases fixées. Parmi ceux qui ont consacré des recherches à cette question intéressante, on peut citer Rautenberg et Heiden.

A la revue des faits, il semble assez bien établi qu'il s'agit en réalité d'un acte principalement chimique, dû principalement à la formation de silicates doubles, et sans doute dans une certaine mesure à la formation d'humates et d' ulmates insolubles . Mais les expériences de Heiden semblent indiquer que ce problème est aussi en partie de nature physique.

En ce qui concerne l'absorption de l'acide phosphorique, il s'est avéré qu'elle est un acte chimique et dépend de la formation de phosphates insolubles de calcium, de fer, d'aluminium et de magnésium, le pourcentage de fer déterminant notamment.

De nombreux travaux analytiques ont été accomplis ces dernières années en vue de déterminer la quantité de cendres dans différents types de plantes et dans les différentes parties de la plante.

Le département de chimie agricole qui s'est le plus développé ces dernières années est celui qui concerne les problèmes de *fumure* . C'est, d'un point de vue pratique, de la plus grande valeur. Il y a bien longtemps que nous avons reconnu que les trois seuls ingrédients qu'il est, en règle générale, opportun d'appliquer comme engrais artificiels, sont *l'azote* , *l'acide phosphorique* et *la potasse* . La nature, le mode d'action des différents composés et les propriétés de ces trois substances, et leur influence comparative dans la stimulation de la croissance des plantes, ainsi que la question économique de savoir quelle forme est, dans diverses circonstances, la plus économique à utiliser pour l'agriculteur. , ont donné lieu ensemble à un grand nombre d'expérimentations « sur le terrain » et « en pot ». Les principes qui sous-tendent cette pratique faisant l'objet du traité suivant, toute discussion ultérieure de la question doit être laissée aux chapitres suivants.

Note. — Le lecteur intéressé par le développement historique de la chimie agricole pourra consulter le discours présidentiel de Sir JH Gilbert à la section chimique de la British Association, 1880.

NOTES DE BAS DE PAGE :

[1] L'histoire des éléments chimiques. Par Sir Henry E. Roscoe, FRS (Wm. Collins, Sons, & Co.)

[2] La science de Van Helmont était cependant d'une nature extrêmement rudimentaire, comme en témoigne la croyance qu'il entretenait que les odeurs qui s'élèvent du fond des marais produisent des grenouilles, des limaces, des sangsues et d'autres choses ; ainsi que par la recette suivante qu'il a donnée pour la fabrication d'un pot de souris : « Pressez une chemise sale dans l'orifice d'un récipient contenant un peu de maïs, au bout de vingt et un jours environ le ferment provenant de la chemise sale, modifié par l' odeur du maïs, opère une transmutation du blé en souris. Mais le point culminant de cette recette résidait dans le fait qu'il affirmait avoir lui-même été témoin du fait et, comme détail intéressant et corroborant, il ajoutait que les souris étaient nées adultes. Voir « Louis Pasteur : sa vie et ses travaux ». Par son gendre. Traduit par Lady Claud Hamilton. (Longmans, Green et Co.) P. 89.

[3] Il raconte ensuite un certain nombre d'expériences de Cornelius Drebel et d'Albertus Magnus, montrant le pouvoir rafraîchissant de ce baume, puis celles de Quercitan avec des roses et autres fleurs, et la sienne avec des orties.

[4] Priestley, cependant, n'a pas réalisé que *le gaz acide carbonique* était un aliment végétal nécessaire ; au contraire, il considérait qu'elle avait une action délétère sur la croissance des plantes. Percival fut en réalité le premier à souligner que le gaz acide carbonique était un aliment végétal.

[5] On rapporte comme exemple de l'enthousiasme scientifique de cet homme qu'il avait l'habitude d'emporter avec lui des bouteilles contenant de l'oxygène, qu'il avait obtenu à partir de feuilles de chou, ainsi que des bobines de fil de fer, avec lesquelles il pouvait illustrent la brillante combustion qui s'ensuivit en brûlant ce dernier dans de l'oxygène gazeux.

[6] Pour un compte rendu complet des recherches de Sénébier , voir ' Physiologie végétal , contenant une description des organes des plantes , et une exposition des phénomènes produits par leur organisation , par Jean Sénébier .' (5 tomes. Genève, 1800.)

[7] Comment poussent les cultures. Par le professeur SW Johnson. Macmillan & Co. (Introduction, p. 4.)

[8] Voir p. 40 à 45.

[9] Éléments de chimie agricole, dans un cours de conférences pour le Conseil de l'Agriculture. Par Sir Humphry Davy. (Londres, 1831.)

[10] Ce département de recherche agricole a ensuite été repris par Sprengel, Schübler et d'autres.

[11] Né à Paris, 1802 ; décédé le 11 mai 1887.

[12] Voir p. 40.

[13] Bien qu'une grande partie du travail de Boussingault ait été réalisée avant 1840, il a continué à enrichir la chimie agricole avec de nombreuses contributions précieuses jusqu'au moment de sa mort. Il serait peut-être bon ici de mentionner les noms de ses contributions les plus importantes à la science agricole, réalisées après 1840.

En 1843, il publia, dans un ouvrage intitulé « Économie Rurale », le résultat de ses nombreuses expériences et recherches. Cet ouvrage est bien connu des agriculteurs anglais grâce à une traduction anglaise parue en 1845 (Rural Economy de Boussingault , traduit par G. Law. H. Ballière , Londres).

En 1860 parut le premier volume de son dernier grand ouvrage, « Agronomie Chimie Agricole et Physiologie ». Cet ouvrage, composé de sept volumes, ne fut achevé qu'en 1884. Il mourut le 11 mai 1887. On peut ajouter que le Royal La Society of London lui décerne la médaille Copley en 1887.

[14] Voir Actes de la British Association, 1880, p. 511.

[15] On peut souligner que, bien que la quantité d'ammoniac entraînée par la pluie soit faible, Schloesing a découvert dans des expériences récentes qu'un sol humide peut absorber de l'air au cours d'une année 38 livres d'ammoniac combiné. azote, principalement ammoniac, par acre. Voir p. 132.

[16] L'exemple donné par l'Allemagne a été suivi par d'autres pays dans lesquels existent désormais des stations de recherche bien équipées. L'exemple le plus frappant du développement rapide des moyens de recherche agricole nous est peut-être fourni par les Etats-Unis d'Amérique. Il existe actuellement dans ce pays plus de cinquante stations d'expérimentation agricole, plus ou moins bien équipées, toutes généreusement approvisionnées grâce à l'aide de l'État. On peut ajouter que la plus ancienne à avoir été fondée fut celle de Middletown, Connecticut, la date de son institution étant 1875.

[17] Elle peut ainsi se targuer d'être la deuxième station expérimentale la plus ancienne, celle instituée par Boussingault à Bechelbronn en Alsace étant la plus ancienne.

[18] Pour un compte rendu des expériences de Rothamsted et une courte biographie de Sir John Lawes, le lecteur est renvoyé à une brochure du présent auteur, intitulée « Sir JB Lawes, Bart., LL.D., FRS, and the Rothamsted Experiments » (Bureau des « agriculteurs écossais », 93 Hope Street, Glasgow).

[19] Parmi ces nombreuses expériences élaborées, celles qui ont peut-être suscité le plus d'intérêt parmi les agriculteurs sont celles menées sur la culture du blé sur la même terre, année après année, pendant près de cinquante ans. La lumière importante que cette série d'expériences a jetée sur la théorie de l'assolement des cultures et sur la question de la fumure des céréales est très grande.

[20] Associé dans certains cas au phosphore et au soufre .

[21] Il faut souligner que la respiration des plantes n'a pas lieu *uniquement* pendant la nuit. Cela se produit probablement à tout moment, mais ce n'est que pendant la nuit que son action est apparente, car le processus inverse d'assimilation du carbone, qui se déroule à un rythme incomparablement plus rapide, masque son action pendant la journée.

[22] La longueur du jour a une influence importante sur la croissance des plantes, comme en témoigne la croissance rapide de la végétation en Norvège et en Suède. Dans ces pays, il y a un printemps tardif et un été court et nullement chaud, mais une très longue période de clarté.

[23] Un point d'un grand intérêt que ces expériences ont élucidé est que le repos nocturne n'est pas absolument nécessaire à la croissance et au développement de toutes les plantes.

[24] Voir p. 15 et 22.

[25] Voir p. 22.

[26] Voir chapitre III., pp. 120 et 131.

[27] Une référence plus approfondie est faite à ce sujet au chapitre III., p. 136.

[28] Voir p. 6.

[29] Voir Phil. Trans., Partie II., 1861, pp. 444-446. Lawes et Gilbert. Schloesing a trouvé dans l'air, aux environs de Paris, 1 livre d'ammoniaque dans 26,000,000 de mètres cubes ; tandis que Müntz n'en a trouvé qu'environ la moitié dans une quantité d'air similaire au sommet du Pic du Midi.

[30] Voir chapitre III, pp. 119, 120 ; Annexe, p. 155.

[31] Certaines expériences récentes de Dyer et Smetham semblent montrer que des quantités relativement faibles d'ammoniac dans l'air s'avèrent

réellement nocives pour la vie végétale. Ils ont ainsi découvert qu'un volume d'ammoniac dans 1 000 volumes d'air était mortel pour les plantes rustiques ; tandis qu'un volume sur 3000 tuait les tendres.

[32] D'après les expériences de Hellriegel et Wollny. La quantité, peut-on ajouter, varie avec la surface des feuilles et la durée de la période de croissance de la plante. C'est le plus grand avec les trèfles et les graminées, et le moins dans les pommes de terre et les racines.

DEUXIEME PARTIE.
PRINCIPES DE FUMEUR

CHAPITRE I.
FERTILITÉ DU SOL.

Il est nécessaire de bien comprendre à quoi est due la fertilité d'un sol avant de pouvoir espérer maîtriser la théorie de la fumure.

Qu'est-ce qui constitue la fertilité d'un sol.

La question : Qu'est-ce qui constitue la fertilité d'un sol ? Il n'est en aucun cas facile de répondre. Si nous disons : la présence d'un apport abondant des constituants qui constituent la nourriture de la plante, notre réponse sera incomplète. De même, si l'on répond : Un certain état physique du sol, ici encore on le trouvera également insatisfaisant ; car la fertilité d'un sol dépend à la fois de son état physique et de sa composition chimique, et même d'autres circonstances. Il serait donc bon, avant de traiter de la nature et de l'action des différents engrais, de présenter un bref exposé des conditions de fertilité telles que nous les connaissons actuellement, du moins. Car il convient peut-être d'avertir le lecteur que, malgré l'énorme quantité de travail effectué sur ce sujet par les expérimentateurs, il nous reste encore beaucoup à apprendre avant d'être en mesure de comprendre pleinement et clairement le sujet de la fertilité des sols dans le monde. tous ses repères.

Outre l'influence exercée par le climat, la latitude, l'altitude et l'exposition, on peut dire que la fertilité d'un sol dépend des propriétés suivantes. Nous pouvons les diviser en trois groupes ou classes : -

1. Physique ou mécanique.
2. Chimique.3. Biologique.

I. Propriétés physiques d'un sol. — On admet généralement que les propriétés physiques d'un sol ont une influence très importante sur sa fertilité. Ceci est reconnu depuis longtemps dans la pratique et a peut-être été exalté dans le passé, au détriment des fonctions non moins importantes du produit chimique. [33] La raison en est sans doute à attribuer au fait qu'il est beaucoup plus facile d'étudier les propriétés physiques d'un sol que d'en étudier les propriétés chimiques ; et que, bien que nous possédions une très grande quantité d'informations utiles sur le premier, nous ne sommes actuellement qu'au seuil de notre connaissance du second.

Il est communément observé que les sols diffèrent considérablement par leur nature mécanique. La reconnaissance précoce de ce fait est attestée par le grand nombre de termes techniques qui sont depuis longtemps en vogue parmi les agriculteurs pour décrire ces différences. Ainsi les sols ont l'habitude d'être qualifiés de « lourds », « légers », « raides », « forts », « chauds », « froids », « humides », « humides », « tourbeux », « argileux », « sablonneux », « limoneux », etc., etc.

Pouvoir d'absorption de l'eau.

L'une des propriétés physiques les plus importantes d'un sol est sa capacité à absorber l'eau.

L'eau est tout aussi importante et nécessaire à l'économie végétale qu'à l'économie animale. Il est donc primordial d'examiner les conditions qui régulent l'absorption de cet important aliment végétal par le sol.

Par pouvoir d'absorption d'un sol, on entend sa capacité à boire toute eau avec laquelle ses particules peuvent entrer en contact. Ce pouvoir dépend d'abord de la prédominance de ses constituants immédiats, à savoir le *sable* , *l'argile* , *le carbonate de chaux* et *l'humus* ; et deuxièmement sur la finesse des particules du sol.

Pouvoir d'absorption du sable, de l'argile et de l'humus.

D'abord en ce qui concerne le pouvoir absorbant du sable, de l'argile et de l'humus. Parmi ceux-ci, le sable possède le moins ce pouvoir, l'argile le plus, tandis que l'humus le possède le plus. [34]

L'étendue du pouvoir d'absorption d'un sol dépend donc beaucoup des proportions dans lesquelles il possède ces trois éléments. Plus un sol est sableux , moins il aura la capacité d'absorber l'eau ; et c'est, sans aucun doute, une des raisons pour lesquelles un sol sablonneux est, en règle générale, un sol infertile. Bien sûr, il y a d'autres raisons, encore plus importantes ; mais que ce pouvoir d'absorption a une influence importante sur la question est prouvé de manière concluante par le fait que les sols sableux sont plus fertiles dans un climat où les pluies sont fréquentes que dans un climat où règne un temps très sec. L'incapacité d'un sol sableux à absorber une grande quantité d'humidité n'a pas de tels effets néfastes sur les récoltes dans le premier cas, parce qu'elle est contrecarrée par les conditions climatiques, qui évitent la nécessité, dans un sol, de posséder une grande capacité d'absorption. pouvoirs.

L'inverse, bien entendu, peut-on le mentionner en passant, s'applique également aux sols argileux.

Finesse des particules de sol.

La deuxième qualité d'un sol dont dépend son pouvoir d'absorption est la finesse de ses particules. Le grand bénéfice qu'un sol tire d'un bon labour, à cet égard, était l'une des raisons pour lesquelles le système d'élevage à la houe de Tull obtenait de si bons résultats. [35] Plus les particules du sol sont fines, peut-on dire en général, plus le pouvoir d'absorption du sol est grand.

Limite à la finesse.

Il y a cependant une limite à la finesse à laquelle doivent être réduites les particules d'un sol ; car il a été constaté par expérience que lorsqu'un certain degré de finesse est atteint, le pouvoir d'absorption diminue avec toute pulvérisation ultérieure . Un expérimentateur allemand a découvert, par exemple, qu'un terreau de jardin, capable d'absorber 114 pour cent de l'eau à l'état naturel, pulvérisé très finement, n'était capable d'absorber que 62 pour cent de l'eau. Ici, évidemment, la limite à laquelle il convient de pulvériser un sol a été dépassée.

Raison de ce qui précède.

Il n'est pas difficile de comprendre pourquoi il en est ainsi. La quantité d'eau qu'un sol peut absorber est due au nombre de pores ou d'espaces d'air qu'il contient d'une certaine taille. Si ces pores sont grands et peu nombreux, la quantité d'eau absorbée sera naturellement moindre que lorsqu'ils sont nombreux et de plus petite taille. Dans une certaine mesure, plus un sol est brisé, plus grand sera le nombre de pores créés, d'une taille suffisante pour permettre à l'eau de s'y imprégner. Au-delà de ce point, les pores deviennent trop petits et le sol devient trop compact, chaque particules s'agrippant trop étroitement.

Pouvoir de rétention des sols pour l'eau.

Or, à ce pouvoir d'absorption des sols, que nous venons d'examiner, est étroitement lié le pouvoir que possèdent les sols de retenir l'eau qu'ils absorbent. Ce pouvoir, on le verra d'un coup d'oeil, doit avoir une influence importante sur la fertilité d'un sol.

Comme il s'écoule souvent un intervalle considérable entre les périodes de pluie, les sols, s'ils doivent permettre la croissance des légumes, doivent être capables de stocker leurs réserves d'eau en prévision des périodes de sécheresse. Ceci est d'autant plus nécessaire quand on sait qu'en cas de récoltes abondantes, les précipitations seraient souvent insuffisantes pour fournir l'eau nécessaire à leur croissance. En fait, on a estimé que l'évaporation moyenne des sols dépourvus de toute culture est égale à la pluviométrie. Que l'évaporation des sols couverts de végétation soit beaucoup plus grande, a été démontré de façon frappante par un calcul effectué par le regretté botaniste américain, le professeur Asa Gray, qui a calculé qu'un certain orme offrait une surface de feuille, à partir de laquelle une transpiration active se poursuivait constamment, sur une superficie d'environ cinq acres; tandis qu'on a calculé en outre qu'un certain chêne, dans un délai de six mois, a transpiré pendant le jour huit fois et demie plus d'eau qu'il n'en est tombé sous forme de pluie sur une surface égale en circonférence à la cime de l'arbre. [36] De même que l'état de la finesse des particules du sol a une influence importante sur le pouvoir d'absorption des sols, de même, on constate qu'il a une influence importante sur la vitesse à laquelle se produit l'évaporation. L'évaporation s'accomplit le plus dans les sols dont les particules sont compactées ensemble, l'action capillaire s'effectuant alors plus librement et effectuant l'évaporation à partir d'une plus grande profondeur du sol. Le brassage de la partie superficielle du sol, comme par exemple par le binage ou le hersage, a pour cette raison une influence importante en diminuant l'ampleur de l'évaporation et en minimisant les risques de sécheresse, en brisant l'attraction capillaire. La quantité d'évaporation qui se produit à partir d'un sol recouvert d'une culture dépend largement de la nature de la culture ; une culture à racines profondes, car elle tire son humidité d'une zone de sol plus large, ce qui la rend plus efficace pour assécher le sol qu'une culture à racines peu profondes. Il a été démontré à Rothamsted que la différence entre les quantités évaporées d'un sol cultivé et d'un sol nu en jachère équivaut à une pluie de neuf pouces, la récolte étant de l'orge. Cette augmentation est bien entendu due à l'eau que transpirent les cultures. [37]

On peut généralement dire que plus le pouvoir d'absorption d'un sol est grand, plus son pouvoir de rétention est grand ; car les sols qui absorbent le plus d'eau sont les plus réticents à s'en séparer.

Si ces propriétés sont sans aucun doute nécessaires aux sols fertiles, il va sans dire qu'elles peuvent être possédées dans une trop grande mesure par un sol. Le sol qui ne peut évacuer aucun excès d'eau devient froid et humide et ne permet pas un travail du sol approprié. Ses pores deviennent entièrement obstrués, et la circulation de l'air, si importante, comme nous le verrons, est rendue impossible. Les plantes dans un tel sol sont susceptibles de tomber malades et de mourir, l'eau stagne et certaines actions chimiques se produisent qui donnent naissance à des gaz toxiques, tels que l'hydrogène sulfuré, etc. Un sol argileux et raide offre un bon exemple de l'inconvénient d'une rétention excessive. A cause de la difficulté qu'éprouvent ces sols à évacuer leur excès d'eau, ils sont extrêmement difficiles à cultiver ; et les opérations de semis risquent de ce fait d'être retardées.

Les centrales électriques doivent absorber l'eau du sol.

C'est un fait étrange, et qui mérite d'être remarqué à ce propos, que la capacité des racines des plantes à puiser leur humidité dans un sol semble dépendre de la capacité de rétention du sol. Cela signifie que les plantes n'ont pas les moyens d'épuiser l'eau d'un sol rétentif dans une mesure aussi grande que celle d'un sol non rétentif.

Dans des expériences extrêmement intéressantes, réalisées par le célèbre botaniste allemand Sachs, on a constaté que les plantes se fanaient dans un sol limoneux, dont la capacité de rétention d'eau était de 52 pour cent, lorsque son humidité atteignait 8 pour cent ; tandis que dans un sol sablonneux – capacité de rétention d'eau de 21 pour cent – la même espèce de plante ne se flétrit que lorsque son humidité atteignait 1 1/2 pour cent. Nous voyons donc ici que sur un type de sol la plante pouvait vivre et obtenir suffisamment d'eau pour ses besoins, tandis qu'elle mourait de soif dans un autre sol, quoique ce sol contienne tout autant d'humidité.

D'une manière générale, on peut dire que les expériences de Hellriegel ont montré que n'importe quel sol peut fournir aux plantes toute l'eau dont elles ont besoin, pourvu que son humidité ne soit pas réduite au-dessous du tiers de la quantité totale qu'il peut contenir. [38]

Comment augmenter le pouvoir d'absorption des sols.

L'absence ou la présence, en excès, des propriétés ci-dessus, suggère un mot ou deux sur la façon dont ces défauts naturels peuvent, dans une certaine mesure, être artificiellement corrigés. Il va de soi que si la matière organique d'un sol rend son pouvoir d'absorption plus grand, une méthode simple pour améliorer un sol défectueux dans cette propriété consiste à y ajouter de la matière organique. L'un des avantages de l'enfouissement des cultures vertes sur sols sableux tient sans doute à ce fait ; l'ajout de fumier de ferme a également un effet similaire. L'absence d'une quantité suffisante de capacité de rétention, comme on en trouve dans les sols sableux, suggère de la même manière, comme remède, l'addition d'argile ; et *vice versa* , là où le sol est trop argileux, la méthode naturelle d'amélioration sera l'ajout de sable. [39]

Retrait des sols.

En séchant, les sols rétrécissent. Ceux qui reculent le moins sont les sols sableux et calcaires. En revanche, les sols humifères sont ceux qui rétrécissent le plus.

Quantité d'eau la plus favorable dans un sol.

La quantité d'eau dans un sol la plus favorable à la croissance des plantes est une question extrêmement difficile. Une trop grande quantité d'humidité rend la terre froide ; l'air ne peut pas accéder aux particules du sol et les plantes tombent malades et meurent. Hellriegel a découvert que jusqu'à 80 pour cent de ce que le sol peut contenir est nocif pour les plantes, et que la meilleure quantité est de 50 à 60 pour cent. [40]

Pouvoir hygroscopique.

Une propriété que possèdent les sols vis-à-vis de l'eau, tout à fait distincte du pouvoir d'absorption, est leur pouvoir hygroscopique. On entend par là leur pouvoir d'absorber l'eau de l'air où elle est présente sous forme gazeuse. Cette propriété est identique à celle dont nous parlerons immédiatement, à savoir la capacité d'absorber les gaz. La mesure dans laquelle les sols possèdent cette propriété hygroscopique semble être réglée dans une large mesure par les mêmes conditions qui régissent leur pouvoir d'absorption ordinaire. [41] Cette propriété est considérée comme d'une grande importance dans le cas des sols des climats chauds, où l'on peut dire que leur valeur agricole en dépend dans une large mesure. Cependant, la quantité d'eau ainsi absorbée est comparativement insignifiante. Enfin, on peut observer qu'il existe certaines méthodes pour assécher les sols trop humides. Celles-ci consistent à creuser des fossés ouverts, et à les débarrasser ainsi de leur surabondance d'eau, ou à planter certaines espèces d'arbres, tels que des saules et des peupliers. La quantité de surface verte présentée par le grand nombre de feuilles des arbres, à partir desquelles se produit l'évaporation constante de l'eau, est très grande. La conséquence est que les arbres peuvent être considérés comme des moteurs de pompage. C'est pour cette raison que les forestiers ont remarqué que les terres argileuses ont tendance à devenir plus humides après que les arbres qui y poussent ont été abattus. [42]

Une propriété qui dépend largement de celles que nous venons de considérer est la capacité qu'ont les sols d'absorber et de retenir la chaleur. [43] La température d'un sol dépend bien entendu en grande partie de la température de l'air ; mais cela, il ne faut pas l'oublier, dépend aussi du sol lui-même. La chaleur dégagée par les rayons du soleil frappe le sol, de sorte que, même si une grande partie de sa chaleur est absorbée, une certaine partie - et cela varie selon la nature du sol - de sa chaleur est rayonnée dans l'air. .

Les changements de température du sol se produisent naturellement plus lentement que les changements de température de l'air ; la profondeur du sol ainsi affectée par ces changements varie également selon les différents climats. On a calculé que dans les climats tempérés, les changements de température qui se produisent du jour à la nuit ne sont pas ressentis bien au-dessous d'un mètre de profondeur.

L'explication de la rosée.

Nous avons, peut-on dire, généralement deux processus en cours. Pendant la journée, le sol absorbe la chaleur des rayons du soleil ; Lorsque la nuit tombe et que le soleil passe au-dessous de l'horizon, l'air est refroidi en dessous de la température du sol, qui rayonne dans l'air sa chaleur emmagasinée. Il en résulte que la température du sol s'abaisse bientôt au-dessous de la température de l'air, et que l'humidité, présente dans l'air sous forme de vapeur , entrant en contact avec la surface froide de la terre, se condense en rosée, qui se dépose et se voit mieux tôt le matin avant que le soleil ait eu le temps de l'évaporer à nouveau. La rosée est plus abondante en été, car la différence de température entre le jour et la nuit est alors la plus grande. En hiver, c'est le givre.

Chaleur des sols.

La température d'un sol est cependant due à d'autres sources que les rayons du soleil. Chaque fois que la matière végétale se décompose, une certaine quantité de chaleur est toujours générée. Par conséquent, les sols dans lesquels se trouve une grande quantité de matière végétale en décomposition recevront certainement plus de chaleur de cette source que les sols de nature plus purement minérale.

Chaleur dans le fumier de ferme.

Un bon exemple de la quantité de chaleur qui accompagne la fermentation, ou la décomposition de la matière végétale, est le cas du fumier de ferme en décomposition. Le danger de perte d'ammoniac volatil par cette cause est souvent grand, et il faut prendre soin d'éviter que la fermentation ne se poursuive trop rapidement et que la température ne devienne trop élevée. [44] L'augmentation réelle de la température d'un sol provoquée par l'ajout de certains engrais organiques volumineux, comme le fumier de ferme, peut ainsi être considérable. Dans certaines expériences menées à Tokyo, au Japon, il a été constaté que l'application de 20 tonnes de fumier de ferme par acre augmentait la température du sol jusqu'à une profondeur de cinq pouces, pendant une période de près d'un mois, en moyenne, un et demi degrés Fahrenheit. La quantité d'eau présente dans un sol, on le remarquera au passage, aura un effet considérable sur la régulation de sa température, un sol humide étant, en règle générale, un sol froid.

La cause de la chaleur de la fermentation.

On peut se demander : Comment est causée la pourriture, ou la fermentation, de matières végétales, telles que le fumier de ferme ? ou plutôt, à quoi est-ce dû ? La décomposition de toute substance n'est qu'une lente combustion ou combustion. Lorsqu'une substance s'unit à l'élément chimique actif dans l'air – l'oxygène gazeux – on dit qu'elle est oxydée . Or, cette union d'une substance avec l'oxygène est l'explication de la combustion, et les phénomènes de brûlure et de décomposition s'expliquent par la même opération chimique. Lorsque les corps se décomposent ou lorsqu'ils brûlent, ils s'unissent à l'oxygène : lorsque cette union d'un corps et de l'oxygène se fait très rapidement, et qu'il en résulte une flamme et une très grande chaleur, alors nous appelons cela brûlure ; cependant, lorsque cela se produit lentement, on ne parle pas de combustion, mais simplement d'oxydation ou de décomposition. Toutefois, les produits ultimes sont les mêmes, que le corps brûle ou se décompose ; et le processus de décomposition est toujours accompagné de chaleur, ainsi que le processus de combustion. [45] Bien entendu, ce n'est pas seulement la matière végétale ou organique d'un sol qui se décompose, mais aussi la matière minérale. Cependant l'oxydation de la matière minérale du sol se fait si lentement, et la quantité de chaleur générée par cette oxydation est si légère, qu'on peut à peine dire que la température du sol en est beaucoup affectée.

Influence de la couleur d'un sol.

Il existe encore une autre qualité d'un sol dont dépend sa température, c'est sa couleur . Ceci peut sembler à première vue peu intéressant à prendre en compte, et pourtant il a été démontré qu'il a une influence très frappante sur la température d'un sol. Cela se voit naturellement mieux dans les climats où il y a beaucoup de soleil. Les sols de couleur foncée ont une plus grande capacité d'absorption de chaleur que les sols de couleur claire ; et des expériences faites dans le but de déterminer l'étendue de cette influence ont montré que, dans certaines conditions, la différence entre un sol recouvert d'une substance noire et un autre recouvert d'une substance blanche, s'élevait de 13° à 14° Fahr. Toutes choses étant égales par ailleurs, une récolte sur un sol de couleur foncée mûrira plus tôt qu'une récolte sur un sol de couleur claire . Un sol couvert par une culture est plus frais qu'un sol sans culture.

Les sols puissants ont pour capacité d'absorber les gaz.

Nous venons de voir qu'une des causes de la chaleur des sols est l'oxydation qui se produit constamment dans tous les sols, mais plus rapidement dans les sols contenant une grande quantité de matière végétale. Cela suggère un mot ou deux sur le pouvoir qu'ont les sols d'absorber les gaz.

Les principaux gaz présents dans l'atmosphère sont l'oxygène et l'azote. Ces deux gaz sont absorbés par les sols, mais dans des proportions différentes. [46] En ce qui concerne le premier, il est bien connu qu'un apport abondant d'oxygène dans les pores du sol est une condition nécessaire à la fertilité. Cela a été prouvé expérimentalement par de Saussure, qui a montré que les plantes absorbaient l'oxygène par leurs racines. À certaines périodes de leur croissance, cette demande en oxygène de la plante est plus grande qu'à d'autres moments. Par exemple, les graines en cours de germination nécessitent un libre accès à un apport abondant d'oxygène. Ce fait souligne l'énorme importance de fournir un bon lit de semence et de veiller à ce que les graines ne soient pas enfouies trop profondément.

Acide carbonique et ammoniac.

Outre l'oxygène et l'azote, l'air contient d'autres gaz qui sont absorbés par le sol. Parmi ceux-ci, l'acide carbonique est le plus abondant. La plus grande partie de l'acide carbonique que le sol tire de l'air est évacuée en solution par la pluie. [47] Parmi les autres constituants de l'atmosphère, les formes combinées d'azote – à savoir *l'ammoniac* , les acides *nitrique* et *nitreux* – sont les plus importantes. Ceux-ci sont tous absorbés par le sol mais, comme l'acide carbonique, ils sont principalement emportés par la pluie. La quantité d'ammoniaque qui peut être absorbée par un sol à partir de l'air est beaucoup plus grande qu'on ne le supposait autrefois. Certaines expériences récentes de Schloesing , évoquées dans un chapitre suivant, [48] le montrent. Un sol humide peut absorber, au cours d'une année, beaucoup plus d'ammoniac que celui emporté par la pluie.

Le pouvoir d'absorption des gaz des sols varie.

La capacité des différents sols à absorber ces gaz varie. Cette variation dépend non seulement de leurs propriétés physiques, mais également de leurs propriétés chimiques. Les sols contenant beaucoup de matière organique ont une plus grande capacité d'absorption des gaz que les sols purement minéraux.

Absorption de l'azote.

L'absorption de l'azote par le sol est une question d'une importance considérable. On en parlera plus loin sous le titre des propriétés biologiques des sols, telles qu'elles sont fixées par l'action des micro-organismes. [49]

Pour récapituler, les principales propriétés physiques ou mécaniques d'un sol sont son pouvoir d'absorption et de rétention de l'eau ; sa capacité à chauffer ; et son pouvoir d'absorption des gaz. On verra facilement comment les opérations de travail du sol sont calculées pour influencer ces propriétés physiques d'un sol. Ainsi, dans le cas d'un sol raide, le travail du sol augmente son pouvoir d'absorption des gaz atmosphériques, principalement l'oxygène, si nécessaire à la disponibilité de ses matières fertilisantes . Par contre, dans un sol léger et trop ouvert, il peut exercer un effet tout à fait contraire.

Il peut être également judicieux de mentionner ici l'influence importante que ces propriétés physiques exercent sur la croissance de la plante.

Les racines des plantes nécessitent une certaine ouverture dans le sol.

L'une des fonctions du sol est de soutenir la plante en position verticale, et c'est une fonction qui nécessite une certaine compacité ou fermeté du sol. Mais d'un autre côté, le sol ne doit pas être trop compact, sinon les racines des plantes auraient du mal à se frayer un chemin vers le bas. C'est particulièrement le cas pendant les premières périodes de croissance, lorsque les racines des plantes sont encore extrêmement tendres et éprouvent de grandes difficultés à vaincre une grande résistance. L'importance de préparer un lit de semence moelleux sera ainsi immédiatement considérée comme fondée sur des principes scientifiques solides ; et cela pour une double raison. Non seulement la jeune plante a besoin de toutes les facilités pour développer ses racines, mais aussi, comme nous venons de le souligner, un apport abondant en oxygène est d'une importance primordiale pendant le processus de germination.

Sol et racines des plantes.

Toute la question de l'influence de l'état mécanique du sol sur le développement des racines des plantes est de la plus haute importance et de la plus haute importance, et n'est pas aussi généralement reconnue qu'elle devrait l'être.

Tendance naturelle des racines des plantes à pousser vers le bas.

On peut considérer comme certain que l'enchevêtrement des racines des plantes est dû à la résistance offerte par les particules du sol et que la tendance naturelle des racines des plantes est de croître vers le bas. En bref, les racines pousseraient probablement selon une forme aussi symétrique que les tiges ou les branches, si les particules du sol ne les empêchaient de le faire. Là où le sol est tel qu'il offre beaucoup d'obstacles, la croissance de la plante ne peut qu'être retardée. Des expériences extrêmement intéressantes ont été réalisées par l'éminent chimiste allemand Hellriegel sur l'influence qu'a la proximité des particules du sol sur le développement des racines. Dans ces expériences, les pois et les haricots ont été cultivés dans de la sciure de bois humide, comprimée de manière plus ou moins compacte. On a constaté que lorsque la sciure était comprimée à un degré quelconque, la croissance des plantes se faisait très lentement, ou s'arrêtait complètement.

L'importance d'avoir des racines de plantes aussi largement développées que possible dans le sol apparaîtra immédiatement si l'on réfléchit que cela signifie que la superficie du sol d'où la plante tire sa nourriture est ainsi considérablement augmentée. Une autre considération importante est que plus les racines des plantes peuvent pénétrer profondément dans le sol, plus la plante est capable, toutes conditions égales par ailleurs, de résister à l'action de la sécheresse, car elle peut puiser l'eau pour ses besoins dans les couches plus profondes du sol. le sol, longtemps après qu'une plante, dont les racines ne pénètrent pas aussi profondément, se soit flétrie.

Les plantes nécessitent de la place.

Un autre effet important du travail du sol sur la croissance des plantes peut être discuté ici. Un problème extrêmement difficile est posé par la question suivante : combien de plantes individuelles un certain morceau de sol peut-il supporter de manière saine ? Car comme les plantes ont besoin d'espace, il est impératif qu'elles ne soient pas trop serrées les unes contre les autres.

La question se résume à peu près à une question de qualité contre quantité.

Des expériences sur ce sujet ont montré qu'une certaine zone de sol ne peut supporter la croissance saine que d'un certain nombre de plantes. Si la limite est dépassée, le résultat est un développement imparfait.

Nombre de plantes sur certaines zones augmentées par le travail du sol.

Il est cependant évident que plus un sol est bien labouré, plus il sera possible d'y faire pousser un grand nombre de plantes. Les racines, au lieu d'être forcées de s'étendre à la surface du sol et d'occuper ainsi une grande quantité de place, n'auront aucune difficulté à frapper vers le bas. Deux ou trois plantes peuvent ainsi pousser dans un sol soigneusement labouré dans le même espace, comme une seule pouvait le faire avant le labour.

Agriculture américaine et anglaise.

Les considérations ci-dessus jettent une lumière considérable sur ce qui semble à de nombreux agriculteurs une étrange anomalie, à savoir le fait que le rendement des produits agricoles par acre dans les fermes américaines est, en règle générale, bien inférieur à celui de nos propres sols appauvris dans ce pays. pays. Pour beaucoup, à première vue, cela semble être en contradiction directe avec notre croyance commune et conduire à la conclusion selon laquelle les sols vierges d'Amérique sont, après tout, en réalité inférieurs en fertilité à ceux de Grande-Bretagne.

Il n'est cependant pas nécessaire de tirer cette conclusion, car les faits de la cause admettent une autre explication. Les rendements inférieurs obtenus par les fermes américaines sont dus, non pas au fait que le sol américain est moins fertile que celui des Britanniques – car ce n'est pas vrai – mais au fait qu'il est cultivé de manière moins *intensive* .

En Amérique, la terre est bon marché et la main d'œuvre est chère ; il s'avère donc plus économique de cultiver moins soigneusement une grande étendue de terre que de cultiver plus minutieusement une petite superficie. En Grande-Bretagne, c'est l'inverse, la main-d'œuvre étant bon marché et la terre chère. Il faut donc étendre la terre le plus loin possible et produire une récolte aussi abondante qu'il est possible de produire. Il ne fait guère de doute que si l'agriculture américaine était exercée de manière aussi intensive que l'agriculture britannique, le rendement actuel serait au moins probablement doublé.

Il nous faut maintenant considérer la deuxième classe de propriétés qui influencent la fertilité d'un sol. Ce sont des *produits chimiques* .

II. Composition chimique d'un sol. — Chimiquement considéré, le sol est un corps d'une grande complexité. Il est constitué d'une grande variété de substances. Les relations existant entre ces substances et la plante ne sont pas toutes d'égale importance ; certains — et ceux-ci constituent de loin la plus grande proportion de la substance du sol — ont pour objectif d'agir simplement comme un support mécanique pour la plante et d'aider à maintenir dans le sol les propriétés physiques qui, comme nous venons de le voir, exercent une telle influence. fonctions importantes dans le développement de la plante.

fertilisants .

Une petite partie de la substance du sol, cependant, participe beaucoup plus activement à la croissance des plantes, en agissant comme nourriture directe de la plante. Comme nous l'avons déjà vu dans le chapitre introductif, [50] les substances qui ont été trouvées dans les cendres des plantes sont les suivantes : *potasse* , *chaux* , *magnésie* , *oxyde de fer* , *acide phosphorique* , *acide sulfurique* , soude, silice, chlore, oxyde de manganèse, lithia, rubidia , alumine, oxyde de cuivre, brome et iode. La présence générale de certaines de ces substances est douteuse ; la présence d'autrui, encore une fois, probablement purement accidentelle ; tandis qu'on n'en trouve que dans les plantes d'une nature particulière, comme par exemple l'iode et le brome, qu'on ne trouve que dans les cendres des plantes marines.

Parmi ces constituants des cendres, seules les six premières substances, celles marquées en italique, sont absolument nécessaires à la croissance des plantes. En plus de ces six constituants des cendres, la plante tire également son *azote* , un aliment végétal nécessaire, principalement du sol. [51]

Importance de l'azote, de l'acide phosphorique et de la potasse.

Mais parmi ces sept constituants du sol qui sont nécessaires à la croissance des plantes, certains sont devenus considérés par l'agriculteur avec beaucoup plus d'intérêt que d'autres. Cela est dû au fait qu'ils sont normalement présents dans le sol en quantités bien inférieures à celles des autres ingrédients alimentaires tout aussi nécessaires ; que, en bref, ils sont presque invariablement présents dans le sol, sous une forme facilement disponible, en quantités moindres que celles dont la plante est capable de se prévaloir, et souvent, comme dans les sols pauvres ou stériles, en quantités trop petites pour un usage même normal. croissance. Ces ingrédients sont *l'azote* , *l'acide phosphorique* et *la potasse* . [52]

L'importance de veiller à ce que tous les ingrédients végétaux nécessaires soient présents dans un sol en quantités appropriées sera immédiatement appréciée correctement lorsqu'il sera affirmé que l'absence ou l'insuffisance en quantité d'un seul ingrédient est capable d'empêcher la croissance de la plante, bien que les autres ingrédients nécessaires peuvent même être présents en abondance.

en chaux, en magnésie, en fer et en acide sulfurique . Les substances dont le cultivateur doit s'occuper sont donc l'azote, les phosphates et la potasse. Ce sont donc ces substances qui, en règle générale, sont seules ajoutées comme engrais.

État chimique des ingrédients fertilisants dans le sol.

Mais pour considérer les propriétés chimiques d'un sol, une simple considération de la quantité des différents ingrédients présents ne suffit pas. Une considération très importante est leur état chimique. Avant qu'un aliment végétal puisse être assimilé par les racines de la plante, il doit d'abord être rendu soluble. La quantité de nourriture végétale soluble ou, comme on le sait, *disponible dans un sol est très faible.* Il s'ajoute, bien entendu, chaque jour, en raison du processus de désintégration en cours dans les sols.

Quantité d' ingrédients fertilisants solubles .

La nature exacte et le pouvoir dissolvant de l'eau du sol, chargée plus ou moins de différents acides et sels, ainsi que le pouvoir dissolvant de la sève des radicelles de la plante elle-même, donnent la nature exacte de l'eau du sol. l'estimation des constituants fertilisants disponibles est quasiment impossible. Une estimation approximative peut toutefois être obtenue en traitant le sol avec de l'eau pure et des solutions acides diluées. Le traitement du sol avec des solutions acides diluées a pour but de simuler, autant que possible, les conditions auxquelles il est soumis dans le sol. En traitant un sol avec de l'eau, on obtient une certaine quantité d'engrais végétal dissous dans l'eau. Cela ne peut être considéré que comme une indication approximative de la quantité disponible à ce moment-là pour l'usine. Mais chaque jour, grâce aux innombrables réactions complexes qui se produisent dans le sol, cet engrais végétal soluble est constamment ajouté. Des considérations comme celles qui précèdent, jointes à notre ignorance quant aux combinaisons exactes dans lesquelles les minéraux nécessaires entrent dans la plante, serviront à indiquer la grande difficulté de cette partie du sujet. [53]

C'est en grande partie pour ces raisons qu'une analyse chimique d'un sol est, d'un certain point de vue, de peu d'utilité pour témoigner de sa fertilité réelle. Ce qu'elle démontre de manière plus satisfaisante, c'est sa fertilité potentielle. Il est utile pour révéler ce qu'il contient, mais pas nécessairement dans un état disponible. Dans certaines circonstances, elle peut être d'une grande valeur, comme par exemple lorsque l'on désire savoir quel sera le résultat de certains genres de traitements, comme l'application de chaux, etc.

Il n'est donc guère conseillé de présenter au lecteur un certain nombre d'analyses de sols. Afin qu'il puisse se faire une idée approximative de la composition d'un sol, une ou deux analyses représentatives se trouveront en annexe [54] , accompagnées d'un bref compte rendu des principaux minéraux à partir desquels les sols sont formés.

Un point d'un intérêt considérable est la quantité par acre que différents sols contiennent d'azote, d'acide phosphorique et de potasse. Bien que la quantité de ces ingrédients, exprimée en pourcentage, semble très insignifiante, lorsqu'elle est calculée en livres par acre, elle apparaît comme étant largement supérieure à la quantité retirée par les différentes cultures. Cette question sera traitée dans les chapitres suivants.

Un autre point intéressant est la forme chimique sous laquelle les constituants végétaux nécessaires sont présents dans le sol. Pour plus d'informations sur ce point, le lecteur pourra se référer à l'Annexe. [55]

La troisième classe de propriétés qui affectent la fertilité d'un sol est celle que l'on appelle *biologique* .

III. Propriétés biologiques d'un sol. — Les fonctions importantes que les découvertes modernes ont démontrées comme étant remplies par la vie organique infime dans l'économie terrestre ne sont nulle part illustrées de manière plus frappante que dans le *rôle important* qu'elles jouent dans le sol.

Bactéries du sol.

Le sol de chaque champ cultivé regorge de bactéries dont la fonction est d'aider à fournir aux plantes la nourriture dont elles ont besoin. La nature et les fonctions exercées par ces organismes diffèrent très largement. Nous savons très peu de choses sur beaucoup d'entre eux ; mais chaque jour, nos connaissances s'étendent grâce aux recherches laborieuses des chercheurs de toutes les parties du monde, et il faut prévoir que d'ici peu nous serons en possession de nombreux faits concernant la nature et la méthode du développement de la science. ces agents les plus intéressants de l'économie terrestre. Nous avons cependant toutes les raisons de croire qu'ils sont présents en quantités énormes dans tous les sols, une classe d'organismes liés à l'oxydation du gaz acide carbonique étant estimée être présente à hauteur de plus d'un demi-million dans un gramme de sol. [56] (Wollny et Adametz). Une classe — et leur importance est très grande en agriculture — prépare la nourriture des plantes en décomposant la matière organique du sol en substances simples et facilement assimilables par la plante. La soi-disant « maturation » de divers engrais organiques s'effectue , comme nous le savons maintenant , entièrement par l'intermédiaire de bactéries de cette classe. La vie végétale est incapable de vivre des composés azotés complexes de la matière organique du sol, et sans les bactéries, ces substances resteraient indisponibles. L'attention sera attirée plus en détail sur cette question dans le chapitre sur le fumier de ferme. Parmi ces bactéries, parmi les plus importantes figurent celles qui sont les agents actifs du processus connu sous le nom de « nitrification », c'est- *à-dire* le processus par lequel l'azote organique et les sels d'ammoniac sont convertis en nitrites et nitrates. La présence de ces organismes semble indispensable à la fertilité de tout sol. Il existe en revanche des organismes qui ont le pouvoir d'inverser le travail des bactéries de nitrification en convertissant les nitrates en d'autres formes d'azote. La réduction des nitrates dans le sol est souvent la source d'une perte importante d'azote précieux, qui s'échappe à l'état libre, de sorte que l'action des bactéries n'est pas entièrement bénéfique.

Trois classes d'organismes dans le sol.

Dans la mesure où le sujet a été étudié jusqu'à présent, les micro-organismes présents dans le sol peuvent être divisés en trois classes. [57]

Première classe d'organismes.

Nous avons tout d'abord ceux dont la fonction est d' oxyder les ingrédients du sol. Les organismes de cette classe peuvent agir de différentes manières. Ils peuvent assimiler la matière organique du sol et la transformer en gaz carbonique et en eau ; ou bien, ils peuvent au contraire l' oxyder en dégageant de l'oxygène. Certains de ces organismes, dont l'action est du premier genre, choisissent pour l'assimilation les matières les plus remarquables. On a constaté que l'un d'entre eux a besoin, pour son développement, de carbonate ferreux, qu'il oxyde en oxyde (Winogradsky) ; tandis qu'un autre, [58] ce qu'on appelle l' organisme soufré , convertit le soufre en hydrogène sulfuré selon les uns, et selon les autres en sulfates. À cette classe d' organismes appartiennent les organismes nitrifiants. Comme nous le verrons plus en détail dans un chapitre ultérieur, deux organismes distincts liés à ce processus ont déjà été isolés et étudiés : l'un effectuant la formation de nitrites à partir de sels organiques d'azote ou d'ammoniac, et l'autre la conversion des nitrites en nitrates. La deuxième méthode par laquelle ces organismes oxydants agissent consiste à dégager de l'oxygène. Ce fait suscite beaucoup d'intérêt, car on supposait jusqu'à tout récemment que toute évolution de l'oxygène dans la physiologie végétale dépendait de la présence de lumière et était également intimement liée à la chlorophylle, ou à la matière colorante verte des plantes. Il semblerait cependant que, parmi les organismes du sol, ces conditions ne soient pas nécessaires, et le dégagement d'oxygène peut s'effectuer aussi bien dans le cas des organismes incolores que dans le cas de la lumière. Tous les sols regorgent probablement d'organismes de ce type. Un exemple typique est l'organisme qui est l'agent actif de l'oxydation du gaz acide carbonique et dont on a déjà parlé comme existant en si grand nombre dans le sol. [59]

La deuxième classe d'organismes du sol.

La deuxième classe d'organismes est constituée de ceux qui réduisent ou détruisent les constituants du sol. Les plus importants d'entre eux, au point de vue agricole, sont ceux qui libèrent l'azote de ses composés. Dans la putréfaction de la matière organique, les organismes agissent principalement, il est probable, en l'absence totale d'oxygène atmosphérique ; mais il semblerait cependant qu'ils puissent agir aussi en présence d'oxygène. C'est par leur intermédiaire que le sol peut perdre une partie de son azote sous forme « libre ». A cette classe appartiennent les organismes dénitrifiants déjà mentionnés qui réduisent les nitrates et nitrites du sol. [60]

Troisième classe d'organismes.

La troisième classe d'organismes est celle par laquelle le sol est enrichi. De cette classe, ceux qui fixent l'azote libre de l'air sont les plus importants. La nature de ces organismes est encore quelque peu obscure, mais le fait que les légumineuses aient le pouvoir de puiser dans cette source d'azote est désormais un fait bien établi. Toute référence ultérieure à ces organismes intéressants pourrait être reportée à un autre chapitre.

Le point important à souligner est que pour le développement sain de ces organismes, si nécessaires dans tout sol fertile, certaines conditions doivent exister. Ces conditions nécessaires seront traitées plus en détail ultérieurement. Il suffit de remarquer qu'ils concernent aussi bien les propriétés physiques que la composition chimique du sol. Ceci fournit une raison supplémentaire pour justifier la nécessité d'avoir un état mécanique satisfaisant du sol.

Récapitulation.

D'après ce que nous avons dit, on voit que la question de la fertilité des sols est une question très compliquée et dépend de conditions nombreuses et variées ; que les propriétés qui constituent la fertilité, bien que de nature apparemment très différente, s'influencent en réalité dans une très grande mesure les unes les autres ; que non seulement la présence dans un sol des constituants végétaux nécessaires est nécessaire à la fertilité, mais que la possession par le sol de certaines propriétés physiques ou mécaniques est également nécessaire ; tandis que, enfin, nous avons vu que la présence de certaines formes de vie micro-organique est liée au problème de la fertilité d'une manière très directe et pratique.

L'importance des conditions, autres que celles de nature purement chimique, a été jusqu'à présent assez soulignée , pour la raison que dans ce qui suit, l'attention sera presque exclusivement consacrée aux conditions purement chimiques de la fertilité. Il convient donc de se rendre compte que, même si ces dernières conditions sont de loin les plus importantes, dans la mesure où l'agriculteur est pratiquement concerné, dans la mesure où elles sont le plus sous son contrôle, elles ne sont pas les seules conditions et ne sont pas par conséquent eux-mêmes capables de contrôler la fertilité.

NOTES DE BAS DE PAGE :

[33] Cette affirmation doit peut-être être nuancée. Alors que le *rôle* important joué par les qualités physiques du sol était reconnu dans les premières années de la science , ces dernières années, la composition chimique du sol a fait l'objet d'études presque exclusives. Les propriétés physiques du sol ont récemment acquis une importance supplémentaire aux yeux des chimistes agricoles, en raison de l'influence importante qu'elles exercent sur ce que nous avons appelé ici les propriétés biologiques d'un sol, à savoir le développement des processus de fermentation par lesquels les plantes. la nourriture est préparée dans une large mesure.

[34] Un bon exemple de la capacité d'absorption d'un sol contenant une grande quantité de matière végétale est fourni par les tourbières, qui, telles des éponges, peuvent absorber d'énormes quantités d'eau. (Voir Annexe, Note I., p. 98.)

[35] Jethro Tull, un des premiers écrivains agricoles bien connus, qui a vécu vers le milieu du siècle dernier, a avancé la théorie selon laquelle, comme la nourriture des plantes consistait en de minuscules particules terreuses du sol,

tout ce qui était requis par l' habile Le fermier devait veiller à ce que son sol soit correctement labouré. Il publia en conséquence un ouvrage intitulé « Horse-hoeing Husbandry », dans lequel il préconisait un système de travail du sol minutieux. (Voir Introduction historique, p. 10.)

[36] Voir Introduction, p. 55.

[37] Voir chapitre introductif, p. 55.

[38] On ne sait pas exactement pourquoi un excès d'eau devrait empêcher la croissance normale de la plante. C'est probablement dû au fait que le libre accès à l'oxygène est alors entravé. Les racines ne sont donc pas suffisamment exposées à ce gaz nécessaire et les processus de fermentation du type nitrification ne sont pas favorisés. Cela peut également être dû au fait que la solution d'engrais végétal est trop diluée lorsqu'un tel excès d'eau prévaut.

[39] Voir Annexe, Note II., p. 98.

[40] Certaines expériences d'E. Wollny le montrent. Il a découvert, en expérimentant avec *le colza d'été* , que les meilleurs résultats étaient obtenus lorsque le sol ne contenait que 40 pour cent de sa capacité totale de rétention d'eau ; lorsque le montant était diminué ou augmenté, les résultats obtenus diminuaient. L'effet d'un manque ou d'un excès d'eau se voit sur le développement des différents organes de la plante ainsi que sur sa période de croissance, beaucoup d'eau semblant retarder la croissance. La qualité de la plante semble également être influencée par cette condition. Les expériences réalisées par Wollny sur les grains de céréales montrent que non seulement la texture du grain est influencée, mais que l'humidité diminue également le pourcentage d'azote. Wollny est d'avis que pour les cultures en général, la meilleure quantité se situe entre 40 et 75 pour cent de la capacité totale de rétention d'eau du sol.

[41] Voir Annexe, Note III., p. 99.

[42] Voir p. 55.

[43] L'effet de la température du sol sur le développement de la plante est le plus important. Ceci est particulièrement marqué au moment de la germination, mais se fait sentir aux périodes ultérieures de croissance. Jusqu'à une certaine température, plus le sol est chaud, plus le développement de la plante est rapide. Dans ce pays, la température la plus favorable à la croissance est rarement dépassée, voire atteinte.

[44] Voir le chapitre sur le fumier de ferme.

[45] Comme nous le verrons plus loin, la fermentation des substances organiques est provoquée par l'action de la vie micro-organique.

[46] Voir Annexe, Note IV., p. 100.

[47] Bien sûr, il ne faut pas oublier qu'une grande quantité d'acide carbonique dans les sols provient de la décomposition de la matière végétale. Les sols sont vingt à cent fois plus riches en acide carbonique que l'air.

[48] Voir chapitre III., p. 119.

[49] Voir Introduction, p. 40.

[50] Voir chapitre introductif, p. 54.

[51] Voir p. 44 et 135.

[52] Parfois aussi *de la chaux* .

[53] Voir annexe, notes V. et VI., pp. 100, 101.

[54] Note VI., p. 101.

[55] Note VII., p. 107.

[56] Des estimations encore plus larges du nombre de germes dans un gramme de sol ont été faites – de trois quarts à un million (Koch, Fülles et autres).

[57] Ces organismes sont constitués de moisissures, de levures et de bactéries, ces dernières étant les plus abondantes. A la surface du sol, parmi les bactéries, les bacilles sont les plus abondants. Les micrococées ne sont pas abondantes.

[58] Enquête menée par Winogradsky, Olivier, De Rey Pailhade et d'autres.

[59] Des organismes de ce type ont été étudiés entre autres par Heraüs , Hueppe et E. Wollny. D'après les deux premiers chercheurs cités, certaines bactéries incolores provoquent la formation, en l'absence de lumière de l'humus, et carbonatent un corps ressemblant par nature à la cellulose.

[60] Enquête menée par Springer, Gayon et Dupetit , Dehérain et Marguenne .

ANNEXE AU CHAPITRE I.

Les déterminations suivantes de Schübler montrent le pouvoir d'absorption de différents types de substances du sol. Ceux-ci ont été obtenus en trempant des quantités pesées de sol dans l'eau, en laissant l'excès de liquide s'écouler et en pesant la terre humide.

	Pourcentage d'eau absorbée par 100 parties de la terre.
Sable siliceux	25
Gypse	27
Sable calcaire	29
Argile sableuse	40
Argile forte	50
Sol arable	52
Calcaire fin	85
Jardin-terre	89
Humus	190

Il a été calculé que le pouvoir d'absorption d'un mélange de différentes substances n'est pas simplement égal à la somme de leurs ingrédients séparés.

REMARQUE II. (p. 74).

ÉVAPORATION .

La propriété de rétention d'eau d'un sol tend à retarder l'évaporation. Le tableau suivant de Schübler montre la vitesse à laquelle l'évaporation se produit dans différents sols. L'expérience a été menée de la manière suivante. Le sol testé a été saturé d'eau et étalé sur un disque et laissé s'évaporer pendant quatre heures avant d'être pesé. Le temps nécessaire à l'évaporation de 90 pour cent de l'eau a également été estimé. De 100 parties d'eau dans le sol humide s'y sont évaporées à 60° Fahr.

Depuis-	Dans quatre heures...	Temps nécessaire pour évaporer 90 pour cent.	
	pour cent.	Heures.	Minutes
Quartz	88	4	4
Calcaire	76	4	44
Argile sableuse	52	5	1
Argile raide	46	6	55
Argile limoneuse	46	7	52
Argile grise pure	32	11	17
Terreau	32	11	15
Carbonate de calcium fin	28	12	51
Humus	21	17	33
Carbonate de magnésium	11	33	20

REMARQUE III. (p. 76).

POUVOIR HYGROSCOPIQUE DES SOLS.

Davy a découvert que le pouvoir hygroscopique des sols était le suivant. Il a constaté que 100 parties en poids de trois échantillons de sables différents absorbaient respectivement 3, 8 et 11 parties d'eau en une heure ; tandis que trois loams en absorbaient de la même manière 1,3, 1,6 et 1,8 parties.

Les échantillons de sol suivants ont été séchés à 212° Fahr. et exposés à une atmosphère saturée d'eau et à une température de 62° Fahr., lorsqu'il a été constaté qu'ils absorbaient les quantités suivantes en douze heures : -

Le sable de quartz	0,0
Sable calcaire	0,3
Argile maigre	2.1

Argile grasse	2.5
Sol argileux	3.0
Argile pure	3.7
Terreau de jardin	3.5
Humus	8.0

REMARQUE IV. (p. 81).

GAZ PRÉSENTS DANS LES SOLS.

L'air que nous trouvons enfermé dans les pores du sol est nettement *plus pauvre* en oxygène que l'air ordinaire. Boussingault a constaté que le pourcentage d'oxygène dans un sol sablonneux, fraîchement fumé et mouillé par la pluie, était aussi bas que 10,35 pour cent ; tandis que l'air du sol forestier contenait 19,5 pour cent d'oxygène et 0,93 pour cent d'acide carbonique. Le pourcentage d'oxygène dans les sols dépend du taux de décomposition des parties organiques. La profondeur de la couche de sol détermine également la quantité. Cela est dû au fait que la diffusion s'effectue plus lentement en profondeur qu'à proximité de la surface.

REMARQUE V. (p. 90).

QUANTITÉ D'ENGRAIS VÉGÉTAL SOLUBLE DANS LE SOL.

Deux des méthodes les plus fiables pour déterminer une approximation de la quantité de constituants solubles du sol sont (1) le traitement du sol avec de l'eau distillée et (2) l' analyse de l'eau de drainage. En ce qui concerne la première de ces deux méthodes, il a été constaté que même la quantité de matière fertilisante dissoute par l'eau distillée pure varie. Cette variation dépend de la quantité d'eau distillée utilisée, ainsi que de la durée pendant laquelle le sol est laissé en contact avec le solvant. En lavant le sol avec différentes quantités d'eau, différentes quantités d'ingrédients solubles du sol auront été éliminées ; car, bien que les premiers lavages contiennent de beaucoup la plus grande partie de la matière soluble, chaque lavage ultérieur se révélera en contenir de nouvelles quantités.

Un certain nombre d'expériences ont montré que 1 000 parties d'eau distillée dissolvaient de différents sols une moitié à une partie et demie des constituants solubles ; ou de 0,05 à 0,15 pour cent. De cette matière soluble, 30 à 67 pour cent sont de nature minérale et 33 à 70 pour cent sont organiques. Les sols sableux pauvres donnent le minimum, tandis que les sols tourbeux donnent le maximum. La quantité de matière soluble dans un sol tourbeux ordinaire peut varier de 0,4 à 1,4 pour cent ; mais il s'agit principalement de matière organique. (Voir « Comment les cultures se nourrissent » de Johnson, p. 312.)

Une méthode plus satisfaisante consiste peut-être à analyser l'eau de drainage d'un sol. On a constaté que sa composition variait considérablement. La moyenne d'un grand nombre d'analyses est de 0,04 à 0,05 pour cent de matières dissoutes. Parmi ces matières dissoutes, la plus grande proportion est constituée de matières organiques, d'acide nitrique, de chaux et de sels de soude. Il faut cependant garder à l'esprit que même les eaux de drainage ne fournissent pas une indication exacte de la quantité de matières dissoutes dans un sol. Une grande partie, peut-être la plus grande proportion, des matières dissoutes ne parvient jamais dans les eaux de drainage. Celle contenue dans les eaux de drainage représente en réalité le surplus de matières dissoutes que le sol ne peut retenir et qui est ainsi emporté par la pluie dans les égouts. La composition des eaux de drainage est intéressante car elle montre que, pratiquement, tous les ingrédients végétaux nécessaires sont en solution dans le sol.

REMARQUE VI. (p. 90).

COMPOSITION CHIMIQUE DU SOL .

Les substances les plus importantes présentes dans les sols sont les suivantes : silice, alumine, chaux, magnésie, potasse, soude, oxyde ferrique, oxyde de manganèse, acide sulfurique , acide phosphorique et chlore. Parmi ces substances, la présence d'alumine, de silice, de chaux et, dans certains cas, de magnésie, ainsi que de la partie organique du sol, l'humus, a la principale influence pour déterminer la nature et les propriétés physiques d'un sol.

Afin de bien comprendre à quoi les sols doivent la nature de leur composition chimique, il est nécessaire de considérer la composition de certains des principaux minéraux, à partir de la désintégration desquels se forment les sols.

Alors que l'on connaît quelque soixante-dix éléments présents dans la croûte terrestre, celle-ci n'en est pratiquement composée que d'environ seize. Ces seize sont l'oxygène, le silicium, le carbone, le soufre , l'hydrogène, le chlore, le phosphore, le fer, l'aluminium , le calcium, le magnésium, le sodium, le potassium, le fluor, le manganèse et le baryum. [61] Parmi ceux-ci, l'oxygène est de loin le constituant le plus important, représentant, grosso modo, environ 50 pour cent.

La masse principale des roches est constituée de silice, et celle-ci est généralement combinée avec de l'alumine, comme dans l'argile, formant du silicate d'aluminium , et avec les alcalis et les alcalino-terreux les plus courants. Un autre composé extrêmement abondant est le carbonate de chaux, qui, comme le calcaire, la craie et la marne, forme un sixième du total des roches de la Terre.

Le mot « minéral » désigne un composé chimique défini d'origine naturelle. Le nombre de minéraux est très grand, et il est impossible d'entrer ici dans les détails. On ne peut citer que quelques-unes des plus importantes, qui concernent principalement la formation des sols.

Ceux formés de silicates sont, au point de vue agricole, les plus importants, car ils forment un groupe très vaste ; et c'est par leur désintégration que se forment principalement les sols. Ils sont constitués de silice et d'alumine, ainsi que de diverses autres substances, principalement des alcalis et des alcalino-terreux. Il est important de noter une particularité concernant la solubilité des silicates. Nous avons deux classes de silicates : l'une, appelée « acide », et qui contient un excès de silice ; l'autre, « basique », et qui contient un excès de base. Or, tandis que le premier est plus ou moins insoluble, le second est soluble. Ce fait a une signification importante dans le processus de désintégration des minéraux silicatés que nous allons considérer.

La première et la plus importante classe sont les *Felspaths* . Le felspath n'est pas vraiment un minéral défini, avec une composition chimique définie, mais plutôt le nom d'une classe de minéraux dont il existe plusieurs sortes différentes. Les feldspaths sont composés de silice et d'alumine, ainsi que de potasse, de soude et de chaux, avec des traces de fer et de magnésie. Leurs principaux constituants sont cependant la silice et l'alumine, ainsi que la potasse, la soude ou la chaux. Selon que la potasse de base, la soude ou la chaux prédominent, le feldspath est connu respectivement sous les noms d'Orthose, d'Albite et d'Oligoclase.

Voici les analyses des trois minéraux (par le regretté Dr Anderson) :—

	Orthose.		Albite.		Oligoclase.	
	1.	2.	1.	2.	1.	2.
Silice	65,72	65.00	67,99	68.23	62,70	63.51
Alumine	18h57	18.64	19.61	18h30	23h80	23.09
Peroxyde de fer	traces	0,83	0,70	1.01	0,62	aucun

Oxyde de manganèse	traces	0,13	aucun	aucun	aucun	aucun
Citron vert	0,34	1.23	0,66	1.26	4,60	2.44
Magnésie	0,10	1.03	aucun	0,51	0,02	0,77
Potasse	14.02	9.12	aucun	2,53	1.05	2.19
Un soda	1,25	3.49	11.12	7,99	8h00	9.37
	100,00	99.47	100.08	99,83	100,79	101.37

Selon la présence de ces différents feldspaths dans un sol, la qualité du sol le sera également. Il va de soi que, comme la présence de potasse dans un sol est l'une des caractéristiques distinctives de sa fertilité, beaucoup dépendra de la mesure dans laquelle le feldspath orthose est présent ; et aussi, non seulement sur l'étendue, mais sur l'état et le degré de sa désintégration. Il est important de noter la méthode de cette désintégration. Cela s'effectue par l'absorption de l'eau. Cette eau n'est pas seulement absorbée mécaniquement, mais entre effectivement dans la composition du minéral. Elle n'est pas simplement présente sous forme d'humidité, susceptible d'être expulsée à la température d'ébullition ordinaire, mais elle forme ce qu'on appelle l'eau de composition. Dans ce processus d'hydratation, le minéral perd son éclat et son aspect cristallin, s'effrite en une masse plus ou moins – selon son état de désintégration – poudreuse. Un très grand changement s'opère également dans sa composition chimique ; il perd presque toute sa base. Ceci s'effectue de la manière suivante. Lorsque l'eau entre dans la composition du minéral, elle libère une certaine partie de la base ; il se forme ainsi un silicate basique qui, étant soluble dans l'eau, est emporté en solution. Ce changement peut être illustré en citant l'analyse d'une argile kaolinique formée par la désintégration du feldspath orthose.

Argile de Kaolin formée par désintégration de l'Orthose.

Silice	46,80
Alumine	36,83
Peroxyde de fer	3.11
Carbonate de chaux	0,55
Potasse	0,27
Eau	<u>12h44</u>

<u>100,00</u>

La principale différence est ici la perte presque totale de potasse et d'une partie de la silice, et le gain d'eau. Les autres constituants restent pratiquement insolubles.

Un autre minéral important est *le mica* . Sa composition n'est pas sans rappeler le felspath. Il contient de la silice, de l'alumine et du fer en quantités considérables, ainsi que de la magnésie et de la potasse. Il existe deux sortes de mica : celui qui contient de la potasse et celui qui contient de la magnésie en excès. Les analyses de ces deux types sont les suivantes (par le regretté Dr Anderson) : -

MICAS.

	(*a*) Potasse.	(*b*) Magnésie.
Silice	46.36	42,65
Alumine	36,80	12.96
Peroxyde de fer	4.53	aucun
Protoxyde de fer	aucun	7.11
Oxyde de manganèse	0,02	1.06
Magnésie	aucun	25h75
Potasse	9.22	6.03
Acide hydrofluorique	0,70	0,62
Eau	<u>1,84</u>	<u>3.17</u>
	<u>99.47</u>	<u>99.35</u>

La décomposition du mica est cependant très lente, car il s'agit d'un minéral particulièrement dur.

D'autres minéraux importants sont *la hornblende* et *l'augite* . Ceux-ci sont composés de silice, d'alumine, d'oxyde de fer, d'oxyde de manganèse, de chaux et de magnésie. Ce sont les principaux minéraux à partir desquels se forment les sols. Il est à peine besoin de dire que peu de sols sont constitués uniquement de l'un de ces trois minéraux. Presque toutes les roches sont formées d'un mélange de ces minéraux. Toutefois, là où un minéral prédomine sur les autres, la nature du sol en sera affectée. Pour illustrer cela, il peut être bon de mentionner la composition d'une ou deux des roches les plus communes.

1. *Le granite* , si abondant dans certaines parties du nord de l'Écosse, et qui donne naissance aux sols des environs d'Aberdeen, est constitué d'un mélange de quartz, de feldspath et de mica. Cela dépend du feldspath présent , *c'est-à-* dire s'il s'agit d'orthose, d'oligoclase ou d'albite, si le sol sera riche ou non en potasse. Le granit contenant du felspath d'orthose produit un sol assez fertile. Une considération importante, susceptible de compliquer cette question, est la situation de ces sols. Ils sont généralement si élevés au-dessus du niveau de la mer que leur fertilité en est sérieusement altérée.

2. *Le gneiss* , une autre roche commune, est de composition similaire, sauf qu'il contient très peu de felspath et une quantité proportionnellement plus grande de mica.

3. *La syénite* contient du quartz, du feldspath et de la hornblende.

Les roches dont la pierre verte et le piège sont des types se trouvent en très grande partie dispersées dans le pays. Elles sont de deux sortes, la diorite et la dolorite .

4. *Le calcaire* appartient à deux grandes classes. Nous avons (1) commun, (2) magnésien. Voici les analyses de ces deux classes par le Dr Anderson : -

	Commun.		Magnésien.	
	Milieu du Lothian	Sutherland.	Sutherland.	Dumfries.
Silice	2h00	7.43	6h00	2.31
Oxyde de fer et alumine	0,45	0,76	1,57	2h00
Carbonate de chaux	93.61	84.11	50.21	58,81
Carbonate de magnésie	1,62	7h45	41.22	36.41
Phosphate de chaux	0,56	—	—	—
Sulfate de chaux	0,92	—	—	—

Matière organique	0,20	—	—	—
Eau	0,50	—	—	—
	99,86	99,75	99.00	99.53

Les argiles sont formées par la désintégration de l'une des roches cristallines ; les argiles les plus pures étant formées à partir de feldspath. Une argile pure est simplement constituée de silice et d'alumine, tous les autres constituants ayant été éliminés. Mais la désintégration atteint rarement une telle ampleur ; sinon, les sols argileux seraient complètement stériles, ce qui n'est notamment pas le cas. Les impuretés présentes dans l'argile, constituées d' alcalis , notamment de potasse et d'autres ingrédients minéraux de la plante, confèrent aux sols argileux leur fertilité. Les argiles diffèrent cependant très considérablement par leur composition. Ce qui suit est une analyse d'un sol argileux par le Dr Anderson : -

Silice	60.03
Alumine	14.91
Peroxyde de fer	8,94
Citron vert	2.08
Magnésie	4.22
Potasse	3,87
Un soda	0,06
Eau et acide carbonique	<u>5,67</u>
	<u>99.72</u>

REMARQUE VII. (p. 91).

FORMES SOUS LESQUELLES LES ALIMENTS VÉGÉTAUX SONT PRÉSENTS DANS LE SOL.

Les formes sous lesquelles les bases nécessaires à l'alimentation des plantes sont présentes dans le sol, sont principalement sous forme *de silicates hydratés* et en combinaison avec des acides organiques, formant des humates, etc., ainsi que sous forme de sulfates et de chlorures.

L'acide phosphorique est présent en combinaison avec du fer, de l'alumine ou de la chaux, ou éventuellement également sous forme de phosphate de magnésium-ammonium. L'acide sulfurique est généralement présent à l'état plus ou moins insoluble, en combinaison avec le fer et la chaux ; tandis que le chlore est combiné avec les bases alcalines sous une forme facilement soluble. Un point important concerne la forme sous laquelle la plante absorbe ces constituants alimentaires. A ce propos, on peut se référer à une théorie avancée par un très éminent chimiste agronome français, le professeur Grandeau . Sa théorie est que les ingrédients nécessaires à la nutrition végétale sont absorbés dans la plante sous forme d'humates ou, en tout cas, que le milieu de ce transfert est l'acide humique et des acides organiques de nature similaire. Cependant, cette théorie, bien qu'ingénieuse, n'a pas encore été étayée par suffisamment de preuves pour justifier son acceptation. Il est probable que ce n'est que sous forme de sels solubles que la plante peut absorber sa nourriture. Il est cependant tout à fait probable que la forme exacte sous laquelle les différentes substances alimentaires pénètrent dans la plante soit largement déterminée par les circonstances. Selon Nobbe, le chlorure de potassium est la forme de sels de potassium la plus appropriée, bien que la plante puisse absorber son potassium sous forme de sulfate, de phosphate ou même de silicate.

NOTES DE BAS DE PAGE :

[61] Composition de la croûte solide terrestre en 100 parties en poids :—

Oxygène	44,0 à 48,7
Silicium	22,8 à 36,2
Aluminium	9,9 à 6,1
Fer	9,9 à 2,4
Calcium	6,6 à 0,9
Magnésium	2,7 à 0,1
Sodium	2,4 à 2,5
Potassium	1,7 à 3,1

(Leçons de chimie élémentaire de Roscoe, p. 8.)

CHAPITRE II.
FONCTIONS EXÉCUTÉES PAR LES FUMIERS.

Ayant maintenant examiné les conditions générales dont dépend la fertilité du sol, nous sommes en mesure d'aborder la nature et la fonction des engrais.

Les fumiers peuvent être classés de plusieurs manières différentes, et une confusion considérable est parfois causée par la diversité des classifications adoptées par les différents auteurs sur ce sujet.

Signification étymologique du mot Fumier.

Comprenons d'abord clairement ce que nous entendons par fumier. Le mot fumier vient du mot français *manœuvrer* , qui signifie simplement « travailler avec la main », donc « labourer », et ce sens étymologique du mot illustre la croyance ancienne dans la fonction des fumiers. Nous avons déjà vu dans l'introduction historique que, selon Tull, la véritable et unique fonction des engrais était de faciliter la pulvérisation du sol par fermentation. En avançant son système de *labourage minutieux* , il affirmait que puisque le labour effectuait la pulvérisation du sol, là où il était pratiqué , les fumiers pouvaient être supprimés.

Définition des fumiers.

Bien entendu, nous n'attribuons plus au mot ce sens ancien. Le mot fumier s'applique désormais à toute substance qui, par son application, contribue à la fertilité d'un sol. Comme nous l'avons montré dans le chapitre précédent, les substances nécessaires à la croissance des plantes, qui sont susceptibles de manquer dans un sol, ne sont généralement qu'au nombre de trois, à savoir l' *azote* , *l'acide phosphorique* et *la potasse* . Par conséquent, on entend par fumier toute substance contenant ces ingrédients, seuls ou ensemble, et sa valeur commerciale est déterminée par la quantité qu'elle contient de ces substances. Mais même s'il en est ainsi, il ne faut pas oublier que si l'on définit le fumier comme une substance qui contribue d'une manière ou d'une autre à la fertilité du sol, d'autres substances que celles mentionnées ci-dessus peuvent à juste titre être considérées comme du fumier. La fertilité d'un sol, nous l'avons vu, dépend non seulement de la présence de certains constituants, mais aussi de leur état chimique , *c'est* -à-dire de leur facilité de dissolution ou non. Elle dépend en outre, comme nous l'avons vu également, de la possession par le sol de certaines propriétés mécaniques et biologiques. Il existe ainsi des substances qui agissent sur la matière fertilisante inerte du sol et, par leur action, la transforment en une forme plus rapidement disponible. Il existe d'autres substances qui, par leur application, exercent un effet considérable sur la texture du sol et influencent ainsi ses propriétés physiques et biologiques. Toutes ces substances, selon la définition ci-dessus du fumier, doivent être incluses dans ce terme. On voit ainsi que, puisque la fertilité d'un sol peut être favorisée de diverses manières et que les fonctions remplies par les engrais sont de différentes espèces, on peut les diviser en différentes classes, selon leur action respective.

Différentes classes de fumiers.

En premier lieu, on peut diviser les engrais en deux grandes classes : 1° ceux qui fournissent au sol les éléments nutritifs nécessaires aux plantes et contribuent ainsi directement à la fertilité ; et (2) ceux qui influencent la fertilité du sol de manière indirecte. Nous pouvons appeler la première classe d'engrais *directs* , et la seconde *indirecte* . Ces deux classes peuvent en outre être subdivisées en d'autres classes plus petites. Parmi les engrais directs, nous avons un certain nombre de subdivisions en usage. On peut les diviser en engrais *généraux* et en engrais *spéciaux* , selon qu'ils contiennent tous les éléments nécessaires à la croissance des plantes, ou seulement quelques-uns d'entre eux ; ou ils peuvent être divisés selon leur source en *naturels* et *artificiels* , *minéraux* et *végétaux* . De même, nous avons un certain nombre de subdivisions au sein de la seconde classe, selon la nature particulière de l'action qu'elles exercent. Certains engrais agissent dans les deux sens, à la fois directement et indirectement, et pour que leur valeur soit pleinement appréciée, il faut les étudier sous les deux aspects. L'exemple le plus frappant d'un tel fumier est le fumier de ferme. Il existe d'autres engrais qui peuvent dans certaines circonstances agir de deux manières différentes. Une telle substance est la chaux. Il existe des sols qui manquent effectivement de chaux en quantité suffisante pour les besoins des cultures. Sur de tels sols, une application de chaux agirait à la fois comme engrais direct et indirect. Il peut également y avoir des cas exceptionnels où des sels de magnésie ou même des sels de fer peuvent faire office d'engrais direct. De nombreux engrais communément considérés comme des engrais purement directs exerceraient une influence indirecte si les quantités dans lesquelles ils étaient appliqués étaient suffisamment importantes. C'est en effet le cas de nombreux engrais artificiels, tels que le guano, les os, le nitrate de soude et les scories basiques. On a prétendu que le nitrate de soude non seulement favorise la fertilité en fournissant au sol de l'azote sous sa forme la plus disponible, mais que la soude qu'il contient exerce une influence indirecte précieuse en consolidant le sol et en augmentant son pouvoir d'absorption. Cependant, si l'on réfléchit à la petite quantité de ce fumier qui est appliquée à l'acre, son influence mécanique doit être insignifiante. Il en est de même pour les scories basiques, qui contiennent dans leur composition une quantité considérable de chaux libre. Toutefois, comme ce fumier est parfois appliqué en quantités considérables, il est raisonnable de supposer que sa valeur indirecte n'est peut-être pas tout à fait insignifiante. En effet, nous en avons la preuve dans le fait que son action la plus favorable s'est avérée se situer sur les sols riches en matière organique. [62] L'action des os et du guano, et même de tous les autres engrais contenant un pourcentage élevé de matière organique décomposable, est également de double nature, dans la mesure où leur décomposition ou putréfaction dans le sol donne lieu à la formation de matières carboniques et organiques. acides, capables d'exercer une action chimique sur les ingrédients du sol. Il y a un point dans l'action de ces engrais qui mérite d'être remarqué, c'est que, si légère que soit leur valeur indirecte, leur action comme engrais direct est très accélérée par la manière dont leur matière organique se putréfie. . En bref, ils peuvent être décrits comme fournissant, dans une certaine mesure, les solvants qui les rendent disponibles pour les besoins de l'usine. Il peut être opportun ici de classer les engrais dont nous avons l'intention de traiter ultérieurement.

I. Les engrais dont l'action est à la fois directe et indirecte, par *exemple les engrais verts* , *le fumier de ferme* , *les composts* et *les eaux usées* .

II. Fumiers qui peuvent être considérés comme n'ayant qu'une action directe - *par exemple* , *guano* de toutes sortes, *os* sous toutes formes, *nitrate de soude* , *sulfate d'ammoniaque* , *sang séché* , *superphosphates* , *phosphates minéraux* de toutes sortes, *cornes* et *sabots* , *mauvaise qualité* , *laine. -déchets* , *guano de poisson* , *muriate de potasse* , *sulfate de potasse* et *kaïnit* .

III. Les engrais qui peuvent être considérés comme n'ayant qu'une valeur indirecte, par *exemple la chaux douce* et *caustique* , *la marne* , *le gypse* , *le sel* , etc.

Nous allons maintenant discuter de la nature et de l'action de ces différents engrais, en commençant par ceux qui exercent une influence à la fois *directe* et *indirecte* . Avant de le faire, il serait peut-être bon de considérer la présence et les sources naturelles des trois constituants importants du sol, l'azote, l'acide phosphorique et la potasse, en vue de voir dans quelle mesure ces éléments sont constamment éliminés de nos sols par les divers processus naturels. en cours, ainsi que par les récoltes, et dans quelle mesure leurs sources naturelles sont capables de compenser cette perte, bref, de bien comprendre les raisons économiques de l'application des engrais artificiels.

NOTES DE BAS DE PAGE :

[62] Voir le chapitre sur les scories de base.

CHAPITRE III.
LA POSITION DE L'AZOTE DANS L'AGRICULTURE.

Parmi les ingrédients du fumier, l'azote est de loin le plus important, et on peut dire que la fertilité d'un sol dépend le plus de la présence et de la nature de l'azote qu'il contient. En règle générale, la plupart des sols sont mieux approvisionnés en cendres disponibles qu'en composés azotés disponibles. Le caractère coûteux de la plupart des engrais azotés artificiels donne également à l'azote la première place d'un point de vue économique. Une étude approfondie, donc, des différentes formes sous lesquelles il existe dans la nature, des changements nombreux et compliqués qu'il subit dans le sol, par lesquels il est préparé aux besoins de la plante, de la relation de ses différentes formes avec la vie végétale. , ainsi que des sources naturelles de ses pertes et de ses gains, est de la plus haute importance si nous voulons espérer comprendre la difficile question de la fertilité des sols.

Les expériences de Rothamsted et la question de l'azote.

La place de l'azote dans l'agriculture est une question très difficile et complexe. Il a suscité beaucoup d'attention et des recherches très élaborées et minutieuses ont été consacrées à son élucidation. C'est aux expériences de Rothamsted que nous devons la plupart des informations que nous possédons sur le sujet, et les faits contenus dans ce chapitre sont presque entièrement dérivés des résultats de ces expériences célèbres, tels qu'ils sont consignés dans les mémoires et les écrits de MM . Lawes, Gilbert et Warington. .

Différentes formes sous lesquelles l'azote existe dans la nature.

Nous avons déjà évoqué la question de l'azote dans l'introduction historique. Toutefois, afin d'avoir une vue d'ensemble du sujet, il serait peut-être bon de récapituler certains des faits qui y sont mentionnés.

L'azote, comme nous l'avons déjà vu, existe à l'état « libre » ou élémentaire, sous forme de nitrates et de nitrites, d'ammoniaque, et sous un grand nombre de formes organiques différentes.

Azote dans l'air.

On le trouve en plus grande abondance (environ 80 pour cent) dans la première de ces formes, dans l'air. Que cet azote libre, dont la quantité est pratiquement illimitée, [63] ait été à l'origine la source de toutes ses autres formes, est bien sûr évident. Mais cette conversion de l'azote libre en diverses formes composées sous lesquelles il se produit dans les règnes minéral, végétal et animal, a été un processus effectué par une variété de méthodes indirectes, et seulement au prix d'un temps considérable. Pour des raisons pratiques, l'azote libre de l'air peut être considéré principalement comme une source non disponible pour la plupart des corps qui en contiennent. Il peut être décrit comme de toutes les formes d'azote la moins active en ce qui concerne la vie végétale.

Relation de l'Azote « libre » à la Plante.

La relation entre l'azote "libre" et la plante a fait l'objet de nombreuses recherches, plus particulièrement au cours des dernières années, et un bref aperçu des principaux résultats obtenus a déjà été donné dans le chapitre introductif. [64]

Il est aujourd'hui abondamment prouvé que cette source d'azote n'est pas aussi inaccessible à la plante qu'on le croyait autrefois. Comme les considérations qui ont conduit à cette conclusion, et qui ont suggéré les très récentes expériences élaborées sur la fixation de l'azote libre par la plante, dont les résultats pourraient, semble-t-il, révolutionner largement notre pratique agricole, sont dues à l'étude des rapports entre l'azote du sol et la plante, il sera préférable de différer la discussion plus approfondie de cette question jusqu'à ce que nous ayons traité des autres sources d'azote.

Azote combiné dans l'air.

Outre l'azote à l'état libre, l'air contient de très faibles quantités de cet élément sous forme combinée. Nous le trouvons sous forme de traces infimes sous forme de nitrates et de nitrites, sous forme d'ammoniac, [65] et également sous forme de traces encore plus petites sous forme d'azote organique dans les minuscules particules de poussière que les recherches modernes ont révélées comme étant présentes en si grand nombre dans notre atmosphère. Les sources de ces nitrates et nitrites (qui existent en quantités si infimes qu'il est extrêmement difficile de déterminer avec précision leur quantité) sont un point controversé. Il est prouvé sans aucun doute que l'azote et l'oxygène s'unissent pour former des oxydes d'azote et d'azote sous l'influence d'une chaleur intense, telle que l'étincelle électrique. Une des sources est donc probablement les décharges électriques qui se produisent plus ou moins fréquemment sur différentes parties de la surface terrestre.

Des nitrates peuvent également se former lors de la combustion de corps azotés. [66] Lors de la combustion du gaz de houille, par exemple, il est probable que de petites quantités de nitrates puissent être produites. De même, la lente combustion ou décomposition de la matière organique azotée, qui se produit constamment sur toute la surface de la terre, peut être considérée comme une autre source de cette forme d'azote combiné. L'ammoniac peut également être formé par la combustion, rapide ou lente, de matières organiques azotées. Il existe dans l'air sous forme de nitrate ou de nitrite d'ammoniaque, ainsi que sous forme de carbonate d'ammoniaque. [67]

Quantité d'azote combiné tombant sous la pluie.

L'importance de l'azote combiné présent dans l'air en tant que source d'azote du sol est mieux évaluée par la quantité tombant chaque année sur le sol dissoute par la pluie. On a constaté que cela variait considérablement. La quantité de pluie qui tombe à proximité des grandes villes est plus importante que celle qui tombe à la campagne. Ainsi à Rothamsted, en Angleterre, la quantité moyenne pendant plusieurs années n'était que de 3,37 livres d'azote par an et par acre, dont 2,53 livres sous forme d'ammoniaque, 0,84 étant sous forme d'acide nitrique. À Lincoln, en Nouvelle-Zélande, il tombait chaque année 1,74 livre par acre – sous forme d'ammoniac, 0,74, sous forme d'acide nitrique, 1,00 ; tandis qu'à la Barbade, la quantité était de 3,77 livres, dont 0,93 sous forme d'ammoniaque et 2,84 sous forme d'acide nitrique. [68] Il est hautement probable que l'azote combiné dérivé de l'air par le sol puisse être considérablement en excès. Les sols, surtout lorsqu'ils sont humides, peuvent absorber de l'air des quantités beaucoup plus importantes d'azote combiné qu'il contient. Il ne faut pas oublier que l'air en contact avec la surface du sol est constamment modifié, et qu'il y a donc un renouvellement constant de l'air passé sur le sol. Il en résulte que la quantité d'air dont l'azote combiné peut être éliminé est très grande. [69]

Azote dans le sol.

On a remarqué comme un fait digne de mention que l'azote est essentiellement un élément superficiel. Cela signifie qu'on ne le trouve, en règle générale, qu'à la surface immédiate de la Terre. Cette affirmation ne peut être reconnue vraie que dans certaines limites. La principale source d'azote, outre l'atmosphère, est bien entendu les tissus végétaux et animaux. [70] Comme les tissus végétaux et animaux ne se trouvent en grande partie qu'à la surface de la Terre, l'azote s'y trouve donc principalement. Les dépôts naturels de sels azotés, tels que les champs de nitrate du Chili et les sols salpêtre de l'Inde, etc., ne se présentent également que superficiellement. Cependant, malgré ces faits, la quantité d'azote qui existe à des profondeurs probablement considérables de la surface doit être très grande. Rares sont les roches sédimentaires qui n'en contiennent pas. A Rothamsted, un échantillon d'argile calcaire, prélevé à une profondeur de 500 pieds, en contenait 0,04 pour cent, c'est-à-dire autant qu'on en trouve en moyenne dans les sous-sols argileux de Rothamsted.

Azote dans le sous-sol.

Mais dans l'ensemble, comme nous l'avons dit, l'azote se trouve principalement à la surface du sol. La quantité trouvée dans le sous-sol de Rothamsted semble varier très légèrement selon les profondeurs, le pourcentage s'élevant entre 0,06 et 0,03. [71] Contrairement à l'azote de la surface du sol, celui du sous-sol semble être d'origine très ancienne, étant probablement dérivé des restes de vie animale et végétale présents dans la boue déposée au fond de l'océan. Elle est plus abondante dans le cas d'un sous-sol argileux que dans le cas d'un sous-sol sableux.

Azote de Surface-Sol.

L'azote a tendance à s'accumuler sur les couches supérieures du sol superficiel, les premiers 9 pouces ou pieds en contenant de loin la plus grande proportion. Dans le tableau donné en annexe [72] , la vitesse à laquelle son montant diminue à mesure que l'on descend est clairement indiquée. Les déterminations des quantités respectives d'azote dans chaque 3 pouces de sol, prises à une profondeur d'un pied du champ de blé expérimental de Rothamsted, ont montré que le pourcentage entre les 3 premiers pouces et les 3 seconds pouces variait très légèrement. Cependant, une différence plus marquée s'est avérée exister entre l'azote dans les deuxième et troisième 3 pouces ; tandis que les quatrièmes 3 pouces étaient nettement plus pauvres, ne différant que très peu par leur pourcentage d'azote provenant du sous-sol. C'était le cas dans les sols non fumés. Dans le cas d'un sol fortement fumé, l'augmentation du pourcentage du sol, due au fumier, s'est avérée ressentie jusqu'à une profondeur d'un pied, mais pas beaucoup en dessous. [73]

Une lecture attentive des tableaux en annexe montrera que la quantité d'azote dans le cas des sols arables et des pâturages diminue régulièrement pour les trois premiers pieds, mais qu'au-dessous de cette profondeur, on constate une faible diminution, le pourcentage devenant évidemment assez constant.

Il existe une différence très considérable dans la quantité d'azote présente dans les différents sols. La majorité des analyses se réfèrent uniquement à la quantité trouvée dans le sol de surface, généralement dans les 9 ou 12 premiers pouces. Comme le sol n'est pas en outre un corps exactement homogène dans son caractère, il existe de très grandes difficultés à obtenir des résultats fiables. Beaucoup dépend donc de la méthode d'échantillonnage et de la base de calcul adoptées ; et il se peut que cela explique occasionnellement, au moins dans une certaine mesure, les grandes divergences dans l'estimation des quantités d'azote présentes dans différents sols, telles que constatées par différents chercheurs.

Sols tourbeux les plus riches en azote.

De tous les sols, les sols tourbeux sont les plus riches en azote. Le professeur SW Johnson a constaté que la teneur en azote dans cinquante échantillons distincts de tourbe variait entre 0,4 pour cent et 2,9 pour cent, la moyenne étant de 1,5 pour cent. En revanche, les marnes et les sols sableux sont les plus pauvres, les analyses d'un certain nombre de ces sols ne montrant que de 0,004 à 0,083 pour cent pour les premières et de 0,025 à 0,074 pour les secondes. En règle générale, la plupart des sols arables contiennent plus d'un dixième pour cent d'azote, soit plus de 3 500 livres par acre. Un bon sol de pâturage, prélevé à une profondeur de 9 pouces à Rothamsted, s'est avéré contenir environ un quart pour cent. Dans dix échantillons de sol, prélevés à une profondeur de 9 pouces, provenant de différentes parties de la Grande-Bretagne et de l'Irlande, Munro a trouvé entre 0,128 et 0,695 pour cent d'azote, la moyenne étant de 0,3278 pour cent. Il convient de souligner que les sols de Rothamsted sont probablement pauvres en azote par rapport à la plupart des sols. Les investigations d'A. Müller ont montré que dans certains des sols qu'il a analysés , la teneur en azote s'élevait à un peu moins de 1 pour cent, tandis que pour d'autres la moyenne dépassait un demi pour cent ; même les sols les plus pauvres qu'il a examinés en contenaient en moyenne environ un quart pour cent. Les analyses d'Anderson sur les sols de blé écossais ont montré une variation de 0,074 à 0,22 dans le sol de surface, alors qu'il a trouvé dans le sous-sol de 0,15 à 0,92 pour cent. Les résultats de Boussingault sont également bien supérieurs. La quantité d'azote dans un certain nombre de loams provenant de localités très différentes qu'il a examinées contenait de 6,000 à 30,000 livres par acre, le sol étant porté à une profondeur de 17 pouces. [74]

Nature de l'azote dans le sol.

Lorsque l'on compare la quantité d'azote extraite par différentes cultures (qui, même dans le cas des plus riches en azote, ne dépasse pas souvent 150 livres par acre), avec la quantité contenue dans le sol, la première quantité semble très insignifiant par rapport à ce dernier. Dans ces conditions, il semblerait à première vue que l'apport d'azote sous forme de fumier soit tout à fait superflu. Il faut cependant rappeler que si la quantité *totale* d'azote est relativement importante par rapport à celle éliminée par les cultures, seule une très petite proportion est disponible *pour* la plante. Ceci nous amène à considérer les différentes formes sous lesquelles l'azote est présent dans le sol, et leurs quantités respectives.

Azote organique dans le sol.

L'azote est présent dans le sol sous forme d'azote organique, d'acide nitrique, d'acide nitreux et d'ammoniac. La proportion de loin la plus importante est présente sous la première de ces formes. C'est une sage disposition, car autrement le sol risquerait de s'appauvrir très rapidement en azote ; car celui présent sous forme de nitrates n'a presque aucun pouvoir de rétention, tandis que celui présent sous forme d'ammoniac est bientôt converti en nitrates par le processus de *nitrification* .

L'azote organique du sol, bien que nous ayons tendance à le considérer comme tel, n'est en aucun cas d'un caractère homogène, ni d'une valeur égale en tant que source de nourriture végétale. Il semblerait, d'après des recherches récentes, qu'une partie d'entre eux est dans un état plus susceptible d'être converti en une forme disponible que le reste. Ainsi, dans le processus de nitrification, processus que nous examinerons longuement immédiatement, il semble y avoir généralement une certaine petite proportion plus disposée à subir ce changement que les autres ; de sorte que lorsque cette petite quantité est épuisée, la nitrification se déroule plus lentement. En bref, bien que nous sachions encore très peu de choses sur la nature de l'azote organique des sols, nous ne pouvons douter qu'il se produise une série constante de changements dans sa composition, aboutissant à l'élaboration progressive de formes plus disponibles, jusqu'à finalement ceux-ci sont convertis en ammoniac et en nitrates.

Cependant, la majeure partie de l'azote organique présent dans le sol doit être considérée comme étant *inerte* et en aucun cas disponible pour la culture. Il est extrêmement difficile de dire quelle est la forme chimique exacte de cet azote. Mulder était d'avis qu'une proportion considérable était sous forme d'humate d'ammoniaque. Cette opinion, comme nous aurons l'occasion de le voir immédiatement, était fondée sur de fausses bases. Il est très probable qu'il se présente sous une forme proche de l'azote amide. Son caractère inerte va à l'encontre de la croyance selon laquelle il reste longtemps sous forme d'azote albuminoïde.

Caractère différent de l'azote de surface et du sous-sol.

Un point très important à remarquer est que la matière organique azotée du sol superficiel est très différente de celle qu'on trouve dans le sous-sol. Cette différence se manifeste par la variation du rapport de l'azote au carbone, ce qui indique que, comme nous devrions naturellement le supposer, l'origine de ce dernier est beaucoup plus ancienne que celle du premier. Ainsi, dans les 9 premiers pouces de vieux sol de pâturage à Rothamsted, le rapport était de 1:13 ; tandis que dans le sous-sol, à 3 pieds de la surface, il n'y en avait que 1:6. Dans le sol superficiel, sa composition se rapproche donc davantage de la matière végétale ordinaire.

Azote sous forme d'ammoniac dans les sols.

La deuxième forme sous laquelle l'azote est présent dans le sol est l'ammoniac. Une très grande méprise a existé dans le passé quant à la quantité d'azote sous cette forme dans les sols. Cette erreur était due à la méthode adoptée pour l'évaluer, qui consistait à traiter le sol avec des alcalis caustiques bouillants et à compter comme ammoniac ce qui s'en dégageait comme tel. On sait maintenant que certaines formes d'azote organique, comme par exemple les amides, si elles sont traitées de cette manière, se transforment lentement en ammoniac. C'est pourquoi les déclarations que l'on trouve dans les manuels plus anciens, selon lesquelles la quantité d'ammoniac dans les sols est supérieure à un dixième pour cent, doivent être considérées comme totalement peu fiables. En effet, il est fort probable que l'ammoniac ne soit présent dans la plupart des sols qu'en traces très infimes. D'après ce que nous savons du processus de nitrification, nous voyons qu'il est presque impossible que l'ammoniac existe dans une certaine mesure dans le sol, sauf dans des circonstances très exceptionnelles.

Quantité d'ammoniac présente dans le sol.

Dans les sols ordinaires, elle ne dépasse probablement pas 0,0002 pour cent à 0,0008 pour cent, soit une moyenne de 0,0006 pour cent. [75] Dans les sols riches ou dans les sols de jardins, la quantité peut être considérablement plus élevée. Ainsi Boussingault a trouvé dans un sol de jardin 0,002 pour cent. Dans la tourbe et dans la tourbe, un pourcentage encore plus élevé a été trouvé, à savoir 0,018 pour la première et 0,05 pour la seconde.

Azote présent sous forme de nitrates dans le sol.

La troisième forme d'azote présente dans le sol est l'acide nitrique. Il est plus abondant sous cette forme que sous forme d'ammoniaque ; mais cependant, comparée à l'azote organique, sa quantité est insignifiante. Probablement pas plus de 5 pour cent de l'azote total d'un sol est présent sous forme de nitrates. La raison en est double. Premièrement, comme nous l'avons déjà remarqué, le sol a très peu de pouvoir pour retenir l'azote sous cette forme ; et deuxièmement, là où le sol est couvert de végétation en croissance, les nitrates sont rapidement assimilés par la plante au fur et à mesure de leur formation. C'est pour cette raison que l'on trouve la quantité d'azote sous forme de nitrates bien plus grande dans les sols en jachère que dans ceux couverts de culture.

Position de l'azote nitrique dans le sol.

Comme nous aurons l'occasion de le voir plus en détail dans le chapitre suivant sur la nitrification, la formation de nitrates est principalement limitée à la surface du sol, la plus grande proportion se formant dans les 9 ou 12 premiers pouces. C'est pour cette raison que c'est à la surface du sol que l'on trouve la plus grande quantité de nitrates. Mais comme ils sont facilement entraînés dans les couches inférieures du sol après leur formation, on en trouve souvent une proportion considérable au-delà des 9 premiers pouces. La position des nitrates dans le sol dépend donc très fortement de la saison de l'année et de la météo. Par temps sec, où l'évaporation de l'eau du sol se produit à un rythme considérable, la tendance sera de concentrer les nitrates dans la partie superficielle du sol. En revanche, par temps humide, les nitrates auront tendance à être entraînés dans les couches inférieures.

Quantité de nitrates dans le sol.

La détermination de la quantité de nitrates dans un sol n'a pas une très grande importance économique ; car cela varie beaucoup et dépend d'un grand nombre de conditions différentes, telles que la saison, l'état du terrain et le temps qui prévaut. Un point d'une importance économique bien plus grande est la quantité totale formée au cours de l'année et la vitesse à laquelle la nitrification a lieu. Ces questions seront discutées ailleurs et il n'est donc pas nécessaire d'y faire référence ici. Certaines analyses intéressantes faites à Rothamsted sur la quantité de nitrates dans les sols à différentes profondeurs méritent cependant un examen attentif.

En annexe du chapitre sur la nitrification, [76] on trouvera un tableau contenant les quantités de nitrates trouvées dans les 27 premiers pouces de sols en jachère. Les quantités varient de 33,7 livres à 59,9 livres par acre. Les analyses ont été faites en septembre ou octobre. Dans quatre des six analyses, on constate que la proportion de loin la plus importante se trouve dans les 9 premiers pouces. Dans ces cas , l'été précédent avait été sec et les nitrates n'avaient donc pas été entraînés en profondeur. Dans les deux autres cas, la plus grande quantité se trouve dans les deuxièmes 9 pouces du sol, et une quantité considérable se trouve également dans les troisièmes 9 pouces.

Dans le cas des sols cultivés , la quantité de nitrates est bien moindre. Un tableau contenant une série élaborée de déterminations de nitrates dans des sols cultivés, ne recevant cependant aucun fumier, et prélevés à une profondeur de 9 pieds, se trouve en annexe. [77] Les 27 premiers pouces ne contiennent que 5 à 14 livres par acre, et la majeure partie se trouve dans les 9 premiers pouces. Cela montre avec quelle rapidité les nitrates sont assimilés par la culture en croissance. Un point intéressant montré par ces analyses est que les nitrates cessent presque entièrement dans les sols cultivés à une certaine profondeur, mais qu'à une profondeur encore plus faible, ils se retrouvent à nouveau en petites quantités.

Enfin, nous donnons en annexe [78] la quantité de nitrates trouvée dans les sols de blé et d'orge, différemment fumés, à Rothamsted. En parcourant ces tableaux, on constate que la quantité (dans diverses conditions de fumure) de nitrates dans les premiers 27 pouces varie de 21,2 livres par acre à 52,2 livres pour les sols à blé, et de 20,1 à 44,1 livres. .par acre pour les sols d'orge.

LES SOURCES D'AZOTE DU SOL.

Nous allons maintenant considérer les sources d'azote du sol, les conditions qui déterminent son augmentation et l'ampleur de cette augmentation, ainsi que les sources de perte et les conditions qui déterminent cette perte.

Les sources naturelles d'azote du sol sont multiples. Nous avons tout d'abord l'azote atmosphérique. Considérons d'abord celui présent comme azote combiné. Celui-ci, comme nous l'avons déjà vu, consiste principalement en nitrates, nitrites et ammoniaque, et atteint le sol dissous dans la pluie ou dans d'autres formes d'eau météoriques, telles que la neige, la grêle, le brouillard, la gelée blanche, etc.

Celui absorbé par le sol depuis l'air.

Il est également absorbé par le sol à partir de l'air, surtout lorsque le sol est humide, comme l'ont prouvé les expériences de Schloesing déjà mentionnées. La quantité totale qui tombe dissoute sous la pluie, par acre et par an, varie très considérablement selon les différentes parties du monde, mais en tout cas ne s'élève chaque année qu'à quelques livres par acre. [79] Celle absorbée par le sol à partir de l'air peut être probablement beaucoup plus considérable. Schloesing, dans ses expériences, a constaté que cette dernière pourrait s'élever à 38 livres par acre et par an. Ces résultats ont cependant été obtenus dans les circonstances les plus favorables à l'absorption, c'est-à-dire avec un sol humide et dans les environs de Paris, où l'air est vraisemblablement plus riche en azote combiné qu'il ne l'est à la campagne. L'azote absorbé, on peut le mentionner, était presque entièrement sous forme d'ammoniaque. Il convient de noter que l'azote que le sol obtient ainsi à partir de l'azote combiné de l'air n'est pas uniquement un gain pur. Quant aux nitrates et aux nitrites, la plupart sans doute se forment par décharge électrique, quoiqu'une petite partie puisse être formée par l'oxydation de l'ammoniac au moyen de l'ozone et du peroxyde d'hydrogène. En ce qui concerne l'ammoniac et l'azote combinés présents dans les particules organiques de l'air, une proportion non négligeable provient probablement du sol. Schloesing considère que la principale source d'ammoniac présent dans l'air est l'océan tropical ; mais nous devons nous rappeler que la source d'une grande partie de l'azote des océans tropicaux est, après tout, le sol.

Laissant de côté pour un moment la question de la disponibilité de l'azote libre de l'air, considérons les autres sources d'azote du sol.

Accumulation d'azote dans le sol dans des conditions naturelles.

La principale source est bien entendu les restes de tissus végétaux et animaux. [80] Les plantes sont les grandes conservatrices de l'azote du sol. En assimilant des formes disponibles telles que les nitrates et en les convertissant en azote organique, ils empêchent la perte de ce constituant le plus précieux de tous les sols, qui aurait autrement lieu.

Ils servent également à collecter l'azote des couches inférieures du sol et à le concentrer dans la partie superficielle. Dans un état de nature, où le sol est constamment couvert de végétation, le processus en cours sera donc celui d'une accumulation constante d'azote dans la surface du sol. Nous examinerons immédiatement dans quelle mesure cette accumulation se poursuit et dans quelle mesure elle est limitée par les conditions de perte. L'existence de sols soi-disant *vierges* dans des pays comme l'Amérique et l'Australie prouve amplement que cette tendance peut se poursuivre dans une très large mesure . Il existe également des cas où l'accumulation d'azote est pratiquement illimitée, bien que le résultat dans de tels cas ne soit pas nécessairement un sol fertile. De tels cas sont des tourbières. Mais passons à l'accumulation d'azote dans le sol dans les conditions ordinaires d'élevage.

Accumulation d'azote dans les pâturages.

Le cas qui, dans les conditions de l'agriculture ordinaire, ressemble le plus à l'état de nature, est celui du pâturage permanent. Il sera donc préférable d'étudier d'abord les conditions dans lesquelles l'apport d'azote a lieu dans ce cas.

Augmentation de l'azote dans le sol des pâturages.

Le fait qu'il y ait une augmentation constante de l'azote dans le sol des terres en pâturage est un fait d'expérience universelle. Plus un pâturage est ancien, plus son sol est riche en azote. La comparaison des analyses des sols des terres arables avec les sols des pâturages d'âges différents le montre d'une manière frappante. [81] Ainsi, à Rothamsted, on a constaté que, tandis que la quantité d'azote dans un sol arable ordinaire était de 0,140 pour cent, celle des pâturages âgés de huit, dix-huit, vingt et un et trente ans était respectivement de 0,151, 0,174, . 204 et 0,241 pour cent. Dans les deux dernières analyses, nous avons enregistré le gain réel d'azote réalisé par le même pâturage, celui-ci étant de 0,04 pour cent en neuf ans. De ces statistiques, on peut déduire que la surface du sol d'un pâturage peut augmenter au taux de 50 livres par acre et par an. Un point très intéressant à propos de ce sujet est le fait qu'il semble y avoir une limite à l'accumulation d'azote dans les pâturages ; car il semblerait que les pâturages vieux de plusieurs siècles ne soient pas plus riches en azote que ceux vieux de trente à quarante ans.

Gain d'azote avec les légumineuses.

Un autre cas où l'apport d'azote à la surface du sol est très frappant est celui des cultures de légumineuses, telles que le trèfle, les haricots, les pois, etc. Ce fait est reconnu depuis longtemps — notamment en ce qui concerne le trèfle — par les agriculteurs et a largement contribué à l'investigation de la question de l'azote « libre ». Le fait qu'un sol portant une culture de légumineuses augmente en azote à un rythme très rapide est un problème qui doit être résolu. Une explication partielle du phénomène réside dans la capacité extraordinaire d'une culture comme le trèfle, grâce à ses racines innombrables et ramifiées, à capter l'azote du sous-sol. Toutefois, cela n'expliquerait que dans une certaine mesure l'augmentation de l'azote. Il doit y avoir une autre source, et la seule autre source est l'air. Que l'azote libre de l'air soit en fin de compte disponible pour les besoins de la plante, c'est une supposition qui a longtemps paru extrêmement probable et qui, au cours des dernières années, s'est avérée sans aucun doute être un fait dans le cas de plantes légumineuses.

La fixation de l'azote « libre ».

La méthode par laquelle ces plantes sont capables d'utiliser l'azote libre reste encore un point qui nécessite de nombreuses recherches. Dans la mesure où la question est actuellement étudiée, il semblerait que la fixation s'effectue au moyen de micro-organismes présents dans les tubercules ou les excroissances racinaires trouvées sur les racines des légumineuses. [82] Non seulement cela a été mis hors de tout doute, mais des tentatives ont été faites pour isoler et étudier les bactéries effectuant cette fixation. D'après les expériences extrêmement intéressantes faites récemment par Nobbe, il semblerait que les différentes espèces de légumineuses contiennent des bactéries différentes. Ainsi les bactéries du tubercule du pois semblent être d'un ordre différent des bactéries des tubercules du lupin, et ainsi de suite. Cette découverte est d'une grande importance, il est à peine besoin de la souligner, car elle jette beaucoup de lumière sur les principes de l'assolement des cultures.

Influence des fumiers sur l'augmentation de l'azote du sol.

On peut toutefois douter que, dans d'autres conditions, il y ait un apport positif d'azote dans le sol. Dans d'autres cas , la quantité dans le sol n'est *maintenue que* sous une fertilisation généreuse. A ce sujet, un fait très frappant a été observé en ce qui concerne l'effet d'épandages continus et irrappants de fumier de ferme. On a constaté à Rothamsted que dans un tel cas, après un certain temps, le fumier ne semble pas augmenter l'azote du sol, bien que la destination de l'azote reste un mystère. Dans le cas de l'épandage d'engrais artificiels, il ne semble pas y avoir d'apport appréciable en azote dans le sol. L'azote du sol n'est augmenté que par les résidus des cultures. De cette manière, bien sûr, en augmentant la quantité de ces résidus de culture, on peut dire que les engrais artificiels augmentent indirectement l'azote du sol. [83]

SOURCES DE PERTE D'AZOTE.

Nous arrivons maintenant à considérer les sources de perte. La principale source, bien entendu, est celle du drainage. Les terres cultivées souffriront beaucoup plus de cette source de perte que celles qui sont à l'état naturel. Notre système moderne d'élevage, qui implique un drainage approfondi, ne peut guère manquer d'augmenter très considérablement cette source de perte.

Perte de nitrates par drainage.

La forme sous laquelle l'azote est ainsi perdu est celle des nitrates. C'est un fait quelque peu frappant et digne de noter que des trois ingrédients importants du fumier : l'azote, l'acide phosphorique et la potasse, le premier d'entre eux, dans sa forme finale et la plus précieuse, est seul incapable d'être fixé par le sol, et donc retenu de la perte par drainage.

Comme des nitrates se forment constamment dans le sol, la perte d'azote total doit être considérable. Cela est dû au fait de la grande solubilité des nitrates, ainsi qu'au fait, comme déjà mentionné, de l'incapacité des particules du sol à les fixer. Il faut faire une exception à cela. Selon Knop, de petites quantités d'acide nitrique sont conservées à l' état *insoluble* dans les sols sous forme de *nitrates hautement basiques de fer et d'alumine* . Toutefois, la quantité de ces composés insolubles ne représente probablement qu'une infime trace.

Les pâturages permanents et les cultures dérobées empêchent les pertes.

Le montant des pertes varie et dépend d'un certain nombre de circonstances différentes : ainsi, la nature du sol, le climat et la saison de l'année influenceront tous leur quantité. La manière dont le sol est cultivé est également un autre facteur important. Là où il est constamment couvert de végétation, comme dans le cas d'un pâturage permanent, la perte sera minime. Dans de telles conditions, les racines des plantes sont toujours là, prêtes à fixer, sous forme organique insoluble, les nitrates solubles au fur et à mesure de leur formation. La considération de ce fait constitue l'un des arguments les plus puissants en faveur de la pratique de ce que l'on appelle les « cultures dérobées ». La pratique consiste à semer des plantes vertes à croissance rapide, *par exemple* de *la moutarde* , *de la vesce* , etc., de manière à occuper le sol immédiatement après la récolte, et à l'enfouir ensuite. Les nitrates, dont on sait qu'ils se forment le plus abondamment vers la fin de l'été, [84] et qui s'accumulent dans le sol à partir de la période où la croissance active et, par conséquent, l'assimilation des nitrates par la culture céréalière ont cessé, sont ainsi fixés dans la matière organique de la plante. , et éloigné du danger de perte par le drainage accidentel des pluies d'automne.

Autres conditions diminuant la perte de nitrates.

La nature du sol est une autre condition importante régulant cette perte. Certains sols sont beaucoup plus ouverts et plus poreux que d'autres ; dans de tels sols, bien entendu, la perte par drainage sera la plus importante. On est cependant porté à première vue, connaissant la grande solubilité des nitrates, à surestimer cette source de perte. Nous devons nous rappeler que, même si les nitrates sont constamment entraînés vers les couches inférieures du sol, il se produit également un mouvement de compensation vers le haut de l'eau du sol. Cela est dû à l'évaporation de l'eau de la surface du sol, qui induit un mouvement capillaire ascendant de l'eau de ses couches inférieures vers ses couches supérieures. [85] Ce mouvement ascendant de l'eau est très augmenté, dans le cas des sols couverts de végétation, par la transpiration des plantes. Le climat et la saison de l'année affecteront l'ampleur de ce mouvement ascendant. Là où les précipitations sont abondantes , elles seront bien moindres que dans les climats secs. Après une longue période de sécheresse , les nitrates se concentrent dans les premiers centimètres du sol ; et dans les climats chauds, cela se produit parfois à tel point que la surface du sol est en fait recouverte d'une croûte saline, causée par l'évaporation rapide de l'eau du sol sous l'influence d'un soleil tropical brûlant. De ce point de vue , on voit combien une seule averse de pluie, même si elle est alors abondante, est beaucoup moins puissante pour causer une perte de nitrates par drainage, qu'une continuation d'un temps pluvieux. Dans le premier cas, où les averses sont séparées par un intervalle de temps sec, les nitrates entraînés dans les couches inférieures du sol sont lentement remontés par l'action capillaire provoquée par l'évaporation.

Montant des pertes par drainage.

Il est presque impossible de déterminer le montant réel des pertes qui se produisent de cette manière. Ce que cela représente dans certaines circonstances bien définies a été découvert par une expérience réelle à Rothamsted. En prenant les circonstances les plus favorables à des pertes extrêmes, à savoir les terres en jachère non fertilisées, la quantité la plus élevée enregistrée à Rothamsted pour une année est de 54,2 livres par acre sur un sol de 20 pouces de profondeur, tandis que la plus petite quantité est de 20,9 livres. Dans le premier cas, l'eau de drainage équivalait à 21,66 pouces, tandis que dans ce dernier, à 8,96 pouces. La moyenne pendant treize ans sur un sol en jachère non fumé a été de 37,3 livres (pour 20 pouces), 32,6 livres (pour 40 pouces), 35,6 livres (pour 60 pouces). Le point particulièrement intéressant à cet égard est qu'une perte annuelle d'azote est égale à plus de 2 quintaux. de nitrate de soude, peut provenir d'un sol arable relativement pauvre en jachère.

La perte sur les sols cultivés est bien entendu bien moindre, bref elle devrait être très faible, surtout dans les pâturages permanents, où elle est réduite au minimum. En faisant une moyenne, M. Warington est d'avis que la perte en Angleterre peut être estimée à 8 livres par an et par acre. [86]

Perte sous forme d'azote libre.

L'autre principale source naturelle de perte d'azote est due à son échappement du sol à l'état « libre ». Cette source de perte est beaucoup moins importante que celle du drainage et est probablement très faible. Mais cela ne fait aucun doute ; et il est également prouvé que cela peut, comme nous le verrons plus tard, dans certaines circonstances, représenter quelque chose de très considérable. Là où de grandes quantités de matière organique azotée se décomposent et où, par conséquent, l'apport d'oxygène atmosphérique est insuffisant pour effectuer une oxydation complète, de l'azote « libre » peut se dégager en quantités considérables. De même, il peut se développer dans le cas de matières végétales en décomposition sous l'eau. Dans les sols riches en matière organique, la réduction même des nitrates peut avoir lieu, accompagnée du dégagement d'azote libre, qui est ainsi perdu.

Montant total de perte d'azote.

Le taux de perte totale d'azote provenant de ces différentes sources n'est pas facile à calculer. Sir John Lawes, traitant de la question de la fertilité du sol, a estimé il y a quelques années, en comparant le sol des vieux pâturages de Rothamsted avec celui qui avait été cultivé pendant 250 ans, que pendant cette période quelque 3 000 livres d'azote par acre avait disparu des terres arables. Des exemples de diminution de l'azote dans les sols de Rothamsted, dans diverses conditions de culture, seront trouvés en annexe. [87]

Perte d'azote par régression.

On peut mentionner ici une source de perte d'azote qui est liée à une diminution de la quantité d'azote disponible, plutôt qu'à une perte absolue d'azote dans le sol, et que nous pouvons appeler *perte par régression* . Il a été constaté que l'azote sous une forme disponible, comme les nitrates, est converti en une forme moins disponible. Cette régression peut être effectuée , comme dans le cas des nitrates, par réduction , *c'est-à-dire* par élimination de l'oxygène en combinaison avec l'azote, qui dans de nombreux cas peut être libéré et ainsi partiellement, quoique pas nécessairement entièrement perdu. Cette réduction est due à l'action de bactéries de l'ordre dénitrifiant. [88] Ou, d'un autre côté, l'azote peut être converti en une sorte de forme insoluble qui semble résister à la décomposition et se trouve dans un état inerte dans le sol totalement indisponible pour les besoins des plantes. Un exemple frappant de cette régression de l'azote semble être fourni dans le cas du fumier de ferme. Il a été constaté dans les expériences de Rothamsted, comme cela a été souligné dans les pages précédentes, que lorsque le fumier de ferme est épandu, année après année, sur la même terre en grandes quantités, un pourcentage très considérable de son azote ne disparaît pas (*c'est-à-dire* , dans un nombre raisonnable d'années) deviennent disponibles pour les utilisations de la culture. Ce que devient, en effet, l'azote est un mystère ; mais il est hautement probable qu'une sorte de régression telle que celle mentionnée ci-dessus, par laquelle l'azote est converti en une forme organique inerte, se produit.

Jusqu'à présent, les sources de perte d'azote considérées étaient ce que l'on pourrait appeler des sources *naturelles* . Cela signifie que la perte d'azote provenant des sources ci-dessus a lieu dans l'état naturel et non seulement dans les conditions de culture. Il ne fait aucun doute que la perte due au drainage est bien plus grande dans les cultures arables que dans le cas où le drainage artificiel n'existe pas ; mais, quelles que soient les conditions, il faut compter avec cette perte. D'autre part, par sources *artificielles* de perte, on entend celles qui dépendent entièrement de notre système moderne d'agriculture et de notre système moderne d'évacuation des eaux usées, dans lesquels l'azote contenu dans la partie des produits de la ferme qui sert à fournir notre alimentation n'est pas retourné au sol, mais est totalement perdu.

Quantité d'azote éliminée dans les cultures.

La tendance moderne à la centralisation dans les grandes villes a rendu cette perte, malgré tout ce qu'on a dit du contraire, une nécessité. Il est cependant extrêmement difficile d'évaluer son montant. Nous connaissons bien entendu la quantité d'azote extraite du sol par les différentes cultures. Nous ne pouvons cependant pas estimer quelle quantité de ces déchets pourrait retourner dans le sol. La quantité d'azote contenue dans les différentes cultures sera traitée en détail dans le chapitre sur la fumure des différentes cultures. Il n'est peut-être pas sans intérêt de donner ici quelques indications approximatives sur le montant de cette perte, afin de rendre la vue du sujet aussi complète que possible.

Les récents revenus agricoles de la Grande-Bretagne donnent une production totale de *blé* à plus de 76 millions de boisseaux, celle d' *orge* à plus de 69 millions et celle d' *avoine* à plus de 150 millions. En calculant la quantité d'azote que contiennent respectivement et collectivement ces quantités de blé, d'orge et d'avoine, et en calculant également la quantité de *sulfate d'ammoniaque* et *de nitrate de soude que* représentent ces quantités d'azote, voici les résultats :

	Boisseaux.	Azote. Des tonnes.	Sulfate d'ammoniaque. Des tonnes.	Nitrate de soude. Des tonnes.
Blé	76 224 940	37 432	176 465	227 266
Orge	69 948 266	27 324	128 813	165 896
Avoine	150 789 416	56 835	267 936	345 068
Total	296 962 622	121 591	573 214	738 230

Bien entendu, ces chiffres, en ce qui concerne les quantités d'azote, ne peuvent être considérés que comme approximatifs, car de tels calculs ne permettent d'obtenir que des résultats approximatifs. En acceptant ces calculs comme étant simplement approximatifs, ils sont néanmoins du plus haut intérêt et de la plus haute importance. Il est très important de comprendre que dans le produit annuel de nos trois cultures céréalières communes, en supposant qu'elles soient toutes consommées à l'extérieur de la ferme, il est retiré du sol une quantité d'azote égale à celle contenue dans plus d'un demi- *million de tonnes d'azote. sulfate d'ammoniaque et trois quarts de million de tonnes de nitrate de soude.*

Comme nous l'avons déjà souligné, il est impossible d'estimer exactement quelle proportion de cet azote total retourne dans le sol. Dans le cas du blé, on peut remarquer que la partie utilisée comme aliment, à savoir *le son* , est beaucoup plus riche en azote que la farine. Même si nous ne pouvons donc estimer avec quelque exactitude cette source de perte d'azote, on ne peut pas douter un instant qu'elle soit énorme, d'après ce qui a déjà été dit. Nous devons nous rappeler que la partie de la culture la plus riche en azote est celle qui est généralement éliminée : la paille qui est cultivée pour produire un boisseau de blé, d'orge ou d'avoine, contenant moins de la moitié de la quantité d'azote contenue par un boisseau de blé. le grain lui-même.

Pertes d'azote subies sur la ferme.

Outre les pertes dues au retrait des récoltes de l'exploitation, il existe une ou deux autres sources de pertes qu'il convient de mentionner brièvement.

Perte lors du traitement du fumier de ferme.

Il ne fait guère de doute que, dans le passé, une source de pertes très considérables était le traitement inapproprié du fumier de ferme. La manière dont cette perte peut se produire sera examinée en détail dans le chapitre sur le fumier de ferme. Il suffit de dire ici que cela peut se produire par volatilisation de l'azote sous forme de carbonate d'ammoniaque, causée par la négligence en laissant la température du tas de fumier s'élever trop haut ; ou par drainage des composés azotés solubles, provoqués par le fait que la riche liqueur noire du tas de fumier a été emportée et mal conservée.

Azote éliminé dans le lait.

Une autre source de perte souvent négligée est la quantité d'azote éliminée dans le lait. Le professeur Storer a calculé que dans le cas d'une vache donnant 2 000 litres, ou 4 300 livres de lait par an, et que le lait étant entièrement vendu comme tel, il serait emporté hors de la ferme 22 livres d'azote. [89]

Économie de la question de l'azote.

Et ici, avant de conclure notre étude des différentes sources de perte d'azote, il serait peut-être bon d'envisager un instant le sujet sous un point de vue un peu plus large que celui sous lequel nous l'avons envisagé. L'apport total d'azote sous forme combinée est limité. Comme nous l'avons souligné, il peut être considéré comme l'élément dont dépend, plus que tout autre, la vie, animale comme végétale. Pour la vie animale, il est le seul disponible sous forme combinée ; à la vie végétale, il n'est généralement disponible que sous forme combinée. Dans l'air, nous disposons d'une quantité illimitée d'azote, mais il est presque entièrement sous forme *non combinée* et donc largement indisponible. La conversion de l'azote de l'état libre en une forme combinée est un processus qui ne se déroule que très lentement. Toute source qui diminue la somme totale de notre approvisionnement déjà trop limité en azote combiné doit être considérée comme digne d'une considération très sérieuse. La question du gaspillage artificiel d'azote qui se produit quotidiennement autour de nous est donc une question qui devrait revêtir un très grand intérêt pour les économistes. Ces déchets ont énormément augmenté ces dernières années et semblent nous menacer à terme d'une famine d'azote. Cela est accessoire à l'utilisation de certaines substances azotées dans la fabrication de divers articles et à notre système actuel d'évacuation des eaux usées.

Perte de composés azotés dans les arts.

Les articles visés sont tels que les explosifs, l'amidon, les substances textiles, les liqueurs de malt, etc. La question est traitée de manière frappante dans un article pertinent sur « L'économie de l'azote » dans le « Quarterly Journal of Science ». [90]

Perte due à l'utilisation de poudre à canon.

Les explosifs, plus particulièrement la poudre à canon, sont les plus importants de ces articles. La poudre à canon contient 75 pour cent de salpêtre , qui à son tour contient environ 10 pour cent d'azote. Lorsque la poudre à canon explose, la quasi-totalité de cet azote est transformée en azote « libre ». La perte est donc en un sens irréparable. Dans le document mentionné ci-dessus, nos exportations annuelles totales de cette substance sont estimées à 19 000 000 de livres ; alors que la production annuelle totale du monde est estimée à pas moins de 100 000 000 de livres. La perte annuelle d'azote due à cette seule source s'élèverait à environ 10 000 000 de livres. [91] De même, la perte d'azote, bien que dans une moindre mesure, est causés par l'emploi d'autres explosifs, ainsi que par la fabrication des autres articles mentionnés ci-dessus.

Perte due à l'élimination des eaux usées.

Les pertes dues à notre système actuel d'évacuation des eaux usées ont déjà été prises en compte dans le traitement des pertes dues à l'enlèvement des récoltes. Il peut toutefois être judicieux de les traiter du point de vue des eaux usées. En prenant la quantité d'azote dans les excréments de chaque individu comme étant en moyenne d'une demi-once, la quantité annuelle rejetée dans les excréments de la population totale des îles britanniques s'élèverait à 365 000 000 livres . la quantité dans les seuls eaux usées de Londres étant de 91 000 000 livres. [93] Par le système d'eau, qui est presque universellement adopté dans ce pays, la quantité d'azote ci-dessus est entièrement perdue dans le sol. Une petite partie, pourrait-on affirmer, est finalement récupérée dans les algues et les poissons, qui peuvent être utilisés comme fumier. Cependant, cela revient à trop discuter *de la sous-espèce æternitatis* . Tout l'azote initialement présent dans les excréments ne se retrouve pas dans la mer ; car il est hautement probable qu'une quantité considérable s'échappe au cours du processus de décomposition des eaux usées sous forme d'azote « libre ».

De l'exposé ci-dessus des sources de perte et de gain d'azote ayant lieu dans le sol, il peut être assez prudent de conclure que, même si dans l'état de nature, le gain compense la perte, s'il ne fait pas davantage, dans des conditions de les cultures arables sont très loin d'être le cas ; et que si l'on veut maintenir la fertilité des terres, il faut avoir recours aux engrais azotés, — en bref, que l'application d'engrais azotés artificiels est une condition nécessaire de l'agriculture moderne.

Notre approvisionnement en azote artificiel.

Avant de conclure ce chapitre, il peut être intéressant d'énumérer très brièvement les principales sources de notre approvisionnement en azote artificiel.

Nitrate de soude et sulfate d'ammoniaque.

Les engrais azotés artificiels les plus utilisés actuellement sont le nitrate de soude et le sulfate d'ammoniaque. Parmi les premiers, l'exportation annuelle du Chili est de près d'un million de tonnes, dont environ 120,000 tonnes sont importées au Royaume-Uni. En revanche, pour le sulfate d'ammoniaque, la production totale de ce pays est d'environ 130.000 tonnes par an [94] , dont la plus grande proportion est exportée, ne laissant que 30.000 à 40.000 tonnes pour la consommation. Il faut se rappeler que le nitrate de soude n'est pas entièrement utilisé à des fins d'engrais, une petite proportion des importations ci-dessus étant utilisée pour la fabrication de produits chimiques.

Guano péruvien.

Le guano péruvien est un autre engrais azoté important, beaucoup moins abondant aujourd'hui qu'autrefois, les différents gisements de guano étant presque épuisés. Alors que les importations de cet important fumier au Royaume-Uni s'élevaient en 1870 à près de 250 000 tonnes, elles n'en importent plus actuellement que 11 000 tonnes.

Os.

Une autre source d'azote est constituée par les os, qui sont évidemment surtout précieux comme fumier phosphaté, mais qui contiennent également environ 3 à 4 pour cent d'azote. De ce précieux engrais, nous importons actuellement environ 30.000 tonnes, tandis qu'environ 60.000 tonnes sont collectées dans ce pays, ce qui porte notre consommation totale à 100.000 tonnes.

Autres fumiers azotés.

Les engrais azotés mentionnés ci-dessus sont les plus importants ; il existe cependant un certain nombre d'autres engrais azotés utilisés dans ce pays en quantités bien moindres. Comme la plupart de ces substances sont fabriquées dans ce pays, il est très difficile d'estimer avec précision le montant de leur production annuelle. Ces substances sont les suivantes : guano de poisson, guano de farine de viande, sang séché, mauvaise qualité, teillage, cornes et sabots, cheveux, poils, plumes, chutes de cuir, etc. La consommation annuelle totale de guano de poisson peut être estimée à environ 8 000 tonnes, dont un quart est importé dans ce pays, les 6 000 tonnes restantes étant fabriquées dans le pays. Environ 2,500 tonnes de guano de farine de viande, de sang séché, de guano de sabot, etc., sont importées chaque année, la production nationale portant la quantité totale à environ 10,000 tonnes. De mauvaise qualité, quelque 12 000 tonnes sont fabriquées dans ce pays ; tandis que le teillage, nom donné à un fumier fabriqué à partir des déchets accessoires à la fabrication de la colle et au dressage des peaux, n'est produit qu'à raison de quelques milliers de tonnes par an.

Il est intéressant de noter que, si l'emploi des engrais phosphatés a augmenté considérablement ces dernières années, il n'en est pas de même pour l'azote. Selon M. Hermann Voss, environ 34 000 [95] tonnes d'azote étaient utilisées sous forme d'engrais artificiel en 1873, alors qu'aujourd'hui on n'en utilise plus qu'environ 28 000 tonnes , *soit* environ 6 000 tonnes de moins.

Il reste encore une source très importante d'azote et qui n'a pas encore été mentionnée, sous la forme de graines et de tourteaux oléagineux, utilisés à des fins alimentaires. Les tourteaux sont à la fois fabriqués dans ce pays et importés en grande quantité. Les récents relevés agricoles montrent que les importations totales de tourteaux s'élèvent à 256 296 tonnes ; celui du lin à 370 000 tonnes ; celui du colza à 80 000 tonnes ; et celui du coton-graine à 289.413 tonnes.

Autres sources d'azote importées.

Nous devons en outre, en examinant cette question, tenir compte de la grande quantité de maïs, de pois, de haricots, de blé et d'avoine qui sont importés dans ce pays, dont une certaine quantité est utilisée pour l'alimentation du bétail et sera donc destinée à l'alimentation du bétail. pour enrichir leur fumier. Il ne faut pas non plus oublier la paille importée utilisée comme litière. En 1887, cela s'élevait à 52 393 tonnes.

Conclusion.

En conclusion, on peut se demander dans quelle mesure les sources artificielles d'azote sont-elles capables de compenser les pertes ? De l'avis d'une autorité aussi fiable que Sir John Lawes, ce n'est pas le cas. Il y a des sols qui dépendent presque entièrement de la fertilité importée et qui ne pourraient être cultivés sans elle. Pour certains d'entre eux, il est possible que les importations d'azote dépassent les exportations. Cependant, en considérant la superficie agricole dans son ensemble, il est d'avis qu'il y a une perte marquée d'azote, qu'il estime *entre 15 et 20 livres par acre et par an* . [96]

NOTES DE BAS DE PAGE :

[63] La quantité totale d'azote dans l'air a été estimée à environ quatre millions de milliards de tonnes.

[64] Voir chapitre introductif, p. 40 à 45.

[65] Bien que l'ammoniac soit plus abondant que les nitrates et les nitrites, il ne représente que quelques parties par million d'air. Selon Müntz, l'air des grandes hauteurs contient plus d'ammoniac que celui des couches inférieures. L'inverse est vrai pour les nitrates, que l'on trouve uniquement dans l'air à proximité de la surface de la terre. Voir p. 49.

[66] L'acide nitrique peut également être formé par l'oxydation de l'ammoniac par l'ozone ou le peroxyde d'hydrogène.

[67] D'après Schloesing , la principale source d'ammoniac présent dans l'air est l'océan tropical, qui cède progressivement à l'atmosphère, sous l'action de la puissante évaporation constamment en cours, une grande quantité d'azote sous cette forme. Les sources d'azote de l'océan sont les nitrates qu'il reçoit du drainage des terres, des matières animales et végétales, des eaux usées, etc.

[68] Voir annexe, note I., p. 155.

[69] Pour illustrer ce point, on peut mentionner que les jours les moins venteux, lorsque le vent ne souffle qu'à une vitesse de deux milles à l'heure - et cela, peut-on ajouter, est si lent qu'il est à peine perceptible : l'air dans un espace de 20 pieds est changé plus de cinq cents fois en une heure. L'azote combiné ainsi absorbé est probablement entièrement sous forme d'ammoniac. Cela semblerait en tout cas le cas, d'après certaines expériences de Schloesing . Voir p. 132.

[70] Il n'existe aucune cellule végétale ou animale qui ne contienne de l'azote.

[71] C'est dans l'ensemble moins que ce qui a été trouvé dans les sous-sols par les enquêteurs de Continental. Ainsi, par exemple, A. Müller a trouvé que la moyenne d'un certain nombre d'analyses du sous-sol était de 0,15 pour cent, et le regretté Dr Anderson a constaté que l'azote dans le sous-sol de différents sols de blé écossais variait de 0,15 pour cent. à 0,97 pour cent.

[72] Voir Annexe, Note II., p. 156.

[73] "Dans le cadre d'une culture potagère prolongée, le sous-sol s'enrichit en matière azotée à une profondeur bien plus considérable; cela a été démontré par les analyses du sol de l'ancien potager de Rothamsted. Cela est sans doute dû à la pratique de tranchées profondes employées par les jardiniers. "-R. Warington , « Conférences sur les expériences de Rothamsted. » Bulletin des États-Unis, p. 24.

[74] L'effet relativement insignifiant que l'addition de divers engrais azotés a sur l'augmentation de l'azote total du sol est illustré de manière frappante dans les tableaux donnés en annexe, note IV, p. 157.

[75] Voir Storer's Agric. Chem., vol. je . p. 357.

[76] Voir Chapitre IV., Annexe, Note VII., p. 198.

[77] Voir Annexe, Note III., p. 157.

[78] Voir annexe, note IV., p. 157.

[79] Voir annexe, note I., p. 155.

[80] La source originale de l'azote présent dans le sol doit être l'azote présent dans l'air. Lorsque les plantes commencent à pousser sur un sol purement minéral, elles doivent obtenir de l'azote d'une source quelconque. Les petites traces évacuées par la pluie fourniront suffisamment d'azote pour permettre une faible croissance des formes inférieures de vie végétale ; tandis que ceux-ci, par leur décadence, fournissent à leurs successeurs une source plus abondante, qui augmente rapidement, jusqu'à ce que nous ayons accumulé un bon pourcentage d'humus.

[81] Voir annexe, note V., p. 158.

[82] Voir Introduction historique, pp. 40-45.

[83] La preuve démontrant cela réside dans le fait que la quantité de carbone trouvée dans différents sols augmente ou diminue proportionnellement à l'azote. Voir p. 126.

[84] Voir chapitre IV. sur la nitrification.

[85] La diffusion ainsi que l'attraction capillaire sont un moyen de ramener les nitrates à la surface du sol après la pluie.

[86] Voir annexe, note VI., p. 158, et note VIII., p. 160 ; aussi p. 154.

[87] Voir Annexe, Note VII., p. 159.

[88] Voir chapitre suivant sur la nitrification, p. 178.

[89] Selon les déclarations agricoles de 1888, le nombre de vaches laitières en Grande-Bretagne s'élevait à 2 450 444. Si nous multiplions ce nombre par 22, le résultat est 54 000 000 livres, soit 24 107 tonnes. Cette quantité représente 154.067 tonnes de nitrate de soude ordinaire du commerce.

[90] Pour 1878 (p. 146 *et suiv.*) Le lecteur intéressé par le sujet est renvoyé au document lui-même.

[91] En tonnes 4464, et représente 28 530 tonnes de nitrate de soude.

[92] Cela en tonnes 162.946, ce qui représente 1.041.384 tonnes de nitrate de soude.

[93] Cela en tonnes 40.625, ce qui représente 259.633 tonnes de nitrate de soude. Voir l'article dans le « Journal of Science » déjà mentionné.

[94] La production totale de l'Europe peut être estimée à 200 000 tonnes.

[95] Dont 10 500 tonnes de guano.

[96] M Warington estime cela à environ 8 livres. Voir p. 141.

ANNEXE AU CHAPITRE III.

REMARQUE I. (p. 119).

DÉTERMINATIONS DE LA QUANTITÉ D'AZOTE FOURNIE PAR LA PLUIE,
SOUS FORME D'AMMONIAC ET D'ACIDE NITRIQUE, À UN ACRE DE TERRE,
PENDANT UN AN.

(Tiré de « Les sols et leurs propriétés » du Dr Fream , p. 62.)

	Année.	Précipitations.	Azote par millions, comme Ammoniac.	Nitrique Acide.	Total Azote par acre.
					kg.
Cuisine	1864-65	11h85	0,54	0,16	1,86
Cuisine	1865-66	17h70	0,44	0,16	2,50
Insterbourg	1864-65	27h55	0,55	0,30	5.49
Insterbourg	1865-66	23.79	0,76	0,49	6,81
Dahmé	1865	17.09	1,42	0,30	6,66
Ratisbonne	1864-65	23h48	2.03	0,80	15.09
Ratisbonne	1865-66	19h31	1,88	0,48	10h38
Ratisbonne	1866-67	25.37	2.28	0,56	16h44
Ida-Marienhütte, moyenne de six ans	1865-70	22h65	—	—	9.92
Proskau	1864-65	17.81	3.21	1,73	20.91

Florence	1870	36.55	1.17	0,44	13.36
Florence	1871	42.48	0,81	0,22	9,89
Florence	1872	50,82	0,82	0,26	12.51
Vallombrosa	1872	79,83	0,42	0,15	10h38
Montsouris , Paris	1877-78	23.62	1,91	0,24	11h54
Montsouris , Paris	1878-79	25.79	1.20	0,70	11.16
Montsouris , Paris	1879-80	15h70	1,36	1,60	10.52
	Moyenne de 22 ans	27.63	—	—	10.23

REMARQUE II. (p. 122).

Azote dans les sols à différentes profondeurs.

(1) *Sols de Rothamsted.*

Profondeur.	Sol arable.		Sol de vieux pâturages.	
	pour cent.	lb par acre.	pour cent.	lb par acre.
1er 9 pouces	0,120	3 015	0,245	5 351
2j 9 pouces	0,068	1 629	0,082	2 313
3d 9 pouces	0,059	1 461	0,053	1 580
4ème 9 pouces	0,051	1 228	0,046	1 412
5ème 9 pouces	0,045	1 090	0,042	1 301

Profondeur				
6ème 9 pouces	0,044	1 131	0,039	1 186
Total, 54 pouces	—	9 554	—	13 143
7ème 9 pouces	0,042	1 049	—	—
8ème 9 pouces	0,041	1 095	—	—
9ème 9 pouces	0,044	1 173	—	—
10e 9 pouces	0,043	1 076	—	—
11e 9 pouces	0,043	1 112	—	—
12e 9 pouces	0,045	1 198	—	—
Total, 9 pieds	—	16 257	—	—

(2) *Sols du Manitoba.*

Profondeur.	Brandon.	Niverville.	Winnipeg.	Selkirk.
	pour cent.	pour cent.	pour cent.	pour cent.
1er pied	0,187	0,261	0,428	0,618
2ème pied	0,109	0,169	0,327	0,264
pied 3D	0,072	0,069	0,158	0,076
4ème pied	0,019	0,038	0,107	0,042

REMARQUE III. (p. 130).

AZOTE SOUS FORME DE NITRATES DANS LES SOLS CULTIVÉS NE RECEVANT PAS DE FUMIER AZOTÉ, EN LB. PAR ACRE (*sols de Rothamsted*).

| Profondeur. | Blé. | | Boukhara | Vesces, | Lucerne, | Blanc |
	Après jachère, 1883.	Après trèfle, 1883.	trèfle, 1882.	1883.	1885.	trèfle, 1885.
	kg.	kg.	kg.	kg.	kg.	kg.
1er 9 pouces	3.4	6.1	3.4	10.2	8.9	11.5
2j 9 pouces	3.1	4.4	1.0	2.7	1.1	1.4
3d 9 pouces	0,8	1.6	0,6	1.1	0,8	0,9
4ème 9 pouces	1.0	1.3	1.0	1,5	0,8	1.9
5ème 9 pouces	0,8	1,5	0,8	2.5	1.0	7.1
6ème 9 pouces	0,6	0,8	1.7	4.4	0,9	11.3
7ème 9 pouces	0,8	2.2	—	4.5	0,6	13.1
8ème 9 pouces	0,9	1.7	—	4.9	0,8	12.6
9ème 9 pouces	0,7	2.4	—	4.8	0,7	11.2
10e 9 pouces	2.0	2.1	—	5.1	0,6	10.7
11e 9 pouces	1,5	2.1	—	6.4	0,4	11.1
12e 9 pouces	3.8	2.8	—	6.5	0,4	10,0

REMARQUE IV. (p. 124 et p. 131).

AZOTE SOUS FORME DE NITRATES DANS LES SOLS DE BLÉ DIVERSEMENT FUMÉS, OCTOBRE 1881, EN LB. PAR ACRE (*sols de Rothamsted*).

Parcelle.	Fumage.	1er 9 pouces.	2ème 9 pouces.	3ème 9 pouces.	Total 27 pouces.	Excès sur parcelles 3 et 4.
		kg.	kg.	kg.	kg.	kg.
3	Pas de fumier, 38 ans	9.7	5.3	2.8	17.8	—
4	Pas de fumier, 30 ans	9.2	4.0	1.8	15,0	—
16 *h*	Pas de fumier, 17 ans	10.6	5.0	2.3	17.9	1,5
5 *une*	Constituants de cendres, 30 ans	12.6	7.1	4.6	24.3	7.9
17 *une*	Constituants de cendres, 1 an	10.3	7.5	3.4	21.2	4.8
6 *une*	Sels de cendres et d'ammonium, 200 lb.	16,5	7.5	4.7	28,7	12.3
7 *heures*	Sels de cendres et d'ammonium, 400 lb.	22,8	11.3	5.7	39,8	23.4
8 *heures*	Sels de cendres et d'ammonium, 600 lb.	21.1	13.9	7.8	42,8	26.4
9 *heures*	Cendres et nitrate de sodium, 550 lb.	19.7	10,0	8.2	37,9	21,5

9b –	Nitrate de sodium, 550 lb.	16.3	20.1	17.7	54.1	37,7
10 *heures*	Sels d'ammonium, 400 lb.	14.2	11.9	7.3	33.4	17,0
11 *heures*	Sels de superphosphate et d'ammonium, 400 lb.	17.9	9.3	3.6	30,8	14.4
19	Gâteau de colza, 1700 lb.	14.1	13,0	7.1	34.2	17.8
2	Fumier de ferme, 14 tonnes – 38 ans	30,0	15.4	6.8	52.2	35,8

AZOTE SOUS FORME DE NITRATES DANS LES SOLS D'ORGE DIVERSEMENT FUMÉS, MARS 1892, EN LB. PAR ACRE (*sols de Rothamsted*).

Parcelle.	Fumage.	1er 9 pouces.	2j 9 pouces.	3j 9 pouces.	Total 27 pouces.	Excès sur parcelle dix
		kg.	kg.	kg.	kg.	kg.
dix	Pas de fumier	5.9	4.7	5.1	15.1	—
20-40	Constituants de cendres (moyenne)	6.7	7.0	6.4	20.1	4.4
1A	Sels d'ammonium, 200 lb.	6.1	8.3	7.0	21.4	5.7
2A-4A	Constituants d'ammonium	7.7	7.8	7.6	23.1	7.4

	et de cendres (moyenne)					
1AA	Nitrate de sodium, 275 lb.	9.7	6.8	9.0	25,5	9.8
2AA-4AA	de nitrate de sodium et de cendres (moyenne)	8.3	7.4	7.5	23.2	7.5
1C	Gâteau de colza, 1000 lb.	10.6	13.7	7.9	32.2	16,5
2C-4C	Constituants de tourteau de colza et de cendres (moyenne)	8.8	11.9	8.7	29.4	13.7
7-1	Pas de fumier, 10 ans — anciennement fumier	14.8	11.8	10.9	37,5	21,8
7-2	Fumier de ferme, 14 tonnes	18.6	14.6	10.9	44.1	28.4

REMARQUE V. (p. 134).

Exemples d'augmentation de l'azote dans les sols de Rothamsted déposés dans les pâturages .

	Âge de pâturage.	Azote dans 1er 9 pouces.
	Années.	Pour cent.

Terres arables	—	0,140
Pâturage dans une grange	8	0,151
Pâturage de pommiers	18	0,174
Le pré du Dr Gilbert	21	0,204
Le pré du Dr Gilbert	30	0,241

REMARQUE VI. (p. 141).

A propos de la perte par drainage de l'azote sous forme de nitrates, il convient de mentionner que l'eau de nombreuses rivières célèbres contient de grandes quantités de nitrates. Ainsi, l'eau de la Seine contient quinze parties de nitrates par million d'eau, et celle du Rhin huit parties par million. On peut avoir une idée de ce que cela représente par an en affirmant que « le Rhin déverse quotidiennement dans l'océan 220 tonnes de salpêtre , la Seine 270 tonnes et le Nil 1 100 tonnes ». —(Storer's Agric. Chem., vol. I. p. 318.)

REMARQUE VII. (p. 142).

EXEMPLES DE DIMINUTION DE L'AZOTE DANS LES SOLS DE ROTHAMSTED.

	Azote dans 1er 9 pouces.
	Pour cent.
Vieux pâturage	0,250
Terres arables dans la culture ordinaire	0,140
Blé non fumé, 38 ans	0,105
Blé et jachère non fumé, 31 ans	0,096
Orge non fumé, 30 ans	0,093
Navets non fumés, 25 ans	0,085

Parcelle.	Fumier par acre, annuellement appliqué, 16 ans, 1865-81.	Moyenne produire par acre.		Azote par acre en 1er 9 pouces de sol.		
		Habillé grain.	Total produire.	1865.	1881.	Gagner ou perte en 16 ans.
		buisson.	kg.	kg.	kg.	kg.
3	Non fumé	11-7/8	1715	2507	2404	- 103
5 *une*	Fumier minéral mélangé	12-3/4	1963	2574	2328	- 246
10 *heures*	Sels d'ammonium, 400 lb.	17-7/8	2881	2548	2471	- 77
11 *heures*	Sels d'ammonium, avec superphosphate	23-1/4	3856	2693	2676	- 17
7 *heures*	Sels d'ammonium, avec fumier minéral mélangé	28	4993	2829	2908	+ 79
9 *heures*	Nitrate de soude, 550 lb et fumier minéral mélangé	36	6949	2834	2883	+ 49
16 *h*	Non fumier*	13-1/2	2194	2907	2557	- 350
2	Fumier de ferme, 14 tonnes	31-1/2	5356	4329	4502	+ 173

* De 1852 à 1864, nous avons reçu annuellement 800 livres de sels d'ammonium avec du fumier minéral mélangé, et avons donné un

produit moyen de 39 1/2 boisseaux de grain et 46 5/8 quintaux. de paille.

REMARQUE VIII. (p. 141).

QUANTITÉ DE DRAINAGE ET D'AZOTE SOUS FORME DE NITRATES DANS L'EAU DE DRAINAGE PROVENANT D'UN SOL NU NON FUMÉ, À 20 ET 60 POUCES DE PROFONDEUR, EN MOYENNE SUR TREIZE ANS.

| | | Quantité de drainage | | Azote par acre | | | |
| | | | | Par million de l'eau | | Par acre. | |
	Précipitations.	20 pouces jauge.	60 pouces jauge.	20 pouces jauge.	60 pouces jauge.	20 pouces jauge.	60 pouces jauge.
	Pouces.	Pouces.	Pouces.			kg.	kg.
Mars	1,70	0,85	0,94	7.3	8.9	1.41	1,89
Avril	2.25	0,72	0,79	8.3	9.0	1,35	1,61
Peut	2,48	0,80	0,79	8.4	9.1	1,53	1,63
Juin	2,59	0,78	0,78	9.2	9.1	1,62	1,60
Juillet	2,85	0,68	0,62	13.5	11.8	2.08	1,66
Août	2,69	0,84	0,76	15.1	13.3	2,87	2.28
Septembre	2,70	0,97	0,82	17.7	13.4	3,86	2,50
Octobre	3.12	1,86	1,68	13.8	11.9	5,83	4.53
Novembre	3.20	2.44	2.32	11.8	11.4	6h50	5,98
Décembre	2.34	1,88	1,88	9.5	10.6	4.06	4.51
Janvier	2.13	1,79	1,93	7.4	8.9	2,99	3,88
Février	2.16	1,84	1,74	7.7	9.1	3.19	3,57
Mars-juin	9.02	3.15	15h30	8.3	9.0	5.91	6,73

Juillet-septembre	8.24	2,49	2.20	15.6	13,0	8.81	6.44
Octobre-février.	12,95	9.81	9h55	10.2	10.4	22h57	22h47
L'année entière	30.21	15h45	15.05	10.7	10.5	37.29	35,64

CHAPITRE IV.
NITRIFICATION.

Le composé azoté le plus important pour la plante est *l'acide nitrique* . C'est sous forme de nitrates que la plupart des plantes absorbent l' azote dont elles ont besoin pour construire leurs tissus. Dans la nature, l'azote, présent dans le sol sous forme d'ammoniac et sous différentes formes organiques, est constamment transformé en acide nitrique. Cette conversion de l'azote en nitrates, connue sous le nom de *nitrification* , est un processus de très grande importance et, comme nous l'avons déjà souligné dans le chapitre d'introduction, s'effectue par l'intermédiaire de micro-organismes (ferments). [97] Le processus de nitrification, ainsi que la nature des autres changements qui se produisent dans le sol entre les divers composés de l'azote, ne sont encore que très imparfaitement compris, mais beaucoup de lumière a été jetée sur ce département des plus intéressants de l'agriculture. recherche au cours des dernières années; et il ne fait aucun doute que l'attention accrue que lui accordent différents chercheurs, tant sur le continent que dans ce pays, sera lourde de résultats des plus importants pour l'agriculture pratique.

Présence de nitrates dans le sol.

La présence du nitre [98] ou nitrate de potassium dans les sols est connue depuis longtemps, même si ce n'est que ces dernières années que nous avons acquis des connaissances précises sur le mode de sa production. Bien que leur quantité dans la plupart des sols, notamment dans ce pays, [99] soit très infime, il y a certaines parties du monde où les nitrates se trouvent en grandes quantités. Les champs de nitrate du Chili et du Pérou sont les principales sources naturelles de nitrates et sont mentionnés dans le chapitre sur le nitrate de soude. Il existe cependant d'autres parties du monde (en Chine et en Inde) où l'on trouve des sols riches en nitre et qui, dans le passé, ont constitué une source d'articles commerciaux. [100]

nitrés de l'Inde.

Les plus importants de ces sols nitrés sont ceux que l'on trouve au nord-ouest de l'Inde, dans la province du Bengale. Dans ces districts, le sol est d'une texture légèrement poreuse, riche en chaux et situé à une hauteur considérable au-dessus du niveau de l'eau. Ce sont les sites d'anciens villages, et le nitre se retrouve sous forme d'efflorescence à la surface de différentes parties du sol. La présence de nitre dans de telles conditions est due, en partie à la richesse naturelle du sol en azote, et en partie à son enrichissement artificiel par la réception des excréments azotés des habitants des villages et de leur bétail. Le processus constant d'évaporation qui se produit dans un climat aussi chaud a pour effet d'induire une tendance ascendante de l'eau du sol, ce qui entraîne une concentration de tout le nitre que le sol contient dans sa couche superficielle. Cela continue jusqu'à ce qu'une incrustation régulière se forme et que le sol soit recouvert d'un dépôt blanc de nitre . Chaque fois que cela devient apparent, la partie superficielle du sol est grattée par le *sorawallah* , ou fabricant indigène, et collectée et traitée dans le but de récupérer, à l'état pur, le salpêtre .

de salpêtre .

La forte demande de salpêtre , supérieure à celle que pouvaient fournir ces sols nitrés , donna bientôt naissance à la méthode de production semi-artificielle, autrefois si largement pratiquée en Suisse, en France, en Allemagne, en Suède et dans de nombreuses autres régions du continent. au moyen de ce qu'on appelle les « lits de nitre », les « nitraires » ou les « plantations de salpêtre ». Avant l'introduction de cette méthode de fabrication, la demande de salpêtre pour la poudre à canon était devenue si grande que toutes les sources de nitre étaient recherchées avec impatience. Ainsi, lorsqu'on découvrit que la terre des sols des étables, des écuries et des cours de ferme était particulièrement riche en nitre , et que, mélangée aux cendres de bois, elle en constituait une source importante, le droit de les enlever en France fut conféré au Gouvernement sous les lois sur le salpêtre , en vigueur jusqu'à la Révolution française. Cette grande rareté conduisit cependant bientôt à une étude minutieuse des conditions dans lesquelles le nitrate de potassium se formait dans les sols nitrés . [101] Ces conditions, qui comprenaient la présence de riches matières azotées, la chaleur, la libre aération du sol et une certaine proportion d'humidité, devinrent, au fil des années, de plus en plus bien comprises, et le résultat fut l'institution de nombreuses « plantations de salpêtre ». Il s'agissait généralement d'amas de moisissures , riches en azote, mélangés à des matières animales en décomposition, des détritus de toutes sortes, des substances fumières, des cendres, des gravats et des sels de chaux. [102] Le tas était recouvert de broussailles et était arrosé de temps en temps avec du fumier liquide provenant des écuries, composé principalement d'urine diluée. En formant le tas, on a pris soin de garder la masse poreuse, de manière à permettre le libre accès de l'air. Le tas était en outre protégé de la pluie en le recouvrant d'un toit. Au fil du temps, des quantités considérables de nitrates se sont développées, et le nitre était parfois collecté en le grattant de la surface, où il se concentrait tout comme dans les sols nitrés . Dans tous les cas, cependant, les tas, lorsqu'ils étaient jugés assez riches en nitre , étaient traités de temps

- 111 -

en temps avec de l'eau qui, par évaporation ultérieure, rendait le nitre à l'état plus ou moins pur. [103]

Ce mode d'obtention du nitre n'est plus du tout pratiqué , puisqu'il est maintenant plus commodément obtenu par le traitement du nitrate de soude par le chlorure de potassium.

Cause de nitrification.

Nous avons fait référence à ces plantations de nitrate comme montrant comment les conditions les plus favorables au développement de la nitrification étaient reconnues bien avant que l'on sache quoi que ce soit sur la véritable nature du processus. Ce n'est qu'en 1877 que la formation de nitrates dans le sol fut prouvée comme étant due à l'action de la vie micro-organique, [104] par les deux chimistes français Schloesing et Müntz, qui découvrirent le fait en effectuant des expériences pour voir si la présence de matière humique était indispensable à l'épuration des eaux usées par le sol. Dans ces expériences, les eaux usées étaient filtrées lentement à travers une certaine profondeur de sol (la durée de cette filtration étant de huit jours). Il a été constaté que les eaux usées étaient nitrifiées. En traitant le sol avec du chloroforme [105], on a constaté que celui-ci ne possédait plus le pouvoir d'induire la nitrification des eaux usées. Cependant, lorsqu'une petite partie d'un sol nitrifiant était ajoutée, le pouvoir était retrouvé. On en déduit naturellement que la nitrification était effectuée par une sorte de ferment. Cette conclusion fut bientôt confirmée par des expériences ultérieures de Warington à Rothamsted, qui montra que le pouvoir de nitrification pouvait être communiqué à des milieux qui ne nitrifiaient pas, en les ensemençant simplement avec une substance nitrifiante, et que la lumière était défavorable au processus. Depuis lors, la question a fait l'objet de nombreuses recherches de la part de M. Warington à Rothamsted, ainsi que par Schloesing et Müntz, Munro, Dehérain , PF Frankland, Winogradsky, Gayon et Dupetit , Kellner, Plath, Pichard, Landolt, Leone et autres. De ces recherches nous avons obtenu les informations suivantes sur la nature des organismes concernés dans ce processus et sur les conditions les plus favorables à leur développement.

Ferments effectuant la nitrification.

L'importance de les isoler et de les étudier au microscope a été reconnue très tôt dans ces recherches. MM. Schloesing et Müntz furent les premiers à s'y essayer. Ils ont rapporté qu'ils avaient réussi à y parvenir et ont décrit l'organisme comme étant constitué de corpuscules très petits, ronds ou légèrement allongés, se présentant soit seuls, soit par deux ensemble.

- 112 -

Toutefois, d'après les recherches les plus récentes de Warington , Winogradsky et PF Frankland, la nitrification n'est pas effectuée par un *seul* micro-organisme, mais par *deux* , qui ont tous deux été isolés et étudiés avec succès. [106] Le premier d'entre eux découvert et isolé fut l' organisme *nitreux* , qui effectue la conversion de l'ammoniaque en acide nitreux ; la seconde, isolée récemment par Warington et Winogradsky, effectue la conversion de l'acide nitreux en acide nitrique. Chacun de ces ferments a donc sa fonction particulière à remplir dans ce processus des plus importants, le ferment nitrique étant incapable d'agir sur l'ammoniac, de même que le ferment nitreux est incapable de convertir les nitrites en nitrates. Les deux ferments se trouvent en quantités énormes dans le sol et semblent être influencés, autant qu'on le sait actuellement, par les mêmes conditions. Leur action se poursuivra donc ensemble. Presque tout ce que nous savons encore au sujet de leur nature concerne le ferment nitreux.

Apparition de l'organisme nitreux.

M Warington [107] décrit ainsi l'apparence de l'organisme nitreux : « Tel qu'on le trouve en suspension dans une solution fraîchement nitrifiée, il est constitué en grande partie de corpuscules presque sphériques, extrêmement variables en taille. Le plus grand de ces corpuscules atteint à peine un diamètre de 1/1000ème. d'un millimètre ; et certains sont si minuscules qu'ils sont à peine discernables sur les photographies, bien qu'ils y soient représentés avec une surface un million de fois plus grande que la leur. Les plus grands ne sont souvent pas strictement circulaires. Ces formes sont universellement présentes dans les cultures nitrifiantes. on voit parfois des organismes plus grands en train de se diviser.

Organisme nitrique.

Autant qu'on le sache actuellement, l'organisme nitrique présente une apparence très semblable à l'organisme nitreux, à tel point qu'il est difficile de distinguer l'un de l'autre. Comme les mêmes conditions influencent leur développement, le processus peut être considéré dans son ensemble.

Difficulté à les isoler.

Une grande difficulté a été rencontrée lorsqu'on a tenté d'isoler ces micro-organismes dans le but d'en étudier la nature. Cela vient du fait qu'ils refusent de pousser sur les supports de culture solides ordinaires utilisés par les bactériologistes. Winogradsky, cependant, a récemment réussi à les cultiver dans *un milieu purement minéral* , à savoir *la gelée de silice* . [108]

Le fait qu'ils puissent se développer dans des milieux dépourvus de matière organique est d'un très grand intérêt et d'une très grande importance pour la physiologie végétale. Cela implique qu'ils peuvent tirer leur carbone de l'acide carbonique – un pouvoir que l'on croyait détenu uniquement par les plantes vertes parmi les structures vivantes. Pour les organismes dépourvus de chlorophylle, la source de leur carbone protoplasmique, comme on l'a généralement cru jusqu'à présent, doit être une *matière organique* quelconque. S'il semble que les organismes nitrifiants puissent, lorsque l'occasion s'en présente, se nourrir de matière organique, il a été prouvé hors de tout doute qu'ils peuvent aussi se développer librement dans des milieux entièrement dépourvus de matière organique et sont capables, dans de telles circonstances, de tirer leur carbone provenant d'une source purement minérale. [109] Ce fait, qui est subversif de ce que l'on croyait être une loi fondamentale de la physiologie végétale, est l'un des plus importants parmi les nombreux faits importants et intéressants que ces recherches sur la nitrification ont mis en évidence. [110]

CONDITIONS FAVORABLES À LA NITRIFICATION.

Nous pouvons maintenant discuter des conditions favorables à la nitrification.

Présence de constituants alimentaires.

Parmi ces conditions, la première est la présence de certains constituants alimentaires. Tant pour la vie animale que végétale, une certaine quantité de nourriture minérale est absolument nécessaire. Parmi ceux-ci, l'acide phosphorique est l'un des plus importants, et dans les expériences sur la nitrification, on a constaté que les organismes nitrifiants ne se développeraient dans aucun milieu dépourvu de cet acide. Il est hautement probable que d'autres constituants alimentaires minéraux soient nécessaires, bien que l'influence de leur absence sur le développement du processus n'ait pas été étudiée de la même manière. Les sels de potasse, de magnésie et de chaux sont probablement nécessaires. Dans les solutions de culture utilisées dans les expériences sur le sujet, les composants alimentaires minéraux ajoutés étaient constitués de sels de chaux, de magnésie, de potasse et d'acide phosphorique. [111]

Comme nous l'avons vu plus haut, la présence de matière organique n'est pas nécessaire au processus. A cet égard, ces organismes se différencient de tous les autres ferments découverts jusqu'à présent.

Présence d'une base salifiable .

La présence dans le sol d'une quantité suffisante d'une base avec laquelle l'acide nitrique peut se combiner, lors de sa formation, est une autre condition nécessaire. [112] Le processus se déroule uniquement dans une solution légèrement alcaline. La substance qui fait office de base salifiable est *la chaux* . La présence d'une quantité suffisante de carbonate de chaux dans le sol apparaîtra ainsi comme étant de première importance. C'est là l'explication d'un des nombreux bienfaits apportés par la chaux aux sols. L'activité de nitrification dans de nombreux sols peut être entravée par l'absence d'une quantité suffisante de sels de chaux, et dans de tels cas, les résultats les plus frappants peuvent résulter de l'application modérée de craie. L'absence d'organismes nitrifiants dans certains sols, comme les sols tourbeux et forestiers, peut ainsi s'expliquer. Dans de tels sols, des acides humiques sont présents et l'alcalinité requise fait donc défaut.

A lieu uniquement dans des solutions légèrement alcalines.

Mais même si une légère quantité d'alcalinité est nécessaire, celle-ci ne doit pas dépasser une certaine force, sinon le processus est retardé. C'est la raison pour laquelle les solutions urinaires fortes ne nitrifient pas. La quantité de carbonate d'ammoniaque qui y est générée par la putréfaction rend impossible le développement de la nitrification en rendant trop grande l'alcalinité de la solution. [113] L'importance pratique de ce fait est considérable, car il montre l'importance de diluer très considérablement l'urine avant de l'appliquer comme fumier. De même, lorsque de grandes quantités de chaux, notamment de chaux calcinée, sont appliquées sur les sols, le résultat sera d'arrêter temporairement l'action de la nitrification. La présence de carbonates alcalins dans le sol, sauf en quantités infimes, est donc susceptible de perturber sérieusement le processus. [114]

Action du Gypse sur la Nitrification.

Pichard a constaté que l'action de certains sulfates minéraux est extrêmement favorable au procédé, et parmi eux *le gypse* . Warington a effectué quelques expériences sur l'action du gypse pour favoriser la nitrification. La raison de son action favorable est probablement due au fait qu'il neutralise l'alcalinité des solutions nitrifiantes. Cela permet ainsi au processus de se dérouler dans des conditions défavorables . C'est pourquoi, là où l'alcalinité est trop grande pour que la nitrification puisse se développer au maximum, le meilleur spécifique sera le gypse. [115] La valeur pratique du gypse comme adjuvant à certaines substances d'engrais, où l'on souhaite favoriser la nitrification le plus rapidement possible, comme les eaux usées et le fumier de ferme, deviendra ainsi immédiatement apparente. Dans la mesure où un degré approprié d'alcalinité est maintenu, la présence de grandes quantités de matières salines ne semble pas gêner le processus.

Présence d'oxygène.

Les bactéries de nitrification appartiennent, semble-t-il, à la classe des ferments aérobies , *c'est-à-dire* qu'elles ne peuvent se développer sans un apport gratuit d'oxygène. L'exclusion de l'air suffit à les tuer, et dans les parties du sol où l'accès de l'air n'est pas librement permis, la nitrification se révèlera d'autant plus faible. Ainsi , on a constaté, lors d'expériences sur différentes parties du sol, que peu de signes de nitrification se produisent dans les couches inférieures du sol. D'après des expériences de Schloesing sur un sol humide, dans des atmosphères respectivement dépourvues d'oxygène et en quantités variables, l'action de l'oxygène pour favoriser la nitrification a été démontrée de manière frappante. Dans une atmosphère d'azote pur, totalement dépourvue d'oxygène, le processus n'a plus lieu, mais les nitrates déjà présents dans le sol sont réduits et de l'azote libre se dégage. Au contraire, dans une atmosphère contenant 1,5 pour cent d'oxygène, une nitrification considérable se produit ; tandis qu'en présence de 6 pour cent, la nitrification s'est produite jusqu'au double. Un ajout de 10 à 15 pour cent double encore la quantité. Lorsque la quantité d'humidité ajoutée augmente, l'effet de pourcentages plus élevés d'oxygène s'avère moins marqué. La raison en est que l'oxygène agit probablement comme de l'oxygène dissous ; l'ajout d'eau signifie en même temps un ajout d'oxygène disponible. Cette condition illustre la valeur des opérations de travail du sol. Plus un sol est labouré avec soin, plus l'aération de ses particules s'effectuera d'autant mieux, et par conséquent plus favorable sera rendue cette condition nécessaire de nitrification. Les bénéfices apportés par le travail du sol aux sols argileux seront à cet égard particulièrement importants.

Température.

Une autre des conditions déterminant la vitesse à laquelle la nitrification a lieu, et la plus importante, est *la température* . Selon Schloesing et Müntz, la température à laquelle a lieu le développement maximum est de 37° C. [117] (99° F.), température à laquelle il est dix fois plus actif qu'à 14° C. (57° F.). A

- 116 -

5°C (40°F), l'action est extrêmement faible. Elle est nettement appréciable à 12°C (54°F), et de là jusqu'à 37°C (99°F) elle augmente rapidement. De 37°C (99°F) à 55°C (131°F), température à laquelle aucune nitrification n'a lieu, son activité diminue ; à 45° C. (113° F.), elle est moins active qu'à 15° C. (59° F.), et à 50° C. (122° F.), elle est très légère. Ces résultats de Schloesing et Müntz n'ont pas été exactement confirmés par Warington . Il a constaté qu'une quantité considérable de nitrification se produit à une température comprise entre 3° et 4° C (37° et 39° F.), tandis que la température la plus élevée à laquelle il a constaté qu'elle se produit est considérablement inférieure à 55°C. °C (131° F.) Il n'a donc pas pu amorcer la nitrification dans une solution maintenue à 40° C (104° F.). Il semblerait donc que les ferments nitrifiants soient capables de se développer à des températures plus basses que la plupart des organismes ; et bien que la nitrification cesse entièrement pendant les gelées, cependant, dans un climat tel que le nôtre, il doit y avoir une proportion considérable de l'hiver pendant laquelle la nitrification est modérément active.

Présence d'une quantité suffisante d'humidité.

La présence d'humidité dans un sol est une autre des conditions nécessaires à la nitrification. Il a été démontré qu'il est immédiatement arrêté, voire détruit, par la dessiccation. Toutes choses égales par ailleurs et jusqu'à un certain point, plus un sol contient d'humidité, plus le processus est rapide. Cependant, trop d'eau est défavorable , car elle a tendance à exclure le libre accès de l'air, qui, comme nous venons de le montrer, est si nécessaire, ainsi qu'à abaisser la température. Durant une période de sécheresse , la vitesse à laquelle la nitrification se produit sera donc susceptible d'être sérieusement diminuée.

Absence de fort ensoleillement.

Il a été constaté que le processus se déroule beaucoup plus activement dans l'obscurité ; en effet Warington a découvert dans ses expériences que la nitrification pouvait être arrêtée en exposant simplement le récipient dans lequel elle se déroulait à l'action du soleil.

Organismes nitrifiants détruits par les poisons.

On a déjà fait remarquer que la nitrification est arrêtée par l'action d'antiseptiques, tels que le chloroforme, le bisulfure de carbone et l'acide phénique. Une autre substance qui s'est révélée avoir une action nocive est le sulfate ferreux ou "cuivres", une substance qui est susceptible d'être présente dans les sols mal drainés ou dans les sols dans lesquels il y a beaucoup de matière organique en putréfaction active. Maercker a constaté que dans les sols marécageux contenant du sulfate ferreux, on ne trouvait pas de nitrates, ou seulement des traces de nitrates. Une substance telle que la chaux gazeuse, à moins qu'elle ne soit soumise à l'action de l'atmosphère pendant un certain temps, aurait également un mauvais effet dans l'arrêt de la nitrification, à cause des composés soufrés toxiques qu'elle contient. Il semblerait que le sel commun arrête également le processus ; et cette propriété antiseptique qu'exerce le sel sur la nitrification jette un certain jour sur la nature de son action lorsqu'on l'applique, comme on le fait souvent, avec les engrais azotés artificiels.

Dénitrification.

A propos du processus de nitrification, il est intéressant de noter qu'un processus de nature opposée peut également avoir lieu dans les sols, à savoir la *dénitrification* , processus qui consiste à réduire les nitrates en nitrites, en protoxyde d'azote ou en azote libre. . Le fait qu'une réduction des nitrates se produise lors de la décomposition des eaux usées avec dégagement d'azote libre a été observé pour la première fois par le regretté Dr Angus Smith en 1867 ; et la réduction des nitrates en nitrites et des oxydes d'azote et d'azote dans les changements putréfiants a été remarquée par la suite par différents expérimentateurs, qui ont en outre observé qu'une telle réduction a lieu dans le cas de putréfaction se produisant en présence de grandes quantités d'eau ou lorsque il y a beaucoup de matière organique.

Dénitrification également effectuée par des bactéries.

Ce changement était censé être de nature purement chimique, et on a récemment découvert qu'il s'effectuait , comme la nitrification, par des bactéries. Certains ont supposé que l'action de dénitrification pouvait être effectuée par les mêmes organismes qui effectuent la nitrification, et que le processus en cours dépendait de conditions simplement externes. Il n'y a cependant aucune raison de supposer qu'il en soit ainsi et plusieurs organismes dénitrifiants ont été identifiés.

Conditions favorables à la dénitrification.

Il ne faut pas supposer que ce soit un processus qui se déroule dans une certaine mesure dans des sols correctement cultivés. Les conditions qui favorisent la dénitrification sont exactement opposées à celles qui favorisent la nitrification. Ce n'est que lorsque l'oxygène est exclu ou, ce qui signifie à peu près la même chose, lorsque de grandes quantités de matière organique sont en putréfaction active, et que l'apport d'oxygène est par conséquent insuffisant, que la dénitrification a lieu. Schloesing , comme nous l'avons déjà vu, a constaté que dans le cas d'un sol humide, maintenu dans une atmosphère dépourvue d'oxygène, il se produisait une réduction de ses nitrates en azote libre.

A lieu dans des sols gorgés d'eau.

L'exclusion de l'oxygène d'un sol peut être effectuée en saturant le sol avec de l'eau ; et Warington a trouvé, dans des expériences faites sur un sol arable, nullement riche en matière organique, que l'on pouvait ainsi obtenir une réduction complète des nitrates. Il semblerait donc que le processus de dénitrification se produirait dans des sols gorgés d'eau, ou dans la putréfaction des eaux usées en présence de grandes quantités d'eau. La question de savoir si cette réduction entraînera la production de nitrites, de protoxyde d'azote ou d'azote libre dépend de différentes conditions. Ce procédé est d'une grande importance au point de vue économique, car il nous révèle une source de perte qui peut avoir lieu dans la fermentation des fumiers. Dans la pourriture de notre fumier de ferme , il est possible que les organismes dénitrifiants soient plus actifs que nous ne l'avions soupçonné jusqu'à présent, et qu'il se produise ainsi une perte considérable d'azote.

Répartition des organismes nitrifiants dans le sol.

Les organismes nitrifiants sont probablement principalement confinés au sol et ne sont généralement pas présents sous la pluie ou dans l'atmosphère. Cependant, certaines recherches intéressantes effectuées récemment par Müntz, qui a découvert que les surfaces nues des roches felspathiques, calcaires, schisteuses et autres au sommet, les trouvent dans des endroits que nous pourrions croire extrêmement improbables, des montagnes des Pyrénées, des Alpes et des Vosges, en ont livré un grand nombre, et qu'elles se sont produites à une profondeur considérable dans les fentes et fissures des rochers. Les organismes nitrifiants se trouvent également dans l'eau des rivières, dans les eaux usées et dans les eaux de puits.

Profondeur à laquelle ils se produisent.

Dans les expériences antérieures de Warington , la conclusion à laquelle il était arrivé était que la présence des organismes nitrifiants était presque entièrement limitée aux couches superficielles du sol, et qu'on les rencontrait rarement bien au-dessous d'une profondeur de 18 pouces. Ses expériences ultérieures modifièrent cependant considérablement cette conclusion et montrèrent que la nitrification pouvait avoir lieu jusqu'à une profondeur d'au moins 6 pieds. [118] Mais bien qu'elle puisse avoir lieu à cette profondeur, elle est probablement, en règle générale, limitée au sol superficiel, car c'est seulement là que les conditions pour obtenir une circulation d'air sont suffisamment favorables . Bien entendu, cela dépendra en grande partie de la nature du sol , *c'est*-à-dire de sa texture. Dans un sous-sol argileux, le principal obstacle à la nitrification sera la difficulté d'obtenir une aération suffisante. Dans les sols argileux, il est donc probable que presque toute la nitrification s'effectue dans la couche superficielle ; dans les sols sableux, elle peut avoir lieu à une plus grande profondeur. [119]

Action des racines des plantes dans la promotion de la nitrification.

A cet égard, il convient de noter l'action des racines des plantes, qui permettent un accès plus abondant de l'air aux couches inférieures du sol et favorisent ainsi la nitrification. Cela a été observé dans le cas de différentes cultures. Ainsi, l'action de la nitrification s'est révélée plus marquée dans les couches inférieures d'un sol sur lequel poussait une légumineuse que dans celle sur laquelle poussait une graminée. "Les conditions qui favoriseraient la nitrification du sous-sol sont telles qu'elles permettraient à l'air d'y pénétrer, comme un drainage artificiel, une saison sèche, la croissance d'une culture luxuriante provoquant une forte évaporation de l'eau du sol. De telles conditions, en éliminant le L'eau qui remplit les pores du sous-sol, fera pénétrer l'air plus ou moins profondément et rendra possible la nitrification. La nitrification du sous-sol sera ainsi plus active dans les périodes les plus sèches de l'année" (Warington).

Nature des substances capables de nitrification.

Les types de substances azotées capables de subir ce processus de nitrification ne sont pas encore bien connus. La question est évidemment d'une grande importance, car la rapidité avec laquelle un corps azoté se nitrifie sera un facteur important pour déterminer sa valeur comme fumier. Malheureusement, à ce sujet, nous en savons encore très peu. On sait bien que l'azote présent dans la matière humique du sol est facilement nitrifiable. Dans les expériences de nitrification, les corps azotés utilisés ont été principalement des sels d'ammoniaque, de sorte qu'il est difficile de dire si, dans le cas d'autres substances azotées, une vie micro-organique d'une autre sorte n'a pas également été active et a transformé l'azote en en ammoniac, ouvrant ainsi la voie au processus de nitrification.

que divers engrais , tels que les os, la corne, la laine et les tourteaux de colza, sont facilement nitrifiables. Des expériences de laboratoire ont également été faites sur des substances azotées aussi diverses que l'éthylamine, les thiocyanates, la gélatine, l'urée, l'asparagine et les albuminoïdes du lait. Mais dans toutes ces expériences, il est impossible de dire dans quelle mesure ces corps ont été directement affectés par les organismes nitrifiants, ou dans quelle mesure ils ont d'abord subi un changement préparatoire au cours duquel leur azote a été d'abord converti en ammoniaque. Il est au moins très probable que toutes les formes organiques de l'azote doivent d'abord être converties en ammoniac avant d'être nitrifiées.

Vitesse à laquelle la nitrification a lieu .

Une question non négligeable est celle de la vitesse à laquelle se produit la nitrification. D'après ce qui a déjà été dit sur la nature des conditions favorables au processus, on voit immédiatement que cela dépendra de la mesure dans laquelle ces conditions sont présentes dans le sol. En fait, le taux de nitrification varie considérablement selon les sols. On trouvera cependant une plus grande différence dans la vitesse à laquelle elle se produit, même dans les mêmes sols, à différentes époques de l'année. Dans ce pays, où l'on atteint rarement la température la plus favorable à son développement, il ne se poursuit jamais au même rythme que dans les climats tropicaux. Une des causes de la plus grande fertilité des sols tropicaux est due sans doute à la durée beaucoup plus longue de la période de nitrification, ainsi qu'à sa plus grande intensité. Mais comme la température n'est pas la seule condition et que la présence d'humidité est tout aussi nécessaire, il se peut que son développement soit sérieusement retardé dans de nombreux climats tropicaux par l'extrême sécheresse du sol pendant de longues périodes.

A lieu principalement pendant les mois d'été .

Même si, sous ce climat, comme nous l'avons déjà souligné, la nitrification se poursuit probablement pendant la majeure partie des mois d'hiver, du fait que la température de nos sols n'est qu'occasionnellement inférieure à la température minimale à laquelle le processus a lieu, il peut néanmoins y avoir Il ne fait aucun doute que la plus grande partie des nitrates du sol est produite pendant quelques mois d'été. Une bonne idée de cette quantité nous est donnée par les expériences intéressantes sur la composition des eaux de drainage faites à Rothamsted, auxquelles nous aurons l'occasion de nous référer immédiatement. On peut cependant souligner qu'il n'est pas toujours prudent de considérer la quantité de nitrates trouvée dans les eaux de drainage comme une indication infaillible de ce taux, car cette quantité dépendra dans une certaine mesure de la quantité de pluie et être trompeuse en cas de longue période de sécheresse. Dans l'ensemble, cependant, il nous fournit des données extrêmement utiles pour l'élucidation de cet important problème.

Le processus se déroule plus rapidement dans les champs en jachère.

Il a été démontré dans les expériences de Rothamsted que le processus se déroule mieux dans les champs en jachère nue ; et c'est dans ce fait que réside l'explication de l'une des nombreuses raisons pour lesquelles la pratique de laisser les champs en jachère nue, si courante dans le passé, et encore pratiquée dans le cas des sols argileux dans certaines parties du pays, a été si bénéfique pour les agriculteurs. terrain ainsi traité. Mais malgré cela, la pratique de laisser les sols en jachère nue ne peut guère se justifier de ce point de vue, car la perte de nitrates par l'action des pluies est très importante sous notre climat humide.

Expériences en laboratoire sur le taux de nitrification.

Plusieurs expériences intéressantes ont été réalisées dans le but de fournir des données permettant d'estimer la vitesse à laquelle le processus peut se dérouler dans nos sols dans certaines conditions. Une expérience ancienne, réalisée par Boussingault , illustre, d'une manière générale, la rapidité du processus dans des circonstances favorables . Une petite portion de terre riche était déposée sur une dalle protégée par une verrière, et était humidifiée de temps en temps avec de l'eau. La quantité de nitrate de potasse formée dans ces circonstances a été estimée de temps à autre pendant une période de deux mois. Au cours du premier mois (août), le pourcentage a augmenté de 0,01 à 0,18 (soit environ 5 quintaux de nitrate de potasse par acre). L'augmentation au cours du deuxième mois (septembre) fut bien moindre, en fait seulement environ un septième du montant. [120] Le sol expérimenté était un sol de jardin extrêmement riche et toutes les conditions pour la nitrification étaient des plus favorables .

Parmi les expériences récentes sur le taux de nitrification, les plus frappantes sont peut-être celles de Schloesing . Il mélangea du sulfate d'ammoniaque avec une quantité de sol assez riche en matière organique et contenant 19 pour cent d'eau. Au cours des douze jours de nitrification active, pas moins de 56 parties d'azote par million de sol ont été nitrifiées par jour. En prenant le sol à une profondeur de 9 pouces, cela équivaudrait à plus de 1 quintal. par acre - une quantité d'azote égale à celle contenue dans 6 cwt. de nitrate de soude commercial. Ces expériences sont intéressantes car elles montrent quel est probablement le taux maximum de nitrification dans les circonstances les plus favorables et où il existe une réserve abondante d'azote facilement nitrifiable. Il ne faut pas supposer qu'une nitrification ait jamais eu lieu dans nos sols à un tel degré.

Warington , dans ses expériences à Rothamsted, a découvert que le taux le plus élevé, en travaillant avec de la terre arable ordinaire (9 premiers pouces) de la ferme de Rothamsted, était de 0,588 parties par million de terre séchée à l'air par jour , *soit* 1,3 livre par acre. (équivalent à environ 8 lb de nitrate de soude). Un sol similaire, lorsqu'il était alimenté en sels d'ammoniac, présentait près du double de cette quantité. Lawes et Gilbert ont obtenu des résultats plus élevés avec des sols riches du Manitoba, le taux moyen étant de 0,7 partie par million par jour.

Les dernières de ces intéressantes expériences de laboratoire sur le taux de nitrification dont nous parlerons sont celles de Dehérain . Il a expérimenté des sols contenant différentes quantités d'azote et d'humidité. Avec un sol contenant 0,16 pour cent d'azote, il obtint, pendant une période de 90 jours, des taux de nitrification variant de 0,71 à 1,09 par million de parties de sol. La quantité maximale s'est formée lorsque le sol contenait 25 pour cent d'humidité. Sur un sol considérablement plus riche – à savoir 261 pour cent d'azote – un taux de nitrification plus élevé a eu lieu – 1,48 parties par million. Le taux le plus élevé obtenu dans ces expériences, calculé en livres par acre, était d'environ 5 1/2, portant le sol à une profondeur de 9 pouces. Lorsque le sol était alternativement séché et humidifié, le processus était plus rapide.

Une partie de l'azote du sol est plus facilement nitrifiable que le reste.

Enfin, on peut remarquer que dans les expériences citées ci-dessus, et dans d'autres du même genre, le processus se déroule d'abord très rapidement, et diminue progressivement par la suite. Ceci est dû au fait qu'il y a généralement une certaine quantité d'azote dans la plupart des sols dans un état plus facilement nitrifiable que le reste, de sorte que lorsque celui-ci s'oxyde , la nitrification se déroule plus lentement. Il semblerait en outre que l'azote du sous-sol soit moins facilement nitrifiable que celui du sol superficiel.

Taux de nitrification déduit des expériences sur le terrain.

Tandis que les expériences ci-dessus jettent beaucoup de lumière sur la question de la vitesse à laquelle la nitrification peut se produire dans différentes circonstances, les résultats fournis par les analyses réelles des sols et de leurs eaux de drainage sont d'une valeur encore plus pratique ; et les expériences de Rothamsted nous fournissent heureusement un certain nombre de ces précieux résultats.

Quantité de nitrates formés dans les sols des friches.

Ces recherches ont dû être effectuées sur des sols prélevés dans des champs en jachère nue ; car aucune estimation véritable de la quantité de nitrates formée n'aurait pu être obtenue à partir des champs *cultivés* . Dans les 27 premiers pouces de sol de six champs distincts, la teneur en nitrate d'azote variait de 36,3 à 59,9 livres par acre. Dans quatre de ces champs, la plus grande proportion se trouvait dans les 9 premiers pouces du sol ; dans les deux autres, dans le deuxième 9 pouces ; tandis que les troisièmes 9 pouces répartis dans deux champs présentaient une proportion presque aussi grande que les 9 premiers pouces. [121]

La position des nitrates dépend de la saison.

La position des nitrates dans le sol dépend largement de la saison ; car, comme nous l'avons déjà souligné, leur production est presque entièrement limitée au sol superficiel, et ce n'est qu'en étant lessivées par la pluie qu'elles parviennent aux couches inférieures. Une saison humide a donc pour effet d'augmenter leur pourcentage dans les couches inférieures du sol.

Nitrates dans les eaux de drainage.

Comme il existe une certaine proportion de nitrates qui se retrouvent même sous les 27 premiers pouces du sol, les résultats ci-dessus ne montrent pas leur production totale. Pour estimer avec précision cette quantité , nous devons connaître la quantité qui s'échappe dans les eaux de drainage. Ici encore, les expériences de Rothamsted nous fournissent des données précieuses. La quantité trouvée dans les eaux de drainage varie naturellement beaucoup et dépend dans une large mesure de la pluviométrie ; mais en prenant une moyenne de douze ans, on a trouvé que cette quantité s'élève entre 30 et 40 livres par acre, quantité pas très inférieure à celle trouvée dans les 27 premiers pouces du sol lui-même. Il faut le rappeler, il s'agissait d'un sol relativement pauvre, et une quantité bien plus importante serait sans doute produite dans le cas de sols plus riches. En additionnant ensuite les résultats, nous constatons que dans des sols comme ceux de Rothamsted, lorsqu'ils sont en jachère nue, entre 80 et 90 livres d'azote sont convertis en nitrates en quatorze mois environ, soit une quantité égale à environ 5 quintaux. de nitrate de soude. C'est un fait non négligeable d'importance pratique que près de la moitié de cette grande quantité se trouve dans les eaux de drainage.

Quantité produite à différents moments de l'année.

L'étude des résultats des analyses des eaux de drainage dont nous venons de parler donne quelques indications sur la vitesse à laquelle la nitrification s'effectue au cours des différents mois de l'année. Ceci cependant, il faut le rappeler, ne nous fournit qu'une indication très approximative. Le mois où l'on retrouve la plus grande quantité de nitrates dans les eaux de drainage ne doit pas nécessairement être considéré comme celui au cours duquel la nitrification a été la plus active, car cette quantité dépend principalement de la pluviométrie. Pour illustrer cela, on constatera que l'eau de drainage pendant les mois d'automne et du début de l'hiver contient la plupart des nitrates, non pas parce que la nitrification est la plus active à ce moment-là, mais parce que les précipitations sont plus importantes et qu'une grande proportion des nitrates se forment pendant les mois les plus secs. Les mois d'été sont ensuite lavés du sol. La quantité de nitrates dans les eaux de drainage diminue régulièrement de l'automne jusqu'aux mois d'hiver, et est la plus faible au printemps. La quantité totale de nitrates trouvée dans les eaux de drainage ne constitue donc pas une indication sûre. Ce qui nous fournit cependant une indication plus sûre, c'est le *pourcentage* de nitrates dans les eaux de drainage. Concernant les résultats des analyses des eaux de drainage (voir Annexe) de ce point de vue, on verra que celle-ci est la plus grande au cours du mois de septembre, et la moins au cours du mois d'avril. [122]

Nitrification des fumiers.

Un sujet qui n'a pas encore été spécialement abordé, mais qui est d'une grande importance pratique, est la nitrification des substances engrais. Il est regrettable que le nombre de recherches consacrées jusqu'à présent à cette question importante ait été limité et que les connaissances dont nous disposons soient donc très limitées.

Les sels d'ammoniac sont les plus facilement nitrifiables.

Un fait cependant qui ne fait guère de doute est que l'azote sous forme de sels d'ammoniaque est, de tous les composés azotés, le plus facilement nitrifiable. En effet, comme nous l'avons déjà indiqué, il est très probable que la conversion des différentes formes de l'azote organique en ammoniaque soit une étape intermédiaire dans la nitrification de ces corps. Quoi qu'il en soit, il semble invariablement que lorsqu'on laisse un mélange de composés azotés, y compris des sels d'ammoniac, se nitrifier, l'azote sous forme d'ammoniac est le premier à être nitrifié.

Le sulfate d'ammoniaque est le fumier le plus facilement nitrifiable.

Il résulte de là que le sulfate d'ammoniaque, le plus commun des engrais ammoniacaux, est un des plus promptement nitrifiés lorsqu'on l'applique au sol. La vitesse avec laquelle s'effectue la nitrification de ce fumier varie naturellement selon la quantité appliquée et d'autres circonstances, telles que la nature du sol et le temps, etc. Plusieurs expériences ont démontré que, dans des circonstances favorables , la conversion de l'ammoniac en nitrates est très rapide. Dehérain a constaté que lorsque le sulfate d'ammoniaque était mélangé au sol à raison de 2 quintaux. par acre, la nitrification avait lieu à raison de 1/100ème de son azote par jour.

Taux de nitrification des autres fumiers.

Parmi les autres engrais azotés, le guano, semble-t-il, vient après le sulfate d'ammoniaque dans la rapidité avec laquelle il se nitrifie dans le sol ; tandis qu'à côté du guano se trouvent des engrais verts, du sang séché, de la farine de viande, etc. Comme on pouvait s'y attendre, un fumier de mauvaise qualité est très lentement nitrifié. La vitesse à laquelle les composés azotés contenus dans le fumier de ferme se nitrifient, lorsqu'ils sont incorporés au sol, varie beaucoup selon les circonstances. Cela se produit probablement à un rythme plus rapide que la nitrification ordinaire de l'azote du sol. Il est assez frappant de constater que l'effet de l'ajout de nitrate de soude au sol peut être, dans un premier temps, d'arrêter la nitrification. Que l'addition de sel commun, même en petites quantités, ait ce résultat, est en tout cas certain. La présence de sel, à hauteur d'un millième du poids du sol, a un effet préjudiciable.

Sols les mieux adaptés à la nitrification.

Pour récapituler, la nitrification s'effectue par l'intermédiaire de micro-organismes, plus ou moins présents dans tous les sols. Il nécessite pour son développement favorable de l'air, de la chaleur, de l'humidité, l'absence de lumière forte, la présence d'une base salifiable , à savoir le carbonate de chaux, la présence de certains constituants minéraux alimentaires, tels que les phosphates, et une certaine quantité d'alcalinité. C'est pourquoi elle se produit le moins dans les sols sablonneux et arides. Les sols riches, légers, bien aérés, uniformément humides, chauds et calcaires, sont les mieux adaptés à son développement. Toutes choses égales par ailleurs, il se développe mieux dans un sol à grain fin que dans un sol à grain grossier, car dans le premier cas, l'aération et l'humidification uniforme du sol sont mieux assurées.

Absence de nitrification dans les sols forestiers.

Un point d'un intérêt considérable est l'absence pratique de ce processus dans les sols forestiers. L'absence, ou la présence de traces infimes, de nitrates dans les sols forestiers a été expliquée par la basse température normale de ces sols et par leur extrême sécheresse. Cette dernière condition s'explique par l'énorme transpiration de l'eau qui se produit à travers les arbres, surtout en été, et qui est telle qu'elle rend le sol presque sec à l'air. Enfin, cela peut s'expliquer par le manque d'ingrédients alimentaires minéraux.

Incidence importante de la nitrification sur les pratiques agricoles.

Avant de conclure ce chapitre, il convient d'attirer l'attention sur l'importance de la nitrification dans les pratiques agricoles. La lumière que notre connaissance actuelle, si imparfaite qu'elle soit, de ce processus des plus intéressants jette sur la théorie de l'assolement des cultures est très frappante, car elle montre comment l'adoption d'un assolement habile peut être faite pour éviter la perte d'énormes quantités. l'un des constituants les plus précieux de tous nos sols, celui dont on peut dire que la fertilité dépend le plus, à savoir l'azote.

Il est souhaitable que le sol soit recouvert de végétation.

La production constante de nitrates dans le sol, l'incapacité du sol à les retenir et le risque qui en résulte qu'ils soient éliminés lors du drainage, fournissent un argument de poids en faveur du maintien de nos sols aussi constamment couverts de végétation que possible.

Pâturage permanent, condition du sol la plus économique.

Du point de vue de la conservation des nitrates du sol, le pâturage permanent peut être considéré comme la condition la plus économique pour le sol. Dans un tel cas, les nitrates sont assimilés au fur et à mesure de leur formation et, en étant convertis dans le sol. plantés dans l'azote organique, ils sont immédiatement soustraits à tout risque de perte. L'examen du processus de nitrification fournit donc de nombreux arguments en faveur de la mise en pâturage permanent des terres, pratique qui, ces dernières années, a été de plus en plus suivie dans de nombreuses régions du pays. Cependant, comme il n'est ni possible ni souhaitable d'exercer cette pratique au-delà de certaines limites, l'assolement le plus conforme aux conditions de maintien du sol couvert de végétation, et le plus proche à cet égard du pâturage permanent, est le plus à privilégier. recommandé.

Nitrification et rotation des cultures.

Le principal risque de perte de nitrates est lié à une culture céréalière comme le blé. Là où les navets suivent le blé, il y a une période pendant laquelle le sol reste découvert et pendant laquelle la perte de nitrates la plus sérieuse peut s'ensuivre. Le risque de perte est accru du fait que l'assimilation des nitrates par les céréales cesse avant la saison de leur production maximale dans le sol. Le sol est alors laissé nu de toute végétation pendant l'automne, qui est la période la plus critique de toutes, et il doit en résulter de graves pertes. Afin de minimiser cette perte, on a eu recours à la pratique des cultures dérobées. Toutefois, comme cette pratique sera traitée ailleurs, il n'est pas nécessaire d'en dire davantage ici.

NOTES DE BAS DE PAGE :

[97] La formation de nitrites étant une étape du processus, le terme *nitrification* inclut la formation de nitrites ainsi que de nitrates.

[98] Nitre semble avoir été connue dès le XIIIe siècle.

[99] Lawes et Gilbert, par exemple, ont montré que dans les sols de Rothamsted, cela ne représente que quelques parties par million de sol.

[100] Voir annexe, note I., p. 196.

[101] La production artificielle de nitre semble avoir été réalisée pour la première fois par Glauber au XVIIe siècle.

[102] Les détritus calcaires des vieux bâtiments, surtout les parties qui sont entrées en contact avec la terre, ou les enduits des murs des caves humides, des granges, des écuries, etc., se sont révélés riches en nitrate de chaux, et, comme on le sait depuis longtemps, constituent à eux seuls un engrais précieux. La formation du nitrate de chaux peut s'expliquer par le contact de la chaux avec des matières azotées de différentes natures.

[103] Comme une grande partie de l'acide nitrique dans cette solution était présente sous forme de nitrate de chaux, elle était habituellement traitée avec une solution de carbonate de potassium, le résultat étant la précipitation de la chaux sous forme de carbonate, le salpêtre pur étant laissé en solution, selon l'équation suivante—

$$K_2CO_3 + Ca(NO_3)_2 = 2\,KNO_3 + CaCO_3.$$

Sous le mode de fabrication français, le procédé était considéré comme s'étant développé de manière satisfaisante lorsque 1,000 livres de terre, au bout de deux ans, donnaient 5 livres de nitre .

[104] Pasteur avait déjà exprimé en 1862 l'opinion que la nitrification pourrait probablement être liée d'une manière ou d'une autre aux ferments. A. Müller (voir « Journal of Chemical Society », 1879, p. 249) fut le premier à avancer l'opinion que la nitrification était due à l'action d'un ferment. Il a été amené à cette conclusion par l'observation que, même si l'ammoniac présent dans les eaux usées était converti en acide nitrique, aucun changement ne se produisait dans les solutions d'ammoniac ou d'urine préparées en laboratoire.

[105] Le bisulfure de carbone et le phénol (acide carbolique) ont également été expérimentés en relation avec leur action antiseptique sur la nitrification. Dans ces expériences, le premier a eu un effet similaire à celui du chloroforme ; cependant, le phénol, tout en l'entravant, ne l'a pas entièrement suspendu, probablement à cause de la difficulté de mettre la vapeur de phénol en contact complet avec les particules du sol.

[106] Winogradsky a nommé l'organisme nitreux *nitrosomonas* et l'organisme nitrique *nitrobaeter* .

[107] Tiré d'une série de conférences prononcées par lui dans le cadre du Lawes Agricultural Trust, aux États-Unis.

[108] Cette gelée de silice se compose d' acide silicique dialysé , de sulfate d'ammonium, de phosphate de potassium, de sulfate de magnésium, de chlorure de calcium et de carbonate de magnésium.

[109] Ce fait est d'autant plus frappant qu'on songe que cette décomposition de l'acide carbonique s'effectue le mieux dans l'obscurité, puisque la lumière est préjudiciable à la nitrification.

[110] Voir Annexe, Note II., p. 196, et note III., p. 197.

[111] Voir annexe, note V., p. 198.

[112] Ceci est démontré par le fait que la nitrification ne continuera dans une solution de carbonate d'ammoniaque que jusqu'à ce que la moitié de l'ammoniaque soit nitrifiée. Il s'arrête alors. La base, avec laquelle l'acide nitreux se combine au fur et à mesure de sa formation, étant à ce stade entièrement épuisée, la nitrification n'est plus possible. Il en va de même pour les solutions urinaires. La nitrification n'aura donc lieu que là où il y aura suffisamment de base.

[113] Voir Annexe, Note IV., p. 197.

[114] Il semblerait qu'une alcalinité dépassant largement quatre parties d'azote par million soit préjudiciable au procédé.

[115] Selon Warington , les solutions contenant 50 pour cent d'urine deviennent nitrifiables lorsqu'une quantité suffisante de gypse est ajoutée. Le gypse neutralise l'alcalinité des solutions nitrifiantes en transformant le carbonate d'ammonium alcalin en sulfate d'ammonium neutre, le carbonate de calcium étant précipité.

[116] Voir le chapitre sur le fumier de ferme.

[117] Pour illustrer concrètement ce fait, une solution maintenue à 10 °C nécessitait dix jours, tandis qu'une solution maintenue à 30 °C ne nécessitait que huit jours pour la nitrification.

[118] Dans soixante-neuf essais, aucun échec de production de nitrification par ensemencement de terre à une profondeur de 2 pieds n'a été constaté. De même, dans onze essais, une seule rupture s'est produite avec du sol provenant d'une profondeur de 3 pieds. Avec un sol argileux d'une profondeur de 6 pieds, le succès a été de 50 pour cent. Aucune nitrification n'a été obtenue avec de l'argile à une profondeur de 8 pieds. Un échec total a été constaté avec le sous-sol crayeux. Le processus diminue donc en activité à mesure que l'on descend.

[119] Koch a découvert que dans les sols qu'il a examinés, peu d'organismes ont été trouvés à une profondeur inférieure à 3 pieds.

[120] Voir annexe, note VI., p. 198.

[121] Pour les résultats analytiques complets, voir l'annexe, note VII., p. 198.

[122] On retrouve le montant le plus faible au mois d'avril. Dans l'eau, à partir d'une jauge de 20 et 60 pouces respectivement, les quantités étaient de 1,35 lb et 1,61 lb par acre (précipitations de 2,25 pouces). À partir de cette date et jusqu'en novembre, le montant augmente régulièrement. Au cours du dernier mois, il atteint son maximum, à savoir 6,50 livres (jauge de 20 pouces) et 5,98 livres (jauge de 60 pouces) par acre (précipitations de 2,30 pouces). Voir Annexe au Chapitre III., Note VIII, p. 160.

ANNEXE AU CHAPITRE IV.

REMARQUE I. (p. 162).

ANCIENNES THÉORIES DE LA NITRIFICATION.

Selon les théories anciennes, la nitrification était considérée comme un simple cas d'oxydation de l'azote par l'oxygène de l'air, ou par l'ozone. Toutefois, l'union de l'azote et de l'oxygène n'a probablement lieu qu'à des températures très élevées, comme celles qui se forment lors des décharges électriques. Il est inutile de souligner que cette union de l'azote et de l'oxygène est peu susceptible de se produire dans les sols. Selon d'autres théories, la nitrification s'effectuait par oxydation de l'ammoniac. L'ammoniac ne peut cependant être oxydé en acide nitrique qu'au moyen de certains agents oxydants puissants , comme l'ozone ou le peroxyde d'hydrogène. Mais comme ces substances ne se trouvent pas dans le sol, il est fort douteux que l'acide nitrique se forme jamais de cette manière dans le sol. Il est cependant possible, comme le soutiennent certains, que l'oxyde ferrique soit capable d'induire cette conversion. Dans l'ensemble, cependant, la plupart des preuves suggèrent que tout l'acide nitrique produit dans le sol est formé par la vie micro-organique.

REMARQUE II. (p. 170).

Le fait important que la nitrification puisse avoir lieu dans des solutions pratiquement dépourvues de matière organique a été démontré pour la première fois par le Dr JHM Munro (« Chemical Society Journal », août 1886, p. 561). Cela a été en outre corroboré par Warington et PF Frankland. Winogradsky, cependant, a réalisé les expériences les plus concluantes sur le sujet. "Il prépara des récipients et des solutions, soigneusement purifiés de la matière organique, et ces solutions il sema avec l'organisme nitrifiant. Constatant que dans ces conditions l'organisme nitrifiant augmentait énormément et déployait toute sa vigueur , il poursuivit en déterminant la quantité de matière organique carbonée. formé dans les solutions après l'introduction de l'organisme. En rendant la nitrification intensive, il a pu obtenir des quantités considérables de carbone à partir des solutions nitrifiées par le processus de combustion humide. Dans son troisième mémoire, il publie des chiffres qui montrent apparemment une relation étroite entre la quantité d'azote oxydée et la quantité de carbone assimilée ; le rapport est d'environ 35 : 1 . 50.

REMARQUE III. (p. 170).

Le pouvoir oxydant des micro-organismes du sol ne se limite pas à l'oxydation de l'ammoniac ou de la matière organique. Müntz a montré que le sol est capable d' oxyder les iodures en hypo-iodures et iodates, et les bromures en hypo-bromures et bromates. C'est un résultat très important et semble indiquer que la nitrification fait partie d'une action oxydante générale et qu'il ne faut pas supposer que les nitrites ou les nitrates sont produits parce qu'ils sont en eux-mêmes bénéfiques pour l'organisme.

REMARQUE IV. (p. 172).

"Quand on traitait avec de la terre de l'urine à différents degrés de dilution, en ajoutant 1 gramme de terre à 100 cc d'urine diluée, la nitrification commençait dans la solution à 1 pour cent en 11 jours, dans la solution à 5 pour cent en 20 jours. jours, dans la solution à 10 pour cent en 62 jours, dans la solution à 12 pour cent en 90 jours. L'alcalinité de cette dernière solution au début de la nitrification était égale à 447 mg d'ammoniaque par litre . Une solution avec une alcalinité de 500 mg d'ammoniac par litre est apparemment non nitrifiable . "—American Department of Agriculture Bulletin, Warington's Lectures on Rothamsted Experiments, p. 51.

REMARQUE V. (p. 171).

Le professeur PF Frankland a utilisé dans ses expériences les solutions suivantes :

<pre>
                       grand-
                       mère .   }

        NH4Cl __   .5   }

        H 3 PO 4   .1   } Dans 1000 cc d'eau
                                   distillée.

        MgSO4 _   .02   }

        CaCl2 _   .01   }

        CaCO3 _   5h00   }
</pre>

REMARQUE VI. (p. 185).

Expérience de Boussingault sur le taux de nitrification.

Pourcentage
de

1857.	Nitrate de potasse.	= lb par acre.
5 août	.01	34
17 août	.06	222
2 septembre	.18	634
17 septembre	.22	760
2 octobre	.21	728

REMARQUE VII. (p. 188).

AZOTE SOUS FORME DE NITRATES DANS LES SOLS DE ROTHAMSTED APRÈS UNE JACHÈRE NUE DANS LB. PAR ACRE.

Profondeur de Sol.	Alterner Blé et Jachère.	Rotation de quatre cours. Super-phosphate seulement.	Fumier mélangé.		Claycroft Champ.	Foster Champ.
	1878.	1878.	1878.	1882.	1881.	1881.
	kg.	kg.	kg.	kg.	kg.	kg.
1er 9 po.	28,5	22.3	30,0	40.1	16.4	14.6
2d 9 pouces.	5.2	14,0	18,8	14.3	26,5	24.6
3d 9 pouces.	—	—	—	5.5	15.9	17.3
Total	33,7	36.3	48,8	59,9	58,8	56,5

CHAPITRE V.
LA POSITION DE L'ACIDE PHOSPHORIQUE.

Nous arrivons maintenant à considérer la place de l'acide phosphorique dans l'agriculture. La question est cependant beaucoup plus simple dans sa nature que celle de l'azote et peut par conséquent être discutée dans un espace beaucoup plus court.

La plupart des sols, comme nous avons déjà eu l'occasion de le souligner, sont mieux approvisionnés en ingrédients végétaux du frêne qu'en composés azotés disponibles. La quantité d'acide phosphorique absorbée par la plante est également inférieure à celle de l'azote ; et enfin les différents composés chimiques de l'acide phosphorique présents dans le sol sont loin d'être aussi nombreux que ceux de l'azote. L'acide phosphorique, cependant, doit être considéré comme un élément constitutif du sol, après l'azote.

Présence d'acide phosphorique dans la nature.

Que l'acide phosphorique soit présent partout peut être supposé du fait de la présence presque universelle de la vie végétale à la surface de la terre ; car les plantes ne peuvent pas pousser sans cela. Bien qu'elle soit pratiquement universelle, sa quantité dans la plupart des sols est très insignifiante. Comme sa seule source dans le sol provient de la désintégration des différentes roches, on peut d'abord donner une brève description de sa présence dans le règne minéral.

Sources minérales d'acide phosphorique.

Il a été découvert pour la première fois dans le règne minéral vers la fin du siècle dernier ; mais ce n'est que depuis quelques années que nous avons une connaissance exacte de son pourcentage dans les différentes roches à partir desquelles les sols sont formés. Dans de nombreux cas, cela s'est révélé très insignifiant. On le trouve le plus abondamment sous forme d' *apatite* , un minéral constitué de phosphate de calcium, avec de petites quantités de fluorure de calcium ou de chlorure de calcium. Cette apatite, ou phosphorite, se trouve dans certaines parties du monde en grandes masses ; mais en règle générale, on ne le trouve qu'en petites quantités dans la plupart des roches. On peut affirmer que les roches plus anciennes en sont, en règle générale, plus riches que celles de formation plus récente ; et Daubeny a attiré l'attention sur ce fait comme fournissant un guide utile pour estimer la richesse probable d'un sol en acide phosphorique. Ainsi, plus une roche est ancienne, plus elle est susceptible d'être riche en acide phosphorique.

Apatite et Phosphorite.

Il existe une grande variété d'apatites qui diffèrent par leur aspect ainsi que par leur composition. Il se présente principalement sous forme cristalline et se trouve parfois sous forme de cristaux réguliers, mais il se présente également sous forme amorphe. Sa couleur peut être blanche, jaune, brune, rouge, verte, grise ou bleue. On trouve deux classes d'apatite. Le premier est constitué de phosphate de calcium et de fluorure de calcium ; et dans d'autres espèces d'apatite, le fluorure de calcium est remplacé par du chlorure de calcium. La phosphorite est un autre nom pour l'apatite, mais s'applique principalement à l'apatite amorphe impure. Le pourcentage de phosphate de chaux dans les différentes espèces d'apatite peut être évalué entre 70 et 90 pour cent. On le trouve en très grande quantité au Canada, l'apatite canadienne étant très riche en phosphate de chaux, 80 à 90 pour cent. Dans de nombreuses régions du monde , il forme des portions de massifs montagneux et est extrait, concassé et utilisé à des fins de fumier artificiel. De plus amples détails sur sa présence et sa composition chimique sont disponibles en annexe. [123]

Coprolites.

Dans de nombreuses régions du monde, on a découvert des nodules ronds, constitués en grande partie de phosphate de chaux, auxquels on a donné le nom de « coprolites », en supposant qu'ils étaient constitués d' excréments d'animaux fossilisés . Ces coprolites, ou ostéolithes comme on les appelle aussi, varient par le pourcentage de phosphate de chaux qu'elles contiennent. Parfois, cela s'élève à 80 pour cent, mais en règle générale, c'est beaucoup moins. Dans le passé, ils ont également constitué une source importante de fumier et nous y reviendrons.

Guano.

Nous connaissons enfin l'acide phosphorique, présent en grande quantité dans les gisements de guano, que l'on trouve principalement sur la côte ouest de l'Amérique du Sud. Ces gisements, qui ont été d'une importance énorme comme source d'engrais artificiel, sont d'origine animale et seront discutés assez longuement dans un chapitre spécialement consacré à ce sujet ; de sorte que nous n'avons qu'à les mentionner ici.

L'acide phosphorique se retrouve également sous forme de phosphate de chaux dans certaines roches sous forme de « couches » et de « poches ».

Occurrence universelle dans les roches communes.

Mais bien qu'on le trouve ainsi en quantités considérables dans diverses parties du monde, et bien qu'il n'y ait aucune inquiétude à avoir quant à son abondance pour les besoins de l'engrais artificiel, sa présence dans les roches communes, qui, comme nous l'avons déjà souligné, est pratiquement universelle, est dans de nombreux cas très infime.

Fownes l'a identifié pour la première fois dans les roches felspathiques en 1844 ; et depuis lors, son pourcentage en granite, lave, trachyte, basalte, porphyre, dolomite, gneiss, syénite, dolérite, diorite et un certain nombre d'autres roches, a été déterminé par de nombreux chercheurs. Pour les analyses de ces roches, le lecteur est invité à se référer à l'Annexe. [124]

Présence dans le sol.

Il est hautement probable qu'aucun sol ne soit réellement dépourvu d'acide phosphorique, mais dans de nombreux sols, il est présent à l'état de traces infimes, et même dans les sols fertiles, il est rarement présent en quantités supérieures à deux dixièmes de pour cent ; tandis que la moitié de cette quantité peut être considérée comme une moyenne pour la plupart des sols assez fertiles. Cela représenterait environ 3 500 livres par acre, en calculant le sol jusqu'à une profondeur de 9 pouces. Dans des cas exceptionnels, il a été constaté à hauteur de 0,3 pour cent ; et dans la fameuse *terre noire russe* , elle s'élève à 0,6 pour cent. [125] Comme l'azote, on le trouve en plus grande quantité dans la partie superficielle du sol, mais sa quantité à différentes profondeurs ne varie pas dans la même mesure que nous avons constaté que c'est le cas pour l'azote.

Condition dans laquelle l'acide phosphorique est présent dans le sol.

forme *insoluble* dans le sol ; et lorsqu'il est appliqué au sol sous une forme soluble, il est rapidement converti en un état insoluble. Ses formes les plus courantes sont les phosphates de chaux, de fer et d'alumine. Il est important de retenir ces faits, car ils expliquent pourquoi l'acide phosphorique ne se trouve en aucune quantité dans les eaux de drainage. Cela montre également à quel point le risque de perte due au drainage est faible lors de l'application d'engrais phosphaté artificiel sur le sol.

Le pourcentage d'acide phosphorique dans les plantes, comme les autres constituants des cendres, est sujet à des variations considérables et dépend de diverses conditions, telles que l'état de développement de la plante, la nature du sol, le climat, la saison, le traitement avec du fumier, etc. . Toutes ces conditions ont une certaine influence. Il a été constaté que les différentes parties de la plante en contiennent en quantités différentes. L'acide phosphorique a tendance à remonter vers les parties supérieures de la plante au fur et à mesure de la croissance et à finalement s'accumuler dans la graine. Pour illustrer cela, on peut mentionner que la partie interne de la tige d'une plante d'avoine mûre ne contient qu'un dix-septième de la quantité d'acide phosphorique trouvée dans la même partie de la tige d'une jeune plante d'avoine. De même , on peut mentionner que, tandis que les cendres des grains de seigle et de blé contiennent près de la moitié de leur poids d'acide phosphorique, le pourcentage présent dans les cendres des autres parties de la plante ne s'élève qu'à 5 à 16 pour cent. Le pourcentage de phosphore est plus élevé chez les jeunes plantes que chez les plantes matures ; elle est également plus grande dans les plantes à développement rapide que dans les plantes à développement lent.

Dans la plante, le phosphore est présent principalement dans les albuminoïdes ; et son absorption du sol a lieu en plus grande quantité pendant la période de croissance maximale. Dans les haricots et les pois, une huile contenant du phosphore a été trouvée.

Présence chez les animaux.

Il est bien connu que le phosphore existe sous différentes formes dans les tissus animaux. On le trouve à la fois dans le cerveau et dans les nerfs, ainsi que dans presque tous les fluides du corps animal. C'est cependant dans les os qu'il est le plus abondant, dont la partie minérale est presque entièrement constituée de phosphate de chaux, ce qui fait des os un engrais artificiel si précieux. Au total, l'acide phosphorique est présent dans le corps animal à hauteur de 2,3 pour cent. Il est un point sur lequel nous aurons l'occasion d'attirer plus loin l'attention de l'étudiant en discutant de la nature du fumier de ferme : c'est que l'urine des animaux de ferme communs est pratiquement dépourvue d'acide phosphorique.

Sources de perte d'acide phosphorique dans l'agriculture.

Comme nous l'avons déjà fait dans le cas de l'azote, nous pouvons maintenant tenter de nous faire une idée des sources de perte et d'apport d'acide phosphorique dans le sol. Les sources de perte peuvent être divisées en sources naturelles et artificielles. Parmi les sources naturelles de perte , nous n'en connaissons qu'une seule : la perte par drainage.

Perte d'acide phosphorique par drainage.

Nous avons déjà vu que l'état dans lequel l'acide phosphorique est présent dans le sol est celui du phosphate insoluble. Dans les eaux de drainage, on le trouve sous forme de simples traces. Aussi infime que puisse paraître la quantité lorsqu'elle est exprimée en pourcentage, et aussi petite qu'elle puisse paraître à côté de la perte (provenant de la même source) d'azote, elle est pourtant suffisamment frappante si on la considère pour de grandes superficies. Ainsi , on a estimé que dans l'Elbe, les drainages des champs de Bohême emportent chaque année 2 3/4 millions de livres (1 200 tonnes) d'acide phosphorique. C'est, il est vrai, une quantité très insignifiante comparée à la perte annuelle d'azote sur une superficie égale ; mais il faut alors rappeler, d'autre part, que les sources d'apport au sol de cet ingrédient ne sont pas aussi nombreuses que celles de l'azote, les seules sources d'acide phosphorique étant dans le fumier épandu au sol, et qui vient de la désintégration progressive des minéraux phosphatés.

Sources artificielles de perte.

Les autres sources de pertes peuvent être classées sous le terme d'artificielles et sont liées aux pratiques agricoles. De même que nous avons vu que, dans le cas de l'azote, d'énormes quantités de cette substance sont constamment éliminées du sol dans les cultures consommées à l'extérieur de la ferme, de même, d'énormes quantités d'acide phosphorique sont également éliminées de la même manière. Pour illustrer ce fait, on peut mentionner que le professeur Grandeau a récemment estimé que dans l'ensemble des récoltes annuelles en France, il y a environ 298,200 tonnes d'acide phosphorique ; tandis que la quantité rapportée dans le fumier des animaux de ferme n'est que de 157.200, soit environ la moitié seulement de ce qui est retiré dans les récoltes, laissant un déficit de 147.000 tonnes à combler par l'ajout d'engrais phosphatés artificiels, si la fertilité des animaux est atteinte. le sol doit être entretenu. La même autorité a calculé que dans les os de l'ensemble des animaux de ferme en France il n'y a pas moins de 76 820 tonnes d'acide phosphorique.

Pour illustrer comment, dans de nombreux cas, la quantité d'acide phosphorique retirée de la ferme est très souvent bien supérieure à celle restituée, on peut citer un cas cité par Crusius. C'était une ferme de 670 acres (saxonne) qui n'avait reçu que du fumier de ferme, et dont, pendant seize ans,

985,67 quintaux. d'acide phosphorique avait été vendu dans les récoltes ; alors que seulement 408,33 cwt. avait été restitué dans le fumier, laissant une perte de 577,34 cwt.

Acide phosphorique éliminé dans le lait.

Une autre source de perte est l'acide phosphorique éliminé du lait. Dans la production annuelle totale de lait d'une vache, il peut y avoir de 11 à 12 livres d'acide phosphorique.

Perte lors du traitement du fumier de ferme.

Les risques de perte d'acide phosphorique lors du traitement du fumier de ferme ne sont pas aussi importants que dans le cas de l'azote. Il existe cependant un risque considérable, faute de précautions appropriées, que les phosphates solubles soient emportés par la pluie.

Perte dans les eaux usées.

La perte d'acide phosphorique provoquée par la méthode actuelle d'évacuation des eaux usées n'est pas aussi importante que la perte d'azote, dans la mesure où la quantité d'acide phosphorique contenue dans les excréments humains est bien moindre. En gros, on peut dire qu'elle représente un peu moins d'un tiers de l'azote ainsi perdu.

Sources de gain artificiel d'acide phosphorique.

Pour compenser ces pertes, nous disposons d'une réserve pratiquement illimitée de phosphates minéraux à utiliser comme engrais artificiel, ainsi que de grandes quantités d'autres engrais, dont beaucoup ont déjà été mentionnés à propos de l'azote, comme les os et les guanos de toutes sortes. Tout récemment également, une source importante d'acide phosphorique a été découverte dans les scories basiques, un riche sous-produit phosphaté obtenu en quantité considérable dans les aciéries à partir du processus de base de la fabrication de l'acier. Nous avons aussi de grandes quantités d'acide phosphorique dans les aliments importés, pour des statistiques sur lesquelles nous renvoyons nos lecteurs à un chapitre précédent. La question de la quantité réelle contenue dans ces sources n'a pas le même intérêt que dans le cas de l'azote et ne doit donc pas nous retenir. Nous avons suffisamment indiqué l'importance de l'acide phosphorique en agriculture par les déclarations ci-dessus. Toute considération ultérieure sur l'acide phosphorique doit donc être reportée aux chapitres suivants.

NOTES DE BAS DE PAGE :

[123] Voir annexe, note I., p. 210.

[124] Voir Annexe, Note II., p. 211.

[125] Ces résultats, comme d'ailleurs tous les pourcentages de sol, sont calculés sur un sol sec.

ANNEXE AU CHAPITRE V.

REMARQUE I. (p. 201).

COMPOSITION DE L'APATITE (Voelcker).

(*Krageröe , Norvège.*)

Citron vert	52.16
Acide phosphorique	41.25
Chlore	4.10
Fluor	1.23
Oxyde de fer	0,29
Alumine	0,38
Potasse et soude	0,17
Eau	0,42
	100,0

L'apatite se trouve en quantités considérables en Amérique, en Allemagne, en France, en Espagne, en Hongrie, en Norvège et en Grande-Bretagne. Selon Rose, l'apatite est constituée de trois molécules de phosphate de calcium tribasique ($Ca(PO_4)_2$), combinées respectivement à une molécule de fluorure de calcium (CaF_2) ou à une molécule de chlorure de calcium ($CaCl_2$).

La composition du minéral pur doit être :

Chlorapatite.

	Pour cent.
Le phosphate de calcium	89.38
Chlorure de calcium	10.62

Fluorapatite.

Le phosphate de calcium	92.31
Fluorure de calcium	7,69

REMARQUE II. (p. 203).

Voici une liste des roches les plus communes dans lesquelles le pourcentage d'acide phosphorique a été déterminé. Les résultats sont tirés des analyses de Nesbit, Schramm, Bergemann, Rose, Dehérain , Handtke , Petersen, Nessler, Muth, Fleischmann, Storer et autres :—

	Pour cent.			
Fespath	1.7			
Granit	0,09	0,25	0,58	0,68
Lave	1.21	1.8		
Trachyte	0,30	0,66		
Basalte	0,50	1.11		
Porphyre	0,26			
Marne	1,45	2.31	3.8	
Pierres calcaires	0,064	0,176		
Dolomie	1.24			
Craie de Lias	1,39			
Gneiss	0,18	0,78	1,51	
Syenite	0,10			
Dolérite	0,3	1.1	1.2	
Diorite	0,5	0,69		

CHAPITRE VI.
LA POSITION DE LA POTASSE DANS L'AGRICULTURE.

On peut enfin considérer la place de *la potasse* dans l'agriculture, seul ingrédient cendré de la plante, outre l'acide phosphorique, qu'il est généralement nécessaire d'ajouter comme engrais.

Potasse de moindre importance que l'acide phosphorique.

Il est bien moins important que l'acide phosphorique, du fait qu'il est beaucoup plus abondant dans le sol, ainsi que du fait que dans les conditions ordinaires de l'agriculture, bien qu'il soit retiré du sol en quantités considérables par les cultures, il trouve son retour dans le fumier de ferme ; car il n'a pas la même tendance à s'accumuler en grande quantité dans le grain ou la graine, comme nous l'avons vu avec l'acide phosphorique. C'est pour cette raison que la paille contient une proportion beaucoup plus grande de potasse que l'acide phosphorique, et c'est pourquoi le fumier de ferme peut être considéré comme assez riche en potasse.

Présence de potasse.

De toutes les sources de potasse, l'océan doit être considéré comme la principale. Des millions et des millions de tonnes sont présentes à l'état de solution dans l'eau salée des océans. [126] Comme l'acide phosphorique, sa présence dans les roches formant la croûte terrestre peut être considérée comme pratiquement universelle. Beaucoup de roches et de minéraux courants en sont extrêmement riches et, par leur désintégration, en fournissent de grandes quantités au sol. Quelques-unes de ces roches en contiennent en si grande abondance qu'on les a essayées comme engrais potassiques ; et si d'autres sources plus précieuses étaient moins disponibles qu'elles ne le sont réellement, une telle pratique pourrait bien être recommandée. Une roche volcanique connue sous le nom de *palagonite* et le minéral potassique le plus répandu, à savoir le felspath, ont tous deux été expérimentés de cette manière avec un succès considérable.

Felspath et autres minéraux de potasse.

Il n'est pas étonnant que le felspath, une fois broyé, constitue une source précieuse de potasse, si l'on considère que certaines variétés en contiennent plus de 16 pour cent. On a calculé qu'un seul pied cube de ce minéral est suffisant pour fournir de la potasse à un bois de chêne couvrant une superficie de 26,910 pieds carrés, pendant une période d'au moins cinq ans. [127] Cette déclaration peut donner une idée de l'énorme fertilité *potentielle* d'un sol contenant du feldspath, en ce qui concerne la potasse. Il faut cependant se rappeler que seuls les feldspaths d'orthose ou de potasse contiennent de grandes quantités de potasse, les autres roches felspathiques, comme l'oligoclase et la labradorite, en étant relativement pauvres. Un autre minéral commun riche en potasse est le mica, qui en contient de 5 à 13 pour cent. Il résulte de là que les roches qui contiennent de grandes quantités de ces minéraux dans leur composition, comme le granit, par exemple, qui contient souvent 5 ou 6 pour cent de potasse, forment par leur désintégration des sols riches en cet ingrédient.

de Stassfurt .

Mais outre les sources de potasse déjà mentionnées, elle existe sous d'autres formes à la surface de la Terre. Jusqu'à ces dernières années, on l'obtenait à des fins commerciales à partir des cendres de plantes qui, comme nous le verrons immédiatement, sont extrêmement riches en cet ingrédient ; de l'eau salée - cette source donnant naissance aux soi-disant « jardins de sel » sur les côtes de France ; et des sols nitrés de différentes parties de l'Inde, déjà mentionnés en long et en large. Cependant, d'importants gisements minéraux ont été récemment découverts dans les environs de Stassfurt en Allemagne et ont depuis leur découverte fourni toute la potasse nécessaire à la production de fumier et à d'autres fins. Dans ces gisements (des gisements similaires ont également été découverts à Kalusz , dans les Carpates), il n'y a pas moins de cinq minéraux différents qui contiennent de la potasse. La forme sous laquelle il est présent est sous forme de sulfate ou de chlorure, de sorte qu'il est facilement disponible pour les plantes, et a dans l'ensemble une bien plus grande valeur que la forme sous laquelle il se présente dans les minéraux déjà mentionnés, à savoir sous forme de silicate insoluble. . Parmi les sels de potasse de Stassfurt , le plus connu comme engrais est *le kaïnit* , qui contient environ 32 pour cent de sulfate de potasse. Une liste des autres minéraux potassiques, avec les détails de leur composition et le pourcentage de potasse qu'ils contiennent, se trouve en annexe. [128]

Présence de salpêtre .

Nous avons déjà eu l'occasion, au chapitre IV, en discutant de la question de la nitrification, de signaler la présence de nitrate de potasse dans certains sols de l'Inde, qui ont constitué autrefois une grande source de salpêtre utilisé dans le commerce.

Présence de potasse dans le sol.

De ce qui a été dit sur la richesse en potasse de certains minéraux courants, comme le felspath, il est tout naturel de conclure que la plupart des sols doivent contenir de grandes quantités de cette substance ; et c'est ainsi. Ce qui est étonnant, c'est que la potasse, lorsqu'elle est appliquée comme engrais artificiel, puisse avoir un effet aussi marqué en augmentant la fertilité du sol, comme c'est souvent le cas. Il ne faut cependant pas oublier que même si un sol peut contenir de grandes quantités de potasse, il peut y avoir un très faible pourcentage de l'ensemble sous une forme disponible pour les besoins de la plante.

Potasse principalement à l'état insoluble dans les sols.

La potasse se trouve presque entièrement dans les sols sous une forme très insoluble, c'est-à-dire combinée avec la silice comme silicate de potasse. Ce n'est que par la lente désintégration des roches potassiques que la potasse qu'elles contiennent est libérée pour les usages végétaux. En revanche, lorsqu'il est appliqué comme engrais artificiel, il se présente sous une forme soluble. Dans la plupart des sols, la quantité soluble dans l'eau se situe probablement entre 0,001 et 0,009 pour cent ; celui soluble dans les solutions acides diluées de 0,1 à 0,5 pour cent ; et cela insoluble de 0,2 à 3,5 pour cent du sol. Il est fort probable qu'une certaine quantité de potasse dans le sol puisse exister en combinaison avec des acides humiques et ulmiques, formant des humates et des ulmates de potassium insolubles .

Potasse dans les plantes.

De tous les ingrédients des cendres des plantes, la potasse est la plus abondante, car elle forme en moyenne environ 50 pour cent des cendres totales des plantes, soit environ 90 pour cent des alcalis . En effet, les cendres des plantes furent longtemps la principale source de potasse. Certaines plantes prélèvent du sol de très grandes quantités. Parmi ces racines, on peut citer comme exemples la pomme de terre, la vigne, le tabac et le houblon. Il est présent en grande quantité dans les grains de céréales, bien que, comme nous l'avons déjà souligné, dans des proportions moindres que l'acide phosphorique. On le trouve en plus grande abondance dans les extrémités de la plante, comme les brindilles et les nouvelles feuilles. [129]

Potasse dans les tissus animaux.

On le retrouve également dans toutes les parties du corps animal. Les globules sanguins sont particulièrement riches en sels de potasse, qui en contiennent environ dix fois la quantité contenue dans le sérum. On le trouve en abondance particulière dans la toison du mouton, qui peut contenir plus de potasse que celle du corps entier du mouton. L'urine animale contient également de la potasse en quantités considérables.

Sources de perte de potasse.

La capacité du sol à retenir les composés potassiques solubles, bien qu'elle ne soit pas égale à sa capacité à retenir l'acide phosphorique, est pourtant bien supérieure à sa capacité à retenir les nitrates. Le résultat est que la potasse ne se trouve qu'en traces relativement infimes dans les eaux de drainage. [130] En prenant le même exemple que celui que nous avons déjà cité pour illustrer la perte d'acide phosphorique, nous constatons que la quantité emportée au cours d'une année dans les eaux de l'Elbe en provenance de Bohême est de 97,000,000 livres (43,300 tonnes).

Potasse éliminée dans les cultures.

La quantité de potasse retirée du sol par les différentes cultures sera étudiée dans un chapitre ultérieur. Il suffit de dire ici que la classe de cultures qui enlèvent la plus grande quantité est celle des plantes-racines, en particulier les mangels . La perte est moindre dans le cas des céréales. La quantité de potasse contenue dans la paille des céréales est environ trois fois supérieure à celle extraite dans le grain.

Potasse éliminée dans le lait.

Enfin, nous pouvons nous référer à la potasse extraite du lait, qui, en moyenne, peut être prise à raison de 10 livres par an et par vache.

Fumiers de potasse.

Parmi les fumiers potassiques, les principaux sont le sulfate et le chlorure, ou, comme on l'appelle commercialement, le « muriate ». La principale source d'engrais potassiques provient des gisements de Stassfurt déjà mentionnés. Les cendres de bois ont également été utilisées en grande quantité dans le passé (principalement comme fumier de potasse) et sont encore utilisées dans certaines régions du monde. Une source considérable d'engrais potassiques artificiels est la fabrication des déchets de betterave sucrière, une industrie si importante en Allemagne. La potasse est présente comme constituant de certains autres fumiers, plus précieux pour l'azote et l'acide phosphorique, comme le guano et le sang séché.

NOTES DE BAS DE PAGE :

[126] Selon Boguslawski et Dittmar, la quantité totale de potasse calculée en sulfate de potasse dans l'eau salée équivaut à 1 141 $\times$ 10 ^{12} tonnes.

[127] Voir « Agricultural Chemistry » de Storer, vol. ii. p. 291.

[128] Voir annexe, note I., p. 220.

[129] Voir Annexe, Note II., p. 220.

[130] Selon Way, différents échantillons d'eaux de drainage ne contenaient que de 0,00003 à 0,00031 pour cent.

ANNEXE AU CHAPITRE VI.

REMARQUE I. (p. 215).

Quantité de potasse dans différents minéraux.

Felspaths—

Pourcentage de potasse.

(*a*) Orthose   { 9.11   10.28   11.07   12.12   12h47

         13.49 { 14h35   15.21   16.7

(*b*)Oligoclase   0,50

(*c*)Labradorite   0,33

Mica   { 5,61   6h20   7.23   8.26   8,95

         9h00 { 10h25   12h40   13h15

Amphibole   0,25   2,96

Pyroxène   0,34   2,48

Leucite   13h60   18.61

Zéolites   0,30   9h35   0,98   4,93

Sels de potasse de Stassfurt—	Pour cent.
(*a*) Polyhallite , *sulfate de potassium*	28
(*b*) Karnallite (KCl.MgCl $_2$ 6H $_{20}$), *chlorure de potassium*	24 au 27
(*c*) Sylvin, *chlorure de potassium pur* .	
(*d*) Kainit (K $_2$ SO $_4$ MgSO $_4$ MgCl $_2$ 6H $_2$ O), *sulfate de potassium*	32

(*e*) Schoénite (K_2SO_4, $MgSO_4$, $6H_2O$),
potassium pur sulfate de magnésium .

REMARQUE II. (p. 217).

La quantité de potasse pouvant être obtenue à partir de diverses usines utilisées pour la fabrication de potasses à grande échelle est illustrée par les déclarations suivantes. 1 000 livres des produits végétaux suivants donnent les quantités de potasse suivantes :

	kg.
Vieux bois d'épicéa	1/2
Vieux bois de peuplier	3/4
Vieux chêne	1-1/2
Tiges de maïs	17-1/2
Tiges de haricots	20
Vigne	40

(Storer, « Chimie agricole », vol. II, p. 108.)

PARTIE III.
FUMIER

CHAPITRE VII.
FUMIER DU COUR DE FERME

Le fumier de ferme est le plus ancien et sans aucun doute le plus apprécié de tous les engrais. Il a résisté à l'épreuve d'une longue expérience et a prouvé sa position comme l'un des plus importants de tous nos engrais . Il est donc hautement désirable de faire un examen assez détaillé de sa composition, et de voir de quoi dépend sa variation ; et enfin, examiner le mode de son action comme fumier.

Il n'y a guère lieu de s'étonner qu'il soit un engrais précieux, puisqu'il est formé à l'origine d'une substance végétale et qu'il contient donc tous les éléments présents dans la plante elle-même.

Sa composition est très variable et il est probable qu'il n'existe pas deux échantillons qui donneraient lieu à des analyses exactement similaires. C'est là que réside l'une des principales difficultés du traitement de ce sujet, et toutes les déclarations faites dans les pages suivantes quant à sa composition chimique doivent être considérées comme seulement *approximatives* .

Nous pouvons diviser ses constituants en trois classes.

1. Cette partie due aux *excréments solides* .

2. La partie liquide, constituée en grande partie *d'urine diluée* .

3. La *paille* , ou autre matériau, qui sert de litière.

La composition du fumier variera selon la proportion dans laquelle ces trois substances sont présentes, ainsi que selon la composition des substances elles-mêmes. On tendra donc à une compréhension plus claire du sujet si l'on examine d'abord brièvement la composition chimique des excréments solides et de l'urine des animaux de ferme.

1. *Excréments solides.*

La valeur du fumier des excréments solides des animaux , *c'est-à-dire* la proportion qu'ils contiennent d' *azote* , *d'acide phosphorique* et *de potasse* , dépend de diverses conditions.

Les excréments solides des chevaux, des moutons, des vaches et des porcs sont bien connus pour posséder des propriétés différentes et varier dans leur composition.

Mais ce qui a une influence encore plus grande, c'est la nature de l'aliment. Cela est dû au fait que les excréments solides sont constitués d'aliments non digérés. On ne peut guère attendre la même qualité d'excréments solides d'un animal nourri avec une alimentation pauvre que d'un animal nourri avec une alimentation beaucoup plus riche. Encore une fois, le pourcentage de nourriture rejetée dans les excréments solides varie selon les animaux. [131]

Une autre considération qui entre en jeu est l'âge ainsi que le traitement de l'animal. Un jeune animal, au cours de sa croissance, absorbe de sa nourriture dans son organisme une plus grande quantité des trois substances fertilisantes , azote, acide phosphorique et potasse, que ce n'est le cas d'un animal adulte dont le poids n'augmente ni ne diminue. . De même, un cheval au travail restituera davantage d'azote, de phosphates et de potasse dans ses excréments qu'un cheval qui ne travaille pas et qui est autorisé à prendre du poids. La nature de la composition des excréments solides dépendra donc de la nature de la *nourriture* , *de l'âge* , *de la race* , *de l'état* et *du traitement* de l'animal.

Examinons maintenant brièvement l'influence des considérations ci-dessus. Les excréments solides des animaux de ferme communs se distinguent généralement les uns des autres selon la vitesse à laquelle ils se décomposent ou fermentent au cours de leur conservation. Ainsi, le fumier de cheval est généralement connu sous le nom de fumier « chaud » ; tandis que la bouse de vache, en revanche, est connue sous le nom de « fraîche ». La raison pour laquelle il en est ainsi n'est pas absolument claire. Cela est probablement dû au fait que le premier contient moins d'eau, ainsi qu'au fait (et cela y est probablement pour plus) qu'il contient un plus grand pourcentage de matières fertilisantes , notamment d'azote, offrant ainsi des conditions plus favorables à l' élevage. fermentation plus rapide que dans le cas de la bouse de vache plus humide et moins riche.

La composition des excréments solides des divers animaux, comme nous venons de le dire, varie avec la nature de leur alimentation ; de sorte qu'il est impossible de considérer qu'une quelconque analyse représente absolument sa composition. Il peut être intéressant, cependant, de comparer les analyses d'échantillons de crottin de cheval avec celles de quelques autres animaux de ferme les plus communs, en vue d'avoir une idée *approximative de cette différence*.

Stoeckhardt a constaté que dans 1 000 livres d'excréments solides frais des animaux mentionnés ci-dessous, il y avait les quantités suivantes d' *azote* , *d'acide phosphorique* et *d'alcalis* :

	EAU.	AZOTE.	PHOSPHORIQUE ACIDE.	ALCALIS .

	kg.	pour cent.	kg.	pour cent.	kg.	pour cent.	kg.	pour cent.
				Réduit à		**Réduit à**		**Réduit à**
Chevaux (nourriture d'hiver)	760	76	5	.50	3-1/2	.35	3	.30
Vaches (nourriture d'hiver)	840	84	3	.30	2-1/2	.25	1	.dix
Porc (nourriture d'hiver)	800	80	6	.60	4-1/2	.45	5	.50
Moutons (2 lb de foin par jour)	580	58	7-1/2	.75	6	.6	3	.30

Le tableau ci-dessus montre que la bouse de mouton contient le moins d' *eau* et est plus riche en *azote* et *en acide phosphorique* que les trois autres. Le pourcentage d' alcalis , dont le plus important est la potasse, n'est cependant pas si important. Cela peut s'expliquer par le fait intéressant et bien connu qu'un pourcentage élevé de potasse se trouve dans la laine des moutons. [132]

Les excréments solides du mouton sont donc, poids pour poids, les plus précieux comme fumier, car ils contiennent plus d'azote et de phosphates que les autres, et en même temps ils sont beaucoup plus secs.

Si cependant nous comparons la composition des excréments solides à l'état sec, nous trouverons les résultats suivants (en basant notre calcul sur les analyses de Stoeckhardt) :

	Azote, pour cent.	Phosphorique acide, pour cent.	Alcalis , pour cent.
Cheval	2.08	1,45	1,25
Vache	1,87	1,56	0,62
Cochon	3h00	2.25	2,50

Mouton   1,78   1,42   0,71

Il ressort de ce qui précède que la substance sèche des excréments solides du porc est la plus riche en substances fertilisantes . Cependant, comme nous l'avons déjà souligné, il ne faut pas accorder trop d'importance à une analyse particulière, car beaucoup de choses dépendent de diverses conditions, notamment de l'alimentation. [133] La méthode la plus fiable pour étudier cette question consiste donc à l'étudier dans sa relation avec la nourriture consommée. Wolff a calculé à partir de nombreuses enquêtes que, en ce qui concerne la quantité d'excréments solides produits par l'aliment, le pourcentage suivant de *matière organique* , *d'azote* et *de substances minérales* , initialement présents dans la matière sèche de l'aliment, est rejeté dans les excréments : —

	Vache.	Bœuf.	Mouton.	Cheval.	Moyenne.
Matière organique	39,5	42,5	44,0	44.1	42,5
Azote	47,5	33,9	46,7	32.4	40.1
Substances minérales	53,9	64,6	57,9	62,5	59,7

Il y a un fait à garder à l'esprit en estimant la valeur du fumier des excréments de différents animaux, à savoir que la quantité d'excréments rejetée par un animal est beaucoup plus grande que celle rejetée par un autre. Ainsi, la quantité rejetée par la vache, par exemple, est bien supérieure à celle rejetée par le cheval ; de sorte que la qualité inférieure du premier est, dans une certaine mesure, compensée par sa plus grande quantité.

2. *Urine.*

Les excréments solides possèdent cependant une valeur engrais bien moindre que l'urine. Les premiers, comme nous l'avons déjà dit, sont des substances alimentaires non digérées : toutes les matières fertilisantes qu'elles contiennent sont telles qu'elles n'ont pas pu être digérées ou absorbées par le système animal. L'urine, quant à elle, contient les substances fertilisantes qui ont été digérées.

Cependant, la quantité d'azote et de matières minérales présente dans l'urine ne représente pas nécessairement la quantité totale de ces substances. Ainsi, dans le cas d'un animal en croissance ou en engraissement, il y a toujours une certaine quantité de ces substances qui sont absorbées pour constituer les tissus de l'animal et lui donner de la chair.

A cet égard, on voit que la composition de l'urine variera de la même manière que celle du fumier. Dans le cas de l'urine, il existe cependant une influence compensatrice à prendre en compte. L'urine est un déchet et il y a plus de déchets chez un animal jeune que chez un animal adulte.

Une autre condition très importante qui détermine la composition de l'urine est la nature de l'aliment, notamment la quantité d'eau bue. Cela est évidemment évident : plus on boit d'eau, plus la composition de l'urine doit être mauvaise. Mais ici encore, comme dans le cas des excréments, cela est largement compensé par la quantité totale rejetée : plus l' urine est diluée, plus sa quantité est grande ; de sorte que la qualité inférieure est ainsi compensée par sa quantité accrue.

En gardant donc à l'esprit le fait que nous venons de dire, à savoir que la composition de l'urine varie selon différentes conditions, nous pouvons obtenir une idée approximative de sa composition à partir des résultats suivants des analyses de Stoeckhardt . Dans 1 000 parties, les quantités suivantes d' *eau* , *d'azote* , *d'acide phosphorique* et *d'alcalis* ont été trouvées.

Le tableau suivant montre que l'urine du porc (contenant 97 pour cent d'eau) est beaucoup plus pauvre en azote et en alcalis que l'urine du mouton, du cheval ou de la vache. [134] Bien que tel soit le cas, la quantité d'acide phosphorique qu'il contient est supérieure à celle contenue dans l'urine du mouton.

	EAU.		AZOTE.		PHOSPHORIQUE ACIDE.		ALCALIS .	
	Par 1000 les pièces.	Par cent.	Par 1000 les pièces.	Par cent.	Par 1000 les pièces	Par cent.	Par 1000 les pièces.	Par cent.
Moutons (2 lb de foin par jour)	865	86,5	14	1.4	.5	.050	20	2.0
Porc (nourriture d'hiver)	975	97,5	3	.3	1,25	.125	2	.2
Chevaux (foin et avoine)	890	89,0	12	1.2	—	—	15	1,5

Vaches (foin et pommes de terre)	920	92,0	8	.8	—	—	14	1.4

L'acide phosphorique est présent dans l'urine des animaux de ferme à l'état de traces les plus infimes : pratiquement, il peut être considéré comme manquant dans l'urine du cheval et de la vache, et n'est présent qu'en petites quantités dans l'urine du mouton. L'urine du porc en contient en effet en plus grande quantité ; mais le pourcentage est encore si petit qu'il justifie l'affirmation selon laquelle l'urine des animaux de ferme communs n'est pas un fumier complet et doit être complétée par des phosphates, si l'on veut l'utiliser seule. Le caractère incomplet de l'urine comme fumier constitue un argument de poids en faveur de son épandage avec les excréments solides, qui contiennent, comme nous l'avons vu, des quantités considérables d'acide phosphorique. C'est pour cette raison que les écoulements des tas de fumier pourri ont plus de valeur, au point de vue fumier, que l'urine elle-même, puisqu'elles contiennent la partie soluble des phosphates contenus dans les excréments solides. [135] L'urine de tous les animaux, cependant, n'est pas également pauvre en phosphates. Dans le cas des animaux carnivores, comme le chien, l'urine en contient en quantités considérables.

Les tableaux ci-dessus montrent que l'urine la plus précieuse, poids pour poids, est celle du mouton, car elle contient la plus grande quantité d' alcalis (y compris la potasse) et d'azote ; que l'urine du cheval vient ensuite ; puis celle de la vache ; tandis que, comme nous l'avons déjà signalé, celle du porc est la plus pauvre.

Afin d'uniformiser notre étude de la composition de l'urine avec celle du fumier, voyons comment l'urine des animaux de ferme communs se compare en ce qui concerne la composition de sa substance sèche. Les résultats suivants (en basant nos calculs sur les chiffres de Stoeckhardt , donnés précédemment) le montrent :

	Azote,	Acide phosphorique,	Alcalis ,
	pour cent.	pour cent.	pour cent.
Cochon	12,0	5	8
Cheval	10.9	tracer	13.6
Mouton	10.4	3.7	14.9
Vache	10,0	tracer	17.5

D'après ces chiffres, nous voyons que la substance sèche de l'urine du porc est la plus riche en azote et en acide phosphorique, mais la plus pauvre en alcalis , des quatre animaux de ferme communs ; celui du cheval vient ensuite par la quantité d'azote qu'il contient, mais que, dans l'ensemble, il y a très peu de différence entre le cheval, la vache et le mouton à cet égard. [136]

Comme dans le cas du fumier, ce sujet est mieux étudié en relation avec la nourriture consommée. Nous devons encore une fois aux recherches de Wolff des informations précieuses sur ce point. Il a constaté que les pourcentages suivants de *matière organique* , *d'azote* et *de substances minérales* , initialement présents dans la matière sèche de l'aliment, sont évacués dans l' urine :

	Vache.	Bœuf.	Mouton.	Cheval.	Moyenne.
Matière organique	4.0	4.4	2.0	3.3	3.4
Azote	31,0	54,8	42.3	60,7	47.2
Substances minérales	43.1	34.3	41,0	37,5	39,0 [137]

Nous avons maintenant examiné brièvement la composition des excréments solides et de l'urine des animaux de ferme communs, et avons également énuméré quelques-unes des principales causes de la variation de leur composition.

Les excréments solides sont constitués, comme nous l'avons vu, de nourriture *non digérée* , tandis que l'urine contient les ingrédients fumiers de la nourriture qui ont été *digérés* par le système animal. [138] Ce dernier est, poids pour poids, en règle générale, beaucoup plus précieux comme fumier que le premier. D'après le tableau donné en annexe [139], on voit que les proportions d'azote et de cendres initialement présentes dans les aliments consommés, qui sont évacuées dans les excréments, varient selon les circonstances. Wolff, en résumant ses résultats, souligne qu'en règle générale, les excréments solides et liquides contiendront environ 46 pour cent de matière organique, 87,3 pour cent d'azote et 98,7 pour cent de matière minérale ; tandis que les expériences de Lawes et Gilbert à Rothamsted montrent que, chez les bœufs, les moutons et les chevaux à l'engrais, plus de 95 pour cent de l'azote et 96 pour cent ou plus des constituants des cendres sont évacués dans le fumier. Le porc retient une plus grande proportion de l'azote — environ 85 pour cent apparaissant dans le fumier — tandis que chez la vache laitière, environ 75 pour cent seulement sont restitués dans les excréments. D'une manière générale, nous pouvons dire que l'azote initialement présent dans l'aliment subit très peu de perte lors de son passage dans le système animal et que, pratiquement parlant, les constituants des cendres ne subissent aucune perte.

Quant à la répartition des ingrédients du fumier, cela dépendra beaucoup de la nature de la nourriture. Presque invariablement, plus de la *moitié* de l'azote total excrété se retrouve dans l'urine, voire bien plus dans de nombreux cas. [140] Parmi les constituants minéraux, on peut dire qu'en moyenne environ un tiers est excrété dans l'urine. De cette matière minérale, on peut remarquer que presque tous les alcalis (potasse et soude), soit environ 98 pour cent, se trouvent dans l'urine. Par contre, l'acide phosphorique et la chaux ne sont présents qu'à l'état infime dans les urines. L'urine de cheval constitue cependant une exception en ce qui concerne le calcaire, car elle contient environ 60 pour cent du calcaire consommé dans l'alimentation. Pour plus d'informations au sujet du fumier de porc, le lecteur pourra se référer à l'Annexe, Note V. [141]

Avant de quitter cette partie du sujet, il peut être souhaitable de présenter à nos lecteurs la composition du fumier et de l'urine prises ensemble, afin que nous puissions nous faire une idée de leur valeur relative, poids pour poids. Comme l'azote constitue de loin la partie la plus précieuse des ingrédients du fumier, il suffira de les comparer quant à leur pourcentage de cet ingrédient.

	Eau,	Azote,	Calculé sur substance sèche,	
	pour cent.	pour cent.	pour cent.	Analyses par
Mouton	67	.91	2.7	Jürgensen.
Cheval	76	.65	2.7	Boussingault.
Cochon	82	.61	3.4	Boussingault.
Vache	86	.36	2.6	Boussingault.

D'après ces chiffres, nous voyons que, dans leur état naturel, les excréments des moutons sont les plus précieux ; celles du cheval et du cochon viennent ensuite ; tandis que ceux de la vache sont les plus pauvres, contenant un tiers de moins d'azote que ceux du mouton et la moitié de ceux du cheval et du porc. Toutefois, cette différence est due presque entièrement au pourcentage différent d'eau que contiennent les excréments des divers animaux à l'état naturel ; car à l' état sec , on voit qu'ils en contiennent, à la seule exception du porc, à peu près la même quantité.

En conclusion, les points importants à remarquer sont les suivants :

1. Que lors du passage de la nourriture à travers le système des animaux de ferme communs, seul un très faible pourcentage des substances fertilisantes , azote, acide phosphorique et potasse, est assimilé et retenu dans le corps de l'animal ; et que, par conséquent, en théorie du moins, les excréments devraient contenir à peu près la même quantité de matière fertilisante que la nourriture originale.

2. Que même dans le cas d'un animal à l'engraissement, la perte de matière fertilisante subie par l'aliment lors de son passage dans le système n'est pas grande.

3. Qu'en ce qui concerne la quantité totale d'excréments solides et d'urine rejetés, ces dernières contiennent, en règle générale, plus d'azote que les premières ; l'azote de l'urine est d'autant plus précieux qu'il est à l'état soluble.

4. Qu'en ce qui concerne la répartition des éléments cendrés, *la chaux* , *l'acide phosphorique* et *la magnésie* se trouvent presque entièrement dans les excréments solides ; tandis que l'urine contient presque toute la *potasse* .

5. On ne peut espérer obtenir les meilleurs résultats que lorsque les excréments liquides et solides sont utilisés ensemble comme fumier.

Comme la composition du fumier dépend dans une large mesure de la nature de la nourriture, on trouvera en annexe, note VI., [142] un tableau contenant la composition du fumier de quelques-uns des aliments les plus courants.

3. *Détritus.*

Il nous faut maintenant considérer le troisième constituant du fumier de ferme, à savoir la *litière* , qui est généralement constituée de paille.

Les utilisations de la litière, en plus de fournir un lit sec et confortable à l'animal, peuvent être brièvement résumées comme suit :

1. Absorber et retenir la partie liquide des excréments.

2. Augmenter la quantité de fumier et assurer ainsi sa répartition plus égale lorsqu'il est appliqué au champ qu'on ne pourrait le faire autrement.

3. Augmenter sa valeur en tant que fumier, tant physiquement que chimiquement.

4. Retarder et réguler la décomposition des excréments.

Bien entendu, la litière remplit également une fonction très utile sur le plan sanitaire, dans la mesure où elle sert à garder la stalle ou l'étable plus fraîche et plus propre, et plus exempte de gaz nocifs qu'elle absorbe, que ce ne serait le cas autrement.

La paille est presque universellement utilisée à cette fin. En plus d'être l'un des sous-produits de la ferme, il convient admirablement à bien des égards, à la fois en raison de sa forme particulière (sa structure tubulaire étant parfaitement adaptée à cet usage) et en raison de sa composition, composée en grande partie de la cellulose, une substance très absorbante. La paille possède donc un pouvoir d'absorption considérable. Il n'est pas très riche en ingrédients fertilisants ; car, des diverses parties de la plante mûrie, la paille contient le moins de pourcentage d'azote et de phosphates. Cela est dû au fait qu'au fur et à mesure que la paille mûrit, une proportion considérable de ces ingrédients passe de la tige aux graines, où ils sont retenus.

D'une manière générale, on peut dire que la paille ne contient pas plus d' *un demi pour cent* d'azote , *soit* 11,2 livres par tonne. Son pourcentage d'azote varie bien entendu ; les analyses enregistrées [143] pour la paille de blé varient de 0,22 à 0,81 pour cent, soit fournissant une moyenne de 0,48 pour cent , *soit* 10,75 livres par tonne. La paille d'orge est un peu plus riche en azote, les analyses enregistrées allant de 0,41 à 0,85 pour cent, soit une moyenne de 0,57 pour cent , *soit* 12,76 livres par tonne ; tandis que la paille d'avoine est la plus riche des pailles les plus communes, allant de 0,32 à 1,12 pour cent, soit une moyenne de 0,72 pour cent , *soit* 16,12 livres par tonne.

Composition de Paille. [144]

	CENDRE.		COMPOSITION DU FRÊNE.			Nombre
			Kg. par tonne.			de
	Par	Kg.		Phosphorique		
	cent.	par tonne.	Potasse.	Acide.	Citron vert.	Analyses.
Blé (hiver)	5.54	124.09	18.61	5.05	7.18	8
Blé (été)	5.14	115.13	25.76	6.47	7.12	6
Seigle (hiver)	5.33	119.39	20.61	5,89	9.73	8

Rtye (été)	6.14	137,53	42.41	6,73	10.53	1
Orge	4,90	109,76	26.83	5,75	8.73	8
Avoine	5.09	114.01	26.22	4.17	9.12	4

Cependant, en matière minérale, la paille contient, proportionnellement, un pourcentage beaucoup plus grand que l'azote ; car, à l'exception des phosphates, il contient une quantité considérable de matières fertilisantes inorganiques , sous forme de potasse, de chaux, etc. Du total des ingrédients de cendres, il y en a en moyenne environ 5 pour cent, soit 112 lb par tonne. Le plus grand pourcentage de matière fertilisante dans ces 5 pour cent est la potasse, qui varie dans les cendres des pailles des cultures les plus communes de 30 à 15 pour cent. Le tableau ci-dessus montre la variation dans la composition des pailles de certaines des cultures agricoles les plus courantes et peut être utile à des fins de référence. Les cultures sont le blé (hiver et été), l'orge, l'avoine et le seigle (hiver et été), et la quantité est également calculée en livres par tonne. Les résultats représentent la moyenne d'un certain nombre d'analyses. [145] Le tableau montre que le pourcentage de phosphates est, comme nous l'avons déjà remarqué, très faible.

Mais si la paille est bien adaptée aux usages pour lesquels la litière est utilisée, elle n'est pas la seule substance. Son utilisation presque exclusive comme litière est due en grande partie au fait qu'il s'agit d'un sous-produit de la ferme.

Terreau comme litière. — D'une manière générale, toute substance possédant un grand pouvoir d'absorption et de rétention de l'azote et des fertilisants solubles. les matières présentes dans le fumier de ferme, et dont le prix est nominal, sont bien adaptées pour servir de litière. Le sol limoneux ordinaire possède les qualités ci-dessus, et est en outre une substance qu'on ne peut obtenir gratuitement et, dans certaines circonstances et dans certains pays, on l'utilise même à cet effet, souvent avec de la paille. Cependant, une grande objection contre le terreau est qu'il forme une litière sale. De plus, il possède un très faible pourcentage de matières fertilisantes . Par conséquent, la tendance, en utilisant un terreau ordinaire, serait de trop diluer le fumier, en plus de retarder la fermentation dans une mesure indésirable. Sauf circonstances très exceptionnelles, le terreau ne doit pas être considéré comme une bonne litière.

Tourbe comme litière. — Certains types de sols conviennent toutefois bien à cet effet. Parmi ceux-ci, les meilleurs sont ceux qui sont riches en matière organique, les sols dits tourbeux. La tourbe, une fois séchée et débarrassée de toute matière terreuse, forme un excellent absorbant de la partie liquide du fumier, surpassant sous ce rapport la paille elle-même. En outre, elle est généralement beaucoup plus riche en azote : certaines tourbes en contiennent entre 4 et 5 pour cent. Dans une trentaine d'échantillons de tourbe analysés par le professeur SW Johnson, le pourcentage d'azote variait de 0,4 à 2,9, soit une moyenne de 1,5 pour cent.

S'il possède une très grande capacité d'absorption des liquides, il possède à un degré inégalé le pouvoir de retenir les composés azotés solubles. C'est sans aucun doute l'une des propriétés les plus importantes qui recommandent la tourbe comme litière. [146]

Quelques expériences intéressantes sur la valeur de la tourbe comme litière ont été récemment réalisées par le Dr Bernard Dyer. [147] À partir de ces expériences, M. Dyer a découvert que ses pouvoirs d'absorption et de rétention de liquides sont bien supérieurs à ceux de la paille. Alors que la paille n'était capable d'absorber que trois fois son poids d'eau, la tourbe s'est avérée absorber près de dix fois son poids. En ce qui concerne son pouvoir de rétention d'eau, celui-ci s'est également avéré supérieur à celui de la paille. Ces deux propriétés sont, il est à peine besoin de le souligner, d'une très grande valeur dans une litière. Un autre point d'intérêt de ces expériences était les quantités respectives d'azote absorbées et retenues par la tourbe et la paille. On a constaté qu'à cet égard, la tourbe avait encore un avantage sur la paille. Enfin, le fumier produit par la tourbe s'est révélé plus riche en matières fertilisantes que celui produit par l'utilisation de la paille. [148] Ces expériences sont intéressantes car elles démontrent que la tourbe contient une substance capable d'agir comme un excellent substitut à la paille, plus coûteuse, et qui pourrait être de plus en plus utilisée comme fourrage, avec un grand bénéfice pour l'agriculteur. .

Une autre substance qui a été suggérée comme excellente litière est la *fougère fougère commune* . D'après certaines analyses faites par M. John Hughes, la fougère, surtout si elle est coupée à l'état jeune, est une substance d'une valeur fertilisante considérable. Une fois séchée, elle est beaucoup plus riche en azote, en potasse et en chaux que la paille. Ses propriétés absorbantes ne sont cependant probablement pas si grandes. Là où on peut l'obtenir facilement et à moindre coût, comme dans de nombreuses régions d'Écosse et d'Irlande, il pourrait très bien être utilisé pour jeter des déchets. [149]

Les feuilles séchées ont également été utilisées comme litière. Les feuilles d'automne contiennent cependant un très faible pourcentage de matières fertilisantes . Cela est dû au fait que la majeure partie de leur potasse, de leur acide phosphorique et de leur azote passe dans le corps des arbres à l'approche de l'hiver. Selon le professeur Storer, les feuilles séchées ne contiennent que de 0,1 à 0,5 pour cent de potasse, de 0,006 à 0,3 pour cent d'acide phosphorique et environ 0,75 pour cent d'azote. Cependant les feuilles, outre qu'elles sont pauvres en ingrédients fertilisants, forment une mauvaise litière, car elles ne fermentent que lentement. Il se forme dans cette fermentation une grande quantité d'acide humique aigre froid, qui altère sérieusement la valeur du fumier. [150]

Ayant maintenant examiné la composition des trois ingrédients distincts du fumier de ferme, à savoir les *excréments* ou *excréments solides* , l' *urine* et la *litière* , nous sommes en mesure de considérer la composition du fumier de ferme. A cet égard, il serait bon de considérer séparément les fumiers produits par les différents animaux de ferme.

1. *Fumier de cheval.*

La composition du fumier de cheval est peut-être la plus uniforme de tous les fumiers produits par les différents animaux de ferme. Cela est dû au fait que la nourriture du cheval est généralement de la même nature, composée d'avoine, de foin et de paille.

Le total des excréments rejetés par un cheval dans une journée a été calculé, d'après la moyenne des expériences de Boussingault et Hofmeister, à 28,11 livres, dont 6,37 livres seulement étaient constituées de matière sèche. [151] Ces 28,11 lb contenaient 0,18 lb d'azote et 0,92 lb de matière minérale. La quantité de paille nécessaire pour absorber cette quantité d'excréments peut être estimée entre 4 et 6 livres. Les quantités d'azote et de matières minérales dans 4 livres de paille sont respectivement de 0,01 et 0,23 livres. La quantité totale d'azote et de cendres, par conséquent, dans le fumier de ferme produit par un cheval en une journée, serait de 0,19 livre d'azote et de 1,15 livre de matière minérale ; ou, si nous prenons la plus grande quantité de paille, un peu plus.

En prenant ces chiffres, nous constatons que la quantité de fumier produite par un cheval en une année sera de 11 720 à 12 450 livres (*c'est-à-dire* de 5 1/4 à 5 1/2 tonnes), [152] contenant de 69 à 73 lb d'azote et de 420 à 460 lb de matière minérale. [153]

Un mot ou deux peuvent être utiles concernant le traitement du fumier de cheval dans l'écurie. Le principal objectif à atteindre est d'éviter la perte de précieux constituants fertilisants . Cette perte peut être due à deux causes. Elle peut être causée en premier lieu par le drainage des matières solubles du fumier ; ou bien, cela peut être dû à la volatilisation des constituants volatils.

La première de ces deux sources de pertes dépend des précautions prises pour fournir un revêtement de sol imperméable à l'écurie. Cette source de perte est extrêmement difficile à prévenir, dans la mesure où presque tous les matériaux utilisés pour les revêtements de sol absorbent un certain pourcentage d'urine. L'utilisation judicieuse des déchets permettra cependant de minimiser cette perte dans une mesure insignifiante.

Le Dr Heiden déclare que la quantité de paille utilisée comme litière pour le cheval en Allemagne est de 4 à 6 livres par jour. La quantité doit être régulée en fonction du pourcentage d'eau que contiennent les excréments ; les excréments , plus aqueux, nécessitent naturellement une plus grande quantité de litière. Les autorités les plus éminentes en la matière recommandent que la quantité de litière soit égale au quart de la nourriture à l'état naturel, soit environ au tiers de sa substance sèche.

La deuxième source de perte, due à la volatilisation des ingrédients volatils, peut être largement évitée par l'utilisation de certains conservateurs.

Le fumier de cheval étant, comparativement parlant, de nature sèche, il est extrêmement difficile d' effectuer son mélange complet avec la litière. C'est pour cette raison que le fumier formé à partir des excréments de chevaux est particulièrement sujet à une fermentation rapide. [154] Au cours du processus de fermentation, comme nous le verrons plus en détail plus loin, l'azote se transforme en carbonate d'ammoniaque. L'azote sous cette forme étant extrêmement volatil, les risques de perte provenant de cette source sont considérables. Pour illustrer ce fait, on peut mentionner que Boussingault a découvert par expérience que le pourcentage total d'azote contenu dans le fumier de cheval frais pouvait être réduit au cours du processus de fermentation à la moitié de sa quantité initiale par perte de cette source.

Les conservateurs utilisés pour empêcher cette volatilisation sont techniquement connus sous le nom de « fixateurs ». Pour ce faire, ils se combinent chimiquement avec l'ammoniac volatil et forment avec lui des composés non volatils.

Parmi les fixateurs d'acide, les acides chlorhydrique et sulfurique ont été recommandés. Toutefois, la première solution n'est pas adaptée à cet objectif. C'est un acide fortement fumant qui, lorsqu'il est mis en contact avec de l'ammoniac, forme des fumées blanches denses. L'emploi de l'acide sulfurique ne se heurte pas à cette objection. Le sulfate d'ammoniac, le sel formé dans ce cas, est l'un des composés les plus stables (ou les moins volatils) de l'ammoniac. S'il est utilisé, il doit être largement dilué avec de l'eau et le tout mélangé avec du sable. Un tel mélange, lorsqu'il est répandu sur le sol de l'écurie, même en très petites quantités, s'est avéré efficace pour empêcher toute perte de carbonate volatil d'ammoniac.

Il n'est cependant pas conseillé d'utiliser une substance acide comme fixateur, car une telle substance pourrait avoir un effet néfaste sur les sabots des chevaux.

Des substances telles que *le gypse* , *le cuivre* et *le sulfate de magnésie* , quoique également efficaces, ne sont pas sujettes à cette objection. Les substances mentionnées ci-dessus doivent leur efficacité à ce qu'elles sont des composés de l'acide sulfurique qui, en se combinant avec l'ammoniaque volatile et en formant du sulfate d'ammoniaque, empêchent sa fuite.

Il a été prouvé que le gypse ou sulfate de chaux, bien que, comparativement parlant, soit une substance insoluble, lorsqu'il est mis en contact avec du carbonate d'ammoniaque, effectue la conversion de l'ammoniaque en sulfate d'ammoniaque. On pense également qu'il retarde la décomposition du fumier. Le cuivre , ou sulfate ferreux, bien qu'étant un sel soluble et agissant ainsi d'une manière plus rapide dans la fixation de l'ammoniaque, ne convient pas aussi bien, à cause de l'influence nuisible qu'il est bien connu pour avoir sur la vie végétale. Il est juste de se rappeler qu'il peut y avoir des circonstances dans lesquelles le copperas peut, en petites quantités, agir même de manière bénéfique comme engrais, comme semblent l'indiquer les expériences de Griffiths. L'objection ci-dessus ne peut cependant pas être opposée au sulfate de magnésie. En plus de fixer l'ammoniaque, le sulfate de magnésie peut très probablement fixer l'acide phosphorique soluble. Kainit , qui consiste en un mélange de sulfates et de chlorures de potassium et de magnésium, a également été suggéré à cet effet. En utilisant un tel fixateur, la valeur du fumier obtenu serait considérablement améliorée. En conclusion, il faut se rappeler que tous les fixateurs mentionnés ci-dessus agissent à peu près de la même manière, c'est-à-dire en convertissant le carbonate volatil d'ammoniaque en sulfate d'ammoniaque. [156]

2. *Fumier de vache.*

La composition du fumier formé à partir des excréments de vache est beaucoup moins constante que celle du fumier de cheval. Une estimation moyenne de cette composition est donc beaucoup plus difficile à obtenir. Le nombre d'analyses disponibles pour établir cette moyenne est cependant très important. Le fumier produit par les vaches contient un pourcentage important d'eau. Cela est dû à la grande quantité d'eau qu'ils boivent. On a estimé que les vaches laitières boivent avec leur nourriture d'hiver, pour chaque livre de substance sèche, 4 livres d'eau, et en été environ 6 livres d'eau.

Selon certaines expériences de Boussingault , les excréments d'une vache par jour s'élevaient à 73,23 livres, dont seulement 9,92 livres de matière sèche. [157] Ces excréments contenaient 0,256 livre d'azote et 1,725 livre de matière minérale. La quantité de paille nécessaire à utiliser comme litière pour cette quantité d'excréments peut être prise entre 6 et 10 livres. Le fumier formé par une vache par jour contiendrait donc de 0,274 à 0,286 livres d'azote, et de 2,046 à 2,278 lb de matière minérale. En une année, cela équivaudrait à de 100 à 104,4 livres d'azote et de 746,8 à 831,5 livres de matière minérale ; ou à partir de 6 quintaux. 75 lb à 7 cwt. 47 livres.

La bouse de vache est, en raison de sa nature plus aqueuse et de sa qualité inférieure, sa fermentation est beaucoup plus lente que celle de la bouse de cheval. Lorsqu'il est appliqué seul, le fumier de vache agit très lentement et fait sentir son influence pendant au moins trois ou quatre ans. Il est difficile de l'étaler uniformément sur le sol, à cause du fait que, lorsqu'il est un peu séché, il a tendance à former des masses dures qui, une fois enfouies dans le sol, peuvent résister pendant une très longue période à la décomposition. La cause en est due à la présence d'une quantité considérable de matière mucilagineuse et résineuse dans les excréments solides, qui empêche l'entrée d'humidité et d'air au centre de la masse. Cette tendance du fumier de vache à résister à la décomposition sera grandement atténuée dans le cas des excréments d'une vache richement nourrie.

Les risques de perte d'ammoniac volatil sont donc dans ce cas moins grands que nous l'avons vu dans le cas du fumier de cheval « chaud ». Malgré ce fait, une grande partie de ce qui a été dit sur l'emploi des conservateurs pour le fumier de cheval peut également s'appliquer à la bouse de vache. Cela est dû au fait que les excréments peuvent s'accumuler dans le tribunal pendant un certain temps. La quantité de paille qu'il convient d'utiliser comme litière varie, comme on l'a dit, de 6 à 10 livres par jour. La meilleure méthode pour calculer cette quantité, selon le Dr Heiden, consiste à prendre un tiers du poids total de la substance sèche de l'aliment. L'autorité ci-dessus recommande également que la paille soit mieux appliquée en blocs d'environ un pied de longueur ; et cela pour les raisons suivantes :—

1. Le disperser est plus pratique.

2. L'absorption de la partie liquide est plus complète.

3. Le nettoyage du fumier de l'étable est plus facile.

4. Le fumier se répartit plus facilement lorsqu'il est épandu sur le champ.

Parmi les avantages qu'offre le fait de laisser le fumier s'accumuler dans la cour, on peut citer les suivants :

1. L'absorption plus complète de l'urine par la paille, et, par conséquent, le mélange plus uniforme qui sera ainsi effectué de l'urine la plus précieuse avec les excréments solides de moindre valeur.

2. Un certain retard de décomposition effectué par le piétinement du fumier.

3. La protection du fumier contre la pluie et le vent et l'obtention d'une température uniforme.

A ces avantages s'ajoute le risque d'affecter gravement la santé de l'animal. Bien que ce soit un point de très grande importance, il ne rentre guère dans le cadre de ce travail. On peut cependant faire remarquer que l'emploi judicieux de certains des fixateurs chimiques mentionnés précédemment peut grandement contribuer à maintenir l'air de l'étable ou de la cour exempt de gaz nocifs. [158]

3. *Fumier de porc.*

La nourriture du porc est si variable dans son caractère qu'il est presque impossible d'obtenir quelque chose qui ressemble à une analyse moyenne de ses excréments. Lorsque la nourriture du porc est riche, le fumier peut alors être de qualité tout à fait égale aux autres fumiers. Selon Boussingault , la quantité totale d'excréments évacués en moyenne par un porc en vingt-quatre heures est d'environ 8,32 livres, dont 1,5 livres de matière sèche. [159] La quantité d'azote que contiennent ces excréments n'est que de 0,05 livre, et celle d'ingrédients minéraux de 0,313 livre. Si l'on prend la quantité de paille la plus appropriée pour absorber cette quantité de matière excrémentaire entre 4 et 8 livres, alors nous constaterons que le fumier produit par un porc contiendra de 0,06 à 0,074 lb d'azote et de 0,545 à 0,772 lb de matière minérale. Ces quantités, calculées pour une année, donnent de 22 à 27 livres d'azote et de 1 quintal d'azote. 87 lb à 2 cwt. 57 lb de matière minérale. Cela représente à peu près autant d'azote que ce qui serait contenu dans 1-1/4 à 1-1/2 cwt. de nitrate de soude (pureté à 95 pour cent); ou d'un peu moins de 1 cwt. à un peu plus de 1 cwt. de sulfate d'ammoniaque (pureté 97 pour cent).

Comme nous l'avons déjà souligné, les excréments du porc sont en général très pauvres en azote. Cela explique que le fumier de porc soit un fumier « froid », à fermentation lente. [160]

4. *Fumier de mouton.*

Le fumier et l'urine des moutons, comme nous l'avons déjà vu, sont, poids pour poids, les plus précieux de tous les animaux de ferme communs. Le poids total des excréments évacués par un mouton dans une journée peut être estimé, en moyenne [161] , à 3,78 livres, dont 0,97 livres de matière sèche. Ces excréments contiennent 0,038 lb d'azote et 0,223 lb de matière minérale. En prenant la quantité de paille la plus appropriée pour absorber cette quantité de matières excrémentives à trois cinquièmes de livre, alors le fumier produit par un mouton en une journée contiendra 0,0429 livre d'azote et

0,264 livre de matière minérale. Autrement dit, en une année, les quantités d'azote et de matières minérales contenues dans le fumier produit par un mouton seraient de 15,66 livres d'azote et de 96,36 livres de matières minérales.

En raison de sa richesse en azote et de son état sec, la bouse de mouton est particulièrement susceptible de fermenter. Bien que plus riche en substances fertilisantes que le fumier de cheval, sa fermentation est moins rapide. Cela est dû au caractère physique plus dur et plus compact des excréments solides. Les risques de perte d'ammoniac volatil sont, dans son cas, exceptionnellement grands. Le recours à des « fixateurs » artificiels est donc fortement recommandé. [162]

Fermentation du fumier de ferme.

Ayant maintenant considéré séparément la nature des différents fumiers produits par les quatre animaux communs de la ferme, il est important de considérer la nature exacte de la fermentation, de la décomposition ou de la putréfaction qui a lieu dans le tas de fumier.

Il y a maintenant plus de trente ans que Pasteur montrait que la fermentation qui se produisait lors de la conservation d'un échantillon d'urine était due à l'action d'un minuscule organisme, pour la propagation duquel une certaine quantité de chaleur, d'air et d'humidité, ainsi que la présence de certains constituants alimentaires, notamment de corps azotés, était nécessaire.

Des recherches ultérieures de Pasteur et d'autres ont démontré de manière concluante que la vie micro-organique qui contribue à la putréfaction ou à la décomposition de toute sorte de matière organique peut être divisée en deux grandes classes :

1. Ceux qui nécessitent un apport abondant d'oxygène pour leur développement et qui, lorsqu'ils sont privés d'oxygène, meurent – appelés *aérobies* .

2° Ceux qui, au contraire, se développent en l'absence complète d'oxygène et qui, exposés à l'oxygène, meurent : on les appelle *anaérobies* .

Dans la fermentation du tas de fumier, nous devons donc concevoir les deux classes d'organismes comme les agents actifs. Dans la partie intérieure du tas de fumier, où l'apport d'oxygène est nécessairement limité, la fermentation qui s'y fait s'effectue au moyen de l'organisme anaérobie , *c'est-à-dire* l'organisme qui n'a pas besoin d'oxygène ; tandis que sur la partie superficielle exposée à l'air, l'organisme aérobie (ou nécessitant de l'oxygène) est également actif. Au fur et à mesure que la décomposition progresse, le nombre d'organismes aérobies augmente. C'est grâce à eux que les produits finaux de la décomposition sont en grande partie produits. Les fonctions des organismes anaérobies peuvent, au contraire, être considérées comme étant de nature largement préparatoire. En divisant les substances organiques complexes du fumier en des formes nouvelles et plus simples, ils font progresser le processus de putréfaction jusqu'aux étapes initiales ; et lorsque cela est accompli, ils meurent et cèdent la place aux aérobies, qui, comme nous venons de le voir, effectuent la transformation finale de la matière organique en substances aussi simples que *l'eau* et *le gaz acide carbonique* .

Les conditions influençant la fermentation du fumier de ferme peuvent être résumées comme suit : [163] —

1. *Température*. — Plus la température est élevée, plus le fumier se décomposera rapidement.

2. *Ouverture à l' Air*. — Bien entendu, on voit que l'exposition du fumier à l'action de l'air a pour effet de provoquer le développement du type d'organisme aérobie et de favoriser ainsi une fermentation plus rapide. Si, en revanche, le fumier est impacté, la fermentation plus lente mais plus régulière, due au type d'organisme anaérobie, sera principalement favorisée. Il ne faut pas oublier que la pourriture appropriée du fumier de ferme doit favoriser les deux types de fermentation. C'est en effet de la régulation minutieuse des deux classes de fermentation que dépend le succès de la pourriture du fumier. Il ne faut pas oublier non plus que, même avec une certaine ouverture dans un tas de fumier, une fermentation anaérobie peut avoir lieu. Cela est dû au fait que le dégagement de gaz acide carbonique, dans un tel cas, est si important qu'il exclut l'accès de l'oxygène atmosphérique dans les pores du tas.

3. L' *humidité* du tas de fumier est une autre influence importante. Bien entendu, cela agira de deux manières. D'abord en baissant la température. Lorsque le tas de fumier souffre de « crocs de feu », la méthode courante dans la pratique consiste à abaisser la température en humidifiant le tas avec de l'eau. Deuxièmement, il agit comme un retardateur de fermentation en limitant l'apport d'oxygène atmosphérique, et empêchant ainsi, comme nous venons de le voir, la fermentation aérobie.

4. La quatrième influence principale dans la régulation de la fermentation du tas de fumier est sa *composition* , et plus particulièrement la quantité d'azote qu'il contient sous forme soluble. On peut dire que la vitesse à laquelle la fermentation a lieu dans une substance organique dépend principalement du pourcentage de matière azotée soluble qu'elle contient : plus cette quantité est grande, plus la fermentation se poursuit rapidement. Le fumier de ferme contient toujours un certain nombre de corps azotés solubles. On les trouve

principalement dans l'urine, comme *l'urée* , les acides *urique* et *hippurique* et les sels *d'ammoniaque* .

Produits de décomposition du fumier de ferme.

Les changements les plus importants qui se produisent lors de la pourriture du fumier de ferme peuvent être brièvement énumérés comme suit :

1. La transformation progressive en gaz d'une grande partie des éléments organiques contenus dans le fumier. Parmi ces produits gazeux, le plus abondant est *l'acide carbonique* (CO_2). C'est sous cette forme que les matières carbonées qui constituent la majeure partie du fumier s'échappent dans l'air. Le carbone s'échappe également dans l'air, combiné à l'hydrogène, sous forme d' *hydrogène carburé* ou *gaz des marais* (CH_4), produit de la décomposition de matières organiques en présence d'une grande quantité d'eau. Ce gaz se retrouve donc en bouillonnant dans les eaux stagnantes. Après l'acide carbonique, *l'eau* (H_2O) est le produit gazeux de décomposition le plus abondant. L'azote présent dans le fumier, sous différentes formes, est converti par le processus de décomposition principalement en *ammoniaque* , qui, en se combinant avec l'acide carbonique, forme du carbonate d'ammoniaque, un sel très volatil. C'est à ce fait qu'est due l'une des principales sources de pertes dans la décomposition du fumier de ferme. Si la température du tas de fumier s'élève trop haut, le carbonate d'ammoniaque se volatilise . Il est probable aussi qu'une partie non négligeable de l'azote s'échappe dans l'air à l'état libre. Les derniers produits gazeux de décomposition les plus importants sont *l'hydrogène sulfuré* et *phosphoré* . C'est à ces gaz qu'est due une grande partie de l'odeur du fumier de ferme pourri.

2. La deuxième classe de substances formées sont *les acides organiques solubles* , tels que les acides *humique* et *ulmique* . La fonction remplie par ces acides est très importante. Ils s'unissent avec l'ammoniaque et les substances alcalines dans la partie minérale du fumier, formant des humates et des ulmates d'ammoniaque, de potasse, etc. Ce sont ces ulmates qui forment la liqueur noire qui suinte du tas de fumier.

Dans le fumier de ferme très pourri, on peut trouver des traces d' *acide nitrique ;* mais il faut se rappeler que la formation de nitrates est pratiquement impossible dans les conditions ordinaires de fermentation active du fumier de ferme, sauf peut-être dans ses tout derniers stades.

3. La troisième classe de changements en cours concerne la partie minérale du fumier. Le résultat de la formation d'une si grande quantité d'acides carboniques et d'autres acides organiques est d'augmenter très considérablement la quantité de matière minérale *soluble* .

C'est principalement aux précieuses recherches du regretté Dr Augustus Voelcker que nous devons notre connaissance de la composition du fumier de ferme ancien et frais. Tous ceux qui s'intéressent à cette question importante devraient parcourir les articles originaux sur ce sujet rédigés par le Dr Voelcker dans le "Journal of the Royal Agricultural Society". Des analyses typiques illustrant la variation de la composition du fumier de ferme à différents stades de décomposition seront trouvées en annexe. [164] D'après ce qui a été dit précédemment, il ressort clairement que la composition du fumier de ferme est de nature très variable.

La quantité d'humidité varie naturellement le plus, et cette variation dépendra de l'âge du fumier et des conditions dans lesquelles il peut se décomposer. Il peut être prélevé à raison d'un minimum de 65 pour cent dans du fumier frais à 80 pour cent dans du fumier bien décomposé. La matière organique totale peut être comprise entre 13 et 14 pour cent, contenant de l'azote de 0,4 à 0,65 pour cent. La matière minérale totale variera d'environ 4 à 6,5 pour cent, contenant de la potasse de 0,4 à 0,7 pour cent et de l'acide phosphorique de 0,2 à 0,4 pour cent. [165]

Comme M. Warington [166] a fait remarquer qu'une tonne de fumier de ferme contiendrait ainsi 9 à 15 livres d'azote, à peu près la même quantité de potasse et 4 à 9 livres d'acide phosphorique. Ces quantités d'azote et d'acide phosphorique, calculées en (95 pour cent) de nitrate de soude, et (97 pour cent) de sulfate d'ammoniaque et (25 pour cent) de superphosphate, donnent respectivement 57,25 à 96 livres de nitrate de soude, 45 à 75 lb de sulfate d'ammoniaque et 35 à 79 lb de superphosphate. Autrement dit, pour appliquer au sol autant d'azote qu'en contient une tonne de nitrate de soude, il faudrait utiliser de 23 à 41 tonnes de fumier de ferme : de même, une tonne de sulfate d'ammoniaque contient autant d'azote que 30 à 50 tonnes de fumier de ferme. De même, une tonne de superphosphate de chaux contient autant d'acide phosphorique que 28 à 64 tonnes de fumier de ferme.

La valeur du fumier pourri est, poids pour poids, supérieure à celle du fumier frais. Cela est dû au fait que, tandis que la quantité d'eau augmente, la perte de matière organique de nature non azotée fait plus que contrebalancer l'augmentation de l'eau. Le fumier devient donc plus concentré en qualité. La perte du poids total, selon Wolff, due à la pourriture du fumier de ferme, ne devrait pas dépasser dans deux ou trois mois 16 à 20 pour cent, soit un sixième à un cinquième de son poids total. Cependant, non seulement le fumier devient plus riche en ingrédients du fumier, mais les formes sous lesquelles les ingrédients du fumier sont présents dans le fumier pourri ont plus de valeur, car elles sont plus solubles. Ces déclarations ne doivent pas être interprétées comme démontrant qu'il est plus économique d'épandre du fumier de ferme à l'état pourri plutôt que frais. Il ne faut pas perdre de vue la distinction qui existe entre l'augmentation relative – augmentation du pourcentage des constituants de valeur – et l'augmentation absolue. L'augmentation de la valeur du fumier par le changement des ingrédients du fumier de l'état insoluble à l'état soluble peut se faire aux dépens d'une quantité considérable de perte absolue de ces précieux ingrédients. C'est un point qui est probablement trop souvent laissé de côté dans les discussions sur les mérites relatifs du fumier de ferme frais et pourri ; et il est important que cela soit clairement compris. Selon les mots du regretté Dr Voelcker : « Des expériences directes ont montré que 100 quintaux de fumier frais de ferme sont réduits à 80 quintaux si on les laisse reposer jusqu'à ce que la paille soit à moitié pourrie ; 100 quintaux de fumier frais de ferme sont réduits à 60 quintaux. 100 cwt de fumier de ferme frais s'il est laissé fermenter jusqu'à ce qu'il devienne « gras ou fromageux » ; 100 cwt. de fumier de ferme frais sont réduits à 40-50 cwt. s'ils sont complètement décomposés. Cette perte n'affecte pas seulement l'eau et d'autres constituants moins précieux du fumier de ferme, mais aussi ses ingrédients les plus fertilisants . L'analyse chimique a montré que 100 quintaux de fumier de ferme contiennent environ 40 livres d'azote, et que pendant la fermentation dans la première période, 5 livres d'azote sont dissipées sous forme d'ammoniaque volatile ; le deuxième, 10 livres, et le troisième, 20 livres. Le fumier commun complètement décomposé a ainsi perdu environ la moitié de son constituant le plus précieux. [167] Bien que, bien entendu, une très grande perte absolue des constituants précieux - les constituants azotés et cendrés - du fumier de ferme puisse avoir lieu par volatilisation et drainage, en prenant les précautions nécessaires, cette perte peut être considérablement minimisée . Quant à la perte totale, elle ne devrait, dans deux ou trois mois, s'élever qu'à 16 à 20 pour cent, soit un sixième à un cinquième du poids. [168] L'utilisation de fixateurs, dont il a déjà été question, permettra de minimiser grandement cette perte. Il est préférable d'appliquer des fixateurs sur le fumier lorsqu'il est encore dans la stalle ou dans l'étable. La santé de l'animal en bénéficie, tandis que le fumier est immédiatement protégé contre les pertes provenant de cette source.

Quant aux mérites relatifs des tas de fumier couverts et découverts, il existe de nombreuses divergences d'opinion. C'est une de ces questions qui ne peuvent pas faire l'objet d'une décision définitive dans un sens ou dans un autre, car elle dépend dans une large mesure des circonstances particulières de chaque cas. Il est évident que le fumier produit sous abri a plus de valeur que le fumier produit à l'air libre. La question est cependant de savoir si l'augmentation de sa valeur est suffisamment importante pour justifier les dépenses supplémentaires liées à la construction de courts couverts. Cela dépend des circonstances individuelles de chaque cas et ne peut être décidé de manière générale. Pour les expériences sur la valeur relative du fumier apporté sous abri et à l'air libre, voir annexe. [169]

La méthode d'épandage du fumier de ferme dans les champs est une question qui appartient plus à l'agriculteur pratique qu'au scientifique, et doit être tranchée dans une large mesure par des considérations économiques. Il y a cependant un aspect de la question qui pourrait bien être traité ici. Le premier point dans la production d' un bon fumier est lié à sa répartition uniforme. Il est très important que les excréments des différents animaux de la ferme soient soigneusement mélangés. Grâce à l'incorporation intime de la bouse de cheval "chaude" avec la bouse "froide" de vache et de porc, une fermentation uniforme est assurée. Des crocs de feu — ou une fermentation trop rapide — peuvent se produire si cette opération n'est pas effectuée correctement et si le fumier devient trop sec. Il est également important, comme nous le verrons immédiatement, que le fumier soit de qualité uniforme lorsqu'il est appliqué au champ. Le fumier doit être fermement foulé pour modérer le taux de fermentation. Lorsque le tas de fumier est exposé à la pluie, la quantité d'eau qu'il recevra naturellement sera probablement tout à fait suffisante, sinon trop, pour assurer une fermentation convenable, sauf peut-être par temps très chaud. Le grand objectif à atteindre est d'assurer une fermentation régulière. Il faut surtout éviter toute exposition soudaine du fumier à de grandes quantités d'eau. Le résultat d'un tel lessivage de l'azote soluble est de retarder la fermentation, en plus d'entraîner le risque d'une perte réelle importante par drainage. [170]

Application de fumier de ferme sur le terrain.

En épandant le fumier sur le champ et avant de l'enfouir, deux méthodes peuvent être suivies. Premièrement, le fumier peut être disposé en tas, plus ou moins grands, sur le champ, et rester dans ces tas quelque temps avant d'être épandu ; et deuxièmement, il peut être diffusé directement sur le terrain et ainsi laissé reposer pendant un certain temps. Enfin, le fumier peut être enfoui immédiatement ; et on peut affirmer qu'une telle méthode est, lorsque les circonstances le permettent, la méthode la plus sûre et la plus économique. [171]

En discutant les avantages et les inconvénients de ces deux méthodes, le Dr Heiden souligne tout d'abord, en ce qui concerne la distribution du fumier en petits tas sur le champ, que cela n'est pas recommandé, pour les raisons suivantes :

1. Parce que les risques de perte par volatilisation s'en trouvent accrus. Le fumier est distribué plusieurs fois au lieu d'une ou deux fois seulement.

2. Il est de nature à assurer une répartition inégale. Les tas séparés risquent de perdre leurs matières azotées solubles, qui s'infiltrent dans le sol sous les tas. Les autres parties du champ non couvertes par les tas de fumier sont ainsi fertilisées avec du fumier de ferme lessivé, dépourvu de ses constituants les plus précieux. Le résultat est que, tandis que certaines parties du champ sont trop fortement fumées, d'autres parties le sont trop faiblement.

3. La bonne fermentation du fumier est susceptible d'être gênée par la perte de ce qui est son agent le plus important, à savoir la matière azotée soluble, et aussi par l'action desséchante du vent.

Les mêmes objections s'appliquent dans une large mesure à l'égard de l'épandage dans les champs du fumier en gros tas. Les risques de perte, à un certain égard, peuvent être considérés comme moindres, en raison de la plus petite surface présentée. En revanche, ils peuvent être plus importants, du fait d'une fermentation plus rapide. Mais la pratique agricole rend souvent cette coutume nécessaire ; et si l'on prend des précautions pour ne pas laisser le tas reposer trop longtemps et pour le recouvrir de terre, le risque de perte sérieuse peut devenir peu considérable.

En ce qui concerne la deuxième méthode de procédure, c'est-à-dire l'épandage du fumier sur le champ et son repos, le Dr Heiden est d'avis que cela ne devrait être fait que lorsque le champ est de niveau. En cas de terrain accidenté, les risques sont bien entendu évidents. On a affirmé qu'en laissant ainsi le fumier de ferme exposé pendant un certain temps, une perte importante d'ammoniac volatil, de carbonate d'ammoniaque, est susceptible de se produire. Cela ne pouvait avoir lieu que là où le traitement antérieur du fumier de ferme avait été mauvais. Hellriegel a montré qu'avec du fumier de ferme correctement préparé, il n'y a aucun risque de perte de cette manière. Il faut se rappeler que le pouvoir d'absorption du sol pour l'ammoniac est très grand, et que la quantité d'ammoniac volatil contenu dans le fumier de ferme est relativement si petite qu'il est à peine possible qu'il puisse s'en échapper de cette manière. Les expériences de Hellriegel l'ont démontré d'une manière très frappante. Il a constaté que dans le cas d'un sol calcaire et pendant les mois d'été et d'automne, il n'y a pratiquement aucune perte d'ammoniac. Les considérations suivantes peuvent en outre être invoquées à l'appui de cette méthode d'application, plutôt que d'un enfouissement immédiat du fumier, à savoir : -

1. Que la fermentation s'effectue plus rapidement.

2. Qu'il en résulte une répartition plus équitable des constituants du fumier dans le fumier, en incorporant progressivement et complètement la partie liquide du fumier aux particules de sol.

Cependant, contre ces avantages incontestables, on peut opposer un inconvénient sérieux, à savoir que le fumier, avant d'être enfoui, est privé d'une grande partie de ses composés azotés solubles, qui, comme nous l'avons observé à plusieurs reprises, sont si nécessaires. pour la fermentation ; et que par conséquent, lorsqu'on le laboure, il ne fermente pas si facilement. Ceci étant, il est fortement conseillé, dans le cas de sols légers ou sableux, de ne pas suivre une telle pratique, mais d'enfouir le fumier directement.

Quant à la profondeur à laquelle il est conseillé d'enfouir le fumier, on peut remarquer ici qu'elle ne doit pas être trop profonde, afin de permettre l'accès à une humidité suffisante pour assurer une bonne fermentation et empêcher un lessivage rapide du fumier. nitrates dans les égouts. Enfin, il est à peine besoin de souligner qu'il est très important que le fumier soit uniformément et complètement incorporé aux particules du sol. Lorsque l'on laisse le fumier s'agglutiner en mottes, il peut résister avec succès à l'action de la fermentation pendant plusieurs années.

Valeur et fonction du fumier de ferme.

L'expérience pratique a démontré depuis longtemps que le fumier de ferme est, dans l'ensemble, le plus précieux et permet l'application la plus universelle de tous les engrais ; et la science a beaucoup fait pour en expliquer la raison. L'influence du fumier de ferme est si multiple qu'il est même difficile d'énumérer ses différentes fonctions. Comme nous l'avons déjà souligné, sa valeur indirecte en tant qu'engrais est probablement aussi grande, voire même pas supérieure, à sa valeur directe. En concluant notre étude du fumier de ferme, nous nous efforcerons de résumer , de la manière la plus brève possible, ses principales propriétés.

Premièrement, quant à sa valeur en tant que fournisseur des éléments nécessaires à la nutrition végétale. Ceci, il ne fait aucun doute, a été et est encore grossièrement exagéré par le fermier ordinaire. On a beaucoup prétendu qu'il s'agissait d'un engrais « général ». On verra dans la suite jusqu'à quel point il mérite la prééminence sur ce point parmi d'autres engrais. Il est vrai que, comme il est composé de matière végétale, il contient tous les ingrédients végétaux nécessaires. [172] Comme cela a été démontré dans l'introduction, il n'est pratiquement pas nécessaire, dans le cas de la plupart des sols, d'ajouter au fumier plus que les trois ingrédients, *l'azote* , *l'acide phosphorique* et *la potasse* . Sa valeur, comme engrais direct, doit donc dépendre de la quantité et de la proportion dans laquelle ces trois ingrédients sont présents. Ces substances, comme nous l'avons déjà vu, il ne les contient qu'en très petites quantités. C'est, jugé de ce point de vue, un engrais relativement pauvre. En outre, seul un certain pourcentage de ces substances est à l' état soluble ou immédiatement disponible, le fumier pourri étant à cet égard beaucoup plus précieux que le fumier frais.

Encore une fois, un point de grande importance dans un engrais universel est la proportion dans laquelle les aliments végétaux nécessaires sont présents. Si l'on demande : l'azote, l'acide phosphorique et la potasse contenus dans le fumier de ferme sont-ils présents dans la proportion dans laquelle les cultures ont besoin de ces constituants ? la réponse doit être négative. Heiden [173] a illustré ce point de manière très frappante, en ce qui concerne les relations entre les deux ingrédients de la cendre, par quelques calculs sur la quantité qui serait retirée du sol au cours de différentes rotations. [174] Dans le cas de cinq rotations différentes, il a été constaté que le rapport entre la potasse et l'acide phosphorique éliminés était le suivant : [175] (1) 2,96 pour 1 ; (2) 2,76 contre 1 ; (3) 2,95 contre 1 ; (4) 4,13 contre 1 ; (5) 3,78 pour 1. Cela donnerait une moyenne de 3,32 pour 1. Ce n'est pas le rapport dans lequel ces ingrédients sont généralement présents dans le fumier de ferme. On peut dire que le fumier de ferme est beaucoup plus riche en constituants minéraux des plantes qu'en azote. Le professeur Heiden a constaté que dans le cas d'une ferme à Waldau, les récoltes au cours de dix années ont retiré d'un *morgen* (0,631 d'acre) les quantités suivantes :

	kg.
Azote	329
Potasse	263
Acide phosphorique	121

Afin de fournir ces quantités, il faudrait fournir les quantités de fumier suivantes :

1. Pour l'azote, 26 ou 27 tonnes (fumier contenant 0,606 pour cent d'azote).

2. Pour la potasse, 20 à 25 tonnes (fumier contenant 0,672 pour cent de potasse).

3. Pour l'acide phosphorique, 13 à 19 tonnes (fumier contenant 0,315 pour cent d'acide phosphorique).

De ce qui précède, il ressort que le fumier de ferme contient trop peu d'azote par rapport à ses cendres.

Ce n'est pas seulement la quantité d' ingrédients fertilisants éliminés par la culture que nous devons prendre en compte pour estimer la valeur de certains ingrédients du fumier pour les différentes cultures. Deux autres considérations doivent être prises en compte : la quantité de constituants déjà présents dans le sol et la capacité des différentes cultures à obtenir les ingrédients du sol. Si l'on tient compte de ces deux considérations en estimant la valeur du fumier de ferme comme engrais général, on constatera qu'elles accentuent l'insuffisance du rapport existant entre l'azote et les ingrédients minéraux. MM. Lawes et Gilbert ont découvert, lors des expériences de Rothamsted avec le fumier de ferme, que, même s'il restaurait les ingrédients minéraux, il ne constituait pas une source suffisante d'azote. Parmi tous les ingrédients du fumier, l'azote est celui qui est le moins abondant dans les sols. On constate par conséquent que l'ingrédient dans lequel le fumier de ferme doit être renforcé est l'azote. En ce qui concerne l'acide phosphorique et la potasse, il a déjà été démontré que le rapport entre eux est probablement plus élevé que celui d'un bon fumier moyen. Nous devrions, en partant de ce seul argument, être enclins à penser que le fumier de ferme serait mieux renforcé par de la potasse. Mais c'est l'inverse qui se produit, comme tout agriculteur le sait. Cela est dû, d'abord, au fait que la potasse, contrairement à l'acide phosphorique, est entièrement de nature soluble, et donc immédiatement disponible pour les besoins de la plante ; et deuxièmement, au fait que la nécessité d'épandre de la potasse comme fumier n'est généralement pas aussi grande que dans le cas de l'acide phosphorique. Il en résulte que le fumier de ferme sera, en règle générale, plus utilement complété par de l'acide phosphorique que par de la potasse.

Un autre point de grande importance, dans l'estimation de la valeur du fumier de ferme comme engrais chimique, est la valeur inférieure que possède une grande partie de l'azote qu'il contient, en comparaison avec l'azote contenu dans des engrais artificiels tels que le nitrate de soude et le sulfate d'ammoniaque. D'après les expériences de Rothamsted, poids pour poids, l'azote contenu dans le fumier de ferme n'a pas la moitié de la valeur qu'il l'est dans le sulfate d'ammoniaque. Une grande partie de l'azote n'est disponible que très lentement ; Il faut peut-être des années pour qu'une petite partie soit convertie en nitrates. [176]

Ainsi, en ce qui concerne la valeur directe du fumier de ferme comme fumier, nous avons vu...

1. Qu'il contient une très petite quantité des trois ingrédients fertilisants .

2. Que la proportion dans laquelle ces trois ingrédients sont présents n'est pas la meilleure proportion pour les besoins des cultures.

3. Que la forme sous laquelle une partie de ces ingrédients, l'azote et l'acide phosphorique, est présente n'est pas des plus précieuses.

Ce n'est donc pas en tant qu'engrais chimique direct que le fumier de ferme a une valeur prééminente. Nous devons rechercher ses propriétés peut-être les plus précieuses dans son influence indirecte.

Il ajoute au sol une grande quantité de matière organique. La plupart des sols sont améliorés par l'ajout d' *humus* . Les pouvoirs d'absorption et de rétention d'eau d'un sol sont augmentés par cet ajout d' *humus* , tout en permettant au sol d'attirer une quantité accrue d'humidité de l'air. Ceci est souvent d'une grande importance, comme pendant la période de germination des graines. [177] L'influence qu'elle exerce sur la texture du sol en cours de fermentation est également très grande. Ceci est particulièrement vrai dans les sols dont la texture est trop proche, comme les sols lourds et argileux. Cela ouvre leurs pores à l'air et les rend plus friables. Là où une telle influence est la plus requise, comme dans les sols argileux, le fumier doit être appliqué à l'état frais, afin que l'influence maximale exercée par le fumier dans cette direction puisse être ressentie. Sur les sols légers, au contraire, dont la friabilité et l'ouverture sont déjà trop grandes, et qui n'ont pas besoin d'être augmentées, le fumier sera mieux appliqué à l'état pourri. Il ajoute encore beaucoup à la chaleur des sols par sa décomposition. Ainsi, sur les sols froids et humides, il produit un bénéfice très marqué. L'influence qu'il exerce dans sa décomposition sur les éléments fertilisants présents dans le sol n'est pas non plus négligeable. Au cours du processus de fermentation, de grandes quantités de gaz acide carbonique sont générées. Cet acide carbonique agit probablement à un double titre. Cela augmentera, en premier lieu, considérablement le pouvoir dissolvant de l'eau du sol, et lui permettra ainsi de libérer une quantité accrue de nourriture minérale végétale ; et d'autre part, cela contribuera à conserver une certaine quantité d'azote du sol, en empêchant sa conversion en nitrates.

Comme ses propriétés indirectes et mécaniques sont plus grandes à l'état frais, il vaudra mieux l'appliquer dans cet état aux sols les plus dépourvus de ces propriétés mécaniques. On peut donc dire que le fumier de ferme est mieux appliqué à l'état pourri sur des sols sableux légers et sur des sols fortement cultivés, où ses propriétés mécaniques ne sont pas tellement requises.

Un point important reste encore à discuter : celui du taux d'épandage du fumier de ferme. Bien entendu, cela dépend naturellement de diverses circonstances : de la quantité d'engrais artificiel utilisée en complément du fumier de ferme, de la fréquence de son application et de la nature du sol.

Ces considérations varient naturellement tellement, que les quantités d'engrais de ferme qu'il convient d'épandre dans les différents cas sont très différentes. Il est fort probable que le taux d'épandage du fumier de ferme dans le passé ait largement dépassé celui qui pourrait être utilisé de manière rentable. L'opinion de plus en plus répandue parmi les agriculteurs pratiques est que des applications plus petites et plus fréquentes de fumier de ferme sur le sol donneraient de meilleurs résultats que l'ancienne coutume consistant à appliquer une grande quantité d'engrais à la fois. C'est une opinion à l'appui de laquelle la science peut avancer des arguments solides. Ce n'est que ces dernières années que nous sommes parvenus à reconnaître suffisamment les divers risques auxquels tous les engrais sont exposés dans le sol et l'importance, par conséquent, de minimiser ces risques autant que possible en les insérant dans le sol en une seule fois, dans la mesure du possible. beaucoup de fumier car il est capable de retenir en toute sécurité.

« Le célèbre vieil écrivain allemand Thaer considérait 17 ou 18 tonnes comme un pansement abondant ; il qualifiait 14 tonnes de bonne et 8 ou 9 tonnes de légères. D'autres autorités allemandes parlent de 7 à 10 tonnes de légères, de 12 à 18 tonnes comme d'habitude, 20 ou plus de tonnes pour les applications lourdes, et 30 tonnes pour les applications très lourdes. » [178]

Dans la nouvelle édition du « Book of the Farm » de Stephens [179] , de 8 à 12 tonnes par acre pour les racines, et de 15 à 20 tonnes pour les pommes de terre, ainsi que les artificielles, qui peuvent coûter jusqu'à 25 shillings. aux années 60. par acre supplémentaire, sont cités comme pansements généraux.

La plupart des expériences récentes avec le fumier de ferme semblent indiquer que, même dans le cas de ce qui est considéré comme de petits apports, le rendement supplémentaire de la récolte la première année après l'application n'est pas de nature à couvrir les dépenses du fumier. Bien entendu, comme on le souligne souvent, l'effet du fumier de ferme est de nature durable et se fait probablement sentir tout au long de l'assolement, voire plus longtemps. Ceci, dans une certaine mesure, est sans aucun doute vrai ; néanmoins, on peut fortement douter que le fumier de ferme soit, après tout, un engrais économique, comparé aux engrais artificiels. En cette époque de concurrence acharnée, on ne croit plus à l'opportunité de fertiliser le sol et non la récolte ; et les expériences de Rothamsted ont montré qu'il est très douteux que même le sol profite dans une mesure proportionnelle à l'épandage de grandes quantités de fumier de ferme. Cela suppose bien sûr pour le fumier de ferme la valeur qu'il aurait une fois vendu ou, pour le dire de manière assez différente, le prix qu'il coûterait si l'agriculteur devait l'acheter. Le fumier de ferme est un sous-produit nécessaire de l'exploitation agricole et ne peut donc guère être considéré sous le même angle que les engrais artificiels que l'agriculteur achète. [180]

NOTES DE BAS DE PAGE :

[131] Voir Annexe, Note I., p. 279.

[132] « La grande quantité de potasse dans la laine non lavée est très remarquable : une toison doit parfois contenir plus de potasse que le corps entier du mouton tondu. » — « Chemistry of the Farm » de Warington , p. 78.

[133] Voir Annexe, Note II., p. 279.

[134] L'urine du porc, de par la nature de sa nourriture, est, en règle générale, un fumier azoté très pauvre.

[135] Voir annexe, note XV., p. 290.

[136] Voir Annexe, Note III., p. 280.

[137] Voir Annexe, Note XVIII., p. 291.

[138] L'azote présent dans l'urine, il convient de le souligner, provient des déchets de tissus azotés ainsi que de la matière azotée des aliments digérés.

[139] Note IV., p. 281.

[140] Warington expose admirablement cette question dans les termes suivants : « Si la nourriture est azotée et facile à digérer, l'azote présent dans l'urine sera grandement prépondérant. Si, par contre, la nourriture est imparfaitement digérée, l'azote contenu dans les excréments solides peut " _ (« Chimie de la ferme », p. 137).

[141] Voir p. 281.

[142] Voir p. 282.

[143] Voir « Düngerlehre » de Heiden , vol. ii. p. 58.

[144] « Düngerlehre » de Heiden, vol. IP 404.

[145] Les quantités d'azote suivantes se trouvent dans la paille de seigle, de pois et de haricot : -

	Allant de pour cent.	Moyenne pour cent.	Kg. par tonne.
Paille de seigle	.30 à .73	.57	12.76
Paille de pois	0,76 à 1,61	1.21	27.10
Paille de haricots	1,15 à 2,62	1,92	43h00

[146] Le Dr JMH Munro recommande, en plus de la paille, de saupoudrer un peu de poudre de tourbe finement tamisée, comme un excellent moyen de prévenir la perte d'ammoniac volatil lors de la fermentation du fumier.

[147] Voir « Mark Lane Express », 7 octobre 1889, p. 475.

[148] Voir Annexe, Note VII., p. 283.

[149] Pour les analyses, voir Annexe, Note VIII., p. 283.

[150] Selon Storer, dans une tonne de feuilles d'automne de la meilleure qualité, il y aurait 6 livres de potasse, moins de 3 livres d'acide phosphorique et 10 ou 15 livres d'azote. Une autre substance pouvant être utilisée comme litière est la sciure de bois. Cette substance est un bon absorbant, mais elle a peu de valeur comme substance de fumier.

[151] « Düngerlehre » de Heiden, vol. ii. pp. 34, 66. Dans les expériences de Boussingault, la nourriture consistait en 15 livres *de foin* , 4,54 livres *d'avoine* et 32 livres d'eau ; le total des excréments s'élevant à 31,16 livres, contenant 7,42 livres de matière sèche. Dans les expériences de Hofmeister, la nourriture se composait de 5,23 livres *de foin* , 6,18 livres *d'avoine* , 1 livre *de paille hachée* et 25,57 livres d'eau ; les excréments s'élevant à 25,07 livres, contenant 5,32 livres de matière sèche.

[152] C'est sans compter la quantité d'eau que le fumier absorbera et qui en doublera probablement la quantité.

[153] Voir annexe, note IX., p. 283.

[154] La fermentation rapide du fumier de cheval est due à sa nature mécanique ainsi qu'à sa nature chimique. Le cheval ne réduit pas sa nourriture en si petits morceaux et son urine est riche en azote.

[155] Schulze recommande un tiers de livre par jour de sulfate de chaux pour chaque cheval.

[156] Voir annexe, note X., p. 284.

[157] La nourriture consistait en 30 lb *de pommes de terre* , 15 lb *de foin* et 120 lb *d'eau* .

[158] Pour des analyses plus approfondies du fumier de vache, voir l'annexe, note XI., p. 286.

[159] Il s'agit d'un cochon âgé de six à huit mois, nourri de pommes de terre.

[160] Il a été affirmé que l'utilisation du fumier de porc, lorsqu'il est appliqué seul, est susceptible de donner un goût désagréable aux produits cultivés.

[161] Tiré d'un très grand nombre d'analyses réalisées par de nombreux expérimentateurs. Voir « Düngerlehre » de Heiden , vol. je . p. 99.

[162] Voir Storer, « Agricultural Chemistry », vol. ii. p. 96.

Une question de grande importance est celle de la quantité de fumier de ferme produite chaque année dans une ferme et de sa valeur. C'est une question extrêmement difficile à traiter de manière satisfaisante. Diverses méthodes de calcul de ce montant ont été utilisées. Il serait peut-être bon de les énoncer de manière assez complète. Certaines autorités pratiques estiment cette quantité en calculant que chaque tonne de paille devrait produire 4 tonnes de fumier. Une autre méthode consiste à estimer le montant à partir de la taille de l'exploitation. Sir John Lawes a calculé la composition du fumier de ferme qui devrait être produit dans le cas d'une ferme de 400 acres, cultivée selon le système à quatre cours. Il suppose que la moitié des racines et 100 tonnes de foin sont consommées sur place ; que toute la paille des récoltes de maïs est conservée à la maison comme nourriture et litière ; que douze chevaux ont du maïs égal à 10 livres d'avoine par tête et par jour ; et qu'environ dix shillings par acre sont dépensés pour l'achat de tourteaux pour l'alimentation du bétail. Dans ces conditions, la quantité de fumier de ferme devrait être de 855 tonnes (ou une moyenne de 8 1/2 tonnes pour chacun des 100 acres de racines) de *fumier frais non décomposé*. (Pour la composition, voir annexe, note XVII., p. 291.) Une autre méthode consiste à prendre, comme données de calcul, le nombre de bovins, chevaux, moutons, etc., produisant le fumier. Lloyd estime qu'un animal à l'engrais nécessite 3 tonnes de paille par an, et produit environ 12 tonnes de fumier. Un agriculteur devrait donc produire 8 tonnes de fumier pour chaque acre de la partie de sa terre qui, dans l'assolement en quatre parties, est consacrée aux navets.

La dernière méthode consiste à prendre comme données la quantité de nourriture consommée et de litière utilisée dans la production du fumier. Parmi ces méthodes, Heiden considère la dernière comme seule satisfaisante et digne de confiance. Appliquant cette méthode au cheval, il montre, par des expériences, qu'un peu plus de 47 pour cent de la matière sèche de son alimentation s'est avérée rejetée dans les excréments solides et liquides. En prenant le pourcentage moyen d'eau dans les excréments d'environ 77,5, le pourcentage de matière sèche dans les excréments sera de 22,5. Autrement dit, chaque livre de matière sèche contenue dans la nourriture consommée par le cheval produit un peu plus de 2 livres de matière excrémentaire. À cela, bien sûr, il faut ajouter la quantité de paille utilisée comme litière, qui peut être prise à hauteur de 6,5 livres.

À partir de ces données, nous pouvons calculer la quantité de fumier produite chaque année par un cheval, en faisant certaines hypothèses quant à la quantité de travail effectué. C'est ce que fait Heiden en supposant qu'un cheval travaille 260 jours, de douze heures chacun, au cours d'une année, soit 130 jours entiers, passant 235 jours au box. En calculant à partir des données ci-dessus, il estime qu'un cheval de travail bien nourri produira environ 50 livres de fumier par jour, soit 6,5 tonnes par an. Bien sûr , cela ne représente pas nécessairement tout le fumier réellement produit par le cheval, mais il est impossible de dire quelle quantité de fumier restant parvient réellement à la ferme. D'après le « Livre de la Ferme », Division III. p. 98, un cheval de ferme produit environ 12 tonnes de fumier par an.

Il a été calculé que les vaches rejettent environ 48 pour cent de la matière sèche de leur alimentation dans les excréments solides et liquides, qui contiennent en moyenne 87,5 pour cent d'eau. Autrement dit, chaque livre de matière sèche fournira 3,84 livres d'excréments totaux. En ajoutant la quantité nécessaire de paille pour la litière (qui peut être prise au tiers du poids de la matière sèche du fourrage), Heiden calcule qu'un bœuf pesant 1 000 livres devrait produire 113 livres de fumier par jour, soit 20 tonnes par an. Le « Livre de la ferme », Division III. p. 98, donne le montant annuel entre 10 et 14 tonnes. Selon Wolff, on peut supposer qu'en moyenne les excréments frais (liquides et solides) des animaux de ferme communs (à l'exception du porc) contiennent en moyenne pour 100 livres de matière sèche dans la nourriture consommée environ 50 livres. , ou la moitié. En estimant la matière sèche de la litière utilisée à environ 1/4 de la matière sèche de la nourriture, cela signifierait que pour chaque 100 lb de matière sèche consommée dans la nourriture, il y aurait 75 lb de fumier sec (c'est-à-dire. , 50 lb d'excréments secs + 25 lb de litière sèche), ce qui donnerait 300 lb de fumier de ferme à l'état humide , *c'est-à-dire* avec 75 pour cent d'eau. La quantité de nourriture requise quotidiennement pour chaque 1 000 livres de poids vif des animaux de ferme communs peut être estimée, grosso modo, à 24 livres de nourriture sèche et 6 livres de paille comme litière. La production quotidienne de fumier pour 1 000 livres de poids vif équivaudrait donc à 18 livres de fumier sec ou 72 livres de fumier humide. (Voir Annexe, Note XVII., p. 291.) Selon JC Morton et Evershed, les bœufs nourris dans des caisses nécessitent 20 livres de paille par tête et par jour comme litière. Un bœuf produira donc 8 tonnes de fumier frais en six mois, en utilisant 32 quintaux. de litière. Cela signifie que chaque tonne de détritus donne 5 tonnes de fumier frais. On estime qu'il faut utiliser près de deux fois plus de déchets dans les cours ouvertes.

[163] On a calculé que, dans des circonstances ordinaires, la bouse de mouton, lorsqu'on la laisse fermenter par elle-même, devrait le faire en quatre mois environ, la bouse de cheval en six mois et la bouse de vache en huit mois.

[164] Voir Annexe, Note XII., p. 286.

[165] Voir « Düngerlehre » de Heiden , vol. ii. p. 156.

[166] Warington , « Chimie de la ferme », p. 33.

[167] Des expériences récentes de Müntz et Girard en France ont montré que la perte dans les excréments de moutons due à la volatilisation du carbonate d'ammoniac s'élevait à plus de 50 pour cent. Grâce à l'utilisation de litière en paille, ce chiffre a été réduit d'environ la moitié, et avec la litière en terre, d'un quart de moins.

[168] Voir Annexe, Note XIII., p. 288.

[169] Voir Annexe, Note XIV., p. 289.

[170] Voir annexe, note XV., p. 290.

[171] Pour l'épandage printanier, on utilise généralement du fumier de ferme pourri, car dans ces conditions, sa matière fertilisante est disponible plus rapidement. Sur les terrains légers, il est préférable de l'appliquer à l'état pourri peu de temps avant son utilisation. (Voir p. 261.)

[172] La quantité totale d'engrais végétal dans une tonne de fumier de ferme représente ensemble moins de 1/20ème de son poids total.

[173] Voir « Düngerlehre » de Heiden , vol. ii. p. 171.

[174] Pour plus de détails, voir l'Annexe, Note XVI., p. 290.

[175] Storer reproduit ces résultats dans son « Agricultural Chemistry », vol. ii. p. 21.

[176] Cet aspect du fumier de ferme a été judicieusement exposé par MFJ Cooke, un agriculteur bien connu du Norfolk. Commentant les résultats des expériences de Rothamsted, il dit : « Il est assez clair que la confiance de l'agriculteur dans le caractère enrichissant du sol de son fumier fait maison est amplement justifiée ; la seule question étant, en effet, de savoir si cette qualité Ce n'est pas tant par l'engraissement de notre terre que par la générosité des récoltes qui y poussent que nous récoltons le fruit de nos efforts. L'homme d'esprit scientifique maintient son objectif fixé sur la *production de bonnes récoltes* principalement, et la manière la moins coûteuse de les cultiver. Les expériences à l'étude montrent que la richesse des terres peut être achetée beaucoup trop cher, et que la richesse des récoltes n'a en aucun cas le rapport nécessaire avec la richesse du sol qui a parfois Nous pouvons nous vanter des « qualités durables » de nos excréments, mais la réponse de la science par ces expériences est que la dernière est si grande que la vie d'un seul homme peut ne pas être assez longue pour l'épuiser. l'utilisation du fumier, par conséquent, des considérations telles que la durée de la bourse, ainsi que la durée et le caractère de l'occupation, doivent clairement être prises en compte.

[177] Voir l'article sur « Manurial Experiments with Turnips » de l'auteur, dans « Transactions of the Highland and Agricultural Society of Scotland » ; 1891.

[178] « Chimie agricole » de Storer, vol. je . p. 498.

[179] Section III. p. 130.

[180] MFJ Cooke, déjà cité, a aimablement fourni à l'auteur son point de vue sur les fonctions particulières du fumier de ferme en tant qu'engrais. Il dit : "Je le considère, d'une manière générale, comme étant principalement utile pour restituer aux bonnes terres, après la culture, ces avantages particuliers

que seules les bonnes terres peuvent donner, et pour aider mieux que tout autre engrais, lorsqu'il est appliqué sur des terres pauvres, pour l'élever au niveau des bonnes terres dans les mérites particuliers qui appartiennent seuls aux beaux sols. Je parle maintenant d'une valeur inhérente aux bons sols, au-delà de celle qui leur est attachée en tant que simples réservoirs de nourriture végétale abondante. peut fournir à un sol pauvre, grâce au fumier artificiel, beaucoup plus de nourriture — et dans un état hautement soluble — que n'en a besoin la culture qui y pousse, et pourtant ne pas obtenir une récolte aussi bonne que sur un sol naturellement plus riche mais par ailleurs similaire moins abondamment rempli de nourriture immédiatement disponible. Cela peut être dû à une répartition plus parfaite de la nourriture végétale dans le sol riche, ou à la manière régulière avec laquelle elle devient disponible pour la culture, ainsi que pour d'autres raisons. Voilà, je pense, le fait général du pouvoir du fumier de ferme à enrichir les sols pauvres, pour ainsi dire, plus naturellement, c'est-à-dire d'une manière qui les fait correspondre plus étroitement à de meilleurs sols que ne le peuvent les engrais artificiels.

Par conséquent, le bénéfice indirect que procure le fumier de ferme à l'agriculteur est probablement supérieur à sa valeur directe en tant que simple fumier. Et sa fourniture et son utilisation habituelles par tous les agriculteurs cultivant de la paille sont suffisamment justifiées. Cependant, la mesure dans laquelle cette voie peut être poursuivie de manière bénéfique est l'un des plus importants des nombreux problèmes économiques et scientifiques difficiles auxquels l'agriculteur doit faire face.

Du point de vue économique, il faut bien sûr considérer le coût de fabrication dans des cas individuels, déterminé par la valeur marchande de la paille, et les différentes circonstances et conditions dans lesquelles les différents animaux de la ferme sont élevés et nourris (j'ai les chiffres de moi). d'un agriculteur bien connu, qui montre que le coût de chaque tonne de fumier fait maison est de 20 shillings ou plus) ; le prix que l'on peut s'attendre à ce que les récoltes résultantes coûtent ; le coût actuel des engrais artificiels, etc., etc. Tandis que du point de vue scientifique, il faut considérer la nature du sol, l'assolement particulier des cultures, etc.

Ce sont, entre autres, ces problèmes scientifiques et pourtant très précis et pratiques que nous avons essayé de mettre en lumière dans la série d'expériences sur le terrain menées depuis plusieurs années par la Chambre d'agriculture de Norfolk. (Voir la réimpression du résumé de celui-ci dans le rapport de l'année dernière du Conseil de l'agriculture.)

ANNEXE AU CHAPITRE VII.

REMARQUE I. (p. 225).

Différence de quantité d'excréments rejetés pour les aliments consommés .

En ce qui concerne la différence dans la composition des excréments solides évacués par différents animaux à l'engrais nourris avec la même quantité de nourriture, voir « Chemistry of the Farm » de Warington , p. 125, où il est montré qu'à quantité égale de poids vif, le mouton produit, avec le même poids de nourriture sèche, beaucoup plus de fumier que le porc, tandis que le bœuf en produit encore plus que le mouton. Bien entendu, cela ne fait pas référence à la quantité totale de fumier produite par les différents animaux, mais uniquement à la quantité de fumier produite par la consommation de quantités égales de nourriture. Cela semblerait dû à la plus grande capacité du porc à assimiler sa nourriture.

REMARQUE II. (p. 227).

Excréments solides évacués par les moutons, les bœufs et les vaches .

Pour contraster avec les analyses données par Stoeckhardt , il convient de citer celles basées sur les expériences de Lawes et Gilbert, et citées par Warington (« Chemistry of the Farm », p. 138) :

I.— Moutons (nourris au *foin de prairie*).

	EXCRÉMENTS SOLIDES.	
	Frais.	Sec.
Eau	66.2	—
Matière organique	30.3	89,6
Cendre	<u>3.5</u>	<u>10.4</u>
Azote	.7	2.0

II.— Bœufs (nourris *de foin de trèfle* et *de paille d'avoine* , avec 8 livres de *haricots* par jour).

	Frais.	Sec.
Eau	86,3	—
Matière organique	12.3	89,7
Cendre	<u>1.4</u>	<u>10.3</u>
Azote	.3	1.9

III.— VACHES (nourries de *mangels* et *de foin de luzerne*).

	Mangels.	Foin de luzerne.
Eau	83.00	79.70
Azote	.33	.34
Acide phosphorique	.24	.16
Potasse	.14	.23

REMARQUE III. (p. 232).

URINE REJETÉE PAR LES MOUTONS, LES BŒUFS ET LES VACHES.

Voici les résultats pour les urines, les animaux étant nourris comme indiqué dans la note II :

	MOUTON.		DES BŒUFS.	
	Frais.	Sec.	Frais.	Sec
Eau	85,7	—	94.1	—
Matière organique	8.7	61,0	3.7	63,0
Cendre	<u>5.6</u>	<u>39,0</u>	<u>2.2</u>	<u>37,0</u>
Azote	1.4	9.6	1.2	20.6

VACHES.

	Mangels.	Foin de luzerne.
Eau	95,94	88.25
Azote	.12	1,54
Acide phosphorique	.01	.006
Potasse	.59	1,69

REMARQUE IV. (p. 233).

POURCENTAGE DE NOURRITURE REJETÉE DANS LES EXCRÉMENTS SOLIDES ET LIQUIDES .

D'après Wolff, le tableau suivant montre le pourcentage de la substance sèche de l'aliment qui est rejetée dans les excréments solides et liquides de la vache, du bœuf, du mouton et du cheval :

	Vache.	Bœuf.	Mouton.	Cheval.	Moyenne.
Excréments solides	38,0	44,0	42,6	46,7	42,8
Urine	5.8	6.3	6.8	5.7	6.2
Total	43,8	50,3	49.4	52,4	49,0

REMARQUE V. (p. 234).

EXCRÉMENTS DE PORC .

Les excréments des porcs sont pauvres en éléments nutritifs, car la nourriture dont ils se nourrissent est généralement de très mauvaise qualité. Chez eux, l'urine est toujours beaucoup plus riche en ingrédients fertilisants que les excréments solides. La composition relative des excréments solides et de l'urine sera mieux illustrée en citant quelques expériences effectuées par Wolff sur ce sujet. Les expériences ont été réalisées avec deux porcs âgés de neuf mois et demi et pesant chacun 121,9 kilogrammes (un kilogramme équivaut à environ 2-1/4 lb). Le premier consommait quotidiennement 1 000 grammes d'orge, 5 000 grammes de pommes de terre et 2 572 grammes de lait caillé. Le second consommait les mêmes quantités de pommes de terre et de lait caillé que le premier, ainsi que 1 000 grammes de petits pois. Le tableau suivant donne les résultats des excréments et des urines évacués quotidiennement, en grammes :

		Sec substance.	Azote.	Cendre.	Potasse.	Citron vert.	Magnésie.	Phosphorique acide.
Solide	JE.	217,7	8.7	28,6	7.3	4.4	3.0	10.3
déjections	II.	161.1	9.1	31.1	5.9	4.9	2.8	11.1
Urine	JE.	112,8	19.3	56.2	33,0	0,4	0,9	6.7
	II.	137,7	30,6	62.2	37.1	0,2	1.1	7.1

NOTE VI.(p. 236).

CONSTITUANTS DU FUMIER DANS 1000 PARTIES D'ALIMENTS ORDINAIRES

Basé sur les analyses de Lawes et Gilbert.

(« Chimie de la ferme » de Warington , p. 139.)

	Sec matière.	Azote.	Potasse.	Phosphorique acide.
Gâteau de coton, décortiqué	918	70,4	15,8	30,5
Gâteau de colza	887	50,5	13,0	20,0
Gâteau aux graines de lin	883	43.2	12,5	16.2
Gâteau de coton, non décortiqué	878	33.3	20,0	22,7

Graine de lin	882	32,8	10,0	13.5
Farine de palmiste, anglaise	930	25,0	5.5	12.2
Haricots	855	40,8	12.9	12.1
Petits pois	857	35,8	10.1	8.4
Poussière de malt	905	37,9	20,8	18.2
Fibre	860	23.2	15.3	26,9
Avoine	870	20.6	4.8	6.8
Farine de riz	900	19.1	6.1	23,8
Blé	877	18.7	5.2	7.9
Seigle	857	17.6	5.8	8.5
Orge	860	17,0	4.7	7.8
Maïs	890	16.6	3.7	5.7
Céréales de brasserie	234	7.8	0,4	3.9
Foin de trèfle	840	19.7	18.6	5.6
Foin des prés	857	15,5	16,0	4.3
Paille de haricots	840	13,0	19.4	2.9
Paille d'avoine	857	6.4	16.3	2.8
Paille d'orge	857	5.6	10.7	1.9
La paille de blé	857	4.8	6.3	2.2
Patates	250	3.4	5.8	1.6
Suédois	107	2.2	2.0	0,6
Carottes	140	2.1	3.0	1.1

| Mangels | 120 | 1.8 | 4.6 | 0,7 |
| Navets | 80 | 1.6 | 2.9 | 0,8 |

REMARQUE VII. (p. 241).

ANALYSES DE FUMIER D'ÉTABLE, FAITES RESPECTIVEMENT AVEC DE LA LITIÈRE DE TOURBE ET DE LA PAILLE DE BLÉ (par BERNARD DYER, B.Sc.)

	Litière de tourbe.	La paille de blé.
	Pour cent.	Pour cent.
Azote total	0,88	0,61
Égal à l'ammoniac	1.07	0,74
Acide phosphorique	0,37	0,43
Égal au phosphate tribasique de chaux (ou phosphate tricalcique)	0,80	0,94
Potasse	1.02	0,59

REMARQUE VIII. (p. 242).

ANALYSES DE FOUGÈRES (par J. HUGHES, FCS)

	Litière de tourbe.	La paille de blé.
	N°1	N°2
	Jeune fougère.	Vieille fougère.
	Pour cent.	Pour cent.
Eau	11.66	14h90
*Matière organique	83.38	80,54
+Matière minérale	4,96	4.56

	100,0	100,0

Contenant—

*Azote	2.42	0,90
+Silice	1,60	2,81
Potasse	1.15	0,10
Un soda	0,64	0,26
Citron vert	0,44	0,62
Magnésie	0,13	0,47
Acide phosphorique	0,60	0,30

REMARQUE IX. (p. 244).

ANALYSES DE FUMIER DE CHEVAL .

Pour une discussion plus complète de cette question, le lecteur pourra se référer à « Düngerlehre » de Heiden, vol. ii. p. 185, ainsi que dans « Agricultural Chemistry » de Storer, vol. je . p. 575. Les indications contenues dans les différents manuels quant à la quantité de fumier produite par le cheval sont de nature à laisser naturellement perplexe l'étudiant. Cet écart est cependant dû aux différentes méthodes adoptées par les différents auteurs pour calculer ce montant. Le sujet est abordé plus en détail dans la note de bas de page de la p. 252. Les analyses suivantes du fumier de cheval peuvent être utiles à titre de référence. Ils sont tirés de « Agricultural Chemistry » de Storer, vol. je . p. 496 :—

	1.	2.	3.	4.	5.	Moyenne.
Eau	75,76	69h30	67.23	72.13	71h30	71.15
Matière sèche	24.24	24.82	32,72	27,87	28h70	27.67
Ingrédients de cendre	5.07	5.05	6.49	3.37	15h30	4,65
Potasse	0,51	0,63	0,22	0,59	0,53	0,49
Chaux>	0,30	0,74	0,17	0,41	0,21	0,36
Magnésie	0,19	0,29	0,20	0,17	0,14	0,20

Acide phosphorique	0,41	0,67	0,35	0,12	0,28	0,36
Ammoniac	0,26	0,12	0,15	0,44	—	0,24
Azote total	0,53	0,69	0,47	0,67	0,58	0,59

REMARQUE X. (p. 247).

LA NATURE DES RÉACTIONS CHIMIQUES DES « FIXATEURS » D'AMMONIAC.

Pour l'étudiant, la nature exacte des réactions chimiques en cours peut être intéressante.

En premier lieu, il faut bien comprendre que la forme sous laquelle l'ammoniac s'échappe du tas de fumier n'est pas, comme on le prétend si souvent à tort dans les manuels agricoles, de l'ammoniac « libre ». Chaque fois que l'ammoniac est mis en contact avec de l'acide carbonique, du carbonate d'ammoniac se forme. Lorsqu'on se souvient que l'acide carbonique est de beaucoup le plus abondant des produits gazeux de la décomposition des matières organiques, on voit immédiatement que l'ammoniaque libre ne pourrait exister dans de telles circonstances.

1. Dans le cas de *l'acide chlorhydrique* , l'équation chimique suivante représentera la nature de la réaction :

$$2HCl \quad (NH_4)_2CO_3 \quad 2NH_4Cl \_\_ \quad H_2O + CO_2\_$$

(Chlorhydrique + (carbonate = (sal - + (acide
acide,)   de   ammoniaque,)   carbonique
                ammoniac,)   .)

2. Dans le cas de *l'acide sulfurique* , l'équation sera :

$$H_2SO_4 \quad (NH_4)_2CO_3 \quad (NH_4)_2SO_4 \quad H_2O + CO_2\_$$

(Acide + (carbonate = (sulfate de + (acide
sulfurique ,)   de   carbonique
            ammoniac,)   ammoniac,)   .)

3. Avec *du gypse* ($CaSO_4$)—

$$CaSO_4 \quad \overset{(NH_4)_2CO_3}{} \quad CaCO_3 \quad \overset{(NH_4)_2SO_4}{}$$

(Gypse,) + (carbonate de = (calcium + (sulfate de

ammoniac,) carbonate,) ammoniac.)

4. Avec *des cuivres* (FeSO$_4$)—

$$FeSO_4 \quad \overset{(NH_4)_2CO_3}{} \quad FeCO_3 \quad \overset{(NH_4)_2SO_4}{}$$

(Sulfate de + (carbonate de = (ferreux + (sulfate de

fer,) ammoniac,) carbonate,) ammoniac.)

5. Au *sulfate de magnésie* (MgSO$_4$)—

$$MgSO_4 \quad \overset{(NH_4)_2CO_3}{} \quad MgCO_3 \quad \overset{(NH_4)_2SO_4}{}$$

(Sulfate de + (carbonate de = (carbonate de + (sulfate de

magnésie,) ammoniac,) magnésie,) ammoniac.)

On a fait allusion au fait que le sulfate de magnésium peut probablement fixer non seulement l'ammoniaque, mais aussi l'acide phosphorique. Lorsque le sulfate de magnésium, l'acide phosphorique soluble et l'ammoniac sont mis en contact les uns avec les autres, le double phosphate insoluble d'ammonium et de magnésium (MgNH$_4$PO$_4$6Aq) se forme. Bien qu'une telle réaction soit possible, il est hautement improbable qu'elle se produise dans une certaine mesure. Le phosphate double est un sel cristallin qui ne se sépare qu'après un temps considérable et en présence d'un large excès d'ammoniaque.

REMARQUE XI. (p. 250).

ANALYSES DU FUMIER DE VACHE . [181]

	1.	2.	3.	4.	5.	6.	Moyenne.
Eau	85h30	77.71	74.02	72,87	75.00	77.50	77.06
Matière sèche	14h70	22h30	25,98	27.13	25h00	22h50	22.93

Ingrédients de cendre	2.04	4,71	3,94	6h70	6.22	2.20	16h30
Potasse	0,36	0,46	0,56	1,69	0,39	0,40	0,64
Citron vert	0,29	0,37	0,58	0,41	0,24	0,31	0,48
Magnésie	0,19	0,11	0,13	—	0,18	0,11	—
Acide phosphorique	0,16	0,13	0,07	0,20	0,14	0,16	0,14
Ammoniac	0,06	0,16	0,07	—	0,27	—	0,14
Azote total	0,38	0,54	0,41	0,79	0,46	0,34	0,48

NOTE XII. (p. 259).

COMPOSITION DU FUMIER DE FERME FRAIS ET POURRI (VOELCKER) .

Composition du fumier frais, composé de bouses de cheval, de vache et de porc, âgé d'environ quatorze jours :—

Eau	66.17
* Matière organique soluble	2,48
Matière inorganique soluble	1,54
+ Matière organique insoluble	25.76
Matière inorganique insoluble	<u>4.05</u>
	<u>100,00</u>
* Contenant de l'azote	.149
Égal à l'ammoniac	.181
+ Contenant de l'azote	.494
Égal à l'ammoniac	.599
Pourcentage total d'azote	.643
Égal à l'ammoniac	.780
Ammoniac à l'état volatil	.034
Ammoniac sous forme de sels	.088

Composition de la cendre entière :—

Soluble dans l'eau, 27,55 pour cent ; -

Silice soluble	4.25
Phosphate de chaux	4.25
Citron vert	1.10
Magnésie	0,20
Potasse	10.26
Un soda	0,92
Chlorure de sodium	0,54
Acide sulfurique	0,22
Acide carbonique et perte	4,71

Insoluble dans l'eau. 72,45 pour cent :—

Silice soluble	17h34
Matière siliceuse insoluble	10.04
Oxyde de fer et alumine avec phosphates	8.47
(Contenant de l'acide phosphorique, 3,18 pour cent net .)	
(Égal à la terre osseuse , 6,88 pour cent .)	
Citron vert	20.21
Magnésie	2,56
Potasse	1,78
Un soda	0,38
Acide sulfurique	1.27
Acide carbonique et perte	10h40
	100,00

La composition du fumier pourri, âgé de six mois, est la suivante :

Eau	75.42
* Matière organique soluble	3,71
Matière inorganique soluble	1,47
+ Matière organique insoluble	12.82
Matière inorganique insoluble	<u>6,58</u>
	<u>100,00</u>
* Contenant de l'azote	.297
Égal à l'ammoniac	.360
+ Contenant de l'azote	.309
Égal à l'ammoniac	.375
Quantité totale d'azote	.606
Égal à l'ammoniac	.735
Ammoniac à l'état volatil	.046
Ammoniac sous forme de sels	.057

Composition de la cendre entière :—

Soluble dans l'eau, 18,27 pour cent : -

Silice soluble	3.16
Phosphate de chaux	4,75
Citron vert	1,44
Magnésie	0,59
Potasse	5,58
Un soda	0,29
Chlorure de sodium	0,46
Acide sulfurique	0,72
Acide carbonique et perte	1,28

Insoluble dans l'eau, 81,7 pour cent : -

Silice soluble	17.69
Silice insoluble	12.54
Phosphate de chaux	—
Oxydes d'alumine de fer avec des phosphates	11.76

(Contenant de l'acide phosphorique, 3,40 pour cent.)

(Égal à la terre osseuse, 7,36 pour cent.)

Citron vert	20h70
Magnésie	1.17
Potasse	0,56
Un soda	0,47
Chlorure de sodium	—
Acide sulfurique	0,79
Acide carbonique et perte	16h05
	100,00

REMARQUE XIII. (p. 263).

COMPARAISON DU FUMIER FRAIS ET POURRI (WOLFF).

	Frais.	Modérément pourri
		(En prenant la quantité de matière sèche comme la même.)
Matière sèche	25h00	25h00
Cendre	3,81	4,76

Azote	0,39	0,49
Potasse	0,45	0,56
Citron vert	0,49	0,61
Magnésie	0,12	0,15
Acide phosphorique	0,18	0,23
Acide sulfurique	0,10	0,13
Silice	0,86	1.08

REMARQUE XIV. (p. 263).

Les expériences de Lord Kinnaird. [182]

"Lord Kinnaird a donné les détails d'une expérience très minutieuse. Il a essayé de tester la valeur comparative du fumier gardé dans une cour ouverte avec celui gardé sous abri. Il a sélectionné le même type de bétail, leur a donné le même type et la même quantité de nourriture. , et les a recouverts de la même sorte de paille. Un champ de 20 acres de terre uniforme a été choisi. Celui-ci ayant été également divisé, 2 acres sur chaque 10 ont donné les résultats suivants : -

Pommes de terre cultivées avec du fumier découvert.

	Des tonnes.	cwt.	kg.
Première mesure : 1 acre produit	7	6	8
Deuxième mesure : 1 acre produit	7	18	99

Pommes de terre cultivées avec du fumier couvert.

	Des tonnes.	cwt.	kg.
Première mesure : 1 acre produit	11	17	56

Deuxième mesure :
1 acre produit   11   12   26

Cela montre une augmentation d'environ 4 tonnes de pommes de terre par acre avec le fumier couvert.

"L'année suivante, le temps était humide, le grain mou et pas en très bon état, mais voici la quantité de produits :

Blé cultivé avec du fumier découvert.

Acre.	Produire en grains.		boisseau.	Produire en paille.	
	boisseaux.	kg.	kg.	des pierres.	kg.
D'abord	41	19	61-1/2	152	de 22
Deuxième	42	38	61-1/2	160	de 22

Blé cultivé avec du fumier couvert.

D'abord	53	5	61	220	de 22
Deuxième	53	47	61	210	de 22"

REMARQUE XV. (p. 231, 264).

Drainages des tas de fumier.

L'importance de ne pas séparer la partie liquide de la partie solide a déjà été soulignée à propos de la composition des excréments solides et de l'urine. Ces deux constituants du fumier sont complémentaires l'un de l'autre, et la valeur du fumier de ferme en tant que fumier général est très diminuée si la partie liquide n'est pas appliquée en même temps que la partie solide. Les écoulements des tas de fumier diffèrent sur un point important de l'urine, c'est-à-dire par le pourcentage de phosphates qu'ils contiennent, cette dernière étant pratiquement dépourvue d'acide phosphorique.

Ce qui suit est une analyse des drainages d'un tas de fumier (Wolff):—

Substance sèche	18,0
Cendre	10.7
Azote	1,5

Potasse	4.9
Citron vert	0,3
Magnésie	0,4
Acide phosphorique	0,1
Acide sulfurique	0,7
Silice	0,2

REMARQUE XVI. (p. 270).

QUANTITÉS DE POTASSE ET D'ACIDE PHOSPHORIQUE ÉLIMINÉES PAR LES ROTATIONS SUIVANTES D'UN MORGEN PRUSSIEN (0,631 ACRE).

	Potasse.	Phosphorique acide.
	kg.	kg.
1. Blé	16h40	10.67
Avoine	10h47	4,59
Patates	66.41	18h33
Foins	39.54	11h32
	132,82	44.91

Le rapport potasse/acide phosphorique est de 2,96 pour 1.

2. Blé	16h90	10.67
Orge	17h44	10h65
Patates	66.41	18h33
Foins	39.54	11h32
	140.29	50,97

Le rapport potasse/acide
phosphorique est de 2,76 pour 1.

3. Seigle	20.03	12h15
Avoine	10,97	4,59
Patates	66.41	18h33
Foins	<u>39.54</u>	<u>11h32</u>
	<u>136,95</u>	<u>46.39</u>

Le rapport potasse/acide
phosphorique est de 2,95 pour 1.

4. Blé	16h90	10.67
Avoine	10,97	4,59
Mangels	148,54	25.62
Foins	<u>39.54</u>	<u>11h32</u>
	<u>215,95</u>	<u>52.20</u>

Le rapport potasse/acide
phosphorique est de 4,13 pour 1.

5. Seigle	20.03	12h15
Orge	17h44	10h65
Mangels	148,54	25.62
Foins	<u>39.54</u>	<u>11h32</u>
	<u>225,55</u>	<u>59,74</u>

Le rapport potasse/acide
phosphorique est de 3,78 pour 1.

NOTE XVII. (p. 253, 254).

COMPOSITION DU FUMIER DE FERME (FRAIS), (calculée par SIR JOHN LAWES).

	Total sec matière.	Total minéral matière.	Acide phosphorique calculé comme phosphate de citron vert.	Potasse.	Azote.
Pour cent	30,0	2,77	.50	.53	.64
Par tonne (en lb)	67.2	62,0	11.1	12,0	14.3

NOTE XVIII. (p. 232).

LES URINES.

Une considération importante que nous avons omis de prendre en compte dans le texte est la quantité d'urine rejetée. C'est cette considération qui rend l'urine bien plus précieuse que les excréments solides. Dans le cas de l' homme, on a estimé que l'urine évacuée est quinze fois plus abondante, douze fois plus riche en azote, trois fois plus en potasse et deux fois plus en acide phosphorique, que les excréments solides (Munro). Le rapport de la matière solide dans le cas des animaux de ferme n'est pas exactement similaire. L'urine du bœuf pèse environ deux fois le poids de ses excréments solides. Cependant, le cheval et le mouton rejettent en général plus d'excréments solides que d'urine. Munro, dans son ouvrage sur « Sols et fumiers », compare la composition de l'urine et des excréments solides des différents animaux de ferme par la déclaration suivante :

	1 tonne d'urine contient en lb :		1 tonne d'excréments solides contient en lb :
	Azote.	Potasse.	Azote.
Vache	30	20	9
Cheval	36	22	12
Mouton	38	30	16

NOTES DE BAS DE PAGE :

[181] « Chimie agricole » de Storer, vol. I.p. 496.

[182] « Fumiers et fumier » de Scott, p. 19.

CHAPITRE VIII.
GUANO.

Importance en agriculture.

Dans l'examen des engrais *artificiels*, le guano mérite la première place. Il le fait principalement pour des raisons historiques, car il s'agit désormais en grande partie d'un fumier du passé. Non seulement il a été utilisé en agriculture à un degré qu'aucun autre engrais artificiel n'a encore atteint, mais son influence sur la pratique agricole a été énorme. Introduit dans ce pays vers le milieu du siècle actuel, ce fut le premier engrais artificiel à être utilisé en grande quantité. [183] On peut ainsi le décrire comme ayant introduit le système moderne de culture *intensive* et donné naissance à la pratique désormais presque universelle de l'engrais artificiel.

Influence sur l'agriculture britannique.

Il est en effet difficile de surestimer l'influence importante que l'introduction de cet engrais des plus précieux a exercée sur l'agriculture britannique ainsi que, dans une large mesure, sur l'agriculture européenne. Avant son introduction, l'agriculteur était presque entièrement dépendant de son fumier de ferme. Il était lié dans une large mesure, par les exigences des coutumes agricoles alors en vigueur, à certaines rotations de cultures. Il ne pouvait pas faire grand-chose pour enrichir les sols stériles ou assurer un rendement élevé des récoltes. Grâce à l'utilisation de cet engrais très puissant , il découvrit rapidement que les résultats les plus merveilleux s'ensuivaient, résultats qui devaient lui paraître au début un peu miraculeux. Il découvrit qu'en appliquant quelques quintaux par acre, les sols pauvres pouvaient produire de gros rendements, et que les parcelles stériles d'un champ pouvaient être ramenées à la moyenne des parties environnantes en en aspergeant seulement quelques poignées ; que grâce à lui, un bon départ pourrait être assuré à chaque récolte, et une lente récolte pourrait être accélérée. Bref, dans cette merveilleuse poudre brune, à l'odeur si caractéristique , le fermier étonné découvrit un fumier qui, par la rapidité de son action, et par l'augmentation de la récolte qu'il donnait, jetait complètement à l'ombre le fumier de ferme et les os. Il n'est donc pas étonnant que sa renommée en tant qu'engrais soit devenue si rapidement connue et son utilisation si étendue ! Elle a ainsi donné une impulsion très puissante à l'agriculture intelligente en faisant prendre conscience à ceux qui l'utilisaient de la place importante qu'occupaient l'azote et les phosphates comme constituants du sol et de l'influence qu'ils exerçaient sur la croissance des plantes. En fait, elle a fourni, sur une très grande échelle, une démonstration pratique des principes de la fumure. On peut dire que la valeur éducative qu'exerçait ainsi l'emploi du guano était très grande. Elle a également ouvert la voie à l'utilisation des divers engrais artificiels, tant utilisés au cours des cinquante dernières années. Impressionnés par la valeur du guano, les agriculteurs étaient favorablement disposés à utiliser d'autres engrais ; et, en grande partie grâce à sa grande popularité, la nouvelle pratique a rapidement gagné du terrain.

Influence pas entièrement pour le bien.

Mais son influence, il faut l'admettre, n'a pas été entièrement positive. C'est dans sa popularité même que réside le danger d'abus. Si sa valeur et la méthode de son action avaient été plus largement comprises, et si les principes sur lesquels repose la pratique de l'engrais artificiel avaient été mieux compris , les agriculteurs auraient été épargnés d'une grande partie des pertes pécuniaires inutiles qu'ils ont subies en étant imposés par un engrais sans scrupules. -les revendeurs. Au sein de la communauté agricole, le mot guano est rapidement devenu un nom à évoquer, et sous ce titre, de nombreux engrais fallacieux et sans valeur ont été tentés d'être refilés aux agriculteurs imprudents. Même l'article authentique, il ne fait aucun doute, a été à une époque largement falsifié ; et comme le fermier se contentait presque invariablement d'acheter l'article non sur la base d'une analyse chimique garantie, mais simplement sur la base de son apparence, de sa couleur et plus particulièrement de son odeur, toutes les facilités étaient données pour réussir une telle imposition frauduleuse. On a découvert très vite que le guano variait dans sa composition, mais cette variation de qualité que l'agriculteur ne reconnaissait pas . Au début de son utilisation, tout le guano avait à ses yeux la même valeur. Trop souvent, comme nous venons de le souligner, à condition qu'il ait une bonne couleur et une odeur forte , tout allait bien. Dans de telles conditions, on ne peut guère s'étonner que son introduction n'ait pas été un bienfait sans mélange pour l'agriculture.

Sa valeur comme fumier.

Le guano tire sa valeur comme fumier de l'azote, des phosphates et de la petite quantité de potasse qu'il contient. Cela est en tout cas vrai pour la grande majorité du guano qui a été utilisé dans le passé. Il existe, comme nous le verrons immédiatement, certaines sortes de guano, appelés guanos phosphatés, qui ne contiennent que des phosphates. La quantité de ce guano purement phosphatique directement utilisé comme engrais dans ce pays est cependant peu considérable, et le guano peut vraiment être décrit comme devant sa valeur principalement à son azote. On peut dire qu'une grande partie de sa valeur et de sa popularité en tant que fumier est due au fait qu'il contient les trois constituants importants du fumier et qu'à cet égard, il peut être considéré en un sens comme un fumier *général , ressemblant ainsi à* le plus proche, de tous les engrais artificiels, est le fumier de ferme. Bien que ses sources soient maintenant, dans une très large mesure, épuisées et que ses importations annuelles totales dans ce pays soient actuellement considérablement inférieures à ce qu'elles étaient il y a trente ou quarante ans, [184] il se peut bien, en raison de son historique importance, pour donner un compte rendu quelque peu détaillé de son origine, de sa présence et de sa valeur en tant que fumier.

Origine et occurrence.

Guano (qui signifie *bouse*) – ou huano , comme on l'écrit en espagnol – a été utilisé pour la première fois au Pérou. Il semble y avoir été utilisé bien avant que ce pays ne soit découvert par les Espagnols, probablement dès le XIIe siècle. Quant à son origine, il ne peut y avoir aucun doute. Il provient presque entièrement des excréments d'oiseaux marins, tels que les pélicans, les manchots et les goélands, ainsi que des restes des oiseaux eux-mêmes, ainsi que des phoques, des morses et de divers autres animaux. [185] Sous l'influence d'un soleil tropical, et dans une région où il ne pleut presque jamais, ces excréments sont bientôt séchés, et restent peu modifiés dans leur composition à travers les siècles. Beaucoup de gisements péruviens doivent être extrêmement anciens, car ils sont recouverts de sable et d'autres *débris* et ont une profondeur considérable. C'est particulièrement le cas des gisements situés sur le continent, comme ceux de Pabellon de Pica, où la couche de sable ou de conglomérat recouvrant le gisement varie en profondeur de quelques pieds à plus d'une centaine. L'effet de cette couverture superficielle a été de protéger le guano, dans une certaine mesure, de la perte d'azote.

Bien que le guano de la meilleure classe provienne des environs du Pérou, des gisements ont également été découverts dans de nombreuses autres parties du monde, notamment en Amérique du Nord, aux Antilles, en Australie, en Asie, en Afrique et parmi les îles du Pacifique. [186]

Variation dans la composition des différents Guanos.

Le guano trouvé dans ces différents gisements varie très considérablement en composition. Cela est dû à la différence de nature du climat dominant dans les lieux où se produisent ces gisements. Là où le climat est sec et chaud, comme c'est le cas au Chili et au Pérou, les excréments sèchent rapidement et restent très peu modifiés, car une condition très importante de la fermentation, à savoir l'humidité, est absente. [187] Dans un climat humide, en revanche, une fermentation rapide s'ensuit, ayant pour résultat la perte de presque toute la matière organique, y compris l'azote, sous des formes volatiles telles que le carbonate d'ammoniaque, l'acide carbonique gazeux, l'eau, etc. Les alcalis solubles , dont le plus important est la potasse, ainsi que les phosphates solubles, sont également, dans de telles conditions, perdus dans le guano en étant emportés par la pluie. On a donc une grande différence dans la qualité des différents dépôts, selon le degré de décomposition. Le guano va ainsi de l'espèce péruvienne riche en azote, qui a subi peu ou pas de changement depuis son dépôt, à l'espèce purement phosphatée (comme celles des îles Malden et Baker), dans laquelle toute la valeur du fumier a été perdue, sauf le phosphate insoluble de chaux. Même parmi les guanos azotés, nous trouvons une différence considérable de qualité, certains dépôts étant partiellement appauvris par l'action de l'humidité atmosphérique, de la rosée, des embruns ou de l'eau de mer, mais contenant encore une proportion considérable de leur azote. D'autres gisements, également, sont en grande partie mélangés à du sable qui a été soufflé sur eux au point de les rendre invendables. Nous pouvons donc diviser le guano en deux grandes classes : le guano *azoté* et le *guano phosphaté* .

I.— GUANOS AZOTÉS.

(*a*) PÉRUVIEN.

Les gisements de loin les plus précieux et les plus abondants découverts jusqu'à présent sont ceux des côtes péruviennes et chiliennes. Comme nous l'avons déjà souligné, le guano semble avoir été utilisé dans ce pays dès une période très ancienne ; et les Incas furent si impressionnés par son importance en tant que fumier, que la peine de mort était imposée à quiconque coupable d'avoir tué des oiseaux de mer pendant la saison de reproduction à proximité des gisements.

La présence du guano au Pérou semble avoir été signalée pour la première fois en Europe au début du XVIIIe siècle. Ce n'est cependant qu'au début de ce siècle, c'est-à-dire en 1804, que A. Humboldt, le grand voyageur allemand , rapporta chez lui une partie de ce merveilleux engrais et que sa composition put être étudiée par des méthodes chimiques. analyse. Peu de temps après, sa valeur pratique fut démontrée par des expériences réalisées sur des pommes de terre par le général Beatson à Sainte-Hélène. C'est à Lord Derby que l'on doit l'honneur de l'avoir introduit pour la première fois dans ce pays, la première importation à Liverpool datant de 1840. Des expériences furent peu après instituées dans différentes parties du pays, parmi lesquelles figuraient celles de Sir John Lawes et Sir James Caird. ; et les résultats obtenus furent si frappants que le fumier trouva rapidement la faveur de la communauté agricole - à tel point que dix ans plus tard, les importations dans ce pays ne s'élevaient pas à moins de 200 000 tonnes, tandis qu'en 1855 les exportations totales de la côte ouest d'Amérique du Sud a atteint l'énorme quantité de 400.000 tonnes. Au total, on estime que depuis 1840, plus de 5 000 000 de tonnes de guano péruvien ont été importées dans ce pays.

Différents dépôts.

Le guano péruvien provient de divers gisements situés dans différentes parties de la côte et d'un certain nombre de petites îles adjacentes. Le plus riche d'entre eux était celui trouvé à Angamos , un promontoire rocheux sur la côte bolivienne. Les échantillons de ce guano contenaient jusqu'à 20 pour cent d'azote (soit 24 pour cent d'ammoniac). [188] Malheureusement, cependant, la quantité de ce gisement était extrêmement limitée et s'est rapidement épuisée. À côté de ce gisement en qualité se trouvait le guano trouvé sur les îles Chincha , trois petites îles au large des côtes du Pérou. Ces gisements étaient les plus importants qui aient jamais été découverts et, pendant près de trente ans, ils furent presque la seule source de guano péruvien vendu dans le commerce, plus de 10 000 000 de tonnes ayant été exportées à partir d'eux seuls. Une partie de ce guano contenait 14 pour cent d'azote (soit 17 pour cent d'ammoniac) ; et bien qu'une partie du guano expédié de ces îles ne soit pas aussi riche, il était néanmoins de grande qualité. Les dépôts de ces îles avaient dans plusieurs cas une profondeur de 100 à 200 pieds et reposaient sur des roches de granit. Les couches inférieures se sont donc révélées de moins bonne qualité et mélangées à des morceaux de granite. Les gisements de l'île Chincha sont épuisés depuis longtemps [189] et les principaux gisements de guano péruvien exploités depuis lors sont ceux des îles Guanape et Macabi - un guano considérablement inférieur, ne contenant que 9 à 11 pour cent d'azote (soit 11 à 13 pour cent). pour cent d'ammoniac) - qui à leur tour se sont épuisés ; de Ballestas, presque aussi riche que le guano de l'île Chincha , lui aussi désormais épuisé ; et du Pabellon de Pica, Punta de Lobos, Huanillos , Baie de l'Indépendance et Lobos de Afuera . Tout récemment, un gisement de guano de très haute qualité a été découvert au Corcovado et de nombreuses cargaisons ont déjà été expédiées vers ce pays. On trouve qu'il contient de l'azote égal à 10 à 13 pour cent d'ammoniaque, 30 à 35 pour cent de phosphates et un peu de potasse, ce qui en fait un guano des plus précieux.

Apparence, couleur et nature.

Sa couleur varie d'un brun très clair à un brun très foncé, les échantillons les plus riches étant généralement plus clairs. On a constaté que les échantillons prélevés même sur le même gisement différaient considérablement en apparence, ceux prélevés dans les couches inférieures et plus anciennes étant généralement plus foncés que ceux prélevés dans les couches supérieures plus récentes. On s'aperçut bientôt que sa composition variait également beaucoup. Après qu'un gisement ait été exploité pendant quelque temps, la qualité du guano qu'il donnait s'est avérée inférieure et plus grossière, et dans de nombreux cas mélangée à des cailloux ou à des morceaux de granit, de porphyre, etc. C'est ainsi qu'on a pris l'habitude de le tamiser à son arrivée dans ce pays, avant de l'utiliser comme fumier. Dans les qualités les plus riches , *par exemple* dans le Chincha guano, de petits nodules concrétionnaires ronds, dont la couleur varie du blanc pur au brun foncé, ont été occasionnellement trouvés. L'analyse a montré que ces nodules [190] étaient composés principalement de sels de potasse. Parfois aussi, on trouvait de petits cristaux de sels d'ammoniaque presque purs. Il devint donc bientôt habituel de préparer le guano pour le marché en séparant les pierres et en réduisant le tout en une poudre fine et uniforme. L'une de ses propriétés les plus caractéristiques, et celle qui semble avoir le plus impressionné le public, était son odeur âcre . On attachait une importance excessive à cette propriété, croyant qu'elle était causée par l'ammoniac qu'elle contenait. On peut cependant se demander si l'odeur caractéristique du guano est due tant à son ammoniaque qu'à certains acides gras.

Composition.

Sa composition est d'une nature très complexe. Il contient son azote sous une grande variété de formes, les principales étant l'urate, l'oxalate, l'ulmate , l'humate, le sulfate, le phosphate, le carbonate et le muriate d'ammoniaque ; et aussi sous une forme rare d'azote organique propre au guano, appelée guanine. Selon Boussingault , certains guanos contiennent de petites quantités de nitrates. Son acide phosphorique est présent à la fois à l'état soluble, c'est-à-dire sous forme de phosphates des alcalis (ammoniaque et potasse), et à l'état insoluble sous forme de phosphate de chaux ; et enfin sa potasse est présente sous forme de sulfate et de phosphate. La proportion dans laquelle ces différentes formes d'azote et d'acide phosphorique sont présentes varie considérablement selon les échantillons. En règle générale, plus un échantillon est riche, plus il contient d'azote sous forme d'acide urique. La majeure partie de l'azote est présente sous forme d'acide urique et d'ammoniac. Les guanos humides contiennent plus d'azote sous forme d'ammoniac que les guanos secs, cela étant dû à la fermentation qui se produit dans le premier. En moyenne, environ un tiers de son azote total est soluble dans l'eau. En revanche, parmi ses phosphates, seulement un quart environ est soluble dans l'eau.

Les analyses suivantes d'un échantillon de guano de l'île Chincha par Karmrodt [191] illustreront cela. (Échantillon séché à 212° Fahr.):—

1. Constituants facilement solubles dans l'eau.

Urate d'ammonium	12.74
Oxalate d'ammonium	13h60
Substances organiques azotées et soufrées	3,61
Phosphate d'ammonium et de magnésium	16h00
Phosphate d'ammonium	.90
Sulfate d'ammonium	1,82
Chlorure d'ammonium	1,55
Sulfate de potassium	15h30
Chlorure de sodium	<u>2.44</u>
	<u>43,96</u>

2. Difficile soluble dans l'eau, soluble dans les acides, l'alcool et l'éther.

Acide urique	21.14
Résine	1.11
Les acides gras	1,60
Substances organiques azotées et soufrées	2.29
Le phosphate de calcium	18.22
Phosphate de fer	1.04
Silice	<u>.64</u>
	<u>46.04</u>

Dans l'analyse ci-dessus, on remarquera qu'aucun ammoniac n'est présent sous forme de carbonate. Toutefois, dans la plupart des échantillons de guano péruvien, l'ammoniac sous cette forme s'élevait à 1 ou 2 pour cent. Dans les qualités inférieures, principalement celles qui avaient été soumises à l'action de l'eau, et par conséquent à la fermentation, dans une certaine mesure, cette forme d'ammoniaque se trouvait la plus abondante. Ces guanos étaient les plus susceptibles de perdre de l'azote par volatilisation .

L'ancien guano péruvien contenait jusqu'à 14 pour cent d'azote (équivalent à 17 pour cent d'ammoniaque) et d'acide phosphorique 12 à 14 pour cent (égal à 26 à 28 pour cent de phosphate de chaux). Cependant, sa qualité s'est progressivement détériorée à mesure que les gisements s'exploitaient, le pourcentage d'azote diminuant d'année en année, jusqu'à ce que dernièrement le guano péruvien, tel qu'importé, ne contienne que de 3 à 4 pour cent d'azote (soit 4 à 5 pour cent). cent d'ammoniac). Ce guano est cependant plus riche en phosphates, contenant souvent 50 à 60 pour cent de phosphate de chaux et 3 à 4 pour cent de potasse. [192]

(*b*) AUTRES GUANOS AZOTÉS.

Les guanos, autres que ceux qui viennent du Pérou, sont pour la plupart des guanos purement phosphatés, de sorte que le terme péruvien a souvent été utilisé dans le passé comme terme générique synonyme du terme azoté, et par conséquent appliqué à tous les guanos azotés indépendamment de leur nature. source. Il existe cependant quelques gisements autres que celui du Pérou qui ont fourni des quantités considérables de guano azoté précieux. Parmi ceux-ci, le plus riche en qualité – en fait, le plus riche de tous les gisements découverts jusqu'à présent – était le guano d'Angamos , qui provenait d'un promontoire rocheux de la côte bolivienne. Les quelques échantillons qui ont été analysés contenaient plus de 20 pour cent d'azote. Malheureusement, le montant du dépôt s'est révélé relativement insignifiant et est épuisé depuis longtemps.

Ichaboe et sur d'autres îles au large de la côte sud-ouest de l'Afrique étaient de moins bonne qualité, mais plus abondants en quantité . Ces gisements ont été découverts peu après l'introduction du guano péruvien et ont fourni pendant quelques années des quantités considérables de fumier précieux. Les premiers gisements découverts furent bientôt épuisés, de sorte que pendant plusieurs années, le guano d'Ichaboe cessa d'être disponible. Cependant, de nouveaux gisements ont été découverts par la suite et des quantités considérables ont été utilisées ces dernières années en agriculture. [193] Le guano Ichaboe a une valeur inférieure au péruvien. Il illustre l'influence de petites quantités de pluie sur les dépôts de guano en les appauvrissant en azote. Dans une grande partie du guano Ichaboe importé dans ce pays , on trouve une grande quantité de plumes. Il contient également une quantité anormalement importante de matières insolubles.

Parmi les autres guanos azotés, on peut citer les baies de Patagonie, de Falkland et de Saldanha. Ils sont, comme l' Ichaboa , d'origine relativement récente et sont collectés chaque année en petites quantités après la saison de reproduction.

II.— Guanos Phosphatiques.

Les guanos phosphatés, comme nous l'avons déjà souligné, sont d'origine similaire aux guanos azotés. Mais chez eux, l'azote, les alcalis et les phosphates solubles qu'ils contenaient originellement ont été presque entièrement perdus par la décomposition de leur matière organique et l'action de l'eau. [194] La plupart d'entre eux contiennent encore de très petites quantités d'azote, s'élevant à une fraction de pour cent. Parmi ces gisements, un grand nombre se trouvent sur des îles dans différentes parties du monde. En apparence, le guano obtenu est très différent du guano azoté, étant de couleur beaucoup plus claire et d'une fine nature poudreuse. Il forme un guano phosphaté très riche, contenant dans de nombreux cas entre 70 et 80 pour cent de phosphate de chaux insoluble. De tels guanos sont largement utilisés dans la fabrication de superphosphates de haute qualité, en les traitant à l'acide sulfurique . Etant de nature insoluble, ils se prêtent peu à une application directe sur le sol. Parmi ces guanos phosphatés, les suivants sont les principaux, ceux marqués en italique étant encore inépuisés :

1. *Baker* , Jarvis, Howland, Starbuck, Flint, *Enderbury* , *Malden* , Lacepede , *Browse* , *Huon* , *Chesterfield* , *Sydney* , *Phœnix* , *Arbrohlos* , *Shark's Bay* et *Timor* , tous trouvés sur des îles de l'océan Pacifique.

2. *Mejillones* , sur la côte bolivienne.

3. Aves, *Tortola* , *Mona* et autres gisements des Antilles.

4. Îles *Kuria Muria* , dans le golfe Persique.

Pour plus de précisions sur la composition de ces différents guanos, le lecteur pourra se référer à l'Annexe, Note V., p. 329.

Inégalité de composition.

Le fait que le guano soit une substance de composition loin d'être uniforme a été reconnu très tôt dans l'histoire du commerce. Non seulement le guano provenant de différents gisements présentait à l'analyse des pourcentages différents d'ingrédients du fumier, mais différents échantillons de guano provenant du même gisement différaient souvent considérablement les uns des autres. C'est pourquoi il devint bientôt habituel de le vendre après analyse chimique, chaque cargaison étant soigneusement analysée . Mais cette coutume n'éliminait pas complètement la difficulté, car le guano d'une même cargaison pouvait différer. Dans le cas des guanos plus anciens et plus riches, la qualité était certes plus uniforme, mais ils étaient susceptibles de différer dans leur pourcentage d'azote. [195] Cependant, à mesure que les dépôts s'élaboraient progressivement, leurs couches inférieures se trouvèrent plus ou moins largement mélangées à des matières pierreuses et terreuses, et leur composition devint naturellement très variable. Cet état de choses ne satisfaisait pas les acheteurs et les vendeurs et provoquait de nombreuses frictions entre les deux, car il était presque impossible de la part du vendeur de garantir la composition de son fumier. L'habitude de préparer la matière en la réduisant en poudre fine avant de l'envoyer sur le marché, et l'habitude, introduite ultérieurement, de la traiter avec de l' acide sulfurique , ont supprimé dans une large mesure cette difficulté.

Guano « dissous ».

Le traitement du guano par l'acide sulfurique fut d'abord utilisé pour les cargaisons endommagées par l'eau. Dans un tel guano, comme nous l'avons déjà signalé, la fermentation a pu s'opérer, avec pour résultat la formation de carbonate volatil d'ammoniaque en plus ou moins grande quantité. Par l'ajout de sulfurique l' ammoniac était fixé et le guano ne pouvait pas perdre son constituant le plus précieux. Cependant, on découvrit bientôt que le guano ainsi traité possédait une plus grande activité comme fumier. Le résultat de l' acide sulfurique fut d'augmenter très sensiblement la quantité de ses phosphates solubles, ainsi que ses composés azotés solubles. [196] Elle avait, en outre, pour effet de produire un guano de composition uniforme. La coutume, introduite pour la première fois en 1864 par MM. Ohlendorff & Co., fut bientôt largement pratiquée . Le guano est traité avec 25 à 30 pour cent d'acide sulfurique (sp. gr. 1,73). Peu de temps après , la masse dure résultante est réduite en une poudre uniforme au moyen de désintégrateurs.

" Égalisé " ou "Rectifié".

À mesure que la qualité du guano diminuait, la demande pour un article haut de gamme devenait de plus en plus difficile à satisfaire. Cela a conduit à l'habitude de « fortifier » ou de « rectifier » — comme on l'appelle diversement — la matière naturelle avec du sulfate d'ammoniaque. On obtient ainsi un fumier qui ressemble beaucoup, quant au pourcentage de ses constituants, aux guanos riches et plus anciens. De ces guanos dits « égalisés », deux qualités sont actuellement vendues, la première étant garantie contenir de l'azote égal à 8 à 9 pour cent d'ammoniaque, 30 à 35 pour cent de phosphates et 2 à 3 pour cent de potasse ; la deuxième qualité ne contient qu'environ la moitié de moins d'azote, mais plus de phosphates.

Quelle que soit la valeur de ce guano fortifié — et c'est, sans aucun doute, un engrais des plus précieux — son action ne peut pas être supposée être exactement similaire à l'ancien guano péruvien, auquel il ressemble par le pourcentage de son azote, de ses phosphates et de sa potasse. Une grande partie de la valeur distinctive du guano en tant que fumier, comme nous le soulignerons immédiatement, réside dans le fait qu'il contient ses ingrédients de fumier dans une variété de composés différemment solubles, qui sont progressivement rendus disponibles dans le sol pour les besoins de la plante. C'est sans doute une des raisons pour lesquelles l'action du guano parmi les engrais est tout à fait unique ; et il y a d'autres raisons que nous ne comprenons probablement pas clairement. Même si habilement la composition du guano peut être artificiellement simulée, il reste un fait incontestable que le guano « égalisé » n'est pas exactement similaire dans son action à l'article authentique. Néanmoins, il ne fait aucun doute qu'il est supérieur dans ses résultats aux classes les plus pauvres de guano actuellement disponibles et aux engrais composés ordinaires. Un grand mérite du guano égalisé est cependant qu'il est vendu à un prix inférieur à celui du guano importé ; et comme le guano est vendu sur la base d'une analyse garantie, cette pratique a beaucoup contribué à faire progresser les véritables intérêts de l'agriculture.

Après le fumier de ferme, le guano peut être considéré comme le plus « général » de tous les engrais couramment utilisés ; car outre l'azote, l'acide phosphorique et la potasse, il contient presque tous les autres ingrédients végétaux, tels que la chaux, la magnésie, etc. Mais sa valeur particulière en tant que fumier ne réside pas seulement dans la quantité de précieux aliment végétal qu'il contient. Comme le fumier de ferme, il doit une grande partie de son action caractéristique à l'état de mélange intime de ses constituants du fumier, et aussi, comme nous l'avons déjà souligné, au fait qu'il contient ces constituants sous des formes chimiques très diverses, chacune dont diffère par sa solubilité, et par conséquent sa disponibilité pour les besoins de la plante. Prenons par exemple le grand nombre de formes différentes d'azote qu'il contient. Certains sont dans un état dans lequel les plantes peuvent les absorber immédiatement, tandis que les autres se trouvent dans une série de formes de moins en moins disponibles, qui se transforment cependant progressivement en formes disponibles au fur et à mesure que la plante en a besoin. Comme le fumier de ferme, il peut être appliqué avec des résultats presque aussi bons à toutes sortes de cultures et sur toutes sortes de sols. En bref, nous avons dans le guano un admirable exemple de l'intérêt qu'il y a à appliquer nos ingrédients de fumier sous différentes formes. Le fait qu'il ne s'agisse pas là d'une simple théorie est abondamment prouvé par le grand nombre d'expériences différentes qui ont été effectuées dans le passé avec le guano, notamment les expériences bien connues faites par Grouven , le chimiste allemand. Dans ces expériences bien connues, le guano a été testé contre une grande variété d' engrais différents , et les tests ont été organisés de telle sorte que dans la plupart des cas, les quantités d'azote, d'acide phosphorique et de potasse étaient les mêmes dans les autres fumiers utilisés. En bref, ces expériences prouvent d'une manière très frappante qu'un fumier artificiellement composé des engrais les plus précieux , tels que le nitrate de soude, le sulfate d'ammoniaque, le superphosphate, etc., de manière à ressembler étroitement dans sa composition au guano, est par aucun moyen similaire dans ses effets à l'article authentique. Comme pour le fumier de ferme, comme pour le guano : il faut regarder la complexité de la composition de ces deux engrais pour en estimer pleinement la valeur. Il y a dans l'action des deux engrais beaucoup de choses que nous ne pouvons pas expliquer, ni même encore comprendre. L'action du guano n'est qu'un des nombreux problèmes de la science de la fumure qui illustrent à quel point, malgré le grand nombre de recherches déjà effectuées, notre connaissance de ce domaine le plus important de l'agriculture est insatisfaisante. [197]

Proportion de constituants fertilisants dans le Guano.

Le guano doit être considéré comme un fumier azoté et phosphaté, car la quantité de potasse qu'il contient généralement est faible. Dans de nombreux sols, plus particulièrement dans un pays comme l'Écosse, cette carence en potasse n'a pas tellement d'importance, car la valeur de la potasse comme engrais artificiel est moindre que celle des deux autres ingrédients. Cependant, dans les sols dépourvus de potasse, le guano devrait être complété par un peu de fumier de potasse. En ce qui concerne l'azote et l'acide phosphorique, on peut se demander si ces deux constituants sont dans les meilleures proportions. Cette question n'admet pas de réponse directe. En premier lieu, la proportion dans laquelle ces deux ingrédients sont présents est variable. Dans les anciens et riches guanos péruviens, comme nous l'avons montré ci-dessus, l'azote était plus abondant qu'il ne l'est aujourd'hui. Il a été constaté que ces guanos étaient mieux complétés par du fumier phosphaté lorsqu'ils étaient appliqués sur le terrain. Dans les guanos « égalisés » et « dissous », qui sont aujourd'hui si largement vendus, les fabricants tentent d'ajuster le pourcentage d'azote et d'acide phosphorique à ce qui est considéré comme la meilleure proportion dans la plupart des cas. Cependant, comme nous devons le souligner à maintes reprises, il faut tenir compte à la fois du sol et de la culture pour déterminer quelle est la meilleure proportion des ingrédients du fumier dans un fumier. Pour les céréales, il peut être complété par des engrais azotés, tandis que pour les racines, il peut être complété par des engrais phosphatés.

Mode d'application.

Comme tous les engrais, il est souhaitable de l'appliquer dans un état aussi fin que possible, de manière à assurer un mélange aussi complet que possible avec les particules du sol. Afin, en outre, d'éviter tout risque de perte par volatilisation de l'ammoniac, ainsi que d'assurer une répartition uniforme, il est préférable de l'appliquer en mélange avec de la terre sèche, des cendres, du sable ou une autre substance, mais pas de la chaux. L'habitude d'appliquer avec le guano du sel commun a été prouvée par de nombreuses expériences comme étant très bénéfique pour l'action du guano comme engrais. La nature exacte de l'action du sel comme adjuvant aux engrais est un point qui a suscité de nombreuses discussions. Son action peut probablement être attribuée à un certain nombre de causes. D'une part, il agit probablement comme un antiseptique en retardant l'action fermentative qui a tendance à se développer si rapidement dans des fumiers tels que le guano. Cela augmente encore la capacité du fumier à attirer l'humidité de l'air, propriété très importante en cas de sécheresse. Certaines expériences du Dr Voelcker illustrent cela de manière frappante. Deux lots de guano, un pur et un mélangé avec du sel, furent exposés à l'action de l'air pendant un mois, puis furent testés quant à la quantité d'eau qu'ils contenaient, lorsqu'il s'avéra que le lot contenant le sel avait absorbé 2 pour cent d'eau en plus que l'autre.

On a beaucoup insisté sur l'importance d'enfouir le guano à une certaine profondeur dans le sol ; et de nombreuses expériences ont été faites pour prouver combien il agit mieux lorsqu'il est ainsi appliqué. Cela est probablement dû à la prévention de toute perte d'ammoniac volatil et au mélange du fumier avec les particules de sol avant qu'il n'entre en contact avec les racines des plantes. Cette dernière précaution est importante, car il a été constaté que la matière première est susceptible d'avoir un effet néfaste sur la graine ou sur les racines de la plante. Cela s'est avéré particulièrement vrai pour les pommes de terre, dont la qualité se détériore lorsque le guano est mis en contact direct avec les tubercules. Le guano étant un fumier rapidement disponible, il est souhaitable de l'appliquer le plus tôt possible avant que la plante n'en ait besoin. Il est donc généralement préférable de l'appliquer au printemps, peu avant le moment des semis, voire au même moment. Lorsqu'on utilise du fumier de ferme, il est recommandé d'utiliser le guano comme couche de finition en petites quantités. Dans la majorité des cas il conviendra cependant de ne pas l'appliquer en top-dressing, pour les différentes raisons évoquées ci-dessus.

Quant à la quantité à utiliser, elle dépendra bien entendu du sol, de la culture, ainsi que de la quantité et de la nature des autres engrais utilisés : 1 à 4 quintaux. par acre ont été les limites habituelles, mais des pansements encore plus lourds ont été couramment utilisés, notamment en Écosse, où 6 à 8, voire 9 quintaux. pour les navets sont souvent utilisés. Sir JB Lawes et Sir James Caird ont estimé il y a longtemps, peu après l'introduction du guano, à partir des expériences qu'ils ont menées, que l'application de 2 cwt. par acre à la récolte de blé a donné une augmentation de 8 à 9 boisseaux de grain et a ajouté un quart à la quantité de paille. L'ancienne autorité recommande 2 à 3 quintaux. par acre pour le blé, à semer à la volée et hersé dans la terre avant de semer la graine. Nous avons déjà dit qu'il peut être utilisé dans tous les sols et pour toutes sortes de cultures. Bien qu'il en soit ainsi, il s'est avéré qu'il avait spécialement des résultats favorables lorsqu'il est appliqué sur la culture du navet, où il peut être utilisé en quantités plus importantes que dans le cas des céréales. Lorsqu'il est appliqué sur la culture de navet, il est bon d'utiliser les guanos les plus phosphatés ou de les compléter avec des superphosphates. En l'appliquant en deux lots, la plus grande partie avant le semis et le reste entre les semis après la levée des navets, on a obtenu d'excellents résultats. Il s'est également révélé être un engrais admirable pour les mangels . Dans l'ensemble, il donne de meilleurs résultats sur des sols lourds et sous un climat humide.

Falsification du Guano.

Aucun engrais artificiel n'a probablement été soumis à une plus grande falsification dans le passé que le guano. Cela est dû au fait que la pratique consistant à vendre du guano pour analyse, en particulier parmi les acheteurs au détail, n'était pas largement répandue dans les premières années du commerce. Une grande partie de cette falsification était probablement causée par des préjugés ignorants de la part du fermier, pour qui l'âcreté de son odeur et sa couleur étaient trop susceptibles d'être considérées comme ses propriétés les plus importantes. La variation de qualité des différents types de guano n'était trop souvent pas suffisamment consciente de l'acheteur, qui devait souvent payer un prix aussi élevé pour un guano de qualité inférieure qu'il aurait dû payer pour celui de la meilleure qualité. En effet, aucun fumier n'illustre mieux l'importance de l'analyse chimique que le guano. Parmi les différentes formes de falsification pratiquées , on peut citer l'adjonction de substances telles que la sciure, la farine de riz, la craie, les sulfates de chaux et de magnésie, le sel commun, le sable, la terre, la tourbe, les cendres de diverses espèces et l'eau. Il ne fait cependant aucun doute qu'une telle falsification a depuis longtemps cessé d'être pratiquée dans une certaine mesure. Néanmoins, il peut être utile d'attirer l'attention sur un ou deux des tests grâce auxquels certaines des formes les plus courantes de falsification peuvent être détectées. Un ou deux sont extrêmement faciles à détecter, comme par exemple une falsification avec du sable ou d'autres substances minérales. Dans un tel cas, le pourcentage de cendres laissées par la combustion d'une petite partie du guano s'avérera excessif. Le pourcentage de cendres dans un échantillon de véritable guano péruvien ne doit pas dépasser 50 à 60 pour cent. La couleur de la cendre est un autre point important et peut servir d'indication supplémentaire en cas de falsification. Dans le cas du véritable guano, celui-ci doit être blanchâtre ou grisâtre. Les cendres de couleur rouge indiquent généralement la falsification du guano avec une substance minérale contenant du fer, comme par *exemple* le phosphate de Redonda, un phosphate minéral de fer et d'alumine. Lorsque les cendres sont blanches, mais en quantité excessive, on peut suspecter une falsification avec du sel commun, du sulfate de magnésie, du gypse ou de la craie. Cette dernière substance est facilement détectée en la traitant avec l'un des acides communs, lorsqu'une vive effervescence, due à la libération de l'acide carbonique, s'ensuit. [198] Un autre point important en ce qui concerne les cendres est leur solubilité dans l'eau et dans les acides. Un gros résidu insoluble peut être considéré comme indiquant une falsification avec du sable. L'adultération avec de l'eau est également facilement détectée en chauffant un échantillon jusqu'à la température d'ébullition et en déterminant la perte qu'il subit. Bien entendu, la quantité d'eau varie selon les échantillons. L'apparence du guano servira assez bien à détecter s'il est anormalement humide. On peut ajouter, en conclusion, que le guano péruvien est extrêmement léger ; et bien que cela ne constitue pas en soi un test suffisant d'authenticité, il peut servir à confirmer d'autres tests.

III.— LES SOI-DISANT GUANOS.

Avant de conclure ce chapitre, on peut faire référence à certains engrais communément connus sous le nom de guanos, tels que "guano de poisson", "guano de chair", "guano de farine de viande" et "guano de chauve-souris". "-ainsi qu'aux fumiers qui peuvent plus commodément être décrits ici, à savoir, "les excréments de volaille et de pigeon".

Poisson-Guano.

L'épandage dans les champs de poisson non destiné à d'autres fins, comme fumier, est une pratique répandue dans certaines parties du pays depuis plusieurs années. Dans de nombreuses régions côtières, où la pêche est la principale industrie, la seule façon, dans le passé, d'écouler les prises surabondantes de harengs, par exemple, était de les utiliser comme engrais. D'une telle pratique est né ce qui est aujourd'hui un commerce important et toujours croissant : la fabrication du guano de poisson.

Cette fabrication a commencé et est encore largement pratiquée en Norvège. La qualité du guano obtenu varie très considérablement selon la nature du procédé employé et selon que le guano est fabriqué à partir de poisson entier ou simplement à partir d'abats de poisson. Cette dernière source est la plus courante. La fabrication s'effectue dans les stations de salaison du poisson, et la qualité du guano obtenu à partir de cette source est quelque peu différente de celle obtenue à partir de poisson entier, car une grande proportion des abats de poisson est constituée d'arêtes et de têtes. De grandes quantités de guano de poisson norvégien sont exportées vers diverses régions d'Europe.

La meilleure qualité de ce guano peut contenir jusqu'à 10 pour cent d'azote, mais en règle générale elle est plus proche de 8 pour cent. Une variation très considérable de la quantité d'acide phosphorique se produit pour la raison indiquée ci-dessus, le guano fabriqué à partir de déchets de poisson étant naturellement beaucoup plus riche en cet ingrédient que le guano de poisson entier. On peut dire que la teneur en acide phosphorique varie de 4 à 15 pour cent, et qu'il y a aussi une petite quantité de potasse.

Le guano est également fabriqué en Norvège à partir de carcasses de baleines. Ce guano contient de 7 1/2 à 8 1/2 pour cent d'azote et environ 13 1/2 pour cent d'acide phosphorique.

En Amérique, le guano de poisson est fabriqué dans une large mesure, une source importante étant le menhaddo , une sorte de hareng grossier. Ce poisson est pêché pour son huile, qui est extraite par ébullition, le résidu étant transformé, après pressage et séchage, en guano.

Dans ce pays, la fabrication du guano de poisson est réalisée dans une mesure considérable et croissante. Autrefois, il était importé de Norvège dans une plus grande mesure qu'aujourd'hui, les importations annuelles actuelles ne s'élevant qu'à 1 000 ou 2 000 tonnes. La production annuelle totale du Royaume-Uni est probablement de 7 000 ou 8 000 tonnes.

Valeur du « Poisson-Guano ».

Ce guano de poisson est sans aucun doute un engrais précieux. Mais ce qui diminue sa valeur, c'est le fait qu'il contient généralement une certaine quantité de pétrole. L'effet de cette huile est de retarder la fermentation et la décomposition lorsque le guano est appliqué au sol, et ainsi de rendre son action plus lente qu'elle ne serait le cas autrement.

Lorsqu'il est appliqué au sol, il faut donc donner toutes les chances de favoriser sa fermentation. Il est préférable de l'appliquer quelque temps avant son utilisation. Il doit être bien mélangé aux particules du sol et ne pas rester à la surface du sol. Son meilleur effet sera sur des sols légers et bien cultivés, qui permettent l'accès à la fois à suffisamment d'humidité et à suffisamment d'air pour une fermentation rapide. Sa valeur comme engrais pour le houblon, la vigne, l'herbe et les fraises s'est avérée considérable. Il a été recommandé de l'appliquer avec le fumier de ferme ; et un tel mode d'application est sans doute bien adapté pour favoriser sa décomposition. Il a également été utilisé en mélange avec du superphosphate de chaux. Le professeur Storer préconise une utilisation plus générale du poisson comme fumier que ce n'est le cas actuellement. Il suggère que même les poissons impropres à la consommation pourraient être capturés dans le but d'être transformés en fumier. La difficulté de conserver le poisson est cependant considérable ; et il suggère l'emploi de sels de potasse, tels que le muriate de potasse, ou de chaux à cet effet. L'avantage de l'utilisation de la potasse serait double. En plus d'agir comme conservateur, il augmenterait considérablement la valeur du guano obtenu comme fumier. Il y a beaucoup de vérité dans les opinions du professeur Storer ; et il ne fait aucun doute que, à mesure que nos sources d'engrais azotés artificiels deviennent plus limitées, la fabrication du guano de poisson se poursuivra à l'avenir sur une échelle plus grande et plus systématique qu'elle ne l'a été jusqu'à présent.

Guano de farine de viande.

Ce qu'on appelle « guano de farine de viande » est généralement celui fabriqué à partir des déchets de carcasses de bovins après que celles-ci aient été traitées pour leur extrait de viande selon le procédé de Liebig. La farine de viande est utilisée à la fois pour l'alimentation animale et pour la production de fumier. Des quantités considérables [199] de ce guano sont importées chaque année dans ce pays de l'Amérique du Sud, du Queensland et de la Nouvelle-Zélande, celle venant de Frey Bentos, en Uruguay, étant la plus connue. C'est un fumier précieux, surtout pour son azote, qui varie de 4 à 8 pour cent, tandis qu'il contient de 13 à 20 pour cent d'acide phosphorique. Certains guanos de farine de viande contiennent jusqu'à 11 pour cent d'azote.

Dans certaines parties du monde, notamment en Allemagne, les carcasses de chevaux, ainsi que de bœufs, de chiens, de porcs, etc., morts de maladie, sont transformées en guano. Ils sont soumis à un traitement à la vapeur dans des digesteurs, au cours duquel la graisse et la gélatine sont séparées et utilisées , tandis que la partie restante de l'animal est transformée en guano.

D'autres procédés sont également employés. Le fumier qui en résulte contient de 6 à 10 pour cent d'azote et de 6 à 14 pour cent d'acide phosphorique.

Valeur du Guano de farine de viande.

Le guano de farine de viande est un fumier azoté précieux. Les mêmes remarques s'appliquent à lui qu'au guano de poisson, bien qu'il fermente probablement beaucoup plus rapidement que ce dernier et qu'il constitue sans aucun doute un engrais plus précieux.

Guano de chauve-souris.

En conclusion, nous pouvons considérer le guano de chauve-souris. Le guano de chauve-souris, qui est en réalité une curiosité très rare, a été trouvé accumulé dans des grottes dans les climats chauds.

Les échantillons qui ont été analysés étaient de qualité très différente, certains contenant jusqu'à 9 pour cent d'azote et 25 pour cent d'acide phosphorique. Pourvu qu'on puisse l'obtenir en n'importe quelle quantité et avec une qualité se rapprochant même de l'analyse ci-dessus, il est à peine besoin de souligner que le guano de chauve-souris serait un engrais des plus précieux.

Ce qui est singulier dans sa composition, c'est qu'on a constaté qu'il contient une proportion considérable de son azote (jusqu'à 3 pour cent) sous forme de nitrates.

Bouse de pigeon et de volaille.

La bouse de pigeon est un fumier qui revêt une grande importance historique. Les excréments de pigeons étaient utilisés comme fumier par les anciens Romains ; et même à l'époque moderne, plus particulièrement en France, il était considéré comme un engrais des plus importants . Malgré ces faits, la bouse de pigeon n'est en aucun cas un engrais riche, et sa composition n'a rien à envier à celle des guanos que nous venons d'examiner. Selon Storer, [200] il ne contient que de 1-1/4 à 2-1/2 pour cent d'azote, et de 1-1/2 à 2 pour cent d'acide phosphorique, et un peu plus de 1 pour cent d'acide phosphorique. potasse.

Les excréments de volaille sont à peu près aussi pauvres, les excréments de volaille contenant de 0,8 à 2 pour cent d'azote, 1-1/2 à 2 pour cent d'acide phosphorique et un peu moins de 1 pour cent de potasse ; tandis que celle des canards et des oies est encore plus pauvre. [201]

D'après ces constatations, on voit que les excréments des pigeons, des poules et des canards ne forment pas un fumier riche. Ce qu'il faut remarquer dans la bouse de pigeon, c'est qu'elle fermente très rapidement.

Aucun des pseudo-guanos, si riches qu'ils soient en ingrédients fertilisants, ne peut être considéré comme égal dans son action à l'article authentique, pour les raisons que nous avons déjà exposées en considérant l'action du guano.

NOTES DE BAS DE PAGE :

[183] Les os, il est vrai, étaient en usage bien avant le guano ; mais, si populaires qu'ils fussent à juste titre, ils n'avaient pas été utilisés, au moment de l'importation du guano, dans une mesure très considérable.

[184] Les importations annuelles totales peuvent actuellement être estimées à moins de 30 000 tonnes, alors qu'en 1855 elles s'élevaient à plus de 200 000 tonnes. Pour des statistiques sur ce point, le lecteur pourra se reporter à l'Annexe, Note I., p. 327.

[185] En ce qui concerne l'origine de certains gisements de guano, qui sont de date très récente, par *exemple Angamos* et *Ichaboe* , il ne peut y avoir aucun doute, car nous pouvons assister au processus de formation encore en cours. Il n'en est cependant pas ainsi en ce qui concerne les gisements plus anciens, pour lesquels certains ont été enclins à revendiquer une origine minérale. La meilleure preuve que ces dépôts doivent leur origine principalement aux excréments d'oiseaux est la quantité relativement importante d' *acide urique* qu'ils contiennent. D'autre part, la preuve qu'ils sont également formés à partir des restes des oiseaux eux-mêmes et d'autres animaux réside dans la grande proportion de phosphates qu'ils contiennent et dans la présence dans les dépôts de plumes et d'autres animaux. les squelettes fossilisés des animaux mentionnés ci-dessus.

[186] Une liste complète des différents dépôts se trouve en annexe, note II., p. 327. On peut remarquer que presque tous les gisements se situent entre 10° et 20° nord et sud de l'équateur.

[187] Voir chapitre sur le fumier de ferme, p. 257.

[188] Selon Nesbit, certaines des cargaisons de ce guano contenaient des morceaux de solution saline dure de très peu de valeur en fumier, plus de 50 pour cent étant du sel commun.

[189] Les exportations de sel ont eu lieu en 1868.

[190] Pour les analyses de ces nodules et cristaux, voir Annexe, Note III., p. 328.

[191] Voir Heiden, vol. ii. p. 356.

[192] Voir Annexe, Note IV., p. 329.

[193] Le guano Ichaboe actuellement exporté est un nouveau dépôt et est collecté chaque année pour être expédié.

[194] D'autres changements chimiques se sont produits dans certains cas entre le guano et la roche calcaire située en dessous, entraînant la formation de ce qu'on appelle un guano « en croûte ». Ces guanos forment une roche phosphatée molle et sont extrêmement riches en phosphates. Comme exemples de ces guanos « en croûte », on peut citer les phosphates de Sombrero, Curaçao, Aruba, Mexique et Navassa.

[195] La présence dans l'ancien guano péruvien de nodules concrétionnaires a déjà été évoquée.

[196] Selon Vogel, l'azote sous forme d'urates est converti par l' acide sulfurique en sels d'ammoniaque.

[197] Voir annexe, note VI. p. 330.

[198] Il faut cependant se rappeler que même le véritable guano contient une certaine quantité de carbonate de chaux et donnera une légère effervescence lorsqu'il est ainsi traité.

[199] Les importations annuelles peuvent être estimées entre 3 000 et 4 000 tonnes.

[200] Chimie agricole, vol. je . p. 367.

[201] Voir Annexe, Note VII., p. 331.

ANNEXE AU CHAPITRE VIII.

REMARQUE I. (p. 297).

GUANO PÉRUVIEN IMPORTÉ AU ROYAUME-UNI, 1865-1893.

Année.	Des tonnes.
1865	213 024
1870	247 028
1871	144 735
1872	74 964
1873	135 895
1874	94 346
1875	86 042
1876	158 674
1877	111 835
1878	127 813
1879	45 475
1880	58 631
1881	33 393
1882	27 382
1883	36 713
1884	15 802
1885	—
1886	28 733
1887	5 784
1888	16 446
1889	17 000

1890   19 000

1891   11 000

1892   14 000

REMARQUE II. (p. 298).

GISEMENTS DE GUANO DU MONDE.

AMÉRIQUE DU SUD -

Pérou. — Dans diverses îles au large de la côte, à savoir Chincha , Guanape , Ballestas, Macabi, Lobos et Patillos ; et sur différentes parties de la côte, à savoir Pabellon de Pica, Chipana, Huanillos , Punta de Patillos , Indiependence Bay et Lobos de fuera .

Colombie. —Dans différentes parties des États du Venezuela, de la Nouvelle-Grenade et de l'Équateur. Le guano provenant de ces régions est souvent appelé guano colombien, ou selon le nom de l'État dans lequel il se trouve. Les guanos de Maracaïbo et de Moines proviennent des côtes du Venezuela. Des gisements se trouvent également sur les îles Galapagos, à l'ouest de l'Équateur.

Bolivie. — Mejillones , Patagonie, Léon.

AMÉRIQUE DU NORD — Des gisements ont été découverts sur les côtes du Mexique et de la Californie ; sur les îles Raza et Patos ; et sur les côtes du Labrador. Ils ont également été trouvés sur les îles de Curaçao, d'Aruba et de Navassa dans le golfe du Mexique.

AFRIQUE — Sur la côte ouest, des gisements ont été découverts dans la baie d'Algoa , la baie de Saldanha et sur l'île d' Ichaboe .

AUSTRALIE — Shark's Bay et Swan Island.

ANTILLES — Sombrero, Aves et Cuba.

OCÉAN PACIFIQUE — Sur les îles Baker, Jarvis, Howland, Malden, Starbuck, Fanning, Enderbury , Lacepede , Browse, Huon et Surprise.

ASIE — Dépôts à Kuria Muria sur la côte arabe et dans les îles Sandwich. (Voir « Düngerlehre » de Heiden , vol. II, p. 349.)

REMARQUE III. (p. 303).

COMPOSITION DES NODULES CONCRÉTIONNAIRES.

(Analyses de Karmrodt .)

N°1

Sulfate de potassium	7.49
Phosphate de potassium	9.52
Phosphate de sodium	9.08
Phosphate d'ammonium	7.57
Sulfate de calcium	3h40
Urate d'ammonium	4.09
Oxalate d'ammonium	41.28
Matière organique azotée	10.17
Eau	<u>7h40</u>
	<u>100,00</u>

Azote - 14,84

N°2

Sulfate de potassium	45.64
Sulfate de sodium	13.22
Sulfate d'ammonium	10.23
Oxalate d'ammonium	9.14
Phosphate d'ammonium basique	12.09
Phosphate d'ammonium précipité	4,78
Matière organique	.94
Insoluble	1,90
Eau	<u>2.06</u>
	<u>100,00</u>

REMARQUE IV. (p. 306).

Les analyses suivantes, étant la moyenne d'un grand nombre d'échantillons différents analysés de temps à autre dans le laboratoire chimique de la Station Expérimentale Agricole de Pommritz , montrent la détérioration progressive du guano péruvien, en ce qui concerne son pourcentage d'azote, au cours des années 1867- 81 :—

	Azote.
1867	13.16
1868	11,98
1869	13.66
1870	12h37
1871	10.04
1872	10.72
1873	9.16
1874	9.83
1878	7.10
1879	6,95
1880	7.07
1881	6,93

REMARQUE V. (p. 309).

COMPOSITION DE DIFFÉRENTS GUANOS.

Ce qui suit est une liste des guanos azotés et phosphatés les plus courants qui ont été utilisés dans le passé ou sont actuellement utilisés. Ceux imprimés en italique sont toujours en cours de traitement. Comme leur valeur dépend de leur azote et de leur acide phosphorique, ceux-ci seuls ont été indiqués. Les pourcentages doivent être considérés comme de simples approximations, car la qualité des différentes cargaisons provenant des mêmes dépôts varie beaucoup. Le tableau peut être utile à titre de référence.

Guanos azotés.

Phosphorique } Tricalcique

	Azote	= Ammoniac.	acide	} = phosphate. {
	pour cent.	pour cent.	pour cent.	pour cent.
Angamos	20	24	5	11
Chincha	14	17	13	28
Ballestas	12	15	12	26
égyptien	11	13	19	41
Guanape	11	13	—	—
Macabi	11	13	12	26
Corcovado	11	13	15	33
Baie de Saldanha	9	11	9	20
Ichaboé	8	dix	9	20
Baie de l'Indépendance	7	9	12	26
Pavillon de Pica	7	9	14	31
Punta de Lobos	4	5	15	33
Huanillos	6	7	18	28
manchot	5	6	11	24
Patagonien	4	5	18	39
les îles Falkland	4	5	14	31

Guanos phosphatés.

Phosphorique } { Tricalcique

	acide } { = phosphate.	
	pour cent.	pour cent.
Maracaïbo , ou Moines	42	92
Île de Raza	40	87
Curacao	40	87
Île Boulanger	39	85
Starbuck	38	83
Enderbury	37	81
californien	35	76
Aves	34	74
Île Fanning	34	74
Howland	34	74
Île Sidney	34	74
Mejillones	33	72
Île Lacépède	33	72
Île Malden	32	70
Sombrero	32	70
Parcourir l'île	31	68
Île Huon	28	61
Île Patos	24	52
Île Jarvis	20	44
Cap Vert	11	24

REMARQUE VI. (p. 314).

Il peut être intéressant de se référer à une théorie avancée par Liebig sur l'action de l'acide oxalique dans le guano. Ceci, estimait-il, avait pour effet de rendre progressivement soluble le phosphate de calcium insoluble et de donner lieu à la formation de phosphate d'ammonium et d'oxalate de calcium. Une telle action aurait probablement lieu si le guano était autorisé à fermenter tout seul. On sait cependant que lorsqu'il est mis en contact avec les particules du sol, tout son phosphate soluble se transforme en phosphate précipité.

REMARQUE VII. (p. 326).

ANALYSES DES EXCRÉMENTS DE POULES, DE PIGEONS, DE CANARDS ET D'OIES.
(«Agricultural Chemistry» de Storer, vol. I , p. 367.)

	Les poules.	Pigeons.	Canards.	Oies.
Eau	56h00	52h00	56,60	77.10
Matière organique	25h50	31h00	26h20	13h40
Azote	1,60	1,75	1h00	.55
Acide phosphorique	1,5-2,00	1,5-2,00	1,40	.54
Potasse	.80-.90	1,0-1,25	.62	.95
Citron vert	2h00-2h50	1h50-14h00	1,70	.84
Magnésie	.75	.50	.35	.20

Selon les calculs d'un agriculteur belge, un pigeon produit environ 6 livres de fumier par an, une poule environ 12 livres, une dinde ou une oie environ 25 livres et un canard 18 livres.

CHAPITRE IX.
NITRATE DE SOUDE.

Le nitrate de soude, ou , comme on l'appelle plus correctement au point de vue chimique, le nitrate de sodium, constitue aujourd'hui le principal engrais azoté artificiel en usage. Avec le sulfate d'ammoniaque, il a pris la place autrefois occupée sur les marchés du fumier par le guano péruvien plus ancien, et peut sans aucun doute être considéré, aux prix actuels, comme l'une des sources artificielles d'azote les moins chères et les plus précieuses pour la plante. . Cela fait environ soixante-deux ans qu'il a été exporté pour la première fois d'Amérique du Sud vers ce pays. Les exportations totales de cette année-là s'élevaient à environ 800 tonnes, et l'on peut avoir une idée de l'ampleur considérable avec laquelle l'utilisation de ce précieux engrais s'est développée depuis lors en affirmant que les exportations totales s'élèvent actuellement à un peu moins de 1 000 000 tonnes. tonnes par an, représentant une valeur monétaire de 6 à 7 millions sterling. Sur cette quantité, environ 120 000 tonnes sont importées en Grande-Bretagne. [203] Bien que son utilisation principale soit à des fins de fumier, il ne faut pas imaginer qu'il soit utilisé uniquement à cette fin. Une certaine quantité est utilisée dans diverses fabrications chimiques, par exemple celle de l'acide nitrique et sulfurique , ainsi que dans la fabrication du salpêtre , principal constituant de la poudre à canon.

Date de découverte des gisements de nitrate.

La date exacte de la découverte des gisements de nitrate semble être un point très incertain. La première description publiée a été rédigée par Bollaert vers 1820, année où, dit-on, la première expédition a été effectuée en Angleterre. Ce n'est cependant que dix ou douze ans plus tard que le gouvernement péruvien, auquel ils appartenaient alors, [204] semble en avoir reconnu la valeur. Les gisements les plus importants se trouvent à proximité de la ville d'Iquique, qui est le principal port de nitrate d'Amérique du Sud. Il est assez frappant que cette substance, qui s'est avérée de manière concluante comme étant le plus puissant de tous les agents artificiels connus pour favoriser la croissance végétale, se trouve dans une région totalement dépourvue de la moindre trace de végétation d'aucune sorte. De peur qu'une telle affirmation ne paraisse ironique , nous nous empressons d'expliquer que la singulière stérilité de cette partie du pays est due en grande partie au caractère de son climat, les dépôts se produisant au milieu des déserts de sable, [205] sur lesquels la pluie ne tombe jamais.

L'origine de ces champs de nitrate est un problème géologique d'un très grand intérêt, dont la difficulté est grandement accrue par leur altitude — 3,000 à 4,000 pieds au-dessus du niveau de la mer — et leur distance à l'intérieur des terres, qui s'élève dans certains cas à quatre-vingts ou quatre-vingts pieds. quatre-vingt-dix milles de la côte. Les gisements de nitrate ne sont pas les seuls gisements salins trouvés au Chili. Selon feu David Forbes, [206] il ne faut pas les confondre avec d'autres formations salines, qui apparaissent à intervalles dispersés sur toute la partie de la côte ouest, sur laquelle aucune pluie ne tombe. Ces dernières s'étendent du nord au sud sur une distance de plus de 550 milles, leur plus grand développement se situant entre les latitudes 19° et 25° sud. La profondeur à laquelle ils s'étendent vers le bas varie considérablement. La plupart d'entre eux, cependant, sont d'un caractère très superficiel, et « ils montrent toujours des signes de leur existence par l'efflorescence saline qu'on voit à la surface du sol, qui recouvre souvent de vastes plaines comme une incrustation cristalline blanche, dont la poussière, entrer dans les narines et la bouche du voyageur provoque beaucoup de désagréments, tandis qu'en même temps les yeux souffrent également du reflet intensément brillant des rayons d'un soleil tropical. Ces incrustations salines, ou *salines* , comme on les appelle généralement, sont composées principalement de sels de chaux, de soude, de magnésie, d'alumine et d'acide borique. Leur composition amènerait à attribuer leur origine à l'évaporation de l'eau salée ; car, à la seule exception de l'acide boracique, [207] toutes les substances minérales sont telles qu'elles pourraient être obtenues par l'évaporation de l'eau de mer, ou par les réactions mutuelles de ses sels avec les constituants des roches adjacentes. Comme il existe « des preuves incontestables de l'élévation récente de l'ensemble de cette côte », un soulèvement volcanique pourrait raisonnablement être avancé pour expliquer leur altitude. Leur relative proximité avec la côte semblerait encore favoriser cette théorie. C'est donc pour ces raisons que Forbes est enclin à penser qu'elles doivent leur origine à l'évaporation, sous l'influence d'un soleil tropical, de lagunes d'eau salée, dont la communication avec la mer avait été coupée par la montée des eaux. atterrir.

Forbes et Darwin sur la théorie de leur origine.

Il répond à la difficulté évidente d'expliquer la formation de gisements plus importants par une telle théorie en disant qu'il suffit de supposer que, même après l'isolement partiel des lagunes par les élévations de la côte, elles auraient pu encore maintenir l'effet de marée. ou communication occasionnelle avec la mer au moyen d'ouvertures latérales dans la chaîne de collines qui les sépare de l'océan. Dans de tels cas, il y aurait une accumulation progressive de sels, en quantité bien supérieure à celle due à la simple évaporation de l'eau initialement contenue dans les lagunes. La théorie ci-dessus sur l'origine des dépôts salins inférieurs peut contribuer à expliquer le mode de formation des champs de nitrate ; mais dans ce cas plusieurs difficultés se présentent. L'une est l'altitude beaucoup plus grande de ces derniers, ainsi que leur plus grande distance à l'intérieur des terres. Cette difficulté, cependant, peut être résolue en supposant qu'ils sont d'origine plus ancienne que les gisements inférieurs et qu'ils ont été soumis à un soulèvement volcanique proportionnellement plus important. Il existe de nombreuses preuves que cette partie du continent a été le théâtre dans le passé de tels bouleversements volcaniques. Forbes est d'avis qu'il existe des preuves très complètes qui prouvent que, même depuis l'arrivée des Espagnols, une élévation très considérable du terrain s'est produite sur la plus grande partie, sinon sur toute l'étendue de la ligne de côte ; tandis que Darwin affirme avoir la preuve convaincante que cette partie du continent s'est élevée de 400 à 1200 pieds depuis l'époque des obus existants. En outre, on sait que des élévations du littoral, s'élevant dans de nombreux cas à plusieurs pieds, se sont produites récemment, tandis que des tremblements de terre et des perturbations volcaniques de nature moins frappante sont encore fréquents. Des lignes successives, révélatrices d'anciennes plages maritimes, peuvent être distinctement tracées s'étendant vers l'intérieur des terres, les unes derrière les autres ; et des parcelles de sable marin et de pierre usée par l'eau, trouvées à une grande distance de la côte, à la fois dans des vallées et à des altitudes bien supérieures à 4,000 pieds, suggèrent la même conclusion. [208] La difficulté liée à l'altitude et à la distance de la côte ne peut donc être considérée comme insurmontable.

Source d'acide nitrique.

Une difficulté cependant, qui n'est pas si facile à résoudre, est présentée par la présence de l'acide nitrique qui, en combinaison avec la soude, forme le nitrate de soude. Il n'est guère nécessaire d'informer nos lecteurs que l'azote — sauf, bien entendu, en petites quantités à l'état libre — n'est pas un constituant normal de l'eau salée. La question la plus intéressante en ce qui concerne la formation de ces lits de nitrate est donc la suivante : d'où provient l'acide nitrique ? Plusieurs théories ont été avancées pour l'expliquer.

Théorie du guano.

L'une est qu'il doit son origine à d'énormes gisements de guano, recouvrant à l'origine les rives des grands lacs salés qui, par le débordement ultérieur de leurs rives, effectuaient le mélange du guano avec les sels. De cette manière, par un lent processus de décomposition, il se formerait finalement du nitrate de soude. [209] Cette théorie, en dehors d'autres considérations, paraît à première vue extrêmement plausible, d'autant plus si l'on considère que c'est sur cette côte même qu'ont été découverts les plus grands gisements de guano, et que les fameuses îles Chincha , qui seules ont livré Plus de 10 millions de tonnes de ce précieux engrais se trouvent relativement à proximité du lieu des dépôts de nitrate. Ce qui semble encore étayer cette théorie, c'est la présence réelle dans les champs de nitrate eux-mêmes de petites quantités de guano. Mais aussi plausible que cela puisse paraître à première vue, il ne supporte pas une critique plus approfondie. Une objection très sérieuse est l'absence dans ces dépôts de phosphate de chaux, qui est le plus gros constituant du guano. S'ils étaient réellement dus au guano, comment se fait-il que le phosphate de chaux insoluble ait disparu, tandis que le nitrate de soude, facilement soluble, soit seul conservé ? Encore une fois, en supposant que cette théorie soit exacte, nous devrions naturellement nous attendre à pouvoir encore trouver des preuves des changements chimiques qui auraient eu lieu dans de telles circonstances, sous la forme de portions de guano dans la phase de transition. De telles preuves, cependant, les enquêtes les plus minutieuses n'ont pas réussi à les détecter. Cependant, en dehors des objections ci-dessus, il semble y avoir peu de doute, d'après les preuves fournies par les traces de nids d'oiseaux, etc., que le guano trouvé dans les lits de nitrate a été déposé postérieurement à la formation du nitrate de soude.

Acide nitrique dérivé d'algues.

La théorie la plus probable semble être celle avancée par Nöllner . L'origine de l'acide nitrique doit, selon lui, être attribuée à la décomposition de grandes masses d'algues marines qui, au moyen d'ouragans comme ceux qui sévissent encore dans ces régions, ont été poussées dans les lagons. La principale difficulté pour admettre cette théorie réside dans la quantité énorme d'algues nécessaires à la production des millions de tonnes d'acide nitrique que contiennent ces gisements. Il faut cependant rappeler, à ce sujet, que la présence de masses gigantesques d'algues marines dans l'océan Pacifique [210] n'est en aucun cas rare, même à l'heure actuelle. Si, pour comprendre la formation du charbon, nous devons supposer que la période carbonifère a été une période au cours de laquelle une croissance végétale exceptionnellement luxuriante a eu lieu, nous pouvons être autorisés à supposer une croissance luxuriante similaire d'algues marines pendant la formation des dépôts de nitrate. Une confirmation très forte de la vérité de cette théorie est encore donnée par la présence en grande quantité, dans le nitrate brut de soude, de l'iode, substance caractéristique des algues ; tandis que des morceaux d'algues encore non décomposés se rencontrent çà et là. Dans l'ensemble donc, cette théorie, bien qu'elle ne soit pas exempte de difficultés, semble être la plus digne d'être acceptée en ce qui concerne l'origine des gisements de nitrate. [211]

Apparition de champs de nitrate.

Après avoir ainsi discuté de l'origine des champs de nitrate, nous pouvons maintenant donner une description plus détaillée de leur aspect. Les principaux gisements actuellement exploités sont ceux qui se trouvent dans la Pampa de Tamarugal , dans la province de Tarapaca . Ils s'étendent sur une distance de trente ou quarante milles à l'intérieur des terres, depuis Pisagua vers le sud jusqu'un peu au-delà de la ville d'Iquique. Cet immense désert, comme nous l'avons déjà indiqué, semble entièrement dépourvu de toute végétation et de toute vie animale. Même dans les pays immédiatement voisins, la seule espèce de végétation qui semble pousser est une espèce d'*acacia* . Les quelques ruisseaux que l'on trouve dans ce quartier sont entièrement alimentés par la fonte des neiges des Cordillères. Darwin décrit l'apparence présentée par ces pampas comme ressemblant à « un pays après la neige, avant que les dernières taches sales ne soient dégelées ». Le *caliche* , ou nitrate brut de soude, n'est pas également réparti dans la pampa. Les gisements les plus abondants sont situés sur les pentes des collines qui formaient probablement les rives des anciennes lagunes. Un expert peut déterminer, d'après l'apparence extérieure du sol, où sont susceptibles de se trouver les gisements les plus riches. Le *caliche* lui-même ne se trouve pas à la surface de la plaine, mais est recouvert de deux couches. La partie supérieure, connue techniquement sous le nom de *chuca* , est de nature friable et se compose de sable et de gypse ; tandis que la partie inférieure, la *costra* , est un conglomérat rocheux d'argile, de gravier et de fragments de feldspath. Le *caliche* varie en épaisseur de quelques pouces à 10 ou 12 pieds et repose sur une couche de terre molle appelée *cova* .

La méthode d'extraction du nitrate.

Le mode d'excavation du *caliche* est le suivant : un trou est percé à travers les couches *de chuca* , *de costra* et *de caliche* jusqu'à ce que la *cova* ou la terre molle soit atteinte en dessous. On l'agrandit ensuite jusqu'à ce qu'il soit suffisamment large pour permettre d'y descendre un petit garçon qui gratte la terre sous le *caliche* de manière à former une petite coupe creuse. Dans celui-ci, une charge de poudre à canon est introduite, puis explosée. Le *caliche* est ensuite séparé au moyen de pioches du *costra sus-jacent* et transporté jusqu'à la raffinerie.

Tant en apparence qu'en composition, il varie beaucoup. En couleur , il peut être blanc comme neige, soufre , citron, orange, violet, bleu et parfois brun comme le sucre brut.

Le *caliche* trouvé dans la Pampa de Tamarugal contient généralement environ 30 à 50 pour cent de nitrate de soude pur ; celui de la province d'Atacama en contient de 25 à 40 pour cent. Les procédés ultérieurs de raffinage, qui consistent à le broyer au moyen de rouleaux puis à le dissoudre, n'ont pas besoin d'être décrits ici. Il suffit peut-être de mentionner que le procédé utilisé est celui connu sous le nom de lixiviation systématique et est analogue à celui introduit par Shanks dans la fabrication de la soude. La principale impureté de la matière première est le sel commun : le gypse, les sulfates de potassium, de sodium et de magnésium, ainsi que les matières insolubles, sont les autres impuretés. La fabrication de l'iode, qui, comme nous l'avons déjà remarqué, se trouve dans les lits de nitrate, se fait également dans ces *oficinas* .

Étendue des dépôts de nitrate.

La question de l'étendue des gisements de nitrate de soude présente naturellement un très grand intérêt, surtout au point de vue agricole. M. Charles Legrange , écrivain français, estimait il y a quelques années qu'ils renfermaient encore environ 100 000 000 de tonnes de nitrate de soude pur. Les opinions sur ce point diffèrent considérablement et il semble presque impossible d'arriver à une estimation très précise.

Le nombre d'années qu'ils dureront dépendra bien entendu du montant des exportations annuelles. Ce chiffre est actuellement légèrement inférieur à 1 000 000 de tonnes. Si ce montant est maintenu, elles devraient durer, selon les experts, au moins vingt ou trente ans. Une considération qui a une influence importante sur cette question est le prix obtenu pour l'article. Si ce chiffre devait être augmenté, il serait peut-être possible de traiter avec profit les plus grandes quantités de matières premières de qualité inférieure (que l'on laisse s'accumuler aux prix actuels). C'est sans doute ce qui finira par se produire, lorsque la qualité la plus riche du *caliche* aura été épuisée.

Composition et propriétés du nitrate de soude.

Comme nous l'avons déjà souligné, le nitrate de soude commercial contient environ 95 pour cent de nitrate de soude pur, soit environ 15,5 pour cent d'azote, ce qui, calculé en ammoniaque, équivaudrait à 19 pour cent. C'est, après le sulfate d'ammoniaque (qui contient 24,5 pour cent d'ammoniaque), le fumier azoté le plus concentré et, en outre, il contient son azote sous la forme la plus facilement disponible pour l'usage de la plante. Sa propriété la plus caractéristique est sa grande solubilité, ce qui entraîne une diffusion rapide dans le sol et l'incapacité des particules du sol à fixer son azote. Sous ce dernier point de vue, il diffère considérablement des autres formes d'azote. Les sels d'ammoniaque, bien que pratiquement aussi solubles, ne se diffusent pas dans le sol aussi rapidement que le nitrate de soude ; car l'ammoniac est plus ou moins tenacement fixé par les particules du sol, et retenu jusqu'à ce qu'il soit converti par le processus de *nitrification* en nitrates.

Nitrate de Soude appliqué en Top-dressing.

C'est pour cette raison que le nitrate de soude est surtout employé, et avec raison, comme assaisonnement. Le risque de perte par drainage est ainsi minimisé et le précieux azote trouve sa destination légitime, à savoir dans les racines de la plante.

Encourage les racines profondes.

Un avantage particulier que l'on considère que la diffusibilité du nitrate de soude confère à la plante est d'encourager la croissance de racines profondes, en incitant la plante en croissance à envoyer ses racines dans les couches inférieures du sol après l'application du nitrate de soude. . L'avantage des racines profondes est bien entendu très grand. Ils permettent à la plante de résister à l'action de la sécheresse et augmentent en même temps la superficie d'où la plante peut tirer sa nourriture. Bien que la valeur du fumier soit presque entièrement due à l'azote qu'il contient, on a avancé que la soude exerce un effet bénéfique sur les propriétés mécaniques du sol, en augmentant son pouvoir d'absorption de l'humidité et en le rendant également plus compact. . Cela expliquerait en partie pourquoi ses résultats en saison sèche sont bien meilleurs que ceux obtenus avec le sulfate d'ammoniaque. Cette action mécanique du nitrate ne peut guère être très grande, si l'on considère la quantité relativement faible appliquée. Même pendant les saisons les plus sèches, il y aura toujours suffisamment d'humidité pour assurer la diffusion du nitrate de soude, tandis que le risque de perte par drainage sera réduit au minimum. Beaucoup d'ignorance, ainsi que de préjugés, ont existé dans le passé quant à la véritable nature de l'action du nitrate de soude. Ce préjugé n'est pas encore entièrement dissipé.

Le nitrate est-il un fumier épuisant ?

L'accusation commune portée contre lui est que c'est ce qu'on a appelé un fumier épuisant. Cette objection, pour avoir du poids, doit signifier que le nitrate de soude produit une récolte qui enlève au sol une quantité *anormale de matière* fertilisante . Mais, à notre connaissance, aucune preuve scientifique n'a jamais été avancée pour étayer cette affirmation. Que l'utilisation aveugle d'un fumier puisse produire une récolte dans laquelle la tige et les feuilles sont indûment développées au détriment du grain, ou dans laquelle la qualité de la récolte peut souffrir d'une croissance trop rapide, est, bien sûr, une bonne chose. fait connu. Mais comme cela pourrait aussi être produit par une surdose d'acide phosphorique soluble ainsi que de sels d'ammoniaque, ce n'est pas une propriété qui appartient exclusivement au nitrate de soude. Il est probable que le nitrate de soude ait été souvent utilisé dans le passé de cette manière sans discernement pour produire de tels résultats. La faute ne réside donc pas dans le fumier, mais dans le mode d'application. Quelques remarques, donc, sur ce sujet très important peuvent s'avérer utiles.

Cultures pour lesquelles il est adapté.

Les avis divergent naturellement quant aux cultures auxquelles il est avantageux d'appliquer du nitrate de soude. Sa valeur comme engrais pour les céréales est assez généralement admise. Sa valeur comme engrais pour les racines n'est cependant pas aussi universellement admise. Des expériences semblent montrer qu'une culture telle que le mangold en tire autant d'avantages que les céréales ; tandis qu'en Allemagne, une expérience pratique sur une très grande échelle a démontré sa valeur comme engrais pour les betteraves. Il peut être généralement recommandé comme engrais pour toutes les cultures, à l'exception peut-être des cultures dites légumineuses, telles que le trèfle, les haricots, les pois, etc., dont la capacité à obtenir de l'azote pour elles-mêmes rend déconseillée l'application d'engrais azotés artificiels coûteux. .

Un point intéressant en ce qui concerne le nitrate de soude est l'effet curieux qu'il semble avoir sur la couleur des feuilles des plantes. Ce fait intéressant a été démontré de manière frappante à la station expérimentale de Rothamsted, par le contraste de la couleur des feuilles de différentes parcelles expérimentales d'herbe, respectivement fumées avec du nitrate de soude et du sulfate d'ammoniaque - les parcelles fumées avec du nitrate de soude étant nettement plus foncées. en teinte, évidemment en raison de la plus grande production de chlorophylle ou de matière verte. Une telle profondeur de couleur semble indiquer un développement plus sain .

Méthode d'application.

Alors que les opinions divergent naturellement quant aux cultures auxquelles le nitrate de soude sera le plus avantageusement appliqué, il existe peu de divergences d'opinion quant à la méthode d'application. L'incapacité des particules du sol à le retenir, la fréquence des pluies, le caractère coûteux du fumier lui-même et sa disponibilité immédiate comme aliment végétal, tout cela indique l'extrême opportunité de l'utiliser comme fumier. Même lorsqu'il est utilisé comme top dressing, il peut être conseillé de ne pas appliquer la totalité de la quantité en une seule fois. En l'épandant par tranches, on court peu de risque que le fumier soit perdu en raison d'intempéries. Un autre point important lors de l'application du nitrate de soude est d'assurer une distribution uniforme. Ceci est évidemment applicable à tous les engrais artificiels, mais à un degré tout particulier au nitrate de soude, à cause de sa grande valeur et de la quantité relativement faible appliquée.

Comme la distribution uniforme d'un cwt. l'élimination de n'importe quel matériau sur un acre de sol n'est en aucun cas une tâche facile, le mélange de nitrate de soude avec un diluant, tel qu'un terreau sec, est par conséquent hautement conseillé. Le sel commun est souvent appliqué avec du nitrate de soude. La valeur indirecte du sel comme engrais est considérable et, lorsqu'il est appliqué avec du nitrate, il assure sa diffusion plus rapide dans le sol, en augmentant la capacité du sol à absorber l'humidité de l'air.

Doit être suffisant en autres constituants fertilisants .

Un troisième point important lorsqu'on applique du nitrate de soude est de veiller à ce que le sol soit suffisamment approvisionné en autres aliments végétaux, en phosphates et en potasse. C'est une *condition sine qua non* pour que le nitrate ait une chance équitable. Si l'on désire appliquer du nitrate de soude avec du superphosphate de chaux, il faut faire attention à ne pas préparer le mélange longtemps avant son utilisation. La raison en est qu'une action chimique peut s'ensuivre, ayant pour résultat la perte de l'acide nitrique contenu dans le nitrate de soude. La nature du sol est un autre facteur important à prendre en compte. Dans le cas de sols extrêmement meubles et sableux, il n'est guère recommandé de le recommander comme forme d'application de l'azote la plus appropriée. En cas d'application sur de tels sols, des précautions particulières doivent être prises pour minimiser le risque de perte. Aucune règle absolue ne peut être établie quant à la quantité dans laquelle il doit être appliqué. Cela doit être réglé dans une large mesure par la culture, la nature du sol et la quantité d'autres engrais employés. De 1 à 1-1/4 quintal. peut être recommandée comme quantité appropriée pour les cultures de maïs qui sont par ailleurs généreusement fumées. Sur les sols argileux forts, cette quantité peut être judicieusement augmentée jusqu'à 2 quintaux. Le Dr Bernard Dyer, qui a largement expérimenté son utilisation comme fumier pour mangolds, est d'avis qu'une application de 3 à 4 quintaux. un acre est susceptible de s'avérer tout à fait rentable ; et l'auteur du présent article a trouvé dans ses expériences avec les navets qu'un top-dressing de 1 cwt. largement remboursé.

Conclusions tirées.

En conclusion, la nature et les caractéristiques du nitrate de soude utilisé comme fumier peuvent être brièvement résumées comme suit :

1. C'est un sel blanchâtre, cristallin, extrêmement soluble et qui se diffuse rapidement dans le sol. Il doit contenir 95 pour cent de nitrate de soude pur , *soit* 15,1/2 pour cent d'azote, soit environ 19 pour cent d'ammoniaque.

2. Après le sulfate d'ammoniaque, c'est le fumier azoté le plus concentré ; les quantités relatives d'azote que contiennent ces deux fumiers sont de trois à quatre.

3. Il contient son azote sous la forme la plus précieuse et la plus facilement assimilable , *c'est-* à-dire sous la *forme d'acide nitrique* , la forme dans laquelle toutes les autres formes d'azote doivent d'abord être converties avant de devenir disponibles pour les usages de la plante.

4. Qu'aux prix actuels du marché, on peut affirmer avec certitude que le nitrate de soude est la forme d'engrais azoté la moins chère.

5. Que le nitrate de soude, outre sa valeur directe comme engrais, exerce probablement une légère influence sur les propriétés mécaniques du sol, en augmentant sa compacité et ses capacités d'absorption d'eau ; qu'il tend en outre à favoriser des racines profondes, et ainsi à augmenter la superficie du sol d'où la plante peut tirer sa nourriture, rendant en même temps la plante plus capable de résister à l'influence néfaste de la sécheresse.

6. Qu'une quantité abondante des autres constituants du fumier soit présente dans le sol, pour que le nitrate de soude puisse exercer sa pleine valeur.

7. Qu'il peut être appliqué avec profit dans le cas de presque toutes sortes de cultures, mais qu'il faut faire très attention au mode d'application. Que ce soit presque toujours un pansement supérieur et qu'il soit appliqué en plusieurs doses si possible.

8. Que ses effets ne peuvent être considérés comme durables que pendant la première année après l'application.

NOTES DE BAS DE PAGE :

[202] Cette substance est également largement connue sous le nom de salpêtre de chili , pour la distinguer du nitrate de potassium ou du salpêtre commun .

[203] Voir annexe, p. 351.

[204] Rappelons à nos lecteurs que ces gisements de nitrates furent en grande partie la cause de la dernière guerre entre le Chili et le Pérou, qui aboutit à la cession au Chili par le Pérou de la province de Tarapaca , où se trouvent les gisements les plus importants.

[205] Les autres gisements de nitrate se trouvent dans les provinces d'Antofagasta et d'Atacama, et une certaine quantité d'articles raffinés est exportée de ces endroits. La somme est cependant peu considérable comparée à celle qui vient de la province de Tarapaca .

[206] Voir son article élaboré sur la géologie de la Bolivie et du Pérou, publié dans le « Quarterly Journal of the Geological Society » de novembre 1860.

[207] La source de l'acide boracique est probablement volcanique.

[208] Un ami de l'auteur, qui a visité cette partie de la côte ouest de l'Amérique du Sud, l'informe qu'en un point de la côte, à Mejillones (en Bolivie), il a pu retrouver les restes de pas moins de douze mers distinctes. -des plages, situées à différentes distances de la mer, et s'élevant jusqu'à 2500 pieds d'altitude.

[209] Dans ce changement, la chaux dérivée des coquillages jouerait un rôle important. Les recherches modernes ont montré, comme nous l'avons déjà dit dans un chapitre précédent, que, dans la conversion de l'azote organique en nitrates, la présence de carbonate de chaux est une condition nécessaire.

[210] L'herbe du Golfe en est un bon exemple. On trouve parfois d'énormes masses d'algues flottantes, longues de 500 à 600 milles, formant ce qu'on appelle la mer de Saragosse.

[211] Une difficulté qui n'a pas été évoquée est la croyance des géologues selon laquelle « il y a eu un changement de climat dans le nord du Chili et qu'il doit y avoir eu plus de pluie autrefois qu'il n'y en a aujourd'hui. Traces d'habitations humaines On trouve aujourd'hui des épis de maïs indiens, des haches et des couteaux en cuivre trempé à un degré extrême de tranchant, des pointes de flèches en agate, et même des morceaux de tissu, sont déterrés dans les plaines arides maintenant sans aucune trace d'eau pour de nombreuses lieues à l'intérieur ou autour d'eux »(Russell, « The Nitrate-Fields of Chili », p. 290).

ANNEXE AU CHAPITRE IX.

NITRATE DE SOUDE .

Expéditions totales d'Amérique du Sud, 1830-1892.

Année.	Des tonnes.	Année.	Des tonnes.	Année.	Des tonnes.
1830	800	1870	131 400	1886	437 500
1835	6 200	1875	321 000	1887	680 600
1840	10 100	1880	217 300	1888	745 700
1845	16 800	1881	344 600	1889	930 000
1850	22 800	1882	477 800	1890	1 030 000
1855	41 800	1883	572 400	1891	790 000
1860	55 200	1884	540 900	1892	790 000
1865	109 000	1885	423 100		

Les tableaux suivants présentent les importations totales en Europe et au Royaume-Uni entre 1873 et 1892 :

NITRATE DE SOUDE , 1873-1892.

Importations en Europe.		Importations au Royaume-Uni.	
Année.	Des tonnes.	Année.	Des tonnes.
1873	225 000	1873	124 000
1874	230 000	1874	108 200
1875	280 000	1875	164 900
1876	300 000	1876	166 800
1877	208 000	1877	69 600
1878	250 000	1878	104 400

1879	205 000	1879	55 300
1880	140 000	1880	48 300
1881	230 000	1881	54 800
1882	335 000	1882	96 000
1883	440 000	1883	103 700
1884	505 000	1884	103 700
1885	380 000	1885	109 400
1886	330 000	1886	75 100
1887	440 000	1887	83 100
1888	640 000	1888	103 100
1889	760 000	1889	120 000
1890	784 000	1890	114 000
1891	851 000	1891	121 000
1892	795 000	1892	115 000

CHAPITRE X.
SULFATE D'AMMONIAQUE.

Valeur de l'ammoniac comme fumier.

La valeur des sels d'ammoniaque comme fumier est reconnue depuis longtemps ; en fait, jusqu'à récemment, l'ammoniac était considéré comme la forme la plus précieuse sous laquelle l'azote pouvait être appliqué comme aliment végétal - une opinion, on peut le mentionner, défendue par Liebig. Si la plante peut sans aucun doute absorber son azote sous forme d'ammoniaque [212] ainsi que sous d'autres formes, comme nous l'avons déjà souligné dans les chapitres précédents, il est désormais pleinement reconnu que les sels d'ammoniaque, lorsqu'ils sont appliqués sur la du sol, sont convertis en nitrates. L'acide nitrique doit donc être considéré comme le plus précieux, dans la mesure où il constitue la forme d'azote la plus rapidement assimilée par la plante ; mais à côté de l'acide nitrique en valeur vient l'ammoniac. Parmi les différentes formes d'ammoniac disponibles pour la production de fumier, la seule utilisée dans une large mesure est le sulfate.

Sources de sulfate d'ammoniac.

La plus ancienne, et qui est encore la principale source de ce sel précieux, sont les usines à gaz, où il est obtenu comme l'un des sous-produits de la fabrication du gaz. Il est également obtenu dans une moindre mesure à partir d'usines de schiste, de fer, de coke et de carbonisation . Les os, la corne, le cuir et certaines autres substances animales riches en azote, lorsqu'ils sont soumis à une distillation sèche, comme c'est le cas dans certaines industries, telles que la fabrication du charbon d'os destiné aux raffineries de sucre et la distillation de la corne, &c., dans la fabrication du prussiate de potasse, constituent aussi des sources moins abondantes.

Ammoniac des usines à gaz.

Le charbon contient en moyenne entre un demi et un et demi pour cent d'azote. Lorsqu'il est soumis à une distillation sèche, comme cela se fait dans les usines à gaz, l'azote qu'il contient est principalement converti en ammoniaque et, dans le processus d'épuration du gaz, est éliminé dans la « liqueur gazeuse » . 213] qui contient environ un pour cent d'ammoniac. L'ammoniac récupéré de cette liqueur par distillation est ensuite absorbé dans l'acide sulfurique . On peut remarquer que tout l'azote contenu dans le charbon n'est pas récupéré sous forme de sulfate d'ammoniaque. On a calculé que seul un cinquième à un dixième est effectivement récupéré, et de nombreux procédés ont été brevetés en vue d'augmenter le rendement en ammoniac dans la fabrication du gaz. La production totale d'ammoniac des usines à gaz peut être estimée à un peu plus de 100 000 tonnes par an pour la Grande-Bretagne. ML Mond, FRS, a récemment attiré l'attention sur la possibilité d'augmenter considérablement notre approvisionnement en sulfate d'ammoniac provenant du charbon. Pour indiquer l'énorme source de sulfate d'ammoniaque que nous avons dans le charbon, M. Mond a calculé que sa consommation annuelle dans ce pays (estimée à 150 000 000 de tonnes) produirait jusqu'à 5 000 000 de tonnes de sulfate d'ammoniaque.

Autres sources.

Si l'ammoniac produit lors de la fabrication du gaz est collecté depuis longtemps, ce n'est que depuis quelques années que les autres sources d'ammoniac ont été développées. Après les usines à gaz, les usines de schiste d'Écosse constituent dans ce pays la principale source de ce précieux engrais. Dans ces usines, l'ammoniac est obtenu en distillant les schistes paraffiniques par une méthode assez semblable à celle en usage dans les usines à gaz. La quantité de sulfate d'ammoniaque obtenue à partir de cette source se situe entre 20 000 et 30 000 tonnes par an. Récemment, l'ammoniac a été récupéré des gaz de haut fourneau dans les usines sidérurgiques : environ 6 000 tonnes sont ainsi obtenues chaque année ; tandis que la production annuelle des usines de coke et de carbonisation est environ la moitié de ce montant. La production annuelle combinée de toutes ces sources peut être estimée à 140 000 tonnes, la production totale en Europe étant probablement à peine supérieure à 200 000 tonnes. En annexe, vous trouverez d'autres statistiques. [214]

Composition, etc., du sulfate d'ammoniaque.

Le sulfate d'ammoniaque pur est un sel cristallin blanchâtre extrêmement soluble dans l'eau. Cependant, l'article commercial est généralement de couleur grisâtre ou brunâtre , en raison de la présence de légères quantités d'impuretés. Le sel pur doit contenir 25,75 pour cent d'ammoniaque ; mais l'article commercial est généralement vendu sur une base de 24,5 pour cent. Un test utile de sa pureté est le fait que lorsqu'il est soumis à une chaleur rouge, il devrait presque entièrement se volatiliser , laissant très peu de résidus. Les principales impuretés qu'il est susceptible de contenir sont un excès d'humidité, de l'acide libre ou la présence de matières insolubles. Certains échantillons contiennent de petites quantités de sulfocyanate d'ammonium , une substance extrêmement toxique pour les plantes. La présence de cette impureté dangereuse est facilement détectée en ajoutant du chlorure ferrique qui, en présence du sulfocyanate , produit une couleur rouge sang . Le sulfate d'ammoniaque est donc le plus concentré de tous les engrais azotés d'usage courant, et c'est pour cette raison qu'il est le plus coûteux.

Pour cette raison, ainsi que du fait qu'il contient une forme d'azote rapidement disponible, le sulfate d'ammoniaque ne devrait en règle générale être appliqué qu'en quantités relativement faibles, soit 100 à 125 livres par acre. [215] Il devrait également être appliqué avant, mais pas trop longtemps avant, que la culture en ait probablement besoin. La raison en est de lui laisser le temps de se transformer en nitrates. La capacité du sol à retenir l'ammoniac a déjà été soulignée. Il n'est cependant pas prudent de trop compter sur le pouvoir de rétention du sol pour l'ammoniac, la conversion de l'ammoniac en nitrates s'effectuant très rapidement dans des circonstances favorables . Il est utilisé avec le plus grand profit comme engrais pour les céréales, et Lawes et Gilbert ont constaté dans leurs expériences qu'une augmentation d'un boisseau de blé et une augmentation correspondante de paille ont été obtenues pour chaque 5 livres d'ammoniaque ajoutées à le sol. Ainsi qu'on l'a fait remarquer dans le chapitre précédent, les mérites respectifs du sulfate d'ammoniaque et du nitrate de soude dépendent en grande partie de la nature de la saison pendant laquelle ils sont utilisés. Dans les saisons humides, le sulfate est un peu plus favorable que le nitrate, mais, en moyenne, le nitrate de soude est probablement le fumier le plus précieux , *c'est-* à-dire qu'il est dûment tenu compte de la quantité d'azote que contiennent respectivement les deux fumiers. Sous un certain rapport, le sulfate d'ammoniaque est un engrais beaucoup plus utile que le nitrate de soude, car la nature de son action lorsqu'il est appliqué au sol permet de l'utiliser comme ingrédient dans des engrais mélangés.

Comme le nitrate de soude, mais même dans une plus grande mesure, son action la plus favorable est obtenue lorsqu'il est appliqué avec d'autres ingrédients du fumier. Il doit être appliqué au moins un mois plus tôt que le nitrate. On a montré que, dans le cas des sols calcaires, une certaine perte d'ammoniaque en sulfate d'ammoniaque peut se produire, par suite de l'action de la chaux ; et cela nous amène à souligner que, en préparant les engrais mélangés, il faut prendre soin qu'ils ne soient mélangés avec aucun composé contenant de la chaux libre ou de l'alcali caustique, car autrement il s'ensuivrait une perte d'ammoniaque. Il ne faut par exemple jamais l'utiliser avec des scories basiques.

[212] D'après les expériences de Lehmann et d'autres sur le sarrasin et le maïs, il semblerait que certaines plantes puissent préférer, à certains stades de leur croissance, l'ammoniaque aux nitrates. Dans le cas du maïs, l'ammoniac peut être préféré dans les premiers stades de croissance, tandis que les nitrates sont préférés à mesure que le maïs atteint sa maturité. Toutefois, compte tenu de nos connaissances actuelles sur la nitrification, on peut se demander si les conclusions tirées des expériences de Lehmann peuvent être acceptées.

[213] Comme la dépense de conversion de l'ammoniac présent dans la liqueur ammoniacale est considérable, la pratique d'utiliser la liqueur elle-même comme fumier a été préconisée ; mais comme objection à cela, il faut faire valoir que, en plus d'être un fumier si volumineux, la liqueur contient diverses substances toxiques pour la vie végétale.

[214] Voir annexe, p. 358.

[215] Certaines cultures, cependant, peuvent avec avantage être traitées avec de plus grandes quantités de sulfate d'ammoniaque, telles que les mangels et les pommes de terre.

ANNEXE AU CHAPITRE X.

REMARQUE (p. 355).

Le tableau suivant expose la production de sulfate d'ammoniaque dans ce pays de 1870 à 1892 :

Année.	Des tonnes.	Année.	Des tonnes.
1870	40 000	1882	72 000
1871	41 000	1883	75 000
1872	42 000	1884	87 000
1873	43 000	1885	97 000
1874	45 000	1886	106 500
1875	46 000	1887	113 700
1876	48 000	1888	122 800
1877	52 000	1889	132 000
1878	55 000	1890	140 000
1879	57 000	1891	143 500
1880	60 000	1892	157 000
1881	65 000		

Le tableau suivant présente les sources, et les quantités respectives de chaque source, de la production des sept dernières années : -

	1886.	1887.	1888.	1889.	1890.	1891.	1892.
Usine à gaz	82 500	85 000	93 000	100 000	102 150	107 950	112 000
Ferronnerie	4 000	5 000	5, 300	6 000	5 050	6 300	12 000
Travaux de schiste	18 000	21 000	22 000	23 000	24 750	26 600	28 000

Travaux de coke et de carbonisation	2 000	2 700	2 500	3 000	2 300	2 800	5 000

CHAPITRE XI.
OS

Utilisation précoce des os.

Un fumier des plus importants, et dont l'histoire s'attache à un intérêt très particulier, est celui de Bones. Employés pour la première fois en 1774, leur utilisation n'a cessé de croître depuis, et leur popularité comme engrais phosphaté est sans égal parmi les agriculteurs de ce pays. Comme le guano, bien que dans une moindre mesure, les premières pratiques d'utilisation des os ont beaucoup contribué à susciter l'intérêt pour les problèmes de fumure et à faire comprendre aux agriculteurs les principes qui sous-tendent cette pratique. C'est à partir d'os que Liebig fabriqua pour la première fois du superphosphate de chaux, et l'éminent expérimentateur chevronné, Sir John Bennet Lawes, nous a dit que les avantages découlant de l'utilisation des os sur la culture du navet ont d'abord attiré son attention sur le problème intéressant lié à la application d'engrais artificiels. Les os ont été utilisés pour la première fois dans le Yorkshire. Peu de temps après, ils ont été appliqués sur des pâturages épuisés dans le Cheshire. Bientôt, leur utilisation devint si populaire que l'approvisionnement domestique se révéla insuffisant ; et ils étaient importés d'Allemagne et d'Europe du Nord, Hull étant le port de débarquement. Les agriculteurs anglais les utilisèrent si largement que le baron Liebig jugea nécessaire d'élever une protestation contre leur utilisation excessive. « L'Angleterre prive tous les autres pays de l'état de leur fertilité. Déjà, dans son avidité d'ossements, elle a retourné les champs de bataille de Leipzig, de Waterloo et de Crimée ; déjà des catacombes de Sicile elle a emporté elle enlève les squelettes de nombreuses générations successives. Chaque année, elle transporte des rivages des autres pays vers le sien l'équivalent manufacturier de trois millions et demi d'hommes, qu'elle nous enlève les moyens de nourrir et qu'elle dissipe dans ses égouts jusqu'à la mer. ... Comme un vampire, elle s'accroche au cou de l'Europe – voire du monde entier ! – et suce le sang du cœur des nations sans une pensée de justice à leur égard, sans l'ombre d'un avantage durable pour elle-même. [216]

Différentes formes dans lesquelles les os sont utilisés.

On peut souligner que les os ont beaucoup modifié notre système agricole, en contribuant au développement de la culture du navet. Utilisés d'abord en morceaux relativement grands, l'expérience montra peu à peu qu'un état de division plus fin facilitait leur action. Il fallut pourtant longtemps avant que disparaisse le préjugé en faveur des os bruts ; et ce n'est qu'en 1829 que M.

Anderson de Dundee a introduit des machines pour préparer des os et de la poussière d'os de 1/2 pouce et 1/4 pouce. Dans les premiers temps de leur usage, les os étaient fermentés avant d'être utilisés, afin de rendre leur action plus rapide lorsqu'ils étaient appliqués au sol ; et cette pratique existe encore aujourd'hui dans certaines régions du pays parmi les agriculteurs. Cette fermentation était souvent effectuée simplement en mélangeant les os avec de l'eau et en laissant le tas reposer pendant une semaine ou deux. Dans d'autres cas , les os étaient mélangés à de l'urine ou à d'autres déchets. Mais l'étape la plus importante dans l'histoire du traitement des os pour le fumier fut la découverte en 1840, par Liebig, de l'action de l' acide sulfurique sur eux, découverte qui conduisit à l'institution de la fabrication du superphosphate de chaux par Sir John Lawes. La nature de cette action sera expliquée dans le chapitre suivant, de sorte qu'il suffira de dire ici que l'efficacité du fumier par traitement à l' acide sulfurique est plus que doublée. Les os ont ainsi été utilisés, et le sont encore, dans diverses conditions, par exemple à l'état cru ou vert, meurtris, bouillis, cuits à la vapeur, fermentés, brûlés, dissous et brisés ou broyés dans divers états de finesse, auxquels les noms d'os de 1/2 pouce, 1/4 de pouce, de farine d'os, de poussière d'os et d'os flottés sont donnés. Nous allons maintenant discuter de la composition des os et étudier plus précisément la nature de leur action.

Composition des os.

La composition du tissu osseux varie considérablement et dépend de l'âge et de l'espèce de l'animal auquel il appartient, ainsi que de la partie de la charpente animale d'où il est prélevé. Les os sont constitués d'une partie organique et d'une partie inorganique. En trempant un morceau d'os dans une solution acide diluée, la partie inorganique de l'os est dissoute et la partie organique, qui forme la charpente de l'os, est laissée seule. Au contraire, en soumettant un os à l'action d'une grande chaleur, la partie organique de l'os est chassée, et il ne reste plus qu'une certaine quantité de cendre. La proportion de matière organique par rapport à la matière inorganique varie considérablement selon les os. Les os des jeunes animaux contiennent plus de matière organique que ceux des animaux plus âgés. De plus, dans les os compacts, la matière organique est plus grande que dans les os spongieux. Le fémur, de tous les os, contient la plupart des matières inorganiques. En bref, les os qui subissent les plus fortes contraintes sont les plus riches en matière inorganique. Parmi les os d'animaux, les arêtes de poisson présentent la composition la plus variée, certaines étant presque entièrement constituées de matière organique, tandis que d'autres sont semblables dans leur composition à celles des os de quadrupèdes.

La matière organique des os.

La partie organique des os est presque entièrement constituée d'une substance à laquelle on a donné le nom *d'osséine* , et qui, lorsqu'on la fait bouillir longtemps, se transforme en gélatine. Cette osséine, qui constitue en moyenne de 25 à 30 pour cent du poids des os, est extrêmement riche en azote, puisqu'elle en contient plus de 18 pour cent.

Partie inorganique des os.

La partie inorganique, qui forme environ 70 pour cent, est constituée principalement de phosphate de chaux. Les os secs des pattes de bœufs et de moutons, selon Heintz, ont la composition en pourcentage suivante :

	Pour cent.
Phosphate de chaux	58 à 63
Carbonate de chaux	6 à 7
Phosphate de magnésie	1 à 2
Fluorure de calcium	2
Matière organique	25 à 30

Selon Payen et Boussingault , les os crus contiennent 6 1/4 pour cent d'azote et 8 pour cent d'eau. Les os purs contiennent ainsi environ 29 pour cent d'acide phosphorique et 6-1/4 pour cent d'azote. La composition de l'article commercial diffère cependant très largement. Cela est dû au fait que les os collectés en Inde et en Amérique, où ils ont été longtemps exposés aux influences atmosphériques, ont perdu une grande partie de leur matière organique. La quantité de sable et d'impuretés terreuses varie également très considérablement.

Traitement des os.

Les os sont utilisés pour la fabrication de colle et de gélatine. Ceux-ci en sont extraits par cuisson à la vapeur des os. Les os après traitement sont utilisés comme fumier. L'amélioration constatée dans l'action des os ainsi traités a conduit à introduire l'utilisation des os cuits à la vapeur comme fumier. Les os bruts sont désormais rarement utilisés. La graisse présente dans les os crus retarde leur décomposition dans le sol. Probablement, comme on l'a suggéré, il forme avec la chaux un savon insoluble qui empêche la dissolution de la matière minérale de l'os par l'acide carbonique du sol. Au cours du processus d'ébullition ou de cuisson à la vapeur, il se produit une certaine perte d'azote, plus ou moins grande, selon la durée de l'ébullition ou de la cuisson à la vapeur, et dans ce dernier cas, selon la pression appliquée. Une méthode plus économique d'extraction de la graisse a été introduite en utilisant de la benzine, mais ce procédé n'est pas utilisé dans une large mesure. La perte d'azote dans le premier cas est plus que compensée par leur action plus rapide comme fumier lorsqu'ils sont appliqués au sol. La farine d'os de bonne qualité contient de 45 à 55 [217] pour cent de phosphate de chaux et 3 1/2 pour cent d'azote. Notre consommation totale actuelle d'os est probablement d'un peu moins de 100 000 tonnes par an, dont environ la moitié provient de collectes à domicile, plus de 20 000 tonnes étant collectées chaque année rien qu'à Londres et dans ses environs.

Action des os.

Il est bien connu que les os sont un fumier à action lente. On peut dire qu'ils possèdent une action à la fois mécanique et chimique lorsqu'ils sont appliqués au sol. Lors de leur putréfaction, leur azote se transforme lentement en ammoniaque, et il se forme de l'acide carbonique ainsi que divers acides organiques qui, agissant sur la matière minérale insoluble des os, la rendent disponible pour les usages végétaux. Ainsi, les os, lorsqu'ils sont appliqués en grandes quantités, peuvent non seulement agir directement comme fournisseurs de nourriture végétale, mais, au cours de leur putréfaction, ils peuvent agir sur une certaine quantité de matière fertilisante inerte du sol et la rendre disponible. Plus les os se putréfient donc facilement, plus leur effet sera prompt . Comme nous l'avons déjà souligné, les os, afin d'augmenter leur efficacité, sont souvent fermentés avant utilisation. L'élimination de la graisse est un autre moyen d'augmenter la vitesse de leur action, mais la finesse avec laquelle elles sont broyées le détermine plus que toute autre chose. Beaucoup d'ingéniosité a été déployée pour perfectionner les machines permettant de broyer les os. À une certaine époque, en Allemagne, ils étaient pilés dans des timbres semblables à ceux utilisés pour le minerai. En Amérique, on prépare ce qu'on appelle "l'os flotté". Cet os est si fin qu'il flotte dans l'air comme de la poussière de farine et est fabriqué en faisant tourbillonner les os les uns contre les autres. L'action des os ainsi préparés est naturellement très rapide, mais la difficulté d'appliquer sur le sol un fumier aussi finement divisé est grande. Le coût du processus est également considérable.

La facilité avec laquelle les os, lorsqu'ils sont broyés jusqu'à un état de division fin, se putréfient, est mise en évidence par le fait que la farine d'os doit être salée pour lui permettre de se conserver. Une autre condition qui détermine la vitesse à laquelle les matières fertilisantes contenues dans les os deviennent disponibles est la nature du sol. La fermentation, comme nous l'avons déjà vu, nécessite un apport d'air abondant et une certaine quantité d'humidité, mais pas trop. Par conséquent, les os fonctionnent mieux dans les sols moyens – des sols qui ne sont « ni trop légers et secs, ni trop proches et humides ». Il ne fait aucun doute que ce qui donne aux os une valeur particulière aux yeux du cultivateur, c'est le fait qu'ils forment un fumier d'un caractère durable. Ils donnent ce qu'on appelle la colonne vertébrale au sol. Mais la tendance des pratiques agricoles modernes est d'utiliser des engrais à action rapide plutôt que lente. Cela a été admirablement exprimé par le professeur Storer dans les termes suivants : « La vieille idée selon laquelle les engrais sont meilleurs s'ils se font sentir pendant une longue série d'années, est maintenant reconnue comme étant une erreur. L'adage selon lequel « on ne peut pas manger » "Prendre le gâteau et avoir le gâteau" est manifestement vrai dans l'agriculture ; et tout comme il fait partie de la prudence dans l'économie domestique ou maritime de s'abstenir d'accumuler à un moment donné plus de provisions que ce qui peut être convenablement écoulé en une année ou pendant une période donnée. de même le fermier devrait-il s'abstenir d'apporter à la terre un excès inutile de nourriture végétale, car cette nourriture risque de se gâter dans le sol, ainsi que d'autres types de provisions qui sont conservées trop longtemps en stock. la nourriture, bien préparée, est le point vers lequel il faut toujours viser.

Compte tenu donc de ce qui vient d'être dit, il semblerait préférable d'utiliser les os sous la forme dans laquelle ils sont le plus rapidement disponibles, c'est-à-dire sous forme d'os dissous. Il en serait ainsi si les os étaient la seule source que nous possédions pour la fabrication du superphosphate de chaux ; mais nous avons maintenant, dans les divers phosphates minéraux, des sources abondantes et à moindre coût de ce précieux engrais. L'opinion des principaux agriculteurs et chimistes agricoles est plutôt en faveur de l'utilisation des os à l'état non dissous. D'une part, il semble loin d'être économique d' utiliser un matériau coûteux tel que des os pour fabriquer un article qui peut être tout aussi bien fabriqué à partir de matériaux moins chers ; car une fois le phosphate de chaux dissous, il est également précieux, quelle que soit sa source. Bien entendu, cela ne veut pas dire que les os dissous sous forme de fumier n'ont pas plus de valeur que le superphosphate. Dans les os dissous, nous avons, outre le phosphate soluble, une proportion considérable de tissu osseux non dissous, contenant une certaine quantité d'azote et de matière organique ; mais en ce qui concerne le phosphate soluble, il semble logique de conclure que son efficacité est également grande, qu'il provienne du phosphate osseux ou minéral. Une autre raison est qu'une grande partie de l'action caractéristique des os est perdue en les traitant avec de l'acide sulfurique . Comme l'a souligné le Dr Aitken, la vie germinale dans le sol et dans les os les transforme progressivement en une forme disponible pour l'alimentation des plantes ; mais dissoudre les os avec de l'acide sulfurique , c'est tuer la vie germinale et retarder la décomposition de tout noyau osseux dans le fumier dissous.

Os dissous.

Cependant, les os dissous sont toujours fabriqués. Autrefois, le fumier appelé os dissous était souvent un mélange de superphosphate minéral et de farine d'os non dissoute, mais une législation récente a mis fin à cette pratique. La composition des os dissous varie quelque peu, le pourcentage de phosphate soluble étant d'environ 20 à 23 pour cent, l'insoluble s'élevant de 9 à 10 pour cent et l'azote de 2-1/2 à 3-1/2 pour cent. [218] Une autre raison contre la dissolution des os réside dans la difficulté qu'on éprouve à dissoudre leur phosphate. Les os, surtout lorsqu'ils sont crus, ne sont pas facilement attaqués par les acides.

Cultures adaptées aux Bones.

Les os sont généralement considérés comme étant particulièrement bénéfiques pour les pâturages, sur lesquels ils sont appliqués comme couche de couverture. Les navets, le tabac, les pommes de terre, les vignes et le houblon bénéficient également beaucoup de l'application des os. En Amérique, mélangés à des cendres de bois (dont le principal constituant du fumier est la potasse), ils ont été largement utilisés comme substitut au fumier de ferme et ont été appliqués à raison de 5 à 6 quintaux de poids. par acre. En Saxe, selon le professeur Storer, 1 cwt. de farine d'os fine vaut entre 25 et 30 quintaux. de fumier de ferme.

Cendre d'os.

Les cendres laissées sur les os brûlés étaient autrefois un article d'une importance considérable du point de vue du fumier. Il est encore importé d'Amérique du Sud en certaines quantités et est principalement utilisé dans l'industrie de la poterie. Il est parfois encore utilisé dans une mesure limitée pour la fabrication de superphosphates de haute qualité. Il est extrêmement riche en phosphate de chaux, dont il contient entre 70 et 80 pour cent ; mais bien sûr il est dépourvu d'azote. [219] La cendre d'os est mieux utilisée sous sa forme dissoute, car elle ne possède aucune action caractéristique comme celle des os.

Lorsqu'ils sont chauffés dans une cornue fermée, les os ne sont pas transformés en cendres d'os, mais en un corps appelé charbon d'os. Ce corps est de composition semblable à la cendre d'os, à l'exception d'un certain pourcentage de charbon de bois, qui s'élève en moyenne à 10 pour cent. Il contient peu d'azote et d'autres matières organiques. Le noir d'os ou charbon d'os est un article préparé en quantités énormes pour être utilisé dans les raffineries de sucre, où il est utilisé dans la purification du sucre. Après utilisation, il peut être rénové en le soumettant à la chaleur ; mais à mesure que ce processus diminue progressivement le pourcentage de carbone qu'il contient, après un certain temps, il devient trop pauvre en cette substance pour agir efficacement comme filtre. Lorsque cela se produit, il est techniquement connu sous le nom de charbon usé et est utilisé pour la fabrication de superphosphates. Le charbon usé est une substance très phosphatée, à peine plus pauvre que la cendre d'os, et contenant environ 70 pour cent de phosphate de chaux. [220]

NOTES DE BAS DE PAGE :

[216] Il n'est que juste pour Liebig de dire qu'au moment où il écrivait ces mots, on ne rêvait guère de l'approvisionnement pratiquement illimité en phosphates minéraux, dont nous savons maintenant qu'ils existent dans de nombreuses régions du monde.

[217] Voir annexe, note I., p. 371.

[218] Voir Annexe, Note II., p. 371.

[219] Voir Annexe, Note III., p. 372.

[220] Voir Annexe, Note IV., p. 372.

ANNEXE AU CHAPITRE XI.

REMARQUE I. (p. 364).

L'analyse suivante servira à montrer la composition de la farine d'os :

Humidité	10h43
* Matière organique	32h30
Phosphate de chaux	48h40
Carbonate de chaux, de magnésie, etc.	7h20
Matière siliceuse insoluble	<u>1,67</u>
	<u>100,00</u>
* Contenant :—	
Azote	3,71
Égal à l'ammoniac	4.51

REMARQUE II. (p. 368).

COMPOSITION DES OS DISSOUS.

L'analyse qui l'accompagne peut être considérée comme représentant la composition moyenne des os dissous :

Humidité	10h10
* Matière organique et eau de combinaison	29.34
Phosphate monobasique de chaux	11.23
(Égal au phosphate tricalcique rendu « soluble »	17.58)
Phosphate soluble dans le citrate d'ammonium	14.02
Phosphate de chaux insoluble	1,88

Sulfate de calcium, magnésie, alcalis , etc.	30.23
Sable	<u>3.20</u>
	<u>100,00</u>

* Contenant :—

| Azote | 2,62 |
| Égal à l'ammoniac | 3.18 |

COMPOSITION DES OS COMPOSÉS.

L'analyse suivante illustre la composition des os composés : -

Humidité	8.10
* Matière organique et eau de combinaison	37.22
Phosphate monobasique de chaux	13.68
(Égal au phosphate tricalcique rendu « soluble »	21.42)
Phosphate de chaux insoluble	10h48
Sulfate de calcium, magnésie, alcalis , etc.	26.02
Sable	<u>4,50</u>
	<u>100,00</u>

* Contenant :—

| Azote | 1,90 |
| Égal à l'ammoniac | 14h30 |

REMARQUE III. (p. 369).

Pour montrer la composition des cendres d'os, l'analyse suivante peut être citée : -

| Humidité | .25 |

Matière organique	.85
* Acide phosphorique	.25
Citron vert	47.09
Magnésie, alcalis , etc.	9h80
Sable	<u>6h45</u>
	<u>100,00</u>
*Égal au phosphate tricalcique	77.63

<h2 style="text-align:center">REMARQUE IV. (p. 370).</h2>

Composition du charbon osseux (sur échantillon sec) :—

Carbone	10.51
Phosphates de calcium et de magnésium, fluorure de calcium, etc.	80.21
Carbonate de calcium	8h30
Sulfate de calcium	.17
Oxyde ferrique	.12
Silice	.34
Sels alcalins	<u>.35</u>
	<u>100,00</u>

CHAPITRE XII.
PHOSPHATES MINÉRAUX.

Dans ce chapitre, nous donnerons un compte rendu des phosphates minéraux les plus courants. Au chapitre V, où nous avons discuté de la place de l'acide phosphorique dans l'agriculture, il a été souligné que les phosphates minéraux étaient très abondants et que d'importants gisements en étaient trouvés dans de nombreuses régions du monde.

Coprolites.

On peut d'abord faire référence aux soi-disant coprolites ou nodules phosphatés qui ont été trouvés en grande abondance dans la formation de sables verts, dans les rochers des comtés de l'Est et dans la formation de craie des comtés du Sud. Ces coprolites sont des nodules arrondis et sont composés d'excréments fossiles et de restes d'animaux anciens. On les trouve en grande quantité dans le Cambridgeshire et ont été découverts par le Dr Buckland il y a de nombreuses années. L'histoire de leur découverte n'est pas peu curieuse. Les propriétés du fumier des grattoirs de routes dans certaines parties du Cambridgeshire ont été remarquées et, après examen, elles se sont révélées en partie composées de phosphate de chaux, dérivé de nodules phosphatiques creusés dans le sable vert sous-jacent et utilisé dans le but de réparer les routes. Le professeur Henslow a attiré l'attention sur eux pour la première fois lors d'une réunion de la British Association tenue à Cambridge en 1845 et a souligné qu'ils contenaient environ 60 pour cent de phosphate de chaux. Ils ont également été trouvés en quantités énormes dans le Suffolk, le Norfolk, le Bedfordshire et l'Essex, et ont été pendant longtemps largement utilisés dans la fabrication du superphosphate, mais ces dernières années, ils n'ont pas été utilisés dans la même mesure, en raison du fait qu'il existe des sources de phosphate de chaux plus riches et moins chères. En 1887, environ 20 000 tonnes de coprolites furent extraites. Les plus riches étaient ceux obtenus à Cambridge, tandis que ceux obtenus dans le Bedfordshire étaient à peu près les plus pauvres. Des gisements ont également été découverts en France et dans d'autres pays. La quantité moyenne de phosphate de chaux dans les coprolites anglais est entre 50 et 60 pour cent, tandis que les français en contiennent environ 45 pour cent.

Apatite ou phosphorite canadienne.

Nous avons déjà parlé au chapitre V des grands gisements d'apatite ou de phosphorite trouvés au Canada. Les mines canadiennes ont commencé à être exploitées il y a une quinzaine d'années, et la production s'élève aujourd'hui à près de 25,000 tonnes par an. [221] Une partie de cette somme va aux États-Unis ; le reste, s'élevant à environ 20,000 tonnes, est expédié en Angleterre, d'où il est de nouveau exporté vers Hambourg et ailleurs. [222] Il contient de 70 à 80 pour cent de phosphate. Des gisements se trouvent également en Estrémadure en Espagne et en Norvège.

Estrémadure ou phosphates espagnols.

On sait depuis longtemps qu'il existe de grands gisements de phosphate en Estrémadure en Espagne, et les mines de Cáceres ont été exploitées à grande échelle pendant dix-sept ans, et environ un demi-million de tonnes ont été extraites. En 1882, les importations de ce pays s'élevaient à plus de 56,000 tonnes ; mais dernièrement, ils ne représentent plus qu'un quart environ de ce montant. Le Dr Dauberry visita les gisements en 1843 et en rédigea un récit des plus intéressants. Il semble cependant qu'ils n'aient été importés pour la fabrication du superphosphate que plusieurs années plus tard. Il existe trois classes de phosphate d'Estrémadure, contenant respectivement 50, 60 et 70 pour cent de phosphate de chaux, la qualité la plus basse étant la plus commune. [223]

Apatite norvégienne.

Cette apatite a cessé d'être importée ces dernières années, à cause d'un droit d'exportation.

Charleston ou phosphate de Caroline du Sud.

Depuis plusieurs années, ces gisements constituent la principale source de phosphate de chaux utilisé dans la fabrication des superphosphates minéraux dans ce pays (en fait, ils ont fourni les deux tiers de notre approvisionnement en phosphate au cours des dernières années). Découvert il y a vingt-cinq ans, quatre à cinq millions de tonnes ont déjà été expédiées. Environ un demi-million de tonnes ont été extraites en 1886 de ces mines, qui sont les plus abondantes au monde. Il en existe deux sortes : les phosphates dits « de terre » et « de rivière ». Le premier contient plus d'oxyde de fer et d'alumine, et est donc moins pur que le second, dans lequel le fer et l'alumine ne dépassent pas 2 pour cent. Le phosphate fluvial est dragué des rivières Bull, Coosaw et Beaufort. De phosphate de chaux , il contient de 50 à 60 pour cent. Il est généralement vendu en trois qualités : 50 à 52 pour cent, 55 à 56 pour cent et 58 à 60 pour cent de phosphate de chaux. On voit donc qu'il est incapable de produire des superphosphates de très haute qualité, *c'est-à-dire* contenant plus de 30 pour cent de phosphate « soluble ». Ce point sera plus intelligible lorsque nous décrirons la fabrication du superphosphate. La demande de ces phosphates aux États-Unis a énormément augmenté ces dernières années, en raison de l'augmentation de la quantité de fumier utilisée.

Phosphate belge.

Une autre source très importante de phosphates minéraux sont les gisements découverts il y a quelques années en Belgique près de Mons. Ces phosphates sont de qualités différentes et se trouvent les uns en couches près de la surface dans des poches formant la classe la plus riche et contenant de 45 à 65 pour cent de phosphate, et les autres sous la forme d'une roche phosphatée friable, appelée *craie -grise* (craie phosphatée), contenant de 25 à 35 pour cent de phosphate de chaux. La qualité supérieure du phosphate belge est à peu près épuisée, et c'est la deuxième classe qui constitue la majeure partie du phosphate belge ordinaire actuellement exporté. L'article commercial contient environ 35 à 40 pour cent de phosphate et environ 45 pour cent de carbonate de chaux. Le fait de sa mauvaise qualité, joint au pourcentage élevé de carbonate de chaux qu'il contient, rend impropre son utilisation seule dans la fabrication du superphosphate. On a essayé d'éliminer une partie de ce carbonate de chaux et d'augmenter le pourcentage de phosphate. Dans ce but , le phosphate a été calciné, mais on s'est vite rendu compte que c'était une grave erreur. D'autres moyens ont été adoptés, de sorte que le pourcentage a été porté à 50 pour cent. Il est donc utilisé en petites quantités comme siccatif, pour lequel il est particulièrement adapté en raison de sa nature carbonée, avec les phosphates de qualité supérieure. En 1886, environ 145,000 tonnes de ce phosphate furent extraites, dont environ 45,000 tonnes furent importées au Royaume-Uni.

Phosphate de Somme.

Plus récemment encore, une découverte de gisements de phosphate a été faite dans les départements de la Somme et du Pas de Calais, dans le nord de la France, voisins et de caractère similaire aux gisements belges. La seule différence entre les phosphates belges et français, c'est que ces derniers sont d'une qualité supérieure et contiennent de 50 à 80 pour cent de phosphate de chaux. Une très forte demande se fit jour pour ces phosphates et, en 1888, bien qu'ils n'aient été exploités que depuis environ deux ans, pas moins de 150 000 tonnes avaient été récoltées, dont la moitié environ contenait de 70 à plus de 75 pour cent. Il existe quatre qualités sur le marché, contenant 55 à

60, 60 à 65, 70 à 75 et 75 à 80 pour cent de phosphate de chaux. La qualité la plus élevée fournit le matériau principal pour la fabrication de superphosphates de haute qualité.

Phosphate de Floride. [224]

Au cours des dernières années, de grandes quantités de phosphates ont été importées de Floride. Celles-ci sont de qualités différentes, les roches terrestres importées aujourd'hui contenant de 70 à 80 pour cent de phosphate de chaux, et le phosphate de rivière environ 60 pour cent. Cette dernière classe est de composition similaire aux meilleurs phosphates fluviaux de Caroline du Sud, auxquels ils ressemblent beaucoup.

Phosphate de Lahn.

Des gisements de phosphate ont été découverts à Nassau en Allemagne en 1864 ; mais comme le phosphate contenait une proportion considérable de fer et d'alumine, on n'en emploie plus dans ce pays, quoiqu'on en utilise en Allemagne pour la fabrication du double superphosphate.

Bordeaux ou Phosphate Français.

De qualité semblable au phosphate de Lahn, on obtient celui qu'on obtient dans les environs de Bordeaux.

Phosphate algérien.

D'excellents phosphates sont maintenant expédiés d'Algérie, certaines cargaisons pouvant atteindre 70 pour cent.

Croûte Guanos.

Nous avons déjà évoqué les guanos dans le chapitre sur le Guano. Ils sont également connus sous le nom de phosphates des Caraïbes, et proviennent des îles des Antilles. Les principales espèces sont Aruba, Curaçao, Sombrero et Navassa, Great Cayman, Redonda et Alta Vela. La plupart d'entre eux sont de haute qualité, contenant de 60 à 80 pour cent de phosphate, et conviennent donc à la fabrication de superphosphates de haute qualité. Certains d'entre eux contiennent cependant une proportion considérable de fer et d'alumine et ne conviennent pas à cet usage. Les phosphates de

Redonda et d'Alta Vela sont constitués principalement de phosphate d'alumine.

Valeur des phosphates minéraux comme fumier.

Bien qu'il soit généralement considéré comme déconseillé d'utiliser des phosphates minéraux directement comme engrais phosphatés, on peut se demander dans quelle mesure une telle opinion est justifiée par l'expérience réelle. Le professeur Jamieson d'Aberdeen, dans ses expériences intéressantes et précieuses, a attiré l'attention sur le fait que les coprolites à l'état de division fine sont une source extrêmement précieuse d'acide phosphorique pour les cultures et sont une source disponible plus rapidement qu'on ne le suppose généralement. Des expériences menées ailleurs avec des coprolites broyés et d'autres phosphates minéraux corroborent les conclusions du professeur Jamieson. L'utilisation réussie du Thomas-phosphate a attiré l'attention sur la possibilité d'appliquer de manière rentable au sol du phosphate minéral non dissous ; et il ne fait aucun doute que cette pratique pourra être accrue dans les années à venir. Mais à l'heure actuelle, à l'exception du Thomas-phosphate, seuls les phosphates minéraux sont utilisés pour la transformation en superphosphate.

NOTES DE BAS DE PAGE :

[221] Depuis la découverte des gisements de phosphate de Floride, l'exploitation des mines canadiennes a été pratiquement abandonnée.

[222] Voir annexe, p. 381.

[223] Ces phosphates ne sont plus exploités aujourd'hui.

[224] Ces gisements ont été découverts il y a quelques années ; et comme ils sont d'une étendue considérable et de grande qualité, ils ont entièrement révolutionné le marché des phosphates. Environ 300 000 tonnes sont désormais récoltées chaque année en Floride.

ANNEXE AU CHAPITRE XII.

REMARQUE (p. 375).

LE TABLEAU SUIVANT MONTRE LES IMPORTATIONS DE PHOSPHATES AU ROYAUME-UNI ET DANS LES PAYS DE PRODUCTION AU COURS DES ANNÉES 1885-92.

	1885.	1886.	1887.	1888.	1889.	1890.	1891.	1892.
	Des tonnes.	Des tonnes.	Des tonnes.	Des tonnes.	Des tonnes.	Des tonnes.	Des tonnes.	Des tonnes.
États-Unis	138 844	144 623	165 275	111 369	122 554	177 283	*131 084	*201 465
Canada	21 484	18 069	19 194	12 423	23 297	21 089	15 918	7 814
Antilles néerlandaises (Curaçao, Aruba)	11 588	12 581	9 505	10 736	14 730	14 763	8 851	6 648
Antilles britanniques (Sombrero, etc.)	7 727	3 351	6 451	11 010	1 880	3 970	1 960	2 473
Espagne et Portugal	19 282	5 825	15 612	6 978	1 326	—	320	971
Belgique	35 405	31 551	45 322	54 261	64 643	82 096	70 723	65 079
Hollande	865	2 194	4 778	4 137	2 270	2 428	3 434	6 627
France	2 276	1 503	11 140	39 059	65 490	35 659	18 325	18 239
Australie	—	200	350	—	1 250	—	—	—
Allemagne	704	—	—	—	—	—	—	—
Haïti (Saint-Domingue)	—	2 175	3 044	6 238	4 094	992	1 639	2 965
Brésil	—	—	1 200	—	—	—	—	—
Venezuela et Guyane	—	—	405	—	—	—	540	—
Norvège	—	—	—	—	—	4 151	1 495	305
Autres pays	397	1 039	1 139	1 675	390	1 070	1 483	1 594
*Phosphate de Floride	—	—	—	—	—	—	35 203	66 327
Phosphate de Caroline	—	—	—	—	—	—	96 881	135 138

CHAPITRE XIII.
SUPERPHOSPHATES.

Comme cela a été mentionné dans le chapitre sur les os, Liebig a découvert en 1840 que l'effet de l'ajout d'huile de vitriol, ou acide sulfurique , aux os était de rendre soluble le phosphate qu'ils contiennent. Cette découverte marqua une époque dans l'histoire des engrais artificiels et jeta les bases de la fabrication désormais énorme du superphosphate. En 1862, les jurys de l'Exposition internationale de Londres publièrent un rapport détaillé contenant un article intéressant sur le commerce du fumier en Grande-Bretagne, dans lequel il était déclaré que la quantité annuelle de superphosphate alors fabriquée s'élevait de 150 000 à 200 000 tonnes. Aujourd'hui, on pourrait en placer près d'un million de tonnes. Il est probable que celui fabriqué aux États-Unis soit considérablement plus élevé. Dans le premier cas, le superphosphate a été fabriqué par Sir John Lawes à partir de charbon d'os usé. Celui-ci a été remplacé par les coprolites et la phosphorite d'Estrémadure, les coprolites du Suffolk étant pendant de nombreuses années le principal matériau utilisé. Les coprolites de Cambridge, plus riches, lui succédèrent à leur tour, mais ces dernières années, les coprolites ont pratiquement cessé d'être une source de superphosphate, les autres phosphates minéraux mentionnés dans le chapitre précédent, tels que les phosphates de Caroline du Sud, de Belgique, de Somme, etc. -prenant leur place.

Fabrication de Superphosphate.

La fabrication du superphosphate est d'un caractère trop technique pour permettre d'en discuter dans un ouvrage de ce genre. Il est cependant important que les principes généraux qui sous-tendent le processus de fabrication et les modifications chimiques du phosphate qui se produisent au cours du processus soient clairement compris. En premier lieu, dans la fabrication du superphosphate, on attache une grande importance à la finesse de division de la matière première, et on a consacré beaucoup d'ingéniosité aux appareils conçus à cet effet. La difficulté de broyer le phosphate varie bien entendu selon la nature du matériau utilisé : l'apatite, par exemple, est beaucoup plus difficile à réduire à la finesse nécessaire que le guano phosphatique. Plus l'état de division est fin, plus la décomposition du phosphate par l'acide sera complète. M Warington recommande que, pour un travail de première classe, la poudre soit si fine qu'elle puisse passer à travers un tamis de quatre-vingts fils par pouce. Une fois le phosphate réduit en poudre, il est mélangé à de l'acide. Cela a lieu dans le mélangeur, qui se présente généralement sous la forme d'un cylindre de fer muni au centre d'un arbre tournant, l' acide sulfurique utilisé étant l'acide de chambre ordinaire (sp. gr. 1,57). Quelle que soit la force de l'acide utilisée, une certaine quantité d'eau doit être présente pour former du gypse. C'est à la formation de gypse dans le produit obtenu que l'on doit la siccité du superphosphate. La proportion d' acide sulfurique utilisée dépend de la composition du phosphate ; et ici on peut faire remarquer que la présence d'une grande quantité de carbonate de chaux est un facteur très important pour déterminer la quantité d'acide nécessaire. La raison en est que là où le carbonate et le phosphate de chaux sont présents ensemble, l'acide sulfurique agit d'abord sur le carbonate, et ce n'est que lorsque celui-ci est entièrement décomposé que l'on peut agir sur le phosphate. C'est pourquoi les phosphates minéraux à fort pourcentage de carbonate de chaux ne constituent pas une matière aussi économique pour la fabrication du superphosphate que ceux dont le pourcentage de carbonate est faible. [225] Une certaine quantité de chaleur est nécessaire pour permettre une décomposition rapide. A cet effet , l' acide sulfurique ajouté a été préalablement chauffé. Toutefois, dans la fabrication ordinaire du superphosphate, cela n'est pas considéré comme nécessaire, car la chaleur développée par l'action chimique entre le phosphate et l'acide est suffisamment grande. Le phosphate, après avoir été soigneusement mélangé à l'acide, est déversé dans ce que l'on appelle techniquement la fosse, une chambre construite en brique ou en béton. Le mélange, qui est à l'état fluide lorsqu'il entre dans la fosse, durcit très vite et est creusé en un jour ou deux. Il est ensuite réduit en poudre dans un désintégrateur, puis prêt à être utilisé comme fumier.

Nature de la réaction en cours.

Afin de bien comprendre la nature de la réaction qui a lieu lorsqu'on ajoute de l'acide sulfurique à une matière phosphatée, il peut être bon de dire un mot ou deux sur la composition des différents composés de chaux et d'acide phosphorique.

Phosphates de Chaux.

Dans les différents engrais phosphatés utilisés en agriculture, il existe quatre sortes de phosphates différents. Sous la forme la plus courante, communément appelée phosphate osseux, qui est la forme sous laquelle la chaux et l'acide phosphorique sont combinés dans les os, le guano et les phosphates minéraux ordinaires, la chaux et l'acide phosphorique sont combinés sous la forme de ce que l'on appelle tribasique. phosphate de chaux, ou phosphate tricalcique , c'est-à-dire que pour chaque équivalent d'acide phosphorique il y a trois équivalents de chaux. Cela peut être représenté comme suit : -

Chaux }
Chaux } Acide phosphorique.Chaux }

Ou encore, nous pouvons dire que pour 142 parties en poids d'acide phosphorique, il y a 168 parties en poids de chaux sous cette forme de phosphate. Il s'agit de la forme la moins soluble de l'acide phosphorique [226] et c'est la forme généralement appelée dans les analyses commerciales sous le nom de phosphate insoluble. Lorsqu'on agit sur ce phosphate avec de l'acide sulfurique , il se forme, comme Liebig l'a montré le premier, un phosphate soluble, auquel on a donné le nom de superphosphate, et qui est aussi connu sous le nom de phosphate monobasique de chaux, ou phosphate monocalcique . Ce composé peut être représenté comme contenant, au lieu de trois équivalents de chaux, un seul, les deux autres équivalents étant remplacés par de l'eau. Ce composé peut être représenté comme suit : -

Chaux }
Eau } Acide phosphorique.Eau }

Dans celui-ci, pour 142 parties d'acide phosphorique, il n'y a que 56 parties de chaux. Il est soluble dans l'eau et donne sa valeur à l'article commercial connu sous le nom de superphosphate de chaux. Intermédiaire en composition entre ces deux phosphates, il en existe un autre connu sous le nom de phosphate de chaux précipité, ou phosphate dicalcique (le même que le phosphate inversé), qui contient deux équivalents de chaux et un équivalent d'eau comme suit :

Chaux }
Chaux } Acide phosphorique.Eau }

Ce composé contient, pour 142 parties d'acide phosphorique, 112 parties de chaux ; et en solubilité occupe une position intermédiaire. Enfin, il existe un quatrième composé de chaux et d'acide phosphorique, qui ne se trouve que dans un seul fumier phosphaté, à savoir les scories phosphatées, dans lesquelles il a été découvert pour la première fois, et qui consiste en quatre équivalents de chaux pour un d'acide phosphorique, auquel le nom de phosphate tétrabasique de chaux ou phosphate tétracalcique a été donné. Sa composition peut être illustrée comme suit : -

Chaux }
Chaux } Acide phosphorique.Chaux }Chaux }

Ou, pour 142 parties d'acide phosphorique, il y a 224 parties de chaux. Contrairement à ce que l'on pourrait attendre, ce phosphate est moins insoluble que le phosphate tribasique ou osseux ordinaire. Cela peut être dû au fait que, dans le phosphate tétrabasique, il y a plus de chaux présente que celle que l' acide phosphorique peut retenir avec une forte affinité chimique. [227] Dans la fabrication du superphosphate, le phosphate tribasique est converti en phosphate soluble, la chaux, qui était autrefois en combinaison avec l'acide phosphorique, s'unissant à l' acide sulfurique et formant du gypse. [228] On supposait jusqu'à récemment que le phosphate soluble et le gypse étaient les deux seuls produits résultant de cette décomposition. Cependant, Ruffle et d'autres ont montré récemment que ce n'est pas le cas à proprement parler et qu'il se forme probablement une grande proportion d'acide phosphorique libre ; en effet, il paraît probable que dans la première étape de la réaction, il ne se produit que de l'acide phosphorique, et que celui-ci agit ensuite sur le phosphate non décomposé, avec production de phosphate monocalcique . [229] La quantité d' acide sulfurique que l'expérience a montré qu'il est nécessaire d'ajouter pour la fabrication réussie et économique du superphosphate dépend de la composition de la matière première utilisée. Plus le pourcentage de phosphate tribasique est élevé, plus la quantité d' acide sulfurique nécessaire à sa décomposition est importante ; mais parfois même un mauvais phosphate consomme une grande quantité d' acide sulfurique . C'est le cas lorsqu'une grande quantité de carbonate ou de fluorure de calcium est présente dans le phosphate brut, car ces deux composés nécessitent une quantité d'acide pour leur décomposition, qui a lieu avant la décomposition du phosphate. Par conséquent, les phosphates riches en carbonate de chaux ne conviennent pas comme matériaux économiques à partir desquels fabriquer du superphosphate.

Phosphates inversés.

Un changement susceptible de se produire dans le superphosphate après sa fabrication est ce que l'on appelle la réversion du phosphate soluble. On constate ainsi qu'en conservant le superphosphate pendant une longue période, le pourcentage de phosphate soluble devient inférieur à ce qu'il était au début. La vitesse à laquelle se poursuit cette détérioration du superphosphate varie selon les échantillons. Dans un article bien fabriqué, elle est pratiquement inappréciable, tandis que dans certains superphosphates, fabriqués à partir de matériaux inappropriés, elle peut atteindre un pourcentage considérable. Les causes de ce retour en arrière sont doubles. D'une part, la présence de phosphate de chaux non décomposé peut en être la cause. Cette source de réversion est cependant beaucoup moins importante que l'autre, qui est la présence de fer et d'alumine dans la matière première. Lorsqu'un phosphate soluble revient, il se produit la conversion du phosphate monocalcique en dicalcique . Or, dans le premier cas, où la réversion est due à la présence de phosphate non décomposé, l'action qui se produit peut être représentée comme suit :

Citron vert	}	} {	citron vert	}	}
Citron vert	} acide phosphorique	} {	eau	} acide phosphorique	}
Citron vert	}	} + {	eau	}	} =
(Une molécule de phosphate insoluble)	} {	(Une molécule de phosphate soluble)	}

Citron vert	}	} {	citron vert	}	}
Citron vert	} acide phosphorique	} {	citron vert	} acide phosphorique	}
Eau	}	} + {	eau	}	} =
(Une molécule de phosphate inversé)	} {	(Une molécule de phosphate inversé)	}

Il convient toutefois de mentionner que, dans la pratique, le retour à cette cause ne se produit probablement que dans une très faible mesure. [230] Lorsque la réversion est due à la présence de fer et d'alumine dans la matière première, la nature de la réaction n'est pas bien comprise et n'est donc pas aussi facilement démontrée que dans le premier cas. Là où le fer est présent sous forme de pyrites ou de silicate ferreux, il ne semble pas provoquer de réversion. Ce n'est que lorsqu'il est présent sous forme d'oxyde — et dans la plupart des matières phosphatées brutes il est généralement sous cette dernière forme [231] — qu'il provoque une réversion dans le phosphate.

Valeur du Phosphate inversé.

La valeur du phosphate récupéré est un sujet qui a donné lieu à de nombreuses controverses parmi les chimistes. On admet maintenant qu'il a une valeur plus élevée que le phosphate insoluble ordinaire ; mais dans ce pays, dans le commerce du fumier, cela n'est pas encore reconnu . Au début, on pensait qu'il était impossible d'en estimer la quantité par analyse chimique. Cette difficulté a cependant été surmontée et il est généralement admis que le procédé au citrate d'ammonium fournit un moyen précis d'en déterminer la quantité. Tant sur le continent qu'aux États-Unis, le phosphate révert est reconnu comme possédant une valeur monétaire supérieure à celle du phosphate insoluble ordinaire. Il en résulte que les phosphates bruts contenant du fer et de l'alumine dans une mesure appréciable ne sont pas utilisés dans ce pays, bien qu'ils trouvent une application limitée en Amérique et sur le continent.

Composition des superphosphates.

Les superphosphates tels qu'ils sont fabriqués peuvent être divisés, d'une manière générale, en trois classes : classe basse, classe moyenne et classe élevée. La classe ordinaire ou moyenne contient de 25 à 27 pour cent de phosphate soluble ; et ici on peut faire remarquer que par phosphate soluble, on entend le pourcentage de phosphate tribasique qui a été dissous, et non, comme on pourrait le supposer à première vue, le pourcentage de phosphate monocalcique . Les superphosphates de classe inférieure sont ceux contenant moins de 25 pour cent, généralement 23 à 25 pour cent, de phosphate soluble ; tandis que le superphosphate de première qualité peut en contenir de 30 à 45 pour cent. Pour la fabrication du superphosphate de première qualité, on ne dispose que d'un certain nombre de phosphates bruts, tels que les phosphates de Curaçao et de Somme, les guanos phosphatés, les charbons d'os, etc. Certains procédés ont été brevetés pour la fabrication de superphosphates encore plus concentrés, et grâce à eux , on a préparé des phosphates contenant jusqu'à 40 pour cent d'acide phosphorique soluble , *c'est -à-dire 87 pour cent de phosphate soluble*. A cette classe appartient ce qu'on appelle le superphosphate double, fabriqué à Wetzlar en Allemagne. Une telle forme de fumier concentré est naturellement très coûteuse à fabriquer et n'est guère recommandée pour la consommation domestique. Toutefois, lorsque le fumier doit être transporté sur de longues distances et que le fret est par conséquent très élevé, un article aussi concentré peut s'avérer le plus économique.

Action des Superphosphates.

Lorsque le superphosphate est appliqué au sol, il se transforme en un état insoluble. En bref, le processus de réversion se déroule à grande échelle. Cela est dû aux sels de chaux, de fer et d'alumine que contient le sol. Selon toute vraisemblance, le phosphate est finalement converti en phosphate ferrique ou aluminique hydraté, forme sous laquelle il est progressivement traité par la sève des racines des plantes, selon les besoins. Ceci étant, on peut se demander pourquoi le superphosphate a-t-il une action tellement plus rapide que le phosphate insoluble ? ou pourquoi devrions-nous nous donner la peine et les frais de dissoudre le phosphate s'il doit redevenir insoluble dans le sol ? Cette question est d'une très grande importance, car la réponse à cette question fournit, à notre avis, la clé de toute la question des phosphates. Lorsque le superphosphate est ajouté au sol, étant soluble dans l'eau, il est bientôt dissous et entraîné par la pluie dans ses pores, et se mélange parfaitement aux particules du sol. Il se fixe ainsi rapidement dans le sol, sans risque d'être emporté par les eaux. Il en résulte que le phosphate est obtenu dans un état de division infiniment plus minutieux que celui qui pourrait jamais être obtenu par broyage mécanique, et qu'il est en outre mélangé le plus intimement aux particules du sol. C'est ce mélange intime du phosphate avec les particules du sol, et son état de division minutieux, qui constituent la seule raison qui rend le superphosphate supérieur dans son action aux phosphates insolubles même les plus finement broyés. Cette opinion est appuyée par le fait que, bien que le chimiste ait imité la nature en cette matière jusqu'à fabriquer du phosphate précipité, il n'a pas réussi, en règle générale, à obtenir avec lui des résultats aussi favorables qu'avec le superphosphate. Bien que l'état mécanique de division du phosphate précipité fabriqué soit probablement aussi fin que celui obtenu par la nature à partir du superphosphate, il est impossible d'obtenir un mélange aussi intime avec les particules du sol, et par conséquent les résultats obtenus sont différents. Pour ces raisons, il est facile de voir que la vitesse d'action du superphosphate doit toujours être plus rapide que celle de toute autre forme d'engrais phosphaté. Le phosphate est partout distribué dans le sol. Les racines des plantes reçoivent ainsi un approvisionnement continu tout au long de leur croissance et les micro-organismes qui ont besoin pour leur développement d'un apport de cette nourriture végétale nécessaire, se propagent. Une régularité de croissance de la plante est ainsi assurée, ce qui est d'une grande importance. Mais tout en admettant cela, il existe de nombreux cas où cette plus grande rapidité d'action ne fait pas du phosphate soluble la forme la plus économique. La nature de la culture, ainsi que la nature du sol, peuvent dans de nombreux cas être telles qu'elles rendent plus économique l'application du phosphate insoluble, moins coûteux. Il est impératif que la croissance précoce de certaines cultures soit accélérée autant que possible par un approvisionnement facile en nourriture végétale facilement assimilable, afin de leur permettre de résister avec succès à l'attaque de certains ravageurs auxquels elles sont susceptibles de succomber. C'est par exemple le cas notamment des navets. Dans un tel cas, il ne fait aucun doute que le phosphate soluble a une très grande valeur pour les jeunes plantes, car il leur permet de survivre à cette période critique.

Action du Superphosphate parfois défavorable.

Mais même dans ce cas, il peut y avoir d'autres conditions qui font du phosphate insoluble un engrais préférable. C'est le cas lorsque le sol est de nature très légère et manque de chaux. Dans ce cas, le superphosphate acide, n'ayant pas la base nécessaire pour se combiner, peut même s'avérer nocif pour les jeunes plantes. Selon le regretté Dr Voelcker, un superphosphate concentré peut produire une récolte plus petite qu'un engrais contenant seulement un quart de moins d'acide phosphorique soluble, lorsqu'il est appliqué sur des plantes-racines sur des sols sableux, très pauvres en chaux. Les cas comme celui-ci sont cependant extrêmement rares ; et nous pouvons dire que, dans le cas des plantes-racines en général, le superphosphate doit être considéré comme d'une valeur particulière.

Application de superphosphate.

Dans tous les cas, le superphosphate doit être appliqué sur un sol quelque temps avant qu'il soit susceptible d'être assimilé par la plante, afin de permettre une neutralisation complète de son caractère acide avant que les racines de la plante n'entrent en contact avec lui. Ainsi, le professeur SW Johnson, l'une des plus grandes autorités américaines actuelles, estime que des recherches récentes tendent à montrer que les phosphates solubles et inversés (ou précipités) sont, dans l'ensemble, à peu près aussi précieux que l'aliment végétal, et de presque valeur commerciale égale. Mais comme le remarque Sir John Lawes, citant le professeur Johnson à cet effet, cette opinion est basée sur une expérience de l'agriculture américaine, dans laquelle le phosphate soluble est principalement appliqué aux cultures céréalières, alors que dans ce pays, il est principalement appliqué aux navets. . Dans le cas des cultures céréalières, l'importance d'une croissance précoce et rapide n'est pas aussi grande, comme nous l'avons déjà souligné, que pour les navets, où le danger pour les jeunes plants du fait des ravages de la mouche du navet est tel qu'une croissance ne serait-ce que d'un jour ou deux peut faire une différence très considérable.

Valeur du Phosphate Insoluble.

L'examen de l'action du superphosphate jette donc beaucoup de lumière sur les conditions qui déterminent la valeur des phosphates insolubles lorsqu'ils sont appliqués au sol, et montre que l'état de division, l'intimité du mélange avec les particules du sol et la la nature du sol, sont les facteurs déterminants. Les phosphates insolubles, comme nous aurons l'occasion de le voir en parlant des scories basiques, ont leur meilleure action sur les sols pauvres en chaux et riches en matière organique. Des tableaux ont été dressés en vue de fournir une indication sur la valeur de l'acide phosphorique dans les différents engrais. En annexe [232] nous donnons celles de Wolff pour 1893, et un tableau américain, établi pour 1892. Les valeurs comparatives des phosphates minéraux, ainsi que du guano péruvien et de la poussière d'os, seront plus amplement évoquées dans le chapitre suivant. .

Taux auquel le superphosphate est appliqué.

La vitesse à laquelle le superphosphate est appliqué au sol varie selon les régions du pays. En Angleterre 2 à 3 quintaux. par acre est considéré comme un pansement moyen ; alors que dans de nombreuses régions d'Écosse, il est appliqué en quantités allant jusqu'à 6 à 8 quintaux. par acre à la récolte de navets. La raison pour laquelle des pansements beaucoup plus lourds peuvent être avantageusement administrés dans les régions du nord de ce pays est due à la période beaucoup plus longue de croissance incontrôlée. Dans les districts plus au sud, où les précipitations sont moindres, le mildiou apparaîtra presque certainement lorsque les semis auront lieu aussi tôt que nécessaire pour obtenir une récolte maximale. Avec lui, comme avec les autres fumiers, la quantité doit être déterminée par les conditions de son application et la quantité d'autres fumiers appliquées.

NOTES DE BAS DE PAGE :

[225] Cela est vrai, peut-on le mentionner, à l'égard de l'application de certains engrais, tels que le charbon d'os, au sol. Le charbon osseux a longtemps été utilisé en France comme engrais sans être dissous. L'action d'un tel fumier, contenant un pourcentage considérable de carbonate de chaux, est plus lente que son action ne le serait s'il s'agissait de phosphate de chaux pur, car le carbonate de chaux est d'abord traité (comme dans le cas de la fabrication du superphosphate) par le acides du sol.

[226] Bien entendu, la solubilité du phosphate tribasique n'est pas toujours égale dans les différents fumiers. Par exemple, le phosphate de l'apatite, en raison de la structure cristalline de ce minéral, est loin d'être aussi soluble que le phosphate des guanos phosphatés, bien que dans les deux cas sa composition chimique soit pratiquement la même.

[227] Pour les formules des différents phosphates, voir Annexe, Note I., p. 398.

[228] Pour les formules chimiques montrant la réaction, voir l'Annexe, Note II., p. 398.

[229] Certes, il est bien connu que l'acide phosphorique libre s'obtient en agissant sur le phosphate de chaux avec un excès d' acide sulfurique ; mais ce que nous avons dit avoir été récemment découvert, c'est que lorsqu'on agit

sur le phosphate de chaux, même avec une petite quantité d' acide sulfurique , il se forme de l'acide phosphorique libre.

[230] Pour les formules chimiques montrant cette réversion, voir Annexe, Note III., p. 399.

[231] Pour les théories chimiques sur la réversion du phosphate soluble par le fer et l'alumine, voir Annexe, Note IV., p. 399.

[232] Voir Annexe, Note V., p. 400.

ANNEXE AU CHAPITRE XIII.

REMARQUE I. (p. 388).

Les formules , composition moléculaire et pourcentage des différents phosphates, sont données dans le tableau suivant : -

| | | Composition en termes de— | | | | | | |
| | | Masse moléculaire. | | | | Pour cent. | | |
Nom.	Symbole.	Citron vert.	Eau.	Acide phosphorique.	Total.	Citron vert.	Eau.	Acide phosphorique.
Tri- ou os-phosphate.	$3CaO$, $P2O5$ _	168	0	142	310	54.19	0,00	45.81
Bi- ou di-phosphate.	$2CaO$, $H2O5$ _	112	18	142	272	41.18	6.61	52.21
Mono- ou super-phosphate.	CaO , $2H_2O$, P_2O_5	56	36	142	234	23.93	15h39	60,68

REMARQUE II. (p. 388).

Lorsqu'on ajoute de l'acide sulfurique au phosphate tricalcique , la réaction suivante se produit :

$$(1.) \quad 3CaO , P2O5 \_ \quad + \quad 2(H_2O, SO_3)$$

(Phosphate tricalcique),   (Acide sulfurique),

$$= \quad 2(CaO , SO_3) \quad + \quad CaO , 2H_2O, P_2O_5$$

(Gypse)   (Phosphate monocalcique).

$$(2.) \ 3CaO, P_2O_5 + 3(H_2O, SO_3) = 3CaO, SO_3 + 3H_2O, P_2O_5 \ \text{ou} \ 2H_3PO_4.$$

REMARQUE III. (p. 390).

Cette équation donne la réaction chimique qui se produit lorsque le phosphate soluble est inversé, en raison de la présence de phosphate non dissous :——

$$3CaO_{,P2O5} \quad + \quad CaO, 2H_2O, P_2O_5$$

(Phosphate tricalcique),   monocalcique ,

$$= \quad 2CaO_{,H2O,P2O5} \quad + \quad 2CaO_{,H2O,P2O5}$$

(Phosphate dicalcique),   (Phosphate dicalcique).

REMARQUE IV. (p. 390).

"Les réactions produites par les composés de fer et d'alumine n'ont jamais été clairement établies. Mais on peut en avoir une idée à partir des suggestions suivantes, qui ont été rejetées par le chimiste anglais Patterson. Supposons que l' acide sulfurique a dissous une quantité de fer ou d'alumine, alors on peut avoir la réaction :——

$$Fe_2O_3, 3SO_3 + CaO, 2H_2O, P_2O_5 = Fe_2O_3, P_2O_5 + CaO, SO_3 + 2(H_2O, SO_3),$$

et l'acide libre ainsi formé dissoudrait davantage de fer ou d'alumine de la roche qui avait échappé à la décomposition, et la réaction ici formulée se produirait encore et encore. Nous avons ici un processus cumulatif augmentant continuellement la quantité de Fe_2O_3, $P_2O_{5\,insolubles}$, et diminuant dans la même proportion le $P_2O_{5\,soluble}$. Encore une fois, nous avons peut-être simplement...

$$2Fe_2O_3 + 3(CaO, 2H_2O, P_2O_5) = 2(Fe_2O_3, P_2O_5) + 3CaO, P_2O_5;$$

où trois molécules de l'acide phosphorique soluble sont amenées à revenir à l'état insoluble d'un seul coup.

"Dans le cas où le fer contenu dans la roche originale serait à l'état d'oxyde ferreux, la réaction suivante pourrait peut-être se produire :

$$4(FeO, SO_3) + 2O + CaO , 2H_2O, P_2O_5 + 3CaO, P_2O_5 = 2(Fe_2O_3,$$
$$P_2O_5) + 4(CaO , SO_3).$$

sauf la dernière , l'alumine servirait aussi bien que l'oxyde de *fer* .

REMARQUE V. (p. 396).

Le tableau suivant montre les valeurs commerciales relatives de l'acide phosphorique dans différents engrais :

I.— WOLFF , 1893.

Phosphate soluble dans l'eau (comme dans le super)	100
Phosphate précipité, guano péruvien	92
Phosphate inversé, guano de poisson à base de poussière d'os cuit à la vapeur, poudrette	83
Guanos phosphatés (Baker Island), cendres de bois	75
Poussière d'os plus grossière, charbon animal en poudre, cendre d'os	67
Gros fragments d'os, poudre de phosphorite et de coprolite, laitier Thomas, fumier de ferme	33

II.— AMÉRICAIN , 1892.

Phosphate soluble dans l'eau	100
Phosphate soluble dans le citrate d'ammonium	94
Fine poussière d'os, poudre de poisson	94
Os fin moyen	74
Os moyen	60
Os grossier	40

CHAPITRE XIV.
THOMAS-PHOSPHATE OU SCORIES BASIQUES.

Nous avons dans cette substance un complément très important à nos engrais phosphatés. Il est présent sur le marché depuis 1886 et la consommation en Allemagne en 1887 s'élevait à elle seule à près de 300 000 tonnes. Dans ce pays, on commence seulement maintenant à l'utiliser dans une certaine mesure.

Sa fabrication.

Le laitier Thomas est un sous-produit obtenu dans la fabrication de l'acier par ce que l'on appelle le procédé « de base ». En 1879, une amélioration du procédé bien connu "Bessemer" fut brevetée par MM. Gilchrist & Thomas. Il faut expliquer que lors de la fabrication de l'acier à partir de fonte brute, certaines impuretés présentes dans la matière première doivent être éliminées afin de produire un bon acier. Parmi ces impuretés, l'une des plus importantes est *le phosphore* . Cela est dû au fait que même un très faible pourcentage d'acide phosphorique dans l'acier a pour effet de le rendre cassant. Cependant, l'extraction du phosphore de la matière première se heurtait autrefois à de très sérieuses difficultés et avait naturellement pour effet de rendre l'acier un article coûteux, dans la mesure où seules les espèces de fonte les plus pures pouvaient être utilisées à cet effet.

Cependant, grâce à l'introduction en 1879 du procédé "Thomas-Gilchrist" ou "de base", ces difficultés furent en grande partie surmontées, et l'emploi de fers même aussi impurs que le Cleveland (contenant un pourcentage relativement élevé de phosphore) fut rendu possible, et le prix de l'acier en conséquence est généralement très réduit. Le procédé consiste à soumettre la fonte fondue à une très grande chaleur dans un récipient en forme de poire (connu techniquement sous le nom de « convertisseur »). Celui-ci est ouvert par le haut et s'appuie sur des charnières qui permettent de le déplacer de manière à évacuer les écumes qui remontent à la surface à la fin de l'opération et qui, explique-t-on, sont constituées de « scories basiques ». ". Dans le processus original, les côtés du « convertisseur » étaient recouverts de briques réfractaires, constituées en grande partie de silice. Ce processus était connu sous le nom de processus « acide ». Dans le procédé "Thomas-Gilchrist", cependant, les côtés du "convertisseur" sont recouverts de *chaux* (le calcaire dolomitique étant largement utilisé), de la chaux étant également ajoutée à la fonte. Un souffle d'air est injecté à travers la masse fondue et les impuretés sont brûlées ou oxydées comme on l'appelle chimiquement. Le phosphore du fer se convertit ainsi en acide phosphorique, et, s'unissant à la chaux, forme du phosphate de chaux, qui remonte, comme nous l'avons déjà dit, à la surface sous forme d'écume, et est séparé de l'acier par étant déversé.

Pas utilisé au début.

C'est ainsi que l'on obtient le *laitier Thomas* . Cependant, quelques années après l'introduction de ce procédé ingénieux, personne n'a semblé avoir pensé que ce riche sous-produit phosphaté pouvait s'avérer un complément précieux à nos engrais artificiels . Le résultat fut que les scories de Thomas furent traitées comme un autre des trop nombreux sous-produits sans valeur qui semblent être nécessairement accessoires à la plupart de nos industries chimiques et autres, et qu'on les laissa s'accumuler en grandes quantités sans être utilisées à des fins quelconques. but.

Découverte de sa valeur.

En 1883, quelques courts articles publiés en Allemagne sur le sujet furent le premier moyen d'attirer l'attention du public sur son importance en tant qu'engrais. Au cours des années 1884 et 1885, de nombreuses expériences furent menées sur le sujet dans le même pays ; et depuis lors jusqu'à nos jours, son usage s'est de plus en plus étendu en Allemagne, jusqu'à ce qu'en 1887, comme nous l'avons déjà dit, sa consommation s'élève à près de 300 000 tonnes.

Composition.

Il se compose principalement de phosphate de chaux, de silicate de chaux, de chaux libre, de magnésie libre et d'oxydes de fer et de manganèse. Bien entendu, sa composition varie naturellement ; mais ce qui suit peut être considéré comme une analyse moyenne : [233] -

	Pour cent.
* Acide phosphorique	17
Chaux en combinaison avec des acides phosphorique, silicique, sulfurique et carbonique	40
Chaux gratuite	15
Oxydes de fer	12

En règle générale, l'acide phosphorique varie considérablement, allant de 10 à 20 pour cent, c'est-à-dire de 22 à 44 pour cent de phosphate tricalcique . Cela est dû à la différence entre le pourcentage de phosphore dans la matière première et la quantité de chaux ajoutée. Des tentatives ont été faites en Allemagne depuis deux ou trois ans pour obtenir une scorie plus riche en acide phosphorique que celle obtenue jusqu'à présent, et un procédé à cet effet a été breveté par le professeur Scheibler. Il s'agit d'une légère modification du processus ordinaire. Au lieu de traiter la fonte avec une quantité excessive de chaux, la quantité ajoutée n'est pas suffisante pour effectuer la déphosphoration complète de la fonte. Les scories obtenues sont très riches en acide phosphorique et par conséquent pauvres en fer. Le fer est ensuite traité à nouveau avec de la chaux fraîche et le phosphore complètement éliminé, tandis que la même chaux peut être réutilisée. Ces scories forment un fumier phosphaté beaucoup plus concentré que les scories ordinaires et sont connues sous le nom de *farine de phosphate brevetée* .

Un point qui non seulement fait de la scorie un produit particulièrement intéressant au point de vue chimique, mais qui a une incidence très importante sur sa valeur comme engrais, est la nature du composé formé par l'union de la chaux avec l'acide phosphorique. .

Dans les phosphates ordinaires dits bruts, tels que la farine d'os, la cendre d'os, les coprolites, etc., la chaux et l'acide phosphorique sont combinés sous la forme de ce qu'on appelle, en phraséologie chimique, phosphate *tribasique de chaux* . C'est-à-dire que pour chaque équivalent d'acide phosphorique il y a trois équivalents de chaux. Or, on a naturellement conclu d'abord que le phosphate tribasique était la forme sous laquelle ces deux substances existaient dans les scories. Cependant, il s'est avéré que ce n'était pas le cas, de la manière suivante. En laissant refroidir les scories, on a constaté que des cristaux petits mais parfaitement définis se formaient. Ces cristaux, par une analyse minutieuse, furent montrés, d'abord par Hilgenstock , comme étant constitués d'une forme de phosphate de chaux jusqu'alors inconnue, dans laquelle quatre équivalents de chaux étaient combinés avec un équivalent d'acide phosphorique, et qui fut pour cette raison appelé « phosphate tétrabasique ». "

Procédés de préparation de scories.

Dès que l'idée d' utiliser les scories comme engrais a été suggérée, divers projets ont été élaborés pour extraire son acide phosphorique et le rendre disponible comme aliment végétal. Celles-ci étaient jugées nécessaires, pensait-on, par la nature très insoluble des phosphates contenus dans les scories, ainsi que par l'action prétendument nuisible qui serait exercée sur la vie végétale par le protoxyde de fer qu'elles contenaient. En conséquence, un grand nombre de brevets ont été déposés, « couvrant presque toutes les méthodes imaginables de traitement des scories, qu'elles soient réalisables ou non. Ils sont tous pour l'essentiel des combinaisons ou des variantes des procédés suivants :

"1. *Préparation préliminaire du laitier.*

(*un*) En traitant le fondu ou non avec de la vapeur surchauffée, ou en le refroidissant à chaud avec de l'eau, pour le réduire en petits morceaux ou à un état fragile.

(*b*) *Affûtage.*

(*c*) Traiter avec de l'eau pour éliminer la chaux libre ou avec une solution sucrée.

(*d*) Torréfaction à l'air libre ou avec un agent oxydant .

"2. *Solution du laitier.*

(*un*) *Complètement* en acides faibles ou forts (chlorhydrique, sulfurique , etc.)

(*b*) *Partiellement* , de manière à dissoudre les phosphates et silicates de chaux, et à laisser la majeure partie des oxydes de fer et de manganèse.

"3. *Précipitation* de l'acide phosphorique, avec des sels de chaux ou de fer : ou,

"Processus dans lesquels les scories sont fondues avec du charbon de bois, pour réduire les phosphates en phosphures, traitées avec de l'acide, et l'hydrogène phosphoré est brûlé en acide phosphorique ; et,

"Processus dans lesquels les scories sont fondues avec des sels de soude ou de potasse, des sels caustiques, des chlorures, des sulfates, des carbonates, avec ou sans passage forcé de vapeur, pour former des phosphates alcalins solubles." [234]

Beaucoup de ces processus ont été essayés ; mais l'expérience a montré que le moyen le meilleur et le plus économique consistait à appliquer les scories directement sur le sol à l'état de poudre très fine. Des expériences ont en outre montré qu'il n'avait *pas* sur la végétation l'effet nuisible qu'on craignait qu'il produise à cause du protoxyde de fer qu'il contient. La découverte que son acide phosphorique existait, comme nous l'avons déjà expliqué, sous forme de phosphate tétrabasique de chaux, a renforcé l'opinion que c'est la meilleure méthode d'application.

Il a été découvert que beaucoup de choses dépendent de la finesse des scories broyées, avec pour résultat qu'elles sont maintenant couramment vendues sur la base d'analyses mécaniques et chimiques - c'est-à-dire que *les* scories sont garanties de passer à travers un tamis d'une certaine finesse. .

Solubilité des scories.

Le professeur Wagner, de Darmstadt, a fait des expériences extrêmement intéressantes sur la solubilité des scories. Il a constaté que les scories très finement pulvérisées étaient dissoutes dans l'eau acide carbonique à hauteur de 36 pour cent, tandis que, traitées de la même manière, la phosphorite ne se dissolvait qu'à hauteur de 8 pour cent. [235] Un autre solvant très important est *le citrate d'ammoniaque* . Le phosphate inversé (ou précipité) y est entièrement soluble, et le phosphate qui y est soluble devrait avoir une valeur plus grande que celui qui ne l'est pas. Or, le professeur Wagner a trouvé que la solubilité du laitier Thomas dans le citrate d'ammoniaque n'était pas inférieure à 74 pour cent, tandis que celle de la phosphorite n'était que de 4 pour cent. Ces résultats ont été corroborés par le professeur SW Johnson, qui a constaté que sur les 19,87 pour cent d'acide phosphorique contenus dans un échantillon de scories basiques, pas moins de 19,57 pour cent étaient solubles dans le citrate d'ammonium, tandis qu'un échantillon finement broyé de roche phosphatée donnait, à l'analyse, il n'y avait que 1,81 pour cent de soluble dans le citrate d'ammoniaque, sur un total de 29,49 pour cent d'acide phosphorique qu'il contenait. Le professeur Fleischer a également testé la solubilité comparative des scories basiques et de la phosphorite, en les faisant bouillir dans une solution d'acide acétique. La première a été dissoute à hauteur de 19 pour cent, tandis que la seconde a été dissoute à hauteur de 5 pour cent seulement. Une expérience très intéressante et très importante a été réalisée par M. Heinrich Albert, de Biebrich. On mélangea un gramme de laitier basique et 100 grammes de tourbe dans un litre d'eau, et on constata qu'après quatorze jours de repos, 79 pour cent de l'acide phosphorique contenu dans le laitier était rendu soluble.

Dans les expériences ci-dessus, il a été constaté que la *finesse du broyage* avait un effet marqué sur la solubilité des scories et que plus la scorie était broyée finement, plus sa solubilité était grande. Cela a été démontré davantage dans les expériences pratiques du professeur Wagner. Il en ressort que les scories finement broyées ont une action *quatre fois* plus rapide que les scories grossières ; mais que, en ce qui concerne les résultats pratiques, il semblait y avoir une limite à la finesse à laquelle il était conseillé de broyer les scories, car les scories au-dessus d'une certaine finesse ne donnaient pas de meilleurs résultats qu'une scorie plus grossière. Quoi qu'il en soit, il trouva que ces scories, d'une telle finesse qu'elles passaient entièrement à travers un tamis de gaze, ne donnaient pas de meilleurs résultats dans ses expériences que les scories qui laissaient derrière elles 17 pour cent. On peut dire cependant que *plus la scorie est broyée finement, plus grande sera son activité de fumier* ; et qu'un certain degré de finesse est absolument nécessaire pour en faire un engrais actif. Les expériences du professeur Wagner étant parmi les plus précieuses et les plus complètes faites sur les scories basiques, nous en donnerons un compte rendu assez détaillé.

Expériences de Darmstadt.

Les expériences du professeur Wagner ont été effectuées sur des espèces de cultures aussi différentes que le lin, le colza, le blé, le seigle, l'orge, les pois et la moutarde blanche, et le but de ces expériences était de vérifier l'activité comparative comme engrais du superphosphate, laitier basique de différentes degrés de finesse, guano péruvien, farine d'os humide et coprolites très finement broyés. Afin d'obtenir une estimation correcte de la valeur relative de ces différentes formes d'engrais phosphatés, il a fallu rendre inactifs l'azote de la farine d'os et l'azote et la potasse contenus dans le guano péruvien , *c'est-à-dire* limiter l'essai strictement à l'acide phosphorique. Cela a été fait en ajoutant aux scories super basiques et aux coprolites des quantités d'azote et de potasse égales à celles contenues par les autres engrais. On a en outre ajouté à toutes les expériences (celles sans fumier, bien sûr aussi) un excès d'azote et de potasse. De cette manière, l'augmentation des rendements ne pourrait être due qu'à l'acide phosphorique.

Les résultats généraux obtenus à partir de ces expériences peuvent être résumés comme suit : En supposant que l'activité du "super" soit représentée par 100, alors l'activité relative de -

Les scories basiques de finesse n° 1 [236] sont	61
Laitier basique, n° 2 [237]	58
Guano péruvien	30
Laitier basique, n° 3 [238]	13
Farine d'os	dix
Coprolites	9

A partir de ces résultats, on a tenté de déterminer la valeur de l'article commercial. Comme il contient environ 80 pour cent de farine fine et 20 pour cent de farine grossière , son activité peut être estimée à 50, soit la moitié de celle de la super. Donc 2 quintaux. de laitier basique est égal à 1 cwt. de super. Cela ne concerne que l'effet de la première année. Le professeur Wagner a fait d'autres expériences sur les effets secondaires des différents engrais, ce qui lui a permis de constater que les effets secondaires des scories de base sont encore *meilleurs* que ceux des scories "super". Cela est logique, car si l'on ajoute deux fois plus d'acide phosphorique sous forme de laitier basique que sous forme de "super", et que l'effet de la première année est similaire, c'est-à-dire la même quantité d'acide phosphorique. est assimilé par la plante à partir du sol dans les deux cas : il reste naturellement plus d'acide phosphorique dans le sol fumé avec des scories basiques que dans celui fumé avec du superphosphate de chaux. Par exemple, si 100 lb de super ont le même effet la première année que 200 lb de scories de base, et que l'on constate que seulement 60 lb de super et les scories de base ont été assimilés la première année par l'usine. , il est tout à fait naturel de conclure que les 140 livres restantes de scories de base auront un meilleur effet secondaire que les 40 livres restantes de super. Cela a été effectivement prouvé dans les expériences du professeur Wagner. Voici les résultats de quelques expériences que le professeur Wagner a faites sur les séquelles de différents engrais :

Sur 100 parties d'acide phosphorique, la récolte de la première année a éliminé...

Super	63
Guano péruvien	22
Farine d'os	7
Coprolites	6
Thomas-repas—	
Finesse n°1	39
Titre n°2	43
N ° 3. finesse	15

Sur 100 parties d'acide phosphorique laissées par la première récolte, les trois récoltes suivantes ont éliminé :

Super	30

Guano péruvien	9
Farine d'os	13
Coprolites	6
Thomas-repas—	
Finesse n°1	14
Titre n°2	29
Titre n°3	24

De nombreuses autres expériences ont été réalisées par divers expérimentateurs dans différentes régions d'Allemagne et il est inutile de les citer ici. Aucun, cependant, n'est aussi complet que ceux du professeur Wagner.

Résultats d'autres expériences.

Dans ce pays, des expériences ont été réalisées à Rothamsted, Cirencester, Downton, Bangor et par le Dr Aitken dans les stations de la Highland and Agricultural Society, ainsi qu'ailleurs. Les résultats de ces différentes expériences diffèrent naturellement considérablement, ceci étant dû à la différence de nature des sols sur lesquels les expériences ont été effectuées , ainsi qu'aux différents degrés de finesse des scories utilisées. Mais tous confirment les résultats généraux du professeur Wagner. Les résultats obtenus en Ecosse par le Dr Aitken dans les stations de la Highland Society ont été particulièrement favorables aux scories basiques comme fumier phosphaté. Les expériences furent faites sur des navets, et l'on constata que le laitier Thomas était, poids pour poids, supérieur au superphosphate. On peut ajouter que les scories utilisées dans ces expériences étaient riches en acide phosphorique et étaient dans un état de division inhabituellement fin. Les expériences effectuées par l'auteur ont prouvé que les scories constituent, sur divers sols écossais, l'un des engrais phosphatés les plus économiques à appliquer sur les navets. [239]

Nous résumerons, en conclusion, les déductions qui peuvent être justement tirées des résultats de toutes les expériences mentionnées ci-dessus quant à la valeur des cendres basiques comme engrais.

Sols les plus adaptés aux scories.

Bien que son action soit sans aucun doute plus favorable sur certains sols que sur d'autres, on peut affirmer en gros que son acide phosphorique est généralement *deux fois moins précieux* que celui du phosphate soluble. Les sols sur lesquels il aura l'effet le plus marqué seront ceux de nature *tourbeuse* , *pauvres* en chaux, mais *riches* en *matière organique* . Les résultats bénéfiques obtenus par une application de chaux sur des sols tourbeux sont bien connus. Comme les scories contiennent un pourcentage important de chaux libre, elles remplissent donc sur de tels sols une double fonction. Sur les prairies, les pâturages de toutes sortes (même s'ils ne sont pas trop secs) et les sols argileux pauvres en chaux, son action s'est révélée particulièrement favorable . Parmi les différents types de cultures, celles qui conviennent le mieux pour bénéficier des scories comme engrais phosphaté sont celles du type légumineuse. Cela vient du fait que leur période de croissance est plus longue que celle de la plupart des autres cultures.

Taux d'application.

Quant à la dose par acre à laquelle les scories doivent être appliquées, il y aura naturellement une divergence d'opinion. Le professeur Wrightson, du Downton Agricultural College, recommande qu'il soit appliqué à raison de 6 à 10 quintaux. par acre. Il s'agit bien entendu d'une fumure très libérale. Il ne faut cependant pas oublier que les engrais phosphatés, contrairement aux engrais azotés et, dans une certaine mesure, aux engrais potassiques, peuvent être appliqués en quantités même excessives sans aucun risque de perte. Il est impossible de mesurer nos fumiers phosphatés avec la même précision que nous mesurons notre azote. Il est donc plus sûr, et par conséquent plus économique à long terme, d'appliquer notre phosphate en quantité excessive que l'inverse. La raison de ceci peut être brièvement expliquée. L'acide phosphorique, naturellement présent dans la plupart des sols, est difficilement soluble. Seule une petite quantité est cédée quotidiennement à la plante. Cette quantité peut, dans des conditions climatiques favorables , être suffisante ; mais ces influences favorables ne durent jamais très longtemps.

Pendant trois semaines, peut-être, la plante peut connaître la sécheresse, et pendant cette période elle n'absorbe pas d'acide phosphorique et sa croissance s'arrête pratiquement ; mais cette période de sécheresse est suivie de pluie et de temps chaud, et la plante, pour être mûre au moment de la récolte, doit rattraper le temps perdu. Il doit croître dans les prochains jours dans ces conditions climatiques favorables autant qu'il aurait poussé dans des conditions normales en deux ou trois fois plus de temps. Mais pour ce faire, il faut qu'il puisse obtenir beaucoup d'acide phosphorique, et cela n'est possible que là où il y a un excès marqué d'acide phosphorique présent dans le sol.

La richesse d'un sol en acide phosphorique doit donc être telle qu'il soit capable non seulement de subvenir aux besoins ordinaires de la plante, mais encore de fournir un excès lorsqu'un tel excès sera nécessaire ; car il faut se rappeler que la quantité de substance végétale formée au cours de quelques jours dans des conditions favorables est très grande, et que par conséquent la quantité d'acide phosphorique que les plantes assimilent pendant cette période doit aussi être très considérable.

Méthode d'application.

En conclusion, quant au mode d'application des scories, il faut mettre *en garde les agriculteurs contre leur mélange avec du sulfate d'ammoniaque* ; car si cela est fait, il s'ensuivra une *perte considérable d'ammoniac* , libéré du sulfate par l'action de la chaux libre que contient le laitier Thomas. Avec le nitrate de soude et les sels de potasse, on peut le mélanger librement. De tels mélanges, cependant, ont tendance à se former en petites boules, qui deviennent bientôt très dures. Ils ne doivent donc être mélangés que peu de temps avant utilisation. Pour surmonter cette difficulté, le professeur Wagner recommande le mélange d'un peu de tourbe ou de sciure de bois avec les scories.

NOTES DE BAS DE PAGE :

[233] Voir annexe, p. 417.

[234] Article *vidéo* sur « Les scories de base : leur formation ». Par Stead et Ribsdale . «Journal de l'Institut du fer et de l'acier», 1887, p. 230.

[235] *Voir* la brochure du professeur Wagner, « Der Düngewerth und die rationelle Verwendung der Thomas Schlacke », Darmstadt, 1888.

[236] La finesse n° 1 était telle qu'elle était passée entièrement à travers un tamis de gaze fine de 250 fils au pouce linéaire.

[237] La finesse du fil no 2 était telle qu'elle passait entièrement à travers le tamis standard ordinaire , *c'est-à-dire* qu'elle contenait 120 fils par pouce linéaire.

[238] Le numéro 3 était ce qui ne passait pas au tamis standard.

[239] « Transactions de la société des Highlands et de l'agriculture », 1891 ; « Actualités chimiques », 1893.

ANNEXE AU CHAPITRE XIV.

REMARQUE (p. 404).

Pour ceux qui sont plus particulièrement intéressés, nous joignons une analyse complète des scories, tirée de l'article de MM. Stead et Ribsdale dans le « Journal of the Iron and Steel Institute », 1887, vol. je . p. 222 :—

Citron vert	41.58
Magnésie	6.14
Alumine	2,57
Peroxyde de fer	8.54
Protoxyde de fer	13.62
Protoxyde de manganèse	3,79
Protoxyde de vanadium	1,29
Silice	7.38
Soufre }	.23
Calcium}	.31
Anhydride sulfurique	.12
Acide phosphorique	<u>14h36</u>
	99,93

CHAPITRE XV.
FUMEURS POTASSIQUES.

Importance relative.

Au chapitre VI. nous avons fait observer que des trois ingrédients du fumier, la potasse était celle qui se rencontre le plus en abondance, et que, par conséquent, la nécessité de l'ajouter sous forme d'engrais artificiel existait moins fréquemment que dans le cas de l'azote ou de l'acide phosphorique. Il a été souligné en outre que, dans les conditions ordinaires de l'agriculture, la paille utilisée pour le fumier de ferme rendait au sol une plus grande quantité de potasse extraite des récoltes que ce n'était le cas pour les deux autres ingrédients. Malgré ces faits, il existe de nombreux cas où l'ajout de fumier potassique est de la plus haute importance pour augmenter la croissance des plantes. Il conviendrait donc de consacrer un peu d'espace à la considération de nos différents engrais potassiques et de leur action respective.

Sols écossais approvisionnés en potasse.

Les engrais potassiques ne sont pas très précieux dans ce pays puisque l'expérience a montré que la plupart des sols écossais sont abondamment approvisionnés en cet ingrédient de fumier. De plus, dans les conditions de la plupart des exploitations agricoles européennes, il semble y avoir un gain constant de potasse dans les sols. En Amérique, cependant, l'action de la potasse comme engrais semble être illustrée de manière plus frappante. En effet, partout où les cultures fourragères ou la paille sont vendues hors de la ferme en grandes quantités, ou là où les betteraves, les choux, les carottes, les pommes de terre, les oignons, etc., sont également cultivés en grandes quantités, la nécessité d'un apport d'engrais potassique se fait généralement sentir.

Sources de fumier potassique.

La valeur de la potasse comme engrais a été reconnue pour la première fois grâce à l' action favorable des cendres de bois. Bien entendu, leur action favorable n'est pas due uniquement à la potasse, car ils contiennent, en plus des autres composants cendrés de la plante, des phosphates ; et on peut aussi dire que leur valeur comme engrais dépend dans une large mesure de leur action indirecte. Ils contiennent un certain pourcentage d'alcali caustique, qui favorise la décomposition de la matière azotée du sol. Mais si l'on tient compte de ces autres propriétés précieuses, la valeur principale des cendres de bois est sans aucun doute due à la potasse qu'elles contiennent. C'est pourquoi l'usage de l'article commercial appelé *potasse*, qui est un mélange de carbonate et d'hydrate de potassium et qui est obtenu à partir de cendres de bois, était autrefois très courant comme engrais, notamment pour le trèfle. *La Barilla*, un riche engrais potassique préparé en brûlant certaines plantes en brins, en particulier la saline, était également autrefois largement exportée de Sicile et d'Espagne. *Le varech*, un produit obtenu en brûlant des algues en Écosse, est également un fumier riche en potassium. Mais depuis la découverte des mines de Stassfurt, tous les engrais potassiques en proviennent.

de Stassfurt.

D'énormes gisements de sel existent à Stassfurt en Allemagne. Ils ont été formés par l'évaporation d'une mer intérieure. Le sel a été découvert pour la première fois dans ces gisements en 1839, mais pendant longtemps la présence de sels de potasse a été peu soupçonnée, et ce n'est qu'en 1862 que les sels de potasse ont été exploités. Nous avons déjà, dans l'appendice du chapitre VI, donné une liste des principaux minéraux de potasse présents dans les gisements de Stassfurt. Ces minéraux se trouvent en couches, la couche la plus basse étant constituée de sel presque pur ; tandis qu'immédiatement au-dessus, nous avons une couche de sel mélangée à du minéral polyhallite (contenant du sulfate de potassium) d'environ 100 pieds d'épaisseur. Au-dessus de cette dernière couche, il y a une couche d'environ 90 pieds, contenant de la kiesérite (sulfate de magnésium) mêlée de chlorures de potassium et de magnésium ; et au-dessus se trouve encore une couche (90 pieds) de carnallite, qui fournit la principale source de sels de potasse utilisés pour les besoins du fumier.

Au début, les sels bruts, obtenus directement des gisements, étaient vendus comme engrais sous le nom de sels *d'Abraum*. Mais maintenant, ils sont purifiés. En 1888, environ 25 000 tonnes de sels de potasse furent exportées de Stassfurt pour être utilisées comme fumier. Parmi ces sels, on peut mentionner, à savoir, le kaïnit, une forme impure du sulfate, contenant en moyenne environ 12 pour cent de potasse, et le muriate et le sulfate, les deux sels, sous une forme plus ou moins pure, étant utilisé. Un mot ou deux peuvent être ajoutés sur l'effet des deux formes de potasse, à savoir sous forme de sulfate et de muriate.

Mérites relatifs du sulfate et du muriate de potasse.

C'est un fait bien connu que le muriate de potasse, loin d'avoir un effet bénéfique sur certaines cultures, est en réalité nocif. Parmi ceux-ci, on peut citer la betterave sucrière, la pomme de terre et le tabac. Dans le cas des betteraves, cela semble avoir pour effet de diminuer le pourcentage de sucre cristallisable , tandis que les pommes de terre sont rendues cireuses. En ce qui concerne la plante de tabac, cela semble diminuer la valeur de la feuille du point de vue du fumeur. Que cette action délétère soit due à la forme sous laquelle la potasse est présente, et non à la potasse elle-même, semble assez clair, puisque la potasse sous forme de sulfate n'a pas cet effet délétère sur ces plantes. Une autre objection qui a été avancée contre le muriate de potasse, c'est que, lorsqu'il est appliqué comme engrais, il est susceptible de donner lieu à la formation de chlorure de calcium, composé nettement nuisible à beaucoup de plantes. Une accusation semblable ne peut être portée contre le sulfate de potasse, puisque le gypse, qui est le principal composé qu'il est susceptible de donner naissance, est d'une grande valeur, comme nous l'avons déjà souligné, comme engrais indirect. Dans l'ensemble, le sulfate de potasse semble donc être la forme la plus sûre sous laquelle ajouter de la potasse. Malheureusement, la plupart des sulfates commerciaux sont très impurs et contiennent généralement des quantités considérables de muriate. En faveur du muriate, on peut dire que c'est le fumier le plus concentré et qu'il se diffuse mieux dans le sol que le sulfate, point de grande importance. Il a, en outre, été utilisé sans aucun effet néfaste sur le trèfle, le maïs, l'herbe et certaines plantes-racines.

Application de fumier de potasse.

L'extrême ténacité avec laquelle les particules du sol fixent les sels de potasse, lorsqu'ils sont appliqués comme engrais, est un point dont il faut tenir compte lors de leur application. Celle-ci, comme nous venons de le remarquer, est plus grande dans le cas du sulfate que dans le cas du muriate, et on a observé que certains autres engrais paraissent exercer une influence considérable en empêchant leur fixation. Parmi ceux-ci, on peut citer la farine d'os et le fumier de ferme. Le nitrate de soude semble également augmenter la diffusibilité des sels de potasse. A l'inverse, les sels de potasse semblent aider à fixer l'ammoniac.

Pour les raisons ci-dessus, les engrais de potasse doivent être appliqués au sol pendant une période considérable avant d'être susceptibles d'être utilisés par la culture. Il y a peu de risques de pertes graves dues à la pluie. Une application automnale est généralement recommandée. Même dans les sols très légers, il a été prouvé dans les expériences du Norfolk que l'application automnale présente un immense avantage par rapport à l'application printanière. On a constaté que lorsque la potasse est appliquée sous forme de sulfate, peu d'acide sulfurique est absorbé par la plante.

Parmi les sols les mieux adaptés aux engrais potassiques, il a été constaté que les sols légers et ceux largement chargés de matière organique tourbeuse (comme les sols des landes d'Allemagne) sont les plus favorisés ; tandis que sur les sols argileux lourds, le pourcentage de potasse que contiennent ces derniers est déjà suffisamment abondant pour les besoins des plantes. A Flitcham, la valeur de la potasse sur les sols calcaires a été démontrée de manière frappante. Parmi les cultures, il est maintenant assez généralement reconnu que celles de l'ordre des légumineuses bénéficient le plus de la potasse. La potasse s'est toujours révélée être un engrais qui mérite d'être appliqué, en particulier dans le cas du trèfle.

Taux d'application.

Il est préférable d'appliquer la potasse en petites quantités. De 1 à 2 quintaux. du muriate ou du sulfate est une quantité courante, et de 6 à 8 cwt. de Kainit .

CHAPITRE XVI.
FUMEURS ARTIFICIELS MINEURS.

Outre les engrais dont il a été question dans les chapitres précédents, il existe un certain nombre d'engrais mineurs qui sont utilisés dans une bien moindre mesure : sang séché, sabots, cornes, etc.

Parmi ceux-ci, l'un des plus précieux est le sang séché. Le sang frais, contenant 80 pour cent d'eau, contient de 2,5 à 3 pour cent d'azote, environ 0,25 pour cent d'acide phosphorique et environ 0,5 pour cent d' alcalis . Une fois séché, il forme un fumier azoté très concentré et précieux, utilisé depuis longtemps en France. L'article commercial contient en moyenne environ 12 pour cent d'azote et un peu plus de 1 pour cent d'acide phosphorique. Mélangé au sol, il fermente et l'azote qu'il contient est transformé en ammoniac. Bien qu'il ne s'agisse pas d'un fumier à action aussi rapide que le nitrate de soude ou le sulfate d'ammoniaque, il ne peut en aucun cas être décrit, comme on le fait dans les manuels agricoles ordinaires, comme un fumier à action lente. Son azote peut être considéré comme d'une valeur égale à celui du guano péruvien. Il convient particulièrement à l'horticulture et est principalement utilisé dans ce pays comme engrais pour le houblon. Il a également été utilisé avec des résultats bénéfiques pour le blé, l'herbe et les navets. En tant que fumier, il convient mieux aux sols sableux ou limoneux. Des quantités considérables sont exportées vers les colonies sucrières comme engrais pour la canne à sucre. Le fumier est fabriqué à partir d'autres déchets animaux. On peut mentionner que la chair maigre (contenant 75 pour cent d'eau) contient environ 3 à 4 pour cent d'azote, 0,5 pour cent d' alcalis et 0,5 pour cent d'acide phosphorique ; c'est-à-dire qu'une tonne de chair maigre contiendrait environ 70 livres d'azote et 10 livres d'acide phosphorique. Dans la chair séchée à l'air, selon Payen et Boussingault (contenant 8 1/2 pour cent d'humidité), il y a 13 pour cent d'azote. La chair constitue donc, lorsqu'elle est correctement compostée, un précieux fumier azoté. La chair séchée est généralement transformée en fumier appelé guano de farine de viande, dont nous avons déjà évoqué la composition dans le chapitre sur le Guano. [240]

Les sabots, les cornes, les poils, les poils et la laine, les déchets de laine et les intestins des animaux ont été utilisés comme engrais. Les sabots et les cornes constituent une source régulière de fumier artificiel azoté ; ce dernier étant obtenu comme sous-produit dans la fabrication de peignes et d'autres articles. Ils se présentent sous forme de poudre fine ; et pour augmenter leur rapidité d'action, qui est très lente, on les composte souvent en Amérique avec du fumier de cheval avant usage. Ils ont également été compostés avec de la chaux éteinte. Il ne fait aucun doute qu'un tel traitement augmente considérablement leur valeur. Leur pourcentage d'azote semble varier beaucoup selon l'espèce animale dont ils sont issus. Dans neuf échantillons de corne, la teneur en azote variait de 7 1/2 à 14 1/4 pour cent ; soit une moyenne de 11-1/3 pour cent. L'azote semble rarement dépasser 15 pour cent. Selon divers chercheurs, la quantité d'acide phosphorique qu'ils contiennent se situe entre 6 et 10 pour cent. SW Johnson n'en a trouvé que 0,08 à 0,15 pour cent dans les copeaux de corne de buffle. En France, on utilise ce qu'on appelle la corne « torréfiée ». Il s'agit d'une corne qui a été soumise à l'action de la vapeur. L'azote contenu dans ce matériau est considéré comme plus actif que dans la corne ordinaire. Selon Way, les cornes ont été utilisées pour la culture du houblon avec de bons résultats. Le sabot terrestre a une composition très similaire à celle de la corne et contient environ 14 à 15 pour cent d'azote. Des quantités considérables sont désormais utilisées. Il faut cependant se rappeler que les cornes, les sabots, les poils, les poils, etc., bien que riches en azote, possèdent une valeur engrais relativement faible. La production nationale de ces articles peut être estimée entre 6 000 et 7 000 tonnes.

Teiller.

Scitch est le nom donné à un fumier fabriqué à partir des déchets accessoires à la fabrication de la colle et à l'habillage des peaux. Il contient environ 7 pour cent d'azote et est fabriqué à Londres à raison de plusieurs milliers de tonnes par an.

Mauvaise qualité et déchets de laine.

Le Shoddy, qui est un fumier fabriqué à partir de déchets de laine, est un matériau largement fabriqué dans ce pays et qui était autrefois (il est maintenant beaucoup moins utilisé) utilisé dans une large mesure comme fumier. Sa production annuelle s'élève à environ 12 000 tonnes. Il en existe trois qualités : la première contient 8 à 12 pour cent d'azote ; le second, de 6 à 8 pour cent ; et le troisième, de 5 à 8 pour cent. Shoddy n'est en aucun cas un fumier très précieux. Les déchets de laine étaient autrefois beaucoup plus riches en azote qu'aujourd'hui. Cela est dû au fait de la falsification du coton, désormais si répandue dans la fabrication des articles en laine . Les chiffons en pure laine doivent contenir 17 à 18 pour cent d'azote. Il a été fortement recommandé de traiter les déchets de laine avec un alcali caustique avant de les utiliser comme fumier, afin de rendre plus rapidement disponible leur azote ; et il y a beaucoup à recommander ce traitement. Lorsque les déchets de laine sont épandus comme fumier, ils doivent toujours être appliqués en automne, afin de laisser s'écouler le plus de temps possible avant qu'ils ne soient nécessaires à la croissance de la plante.

Le cuir a également été utilisé comme engrais. Son azote peut être indiqué entre 4 et 6 pour cent ; et il peut être décrit en toute sécurité comme étant le moins précieux de tous les matériaux utilisés comme engrais azotés. Le cuir est, de par sa nature même, admirablement adapté pour résister à la décomposition lorsqu'il est appliqué sur le sol, et à moins qu'il ne soit réduit à un état très fin, on peut lui faire confiance pour rester non décomposé pendant une longue période. Le cuir torréfié, cependant, a probablement une plus grande valeur. On l'obtient de la même manière que la corne torréfiée, déjà mentionnée, c'est-à-dire par traitement à la vapeur. La graisse et les matières grasses qui l'aident si largement à résister à la décomposition étant extraites, il convient beaucoup mieux aux usages agricoles que le cuir ordinaire. Le cuir torréfié contient de 5 à 8 pour cent d'azote.

Suie.

Un fumier utilisé depuis longtemps et très apprécié est la suie. Obtenu par la voie habituelle, il contient généralement environ 3 pour cent d'azote, principalement sous forme de sulfate d'ammoniaque, et de petites quantités de potasse et de phosphates. Une proportion variable de l'azote est présente sous forme de sels d'ammoniac ; et cela confère sans aucun doute à la suie sa valeur manufacturée. Il a longtemps été utilisé comme couche de finition pour les jeunes céréales et l'herbe, et a été appliqué à raison de 40 à 60 boisseaux par acre. Il a une valeur indirecte en tant que destructeur de limaces.

Beaucoup des engrais mentionnés ci-dessus, de valeur relativement faible, seront probablement moins utilisés à l'avenir que par le passé, en raison des réserves plus abondantes de nitrate de soude et de sels d'ammoniaque dont on dispose actuellement. Beaucoup de ces substances ont probablement été utilisées dans des engrais mélangés.

NOTES DE BAS DE PAGE :

[240] Voir p. 324.

CHAPITRE XVII.
EAUX USÉES COMME FUMIER.

La valeur des eaux usées comme engrais a été dans le passé énormément surestimée et de nombreux malentendus ont existé de la part du public sur la question de la rentabilité de l'élimination des eaux usées urbaines comme engrais agricole. Bon nombre des opinions erronées répandues dans le passé concernant les eaux usées sont dues à des déclarations faites par des auteurs scientifiques et autres sur l'énorme richesse perdue pour le monde par bon nombre des méthodes actuelles d'évacuation des eaux usées. Mais heureusement, la question des eaux usées est désormais de plus en plus considérée comme une question d'intérêt sanitaire en premier lieu. Comme on a beaucoup écrit sur le sujet et que de nombreux projets ont été imaginés, au prix de beaucoup d'ingéniosité, pour utiliser ses propriétés fertilisantes, il serait peut-être souhaitable de dire ici quelques mots sur le côté purement agricole de la question.

Les deux points les plus importants concernant les eaux usées sont leur énorme abondance et leur très mauvaise qualité. Si la considération la plus importante n'était pas l'aspect sanitaire, mais la valeur du fumier, alors en effet notre système d'eau, si universellement utilisé dans les villes, doit être considéré comme un système des plus coûteux ; car par ce moyen, la valeur des matières excrémentives dont il tire ses ingrédients fumiers est énormément diminuée. Quand on considère qu'une tonne d'eaux usées, comme celle produite dans de nombreuses villes européennes, ne contient que 2 ou 3 livres de matière sèche, et que la quantité totale d'azote qu'elle contient n'est qu'une once ou deux, tandis que l'acide phosphorique est considérablement moins, et que c'est de ces deux ingrédients que dépend entièrement sa valeur comme fumier, nous voyons de manière très frappante à quel point les eaux usées sont pauvres en substance fumière. Diverses méthodes ont été conçues et expérimentées pour extraire ces ingrédients du fumier, et de nombreuses méthodes sont utilisées dans différentes parties du monde. Les méthodes d' utilisation des eaux usées à des fins agricoles peuvent être globalement divisées en deux classes.

Irrigation.

L'une d'elles, que l'on peut classer sous la rubrique de l'irrigation, consiste à déverser les eaux usées sur certaines espèces de cultures vertes grossières. Parfois, le terrain est conçu pour filtrer de grandes quantités d'eaux usées grâce à des aménagements spéciaux de drains et de fossés. Le terrain est d'abord soigneusement et uniformément nivelé sur une pente douce. Au sommet du champ, les eaux usées sont conduites le long d'un fossé ouvert d'où elles peuvent s'échapper, par la force de la gravité, par plusieurs fossés plus petits s'étendant à angle droit à partir du fossé principal. Grâce à des arrêts qui peuvent être déplacés à volonté, les eaux usées peuvent être dirigées vers différentes parties du champ. Des modifications à ce plan pourront être apportées en fonction de la nature du terrain. Dans le cas, par exemple, d'une forte pente, le champ peut être asséché au moyen de tranchées dites "catch-work" s'étendant horizontalement le long de la colline. De cette manière, les eaux usées peuvent passer sur tout le champ et sont captées au fond dans un fossé profond, d'où elles peuvent se déverser dans la rivière ou le ruisseau le plus proche. C'est le système qui a été employé aux célèbres prés de Bedington , près de Croydon.

Une autre méthode de distribution des eaux usées consiste à utiliser des canalisations souterraines, qui sont posées en une sorte de réseau sur le sol à fumier. À certains intervalles, des tuyaux avec des raccords pour tuyaux sont installés et, en maintenant une certaine pression sur les tuyaux principaux, les eaux usées peuvent être réparties dans les différentes parties du champ selon les besoins.

Une troisième modification est l'irrigation souterraine. Celui-ci ressemble à ce dernier système, avec cette différence que les tuyaux utilisés sont soit poreux, soit perforés de petits trous.

La submersion totale ne peut être appliquée que dans le cas de terrains absolument plats et est pratiquée dans une large mesure dans le Piémont et en Lombardie.

L'efficacité totale de l'irrigation, lorsqu'elle est pratiquée dans des conditions favorables , comme méthode d'épuration des eaux usées et d'utilisation maximale de leurs constituants de valeur engrais, a fait l'objet de peu de controverses. C'est la seule méthode qui a été démontrée de manière concluante pour extraire des eaux usées ce à quoi elles doivent le plus largement leur valeur comme fumier, à savoir l'ammoniac ; et de ce fait il mérite une première place dans la considération des agriculteurs. Car, aussi admirables que puissent être d'autres méthodes du point de vue sanitaire, il est évident qu'une méthode qui permettrait de perdre la totalité, ou au moins plus de 90 pour cent, de l'ammoniac présent dans les eaux usées, ne peut prétendre à la même place dans le jugement. des agriculteurs comme méthode permettant d'extraire pour le sol non seulement la totalité de ce constituant précieux, mais tout le reste des eaux usées qui, de quelque manière que ce soit, a de la valeur pour la vie végétale.

Lorsque les eaux usées sont continuellement épandues sur le même terrain, voici ce qui se produit généralement : dans un premier temps, les eaux usées sont purifiées et le sol tire un bénéfice correspondant des précieux ingrédients fertilisants qu'il extrait ainsi. Après un certain temps, cependant, la terre devient ce qu'on appelle « malade des eaux usées ». Les pores du sol sont obstrués par les matières visqueuses que les eaux usées contiennent en suspension ; l'aération du sol, si nécessaire, comme nous l'avons déjà dit, est par conséquent stoppée en grande partie ; et le résultat est que le terrain se détériore rapidement et que les eaux usées ne sont plus purifiées.

Irrigation intermittente.

Ceci est évité dans une certaine mesure par l'irrigation intermittente. Le terrain, au lieu de recevoir les eaux usées en permanence, ne les reçoit que par intervalles et dispose d'un certain temps pour récupérer entre chaque dose. C'est cependant l'opinion de ceux qui ont accordé beaucoup d'attention à ce sujet que les terres, même si elles sont égouttées par intermittence , ne retrouvent jamais leur efficacité originelle.

L'irrigation, dans des conditions favorables , est donc la méthode la plus efficace pour utiliser la valeur fertilisante des eaux usées ; mais la grande difficulté en pratique est d'obtenir ces conditions favorables . On sait depuis longtemps que pour que le sol puisse remplir correctement sa fonction de purificateur des eaux usées, il doit être correctement aéré ; et nous savons maintenant que dans tout sol fertile, le processus de nitrification doit pouvoir se développer librement. Or, l'épandage de grandes quantités d'eaux usées sur un sol est susceptible d'empêcher ce libre développement. Comme nous l'avons déjà vu, l'absence d'air et l'abaissement de la température du sol tendent nettement à retarder la nitrification ; et ces deux conditions accompagnent l'épandage de grandes quantités d'eaux usées.

Cultures adaptées aux eaux usées.

Une autre objection à l'irrigation a été trouvée dans le nombre prétendument limité de cultures dont les terres usées sont adaptées au rendement. Il a été répété à maintes reprises que l'ivraie est à peu près la seule culture rentable. Cependant, à cette affirmation s'oppose l'opinion exprimée dans les conclusions auxquelles est parvenu le comité nommé par l'Association britannique pour l'examen de la question des eaux usées. Un grand nombre d'expériences furent réalisées par eux entre les années 1868-72, et le résultat auquel ils arrivèrent fut le suivant : « Il est certain que toutes sortes de cultures peuvent être cultivées avec des eaux usées, de sorte que le fermier peut cultiver telles que il peut mieux vendre ; néanmoins, les cultures de base doivent être des aliments pour le bétail, tels que l'herbe, les racines, etc., avec des récoltes occasionnelles de légumes de cuisine et de maïs. C'est donc probablement une erreur de dire que le ray-grass est la seule culture capable de croître de manière rentable sur les terres traitées par eaux usées , mais l'essentiel de l'expérience montre qu'une telle culture est la mieux adaptée à de telles terres. Ceci étant, la question se pose naturellement : que peut faire l'agriculteur qui utilise les eaux usées comme engrais avec les grandes récoltes vertes qu'il obtient de ses terres ? Il est, dans la plupart des cas, incapable de les utiliser lui-même ou de s'en débarrasser à ce moment-là. Et bien que cela se soit révélé jusqu'ici être un inconvénient des plus importants, maintenant que nous disposons dans l'ensilage d'un moyen de conserver nos récoltes vertes dans des conditions appropriées comme fourrage aussi longtemps qu'il est nécessaire, les raisons sur lesquelles repose cette objection sont presque entièrement supprimé.

Il est évident, bien sûr, que certains sols sont naturellement bien mieux adaptés que d'autres pour épurer les eaux usées ; mais il faut admettre franchement que même le meilleur des sols ne peut supporter qu'une certaine quantité d'eaux usées. Divers calculs ont été effectués quant à la quantité d'eaux usées qu'un acre de terrain peut traiter avec succès. Selon l'un d'eux, un acre peut purifier environ 2 000 gallons par jour, soit celui produit par 100 personnes ; tandis que d'autres calculs l'évaluent à 60 personnes ; et d'autres encore à 150. La capacité d'un sol sableux à cet égard sera beaucoup plus grande que celle d'un sol plus lourd ; et à Dantzic, un acre de dunes de sable est considéré comme capable d'épurer les eaux usées de 600 personnes. Le regretté Dr Wallace a calculé que, pour traiter les eaux usées de Glasgow, il faudrait plus de douze milles carrés de terrain. Bien entendu, si les eaux usées sont soumises à un traitement préalable, ce qui est souvent le cas, par la méthode qui va être décrite immédiatement, à savoir la précipitation, la quantité d'eaux usées que le sol est capable de purifier sera augmentée d'autant. Une difficulté qui peut également être signalée à propos de l'irrigation comme moyen d'évacuation des eaux usées est l'impossibilité de la pratiquer par temps glacial, lorsque la terre est gelée. Dans les climats chauds, l'irrigation présente de nombreux avantages comme moyen d'évacuation des eaux usées. En revanche, dans les climats humides et froids, les objections sont nombreuses.

Traitement des eaux usées par précipitation, etc.

Nous arrivons maintenant à considérer les méthodes regroupées sous cette deuxième rubrique. La filtration mécanique, bien entendu, ne vise qu'à purifier les eaux usées jusqu'à éliminer toutes les matières en suspension insolubles qu'elles contiennent. Différentes substances ont été utilisées comme filtres, la plus généralement utilisée étant le charbon de bois. Du charbon de bois mélangé à de l'argile brûlée, du gravier, du sable, etc., a également été utilisé.

Cependant, dans le domaine de la précipitation chimique, nous disposons d'une méthode qui prétend faire plus. Au-delà de l'extraction de toutes les matières solides en suspension, il élimine (du moins la plupart des précipitants chimiques) la quasi-totalité de l'acide phosphorique qui, après l'ammoniac, est le constituant le plus précieux que contiennent les eaux usées. De tous les précipitants, la chaux a été le plus universellement utilisé ; et dans l'ensemble, c'est peut-être le meilleur, car il est à la fois bon marché et disponible presque partout. D'après une analyse du regretté professeur Way, la différence entre les pourcentages d'acide phosphorique, de potasse et d'ammoniac, avant et après traitement à la chaux, dans un échantillon d'eaux usées, était la suivante :

Grains par gallon.

	Avant.	Après.
Acide phosphorique	2,63	.45
Potasse	3,66	3,80
Ammoniac	7.48	7h50

De ce qui précède, nous voyons que même si les boues provoquées par la chaux comme précipitant contiennent presque tout l'acide phosphorique, aucune trace de potasse ou d'ammoniac n'est éliminée. Le sulfate d'alumine a également été utilisé, seul ou en association avec de la chaux. L'avantage qu'elle prétend sur la chaux est que le précipité qui en résulte est beaucoup moins volumineux. À d'autres égards, cependant, il ne semble pas être plus efficace comme précipitant. Dans le procédé bien connu A, B, C, un mélange d'alun, d'argile, de chaux, de charbon de bois, de sang et de sels alcalins, dans des proportions différentes, a été utilisé. On dit que ce mélange extrait, outre l'acide phosphorique, une certaine proportion d'ammoniaque ; mais le montant est si petit qu'il ne vaut guère la peine d'être pris en considération.

De nombreuses autres substances chimiques ont été utilisées seules ou en combinaison les unes avec les autres, telles que le perchlorure de fer, le cuivre, le manganèse, etc. Cependant, tous n'ont pas réussi à faire plus qu'effectuer une épuration partielle, les meilleurs résultats, peut-on ajouter, étant obtenus lorsque les eaux usées ainsi traitées étaient fraîches. En ce qui concerne la valeur du fumier des boues obtenues, de nombreuses divergences d'opinions ont existé. Le faible pourcentage d'acide phosphorique et d'azote qu'ils contiennent a empêché leur utilisation comme engrais, car leur valeur ne permettait pas un transport au-delà d'une distance de quelques milles. Depuis l'introduction, il y a quelques années, du filtre-presse, leur valeur s'est considérablement accrue. L'ancienne méthode de traitement des boues dans les usines de précipitation consistait à les laisser sécher progressivement par exposition à l'atmosphère. Cependant, le fait de laisser sécher à l'air des boues d'épuration contenant plus de 90 pour cent d'eau a été de favoriser la décomposition et la putréfaction rapides de leur matière organique, de sorte que dans de nombreux cas, les boues en décomposition se sont révélées aussi une nuisance aussi grande que l'auraient été les eaux usées non purifiées elles-mêmes. Cependant, grâce à l'utilisation du filtre-presse Johnson, une boue contenant 90 pour cent d'eau était immédiatement réduite à 50 pour cent ou même moins. Par ce moyen, le pourcentage de ses constituants précieux était considérablement augmenté, et le gâteau de boue, outre qu'il était beaucoup plus portable, n'était plus aussi désagréable ni aussi sujet à la décomposition qu'auparavant.

Valeur des boues d'épuration.

Quant à la valeur de ce tourteau de boue comme fumier, nous sommes heureusement en possession de quelques expériences très intéressantes et précieuses réalisées par le professeur Munro du Downton Agricultural College. La boue expérimentée était celle produite par le sulfate d'alumine, la chaux et le sulfate de fer, et contenait, après avoir été soumise au filtre-presse Johnson, de 0,6 à 0,9 pour cent d'azote et plus de 1 pour cent d'acide phosphorique. . Il s'est avéré que le bénéfice résultant de l'épandage des boues était loin de celui qu'on aurait pu espérer en théorie. Les expériences ont été faites avec des navets ; et les résultats obtenus respectivement avec le superphosphate et le fumier de ferme, dans le même champ et exactement dans les mêmes conditions, ont été comparés à ceux obtenus avec les boues. Ainsi, on a constaté que 53 livres d'acide phosphorique sous forme de superphosphate, ou 60 livres sous forme de fumier de ferme, produisaient une récolte considérablement plus importante que 240 livres d'acide phosphorique dans la boue. C'est-à-dire que l'acide phosphorique contenu dans les boues n'a pas exercé plus du cinquième de son effet théorique. L'explication de ce résultat quelque peu étrange, selon le Dr Munro, réside dans le caractère physique inapproprié des tourteaux de boue. Le fumier de ferme présente une texture meuble et une grande quantité de constituants solubles lorsqu'il est bien décomposé . Il répartit ainsi rapidement ses éléments fertilisants dans tout le sol. Dans le cas des boues, en revanche, les particules qui les composent sont étroitement compactées et offrent ainsi la plus grande résistance à la désintégration mécanique et chimique. "En fait", explique le Dr Munro, "les parcelles de boue de ma série expérimentale étaient toutes facilement identifiées, lorsque les racines étaient arrachées, par la présence de mottes de tourteau intactes et non décomposées, qui avaient manifestement abandonné, à la plupart, une petite partie de leurs précieux ingrédients dans le sol.

En bref, les objections à la précipitation chimique comme moyen de traitement des eaux usées sont les suivantes : bien qu'elle débarrasse les eaux usées de toute leur matière organique et, dans une large mesure, de leur acide phosphorique, elle ne parvient pas à extraire l'ammoniac. , qui est ainsi perdu ; que les boues qui en résultent sont par conséquent si pauvres en matières fertilisantes qu'il ne vaut guère la peine de les éloigner pour en faire du fumier ; et qu'en outre, en raison de son caractère physique défavorable , tel qu'il est actuellement élaboré, même le faible pourcentage de nourriture végétale qu'il contient n'est pas réalisable , en tout cas, dans un délai raisonnable, dans sa pleine mesure théorique.

La méthode de traitement des eaux usées la plus rentable doit être déterminée par diverses conditions locales ; et il faut bien comprendre que la question de l'évacuation des eaux usées est avant tout une question sanitaire et qu'elle doit être traitée sous l'aspect sanitaire. Toutefois, la manière la plus rentable d'épandre les eaux usées comme fumier consistera sans aucun doute à combiner les précipitations chimiques et l'irrigation des terres.

CHAPITRE XVIII.
FUMIER LIQUIDE.

L'adoption de l'irrigation comme moyen d' utiliser les eaux usées suggère une brève considération de la valeur du fumier liquide. Il est d'usage dans de nombreuses fermes d'épandre directement sur le sol le fumier liquide provenant des suintements des tas de fumier, des drainages de la cour de ferme, des étables, des écuries, des porcheries, etc. En effet, certains agriculteurs ont tellement cru en la supériorité du lisier sur les autres engrais qu'ils ont lavé les excréments solides des animaux avec de l'eau, afin d'en extraire les constituants fertilisants solubles . Le regretté Monsieur Mechi était l'un des principaux représentants de la valeur du fumier liquide. Sa ferme de Tiptree Hall était équipée de tuyaux en fer pour la répartition du fumier sur les différents champs. Du superphosphate, on peut également y ajouter, car fabriqué pour la première fois à partir d'os par le baron Liebig, a été appliqué sous forme liquide. Quant aux avantages généraux du fumier liquide, il ne fait aucun doute qu'il s'agit de la forme d'épandage la plus intéressante. Il assure aux ingrédients du fumier qu'il contient une diffusion rapide et uniforme dans le sol ; mais, d'un autre côté, les frais de sa distribution rendent son application loin d'être économique. Le principal ingrédient du lisier est l'urine. Or, l'élimination de l'urine du tas de fumier de ferme entraîne une perte importante de l'ingrédient le plus puissant pour favoriser la fermentation. C'est précisément pour cette raison que la séparation de l'urine des excréments solides n'est pas recommandée. L'urine, appliquée seule, manque d'acide phosphorique, dont elle ne contient que des traces. Il ne convient donc pas comme engrais général. Il convient toutefois de souligner que les écoulements d'un tas de fumier sont à cet égard supérieurs à l'urine pure, car ils contiennent les phosphates solubles lessivés des excréments solides. Les objections contre l'utilisation du lisier peuvent être résumées comme suit :

Premièrement, il s'agit d'une forme trop volumineuse pour épandre le fumier, et donc trop coûteuse ; deuxièmement, il n'est pas conseillé de priver les excréments solides des excréments liquides, les uns complétant les autres ; troisièmement, la fermentation est largement favorisée dans les excréments solides par la présence d'excréments liquides - par conséquent, la fermentation ne se déroulera pas correctement dans les excréments solides lorsqu'ils sont privés d'excréments liquides.

Toutefois, si la production de lisier à la ferme dépasse ce qui peut être utilisé pour la bonne fermentation du fumier de ferme, il sera préférable de l' utiliser pour les composts. Il n'y a pas de meilleur ajout à un compost que le

fumier liquide, car il induit une fermentation rapide de presque toutes sortes
de matières organiques.

CHAPITRE XIX.
COMPOSTS.

L'utilisation des composts est ancienne. Avant que les engrais artificiels ne soient aussi abondants qu'ils le sont aujourd'hui, les agriculteurs accordaient une grande attention à leur préparation. Un compost est généralement fabriqué en mélangeant une substance d'origine animale riche en ingrédients de fumier avec de la tourbe ou de l'argile, et souvent avec de la chaux, des sels alcalins, du sel commun et, en fait, toute sorte de déchets pouvant être considérés comme possédant une valeur de fumier. . En bref, le compostage peut être considéré comme une méthode utile pour valoriser les déchets de toutes sortes qui s'accumulent sur la ferme. L'objectif du compostage est de favoriser la fermentation des matières constituant le compost et de transformer les ingrédients du fumier qu'ils contiennent en un état disponible pour les besoins des plantes. Les composts sont souvent utiles en retenant les précieux ingrédients volatils du fumier, tels que l'ammoniac, formés dans des substances facilement fermentescibles comme l'urine. En fait, on peut dire que le fumier de ferme est le compost typique et que sa fabrication sert à illustrer les principes du compostage.

Le fumier de ferme est un compost typique.

Le fumier de ferme tel qu'il est habituellement fabriqué n'est généralement pas considéré comme un compost, mais dans le passé, il a été largement utilisé pour fabriquer des composts. Ainsi, la pratique consistant à mélanger du fumier de ferme avec de grandes quantités de tourbe est devenue courante dans certaines régions du monde. La tourbe, comme nous l'avons déjà souligné dans un chapitre précédent, est relativement riche en azote. Lorsqu'elle est mêlée à l'urine ou à quelque autre substance putrescible, la tourbe subit une fermentation, de sorte que son azote se transforme plus ou moins en ammoniaque. L'effet du mélange de tourbe avec du fumier de ferme est donc bénéfique pour les deux substances mélangées : la fuite de l'ammoniac est rendue impossible par les propriétés fixatrices de la tourbe, tandis que l'azote inerte de la tourbe est en grande partie transformé par fermentation en une forme disponible. La proportion de tourbe qu'il convient d'ajouter au compostage du fumier de ferme dépendra de la richesse de la qualité du fumier : plus la qualité du fumier est riche, plus il pourra fermenter de quantité de tourbe. Les composts de ce type sont généralement réalisés en empilant le fumier en tas, constitués de couches alternées de tourbe et de fumier de ferme. Une à cinq parties de tourbe pour chaque partie de fumier de ferme est une proportion courante. L'utilisation d'un tel fumier, contenant une grande quantité de matière organique, exercera son meilleur effet sur les sols sableux légers.

Autres composts.

Mais au lieu du fumier de ferme, ou en plus du fumier de ferme, diverses autres substances peuvent être ajoutées, comme des os, de la chair, des déchets de poisson et des abats d'abattoirs. Parfois, les feuilles et les fougères séchées sont utilisées pour la fabrication de composts. Certaines de ces substances contiennent beaucoup d'azote ou d'acide phosphorique, mais, dans leur état naturel, fermentent lentement lorsqu'elles sont appliquées au sol. Si on le mélange avant l'application dans des fosses avec de la tourbe, des feuilles, des fougères ou tout autre matériau absorbant, la fermentation se déroule uniformément et rapidement. L'ajout de sels de chaux, de potasse et de soude s'est avéré avoir un effet très bénéfique pour favoriser la fermentation. Ces substances, comme on le sait, accélèrent la putréfaction des matières organiques. La chaux semble particulièrement intéressante pour le compostage. Cela est sans doute dû au fait que la chaux joue un rôle précieux en favorisant l'action de divers ferments, comme cela a déjà été illustré dans le cas de la nitrification. L'effet de grandes quantités d'acides organiques acides (humiques et ulmiques), qui sont les produits invariables de la décomposition des matières organiques comme la tourbe, les feuilles, etc., est hostile à la vie micro-organique. L'action de la chaux est de neutraliser ces acides. Il ne fait aucun doute que le compostage est un procédé utile pour augmenter les propriétés fertilisantes de différentes substances fumières plus ou moins inertes. Mais compte tenu de l'abondance d' engrais concentrés , l'utilisation de composts pourrait considérablement diminuer à l'avenir.

CHAPITRE XX.
FUMEURS INDIRECTS.

CITRON VERT.

Nous en venons maintenant à discuter des engrais que nous pouvons classer sous le terme *indirect* , parce que leur valeur est due, non pas à leur action directe en tant que fournisseurs de nourriture végétale - comme les engrais dont nous avons discuté jusqu'à présent - mais à leur action indirecte. . Parmi ceux-ci, le plus important est de loin la chaux.

Antiquité de la chaux comme fumier.

La chaux est l'un des engrais les plus anciens et les plus appréciés. Il est mentionné et son action merveilleuse commentée dans les œuvres de plusieurs écrivains anciens, notamment de Pline. Peut-être ces dernières années, son usage est-il devenu restreint ; et, comme nous le soulignerons plus tard, il est heureux qu'il en soit ainsi.

L'action de la chaux n'est pas bien comprise.

Malgré l'usage ancien et presque universel de la chaux, on peut difficilement dire que nous comprenions encore clairement la nature exacte de son action. Cependant, les progrès considérables qui ont été réalisés dans nos connaissances en chimie agricole ont jeté beaucoup de lumière sur ce sujet ces dernières années. Néanmoins, de nombreux points liés à l'action de la chaux sur le sol restent encore obscurs. Peut-être qu'une des raisons des idées contradictoires qui prévalent quant à la valeur de cette substance en agriculture réside dans le fait qu'elle agit de différentes manières et que la nature des changements qu'elle provoque dans le sol est le plus compliqué. L'expérience des agriculteurs utilisant la chaux dans une partie du pays semble souvent contradictoire avec celle des agriculteurs d'autres régions du pays. Son action sur différents sols est très dissemblable. Pour ces raisons, la discussion sur la valeur de la chaux comme engrais n'est en aucun cas facile.

La chaux est un aliment végétal nécessaire.

La chaux, comme nous l'avons déjà souligné dans un chapitre précédent, est un aliment nécessaire aux plantes, et si elle était présente dans le sol en moindre mesure qu'elle n'est actuellement le cas , elle serait un engrais tout aussi précieux que les différents types d'engrais azotés et phosphatés. fumiers; et dans certaines circonstances, c'est le cas. Il existe des sols, bien qu'ils ne soient pas courants, qui manquent en fait de suffisamment de chaux pour soutenir la croissance des plantes, et auxquels son ajout favorise directement la croissance des cultures. Les sols sableux pauvres sont souvent de cette nature. Une autre classe de sols est également susceptible de manquer de chaux — du moins, leur sol superficiel l'est. Ce sont des sols de pâturages permanents. À l'origine, il se peut qu'il y ait eu une abondance de chaux à la surface du sol ; mais, comme le sait bien tout agriculteur pratique, la chaux a tendance à s'enfoncer dans le sol. Cette tendance dans les sols arables ordinaires est largement contrecarrée par les opérations ordinaires de travail du sol, telles que le labour, etc., au moyen desquelles la chaux est ramenée à la surface. Toutefois, dans les sols de pâturages permanents, aucune action de ce type ne se produit, ce qui entraîne finalement un appauvrissement du sol superficiel en chaux. C'est pour cette raison — en partie du moins — que les pâturages permanents bénéficient particulièrement de l'application de chaux. Nous disons *en partie* , car il y a d'autres raisons importantes. La première est que la chaux semble avoir un effet frappant en améliorant la qualité des pâturages en faisant prédominer les herbes les plus fines. Il a également une action très favorable en favorisant la croissance du trèfle blanc. Une autre raison de l' effet favorable de la chaux sur les sols des pâturages est sans doute l'action qu'elle a en libérant la potasse de ses composés. Cependant, les sols qui bénéficient directement de l'application de chaux de la même manière qu'ils bénéficient de l'application d'engrais azotés, peuvent être considérés comme rares. Dans la grande majorité des sols, la chaux existe en surabondance pour répondre aux besoins de la vie végétale.

Chaux d'abondance.

En effet, le calcaire est l'une des substances rocheuses les plus abondantes, et on a calculé qu'il ne constitue pas moins d'un sixième de la masse rocheuse de la croûte terrestre. Presque tous les minéraux courants en contiennent et, au cours de leur désintégration, le fournissent au sol. De vastes étendues de pays ne sont composées que de calcaire ; et nous avons des exemples, même dans ce pays, de ce qu'on appelle des sols calcaires, où il constitue la composante la plus abondante. Il ne peut pas non plus être classé parmi les constituants minéraux insolubles du sol ; car bien qu'insoluble dans l'eau pure, il est soluble dans l'eau, telle que l'eau du sol, qui contient de l'acide carbonique. Ceci est prouvé par le fait qu'il s'agit du principal ingrédient minéral dissous dans toutes les eaux naturelles.

On peut en outre souligner, en ce qui concerne la véritable fonction de la chaux lorsqu'elle est appliquée comme fumier, que dans la pratique agricole ordinaire, presque toute la chaux retirée du sol lors des cultures retrouve son chemin vers la ferme dans la paille de la cour. fumier. Pour ces raisons, il est clair que la véritable fonction de la chaux est celle d'un engrais indirect.

Passons maintenant à la discussion de son action. Mais avant de le faire, il est important de bien comprendre les différentes formes chimiques sous lesquelles il se présente.

Différentes formes de chaux.

La chaux se présente principalement sous forme de carbonate de chaux sous forme de calcaire, de marbre ou de craie, qui sont tous chimiquement identiques. On le trouve également sous forme de sulfate de chaux ou de gypse, ainsi que sous forme de phosphate et de fluorure. En agriculture, on l'utilise seulement, si l'on excepte le phosphate, qui est appliqué non à cause de sa chaux, mais de son acide phosphorique, sous forme de carbonate ou chaux *douce* , comme on l'appelle communément, brûlée, caustique ou chaux vive. , et comme gypse. Comme la valeur du gypse comme fumier est si importante et ne dépend pas entièrement du fait qu'il soit un composé de chaux, nous le considérerons isolément. Il suffit donc de considérer ici l'action de la chaux douce et caustique.

Chaux caustique.

Lorsque le calcaire ou la chaux douce est soumis à une grande chaleur, comme cela se fait pratiquement à grande échelle dans les fours à chaux, il se transforme en chaux caustique ou chaux proprement dite. Le calcaire est constitué, comme nous venons de le mentionner, de chaux et d'acide carbonique. Ce dernier ingrédient est expulsé sous forme de gaz et la chaux reste sur place. La chaux ne se présente jamais naturellement sous forme de chaux caustique, pour la simple raison qu'il lui est impossible de rester dans cet état, en raison de la grande affinité qu'elle a à la fois pour l'eau et pour l'acide carbonique.

Lorsque la chaux est brûlée et avant d'être appliquée sur le champ, on laisse s'écouler un certain temps pour lui permettre d'absorber l'humidité ou de s'éteindre, comme on l'appelle techniquement. Il le fait plus ou moins lentement en absorbant l'humidité de l'air. Mais comme le processus serait trop long et que, de plus, l'absorption du gaz acide carbonique aurait lieu en même temps, la chaux est généralement éteinte d'une autre manière. Cela peut être fait en ajoutant simplement de l'eau. Une objection à cette méthode est que la chaux n'est pas éteinte aussi uniformément qu'on le souhaiterait. Cela devient granuleux. La méthode habituelle consiste à le recouvrir de terre humide en tas et à laisser l'humidité de la terre effectuer l' extinction. Lorsque la chaux absorbe l'eau , un nouveau composé chimique se forme, appelé chaux hydratée ; et la chaux s'unit si rapidement à l'eau, qu'il se dégage beaucoup de chaleur pendant l'opération, la température produite étant considérablement au-dessus de celle de l'eau bouillante. La conversion de la chaux éteinte en carbonate de chaux ou chaux douce est un processus plus lent. Mais tôt ou tard, cela se produira, que la chaux soit laissée à la surface du sol ou enfouie dans le sol.

La connaissance de ces faits chimiques élémentaires est nécessaire pour bien comprendre la nature de l'action de la chaux en agriculture.

L'action respective de la chaux vive et de la chaux douce est, dans l'ensemble, semblable, quoique la première soit dans tous les cas beaucoup plus puissante dans ses effets que la seconde.

La chaux agit à la fois mécaniquement et chimiquement.

On peut dire que la chaux agit sur le sol à la fois mécaniquement et chimiquement. Il altère la texture du sol et affecte ses propriétés mécaniques, comme ses pouvoirs d'absorption, de rétention et de capillarité vis-à-vis de l'eau. Il agit sur sa fertilité dormante, et décompose ses substances minérales ainsi que sa matière organique. Enfin, son influence sur la vie micro-organique du sol, qui joue un rôle si important dans la préparation et l'élaboration des aliments végétaux, est de la plus haute importance. Nous ne pouvons donc pas faire mieux que de discuter de ses propriétés sous les rubriques *mécaniques* , *chimiques* et *biologiques* .

I. FONCTIONS MÉCANIQUES DE LA CHAUX.

Action sur la texture du sol.

L'effet de la chaux sur la texture d'un sol compte parmi ses propriétés les plus frappantes. Tout agriculteur sait bien quelle transformation s'opère dans la texture d'un sol argileux dur l'application d'un enduit de chaux. La propriété adhésive du sol — sa tendance désagréable à former des flaques lorsqu'il est mélangé avec de l'eau — est considérablement diminuée, et le sol devient beaucoup plus friable lorsqu'il devient sec. Plusieurs raisons existent pour ce changement. En premier lieu, la tendance à la formation de flaques dans un sol argileux est due à la fine division des particules du sol. La chaux neutralise cette propriété adhésive en provoquant une coagulation des fines particules du sol. Cette floculation ou agrégation des fines particules d'argile, lorsqu'elles sont mélangées à l'eau par la chaux, est démontrée d'une manière frappante en ajoutant à de l'eau boueuse un peu d'eau de chaux. Le résultat sera que l'eau deviendra rapidement claire, les fines particules d'argile se rassembleront et couleront au fond du récipient. Même une très petite quantité de chaux effectuera ce changement. Cette propriété que possède la chaux, on peut le mentionner, est utilisée dans le traitement des eaux usées. Comme ce sont les fines particules d'argile qui sont la principale cause de la flaque des sols argileux, leur floculation contribue beaucoup à détruire cette propriété désagréable. Une autre raison pour laquelle la chaux rend un sol argileux plus friable lorsqu'il est sec est que la chaux ne subit aucun retrait par temps sec. Comme les sols argileux rétrécissent beaucoup en séchant, le mélange avec une substance telle que la chaux tend à minimiser cette tendance à s'agglutiner en mottes dures. L'effet d'une très petite addition de chaux à un sol argileux, en augmentant sa nature friable, est très frappant et peut être facilement illustré en prenant deux portions d'argile, dans l'une desquelles un petit pourcentage de chaux est ajouté. introduits, et travaillant les deux dans une masse plastique avec de l'eau, puis les laissant sécher. On constatera que, bien que celui-ci soit dur et résiste à la désintégration, la partie à laquelle la chaux a été ajoutée s'effrite facilement en poudre. Cet effet de la chaux, qui consiste à « alléger » les sols lourds, est connu pour durer depuis des années. L'effet désintégrant de la chaux vive, lorsqu'elle est appliquée sur des sols lourds, est dû aussi, peut-on ajouter, au changement qu'éprouve la chaux elle-même de l'état caustique à l'état doux.

La chaux rend les sols légers plus cohérents.

Bien que cela puisse paraître quelque peu paradoxal, la chaux, semble-t-il, exerce dans certains cas sur le sol un effet exactement inverse de celui qui vient d'être exposé. Que la chaux agisse comme liant n'est naturel que si l'on réfléchit à la manière dont elle agit lorsqu'elle est utilisée comme mortier. Il est donc bien entendu que son action sur les sols légers et friables doit être d'augmenter leur pouvoir de cohésion, et en même temps d'augmenter le pouvoir capillaire du sol pour absorber l'eau des couches inférieures. L'étendue de cette action dépend bien entendu de la forme sous laquelle la chaux est appliquée et de la quantité. Un exemple frappant du pouvoir liant de la chaux se trouve dans certains sols extrêmement riches en chaux, dans lesquels s'est formé à une certaine distance de la surface ce qu'on appelle une cuvette de chaux.

II. ACTION CHIMIQUE DE LA CHAUX.

Mais l'action chimique de la chaux est probablement plus importante que son action mécanique. C'est un agent très important pour libérer la fertilité inerte du sol. Pour ce faire, il décompose différents minéraux et libère la potasse qu'ils contiennent. Le pouvoir désintégrant de la chaux à cet égard dépend bien entendu de son état chimique, la forme caustique étant beaucoup plus puissante que les autres formes. Son action, qui décompose la matière végétale et rend disponible pour l'usage de la plante l'azote inerte qu'elle contient, est également l'une de ses propriétés les plus importantes, et explique son action bénéfique lorsqu'elle est appliquée sur des sols, comme les sols tourbeux, riches en matière organique. Là encore, son utilisation comme correcteur des terres acides est depuis longtemps reconnue dans la pratique . La présence d'acidité dans un sol est néfaste pour la vie végétale. La chaux, en neutralisant cette acidité, enlève l'acidité de la terre et contribue beaucoup à la remettre dans un état propice à la croissance des cultures. La génération d'acidité dans un sol est presque sûre de donner naissance à certains composés toxiques. La chaux, en adoucissant le sol, empêche donc la formation de ces composés toxiques. Les prairies mal drainées et aigres, comme tout agriculteur le sait, bénéficient immensément de l'application de cet engrais utile ; car non seulement leur acidité est supprimée et leur état général amélioré, mais beaucoup des formes de vie végétale les plus grossières et les plus inférieures, qui seules prospèrent sur de tels sols, sont tuées, et les graminées les plus nutritives peuvent prospérer à leur place. L'action de la chaux en favorisant la formation d'une classe de composés de grande importance dans le sol, à savoir les silicates hydratés, mérite d'être soulignée. Selon la théorie communément admise, une grande partie de la matière fertilisante minérale disponible dans le sol est retenue sous la forme de ces silicates hydratés. Par conséquent, la chaux, en augmentant ces composés, non seulement augmente la quantité de fertilité disponible dans le sol, mais augmente également son pouvoir d'absorption des constituants alimentaires.

III. ACTION BIOLOGIQUE DE LA CHAUX.

La dernière manière dont la chaux agit est ce que nous avons appelé biologique. Nous entendons par là le *rôle important* que joue la chaux en favorisant ou en retardant, selon le cas, les diverses sortes d'actions fermentatives qui se produisent si abondamment dans tous les sols. La présence de carbonate de chaux dans le sol est une condition nécessaire au processus de nitrification. La chaux est la base avec laquelle l'acide nitrique, lorsqu'il se forme, se combine ; et comme nous l'avons vu, en parlant de nitrification, les sols à caractère calcaire sont parmi ceux qui conviennent le mieux pour favoriser la formation naturelle des nitrates. C'est l'une des raisons qui expliquent les effets bénéfiques produits par la chaux appliquée sur les sols tourbeux. Non seulement il aide à décomposer la matière organique si abondante dans ces sols, mais il fournit aussi la base avec laquelle l'acide nitrique peut se combiner lors de sa formation. Mais si l'action de la chaux est de favoriser la fermentation, il ne faut pas oublier qu'il peut y avoir des cas où son action est plutôt inverse. La fermentation de la matière organique se poursuit lorsqu'une certaine quantité d'alcalinité est présente ; tandis que, d'autre part, la présence de l'acidité semble la retarder et l'arrêter. Cependant, une trop grande quantité d'alcalinité retarderait, en premier lieu, la fermentation autant qu'une trop grande acidité. On a prétendu que l'addition de chaux caustique à l'urine fraîche pouvait agir de cette manière ; et s'il en était ainsi, l'adjonction de chaux au fumier de ferme pourrait, dans une certaine mesure, être défendue. L'expérience serait cependant dangereuse et ne serait pas recommandée, car une perte d'ammoniac s'ensuivrait très probablement.

Action de la Chaux sur la Matière Organique Azotée.

L'action de la chaux sur la matière organique azotée est d'un genre très frappant et n'est en aucun cas très clairement comprise. Comme nous l'avons souligné, il agit parfois comme un antiseptique ou un conservateur ; et cette action antiseptique ou conservatrice a été expliquée en supposant qu'il se forme des albuminates de chaux insolubles. Son action dans des industries telles que l'imprimerie en calicot, où elle a été utilisée avec la caséine pour fixer les matières colorantes ; ou dans le raffinage du sucre, où il est utilisé pour clarifier le sucre en précipitant les matières albumineuses en solution dans la liqueur saccharine ; ou enfin, dans l'épuration des eaux usées, — a été cité à l'appui de cette théorie. Bien qu'il puisse y avoir des circonstances dans lesquelles la chaux, en particulier sous sa forme caustique, agit comme antiseptique, sa tendance générale est de favoriser ces changements fermentaires, tels que la nitrification, si importants pour la vie végétale.

Une utilisation importante de la chaux en agriculture consiste à prévenir l'action de certaines maladies fongoïdes, telles que la « rouille », le « charbon », le « doigt et l'orteil », etc., ainsi qu'à tuer, comme le savent tous les horticulteurs et agriculteurs. , limaces, etc.

Récapitulation.

On peut, en conclusion, résumer en un seul paragraphe les différentes manières dont la chaux agit. Son action est mécanique, chimique et biologique. Il agit sur la texture du sol, rendant les sols argileux plus friables et exerçant un certain effet liant sur les sols meubles. Il décompose les minéraux contenant de la potasse et d'autres constituants alimentaires et les rend disponibles pour les besoins de la plante. Il décompose davantage la matière organique et favorise l'important processus de nitrification. Il augmente la capacité du sol à fixer des composants alimentaires aussi précieux que l'ammoniac et la potasse. Il neutralise l'acidité et prévient la formation de composés toxiques dans le sol. Il améliore l'état capillaire du sol, prévient les maladies fongoïdes et favorise la croissance des herbes les plus nutritives des pâturages.

CHAPITRE XXI.
FUMEURS INDIRECTS : GYPSE, SEL, ETC.

Gypse.

Dans le chapitre précédent, il a été fait mention du gypse comme composé de chaux, mais aucune référence à son action comme fumier n'a été faite. Dans le passé, le gypse était largement utilisé et très apprécié. Il s'est avéré particulièrement intéressant pour le trèfle ; et on raconte une histoire de Benjamin Franklin qui illustre le caractère très frappant de son action sur cette culture. On raconte qu'il imprima un jour avec du gypse les mots « Ceci a été plâtré » sur un champ de trèfle, et que longtemps après, la légende fut clairement discernable en raison de la luxuriance du trèfle sur les parties du champ qui avait été ainsi traité.

Mode dans lequel le gypse agit.

Bien que le gypse soit un engrais très ancien, ce n'est que depuis quelques années que nous avons compris la véritable nature de son action. On a longtemps cru que la raison de son effet remarquable sur la promotion du trèfle était due au fait que, le trèfle étant une plante aimant le calcaire, l'action du gypse était due à la chaux qu'il contenait. Mais que l'action du gypse ne soit pas due au fait qu'il fournit de la chaux à la plante, cela paraît évident lorsqu'on affirme que s'il en était ainsi, toute autre forme de chaux aurait le même effet bénéfique. Or, il est bien connu qu'il n'en est rien. En outre, comme nous l'avons déjà souligné, la chaux n'est pas un constituant qui manque à la plupart des sols, en ce qui concerne les besoins de la culture. Il y a une certaine part de vérité dans la vieille croyance selon laquelle le gypse enrichit le sol en ammoniac en le fixant à partir de l'air. Le pouvoir du gypse comme fixateur de l'ammoniac a déjà été évoqué dans le chapitre sur le fumier de ferme ; mais dans ce cas le gypse est mis en contact avec l'ammoniaque. L'origine de cette vieille croyance était due à une idée fausse quant à la quantité d'ammoniac présente dans l'atmosphère. Sans aucun doute, le gypse augmente considérablement la capacité d'un sol à absorber l'ammoniac de l'air ; mais la quantité d'ammoniaque dans l'air est si minime, que son action à cet égard ne vaut guère la peine d'être considérée. La véritable explication de l'action du gypse se trouve dans son effet sur les silicates doubles qu'il décompose, en libérant la potasse. Son action est similaire à celle des autres composés de chaux, mais en plus caractéristique. En tant que fumier, son action est donc indirecte, et sa véritable fonction est d'éliminer la potasse de ses composés. Son action particulièrement favorable sur le trèfle est due à ce que le trèfle profite spécialement de la potasse, et qu'ajouter du gypse revient pratiquement à ajouter de la potasse. Bien entendu, il ne faut pas oublier que le sol doit contenir des composés potassiques pour que le gypse produise pleinement son effet. Mais maintenant que les sels de potasse appropriés pour la fumure sont abondants, on peut se demander s'il n'est pas préférable d'appliquer directement la potasse. En outre, il faut garder à l'esprit que le gypse est appliqué sur le sol chaque fois qu'il reçoit un apport de superphosphate de chaux, car le gypse est un des produits formés en traitant le phosphate de chaux insoluble avec de l' acide sulfurique .

Il est possible que le gypse agisse comme agent oxydant dans le sol, tout comme le fer à l'état ferrique. Il contient une grande quantité d'oxygène dans sa composition et, dans certaines conditions, peut agir comme transporteur d'oxygène vers les couches inférieures du sol. Lorsqu'il est utilisé, il doit être appliqué quelques mois avant le semis de la culture.

Par conséquent, le gypse, bien qu'il contienne deux constituants végétaux nécessaires, la chaux et l'acide sulfurique , ne peut pas être considéré comme un engrais direct ; et à mesure que son action sera mieux comprise, son usage, qui n'a jamais été très abondant dans ce pays, diminuera probablement. Nous avons déjà, dans le chapitre sur la nitrification, évoqué l'action du gypse pour favoriser la nitrification.

Sel.

L'action du sel comme fumier présente un problème à la fois du plus haut intérêt et entouré des plus grandes difficultés. Etant donné les grandes quantités aujourd'hui utilisées à des fins agricoles, un examen quelque peu détaillé de la nature de son action n'est pas superflu dans un ouvrage comme celui-ci.

Antiquité de l'usage du sel.

La reconnaissance des fonctions manurales du sel remonte aux temps les plus reculés. Son usage chez les anciens est attesté par de nombreuses allusions dans l'Ancien Testament ; tandis que, selon Pline, c'était un engrais bien connu en Italie. Les Perses et les Chinois semblent également l'avoir utilisé depuis des temps immémoriaux, les premiers plus spécialement pour les dattiers.

Nature de son action.

Cependant, malgré la grande antiquité de son utilisation, de nombreuses divergences d'opinion semblent toujours avoir existé quant à la méthode exacte de son action et quant à ses mérites comme engrais pour favoriser la croissance des légumes. Il fournit en effet un bon exemple de la difficulté qu'il y a, dans le cas de nombreux engrais, dont l'action est principalement indirecte, à bien comprendre leur influence sur le sol et sur la culture. En fait, l'action du sel est probablement plus compliquée que celle de toute autre substance animale.

Le sel n'est pas un aliment végétal nécessaire.

Nous avons déjà vu que ni le sodium ni le chlore, les deux éléments constitutifs du sel, ne sont selon toute probabilité des aliments végétaux absolument nécessaires. S'ils sont nécessaires, la plante n'en a besoin qu'en quantités infimes. Malgré ce fait, la soude est un constituant des cendres de presque toutes les plantes et, dans de nombreux cas, l'une des plus abondantes. En quantité, c'est l'un des constituants de cendre les plus variables, étant présent dans certaines plantes seulement en quantités infimes, tandis que dans d'autres, il est présent en grandes quantités. Comme exemples de plantes contenant de grandes quantités de soude dans leur composition, on peut citer le Mangel et les plantes de la tribu des choux. Mais les plantes qui en contiennent en plus grande quantité sont celles qui prospèrent sur le bord de la mer, et on a pensé que pour elles au moins le sel était un engrais nécessaire. Toutefois, cela ne semble pas être le cas. En fait, la quantité de soude présente dans une plante semble être en grande partie une question d'accident. On peut ajouter que les parties succulentes d'une plante sont généralement les plus riches en soude.

La soude peut-elle remplacer la potasse ?

Encore une fois, on a cru que la soude était capable de remplacer la potasse dans la plante ; mais cela ne semble en aucun cas être le cas. L'idée selon laquelle la soude est capable de remplacer la potasse, a-t-on pensé, est étayée par la variation qui existe dans la proportion de soude et de potasse dans les différentes plantes. Il ne faut cependant pas oublier qu'il est très probable que la plupart des plantes contiennent une quantité de cendres supérieure à celle qui est absolument nécessaire à leur croissance saine. C'est particulièrement le cas d'un aliment végétal aussi nécessaire que la potasse, dont il existe généralement, selon toute vraisemblance, un excès. La variation de la quantité de potasse et de soude présente dans de nombreuses plantes dans des circonstances différentes ne peut donc guère être considérée comme fournissant une preuve du remplacement de la potasse par la soude.

A propos, on peut mentionner, comme fait digne de mention, que les plantes cultivées contiennent plus de potasse et moins de soude dans leur composition que les plantes sauvages. Ce qui a été dit de la soude peut être considéré comme s'appliquant également au chlore, car il semble que ce soit principalement sous forme de sel commun que la soude entre dans l'usine. La quantité de sel présente donc dans les plantes doit être considérée comme étant en grande partie accidentelle et dépendante de circonstances extérieures, telles que la nature du sol, etc.

Sel d'occurrence universelle.

Mais même si le sel était un aliment nécessaire aux plantes, sa présence dans le sol est déjà en abondance suffisante pour éviter toute nécessité de son application. On peut dire que ce phénomène est presque universel. Même l'air en contient à l'état de traces. Il est bien connu qu'il en est ainsi au voisinage du littoral ; mais même dans l'air lointain à l'intérieur des terres, une analyse précise de l'air démontrerait probablement sa présence en plus grande quantité qu'on ne le croit généralement. Il est judicieux que les plantes absorbent le sel, car cela augmente leur efficacité alimentaire, la fonction du sel en tant que constituant de l'alimentation animale étant de la plus haute importance. C'est un ingrédient alimentaire indispensable à la vie animale. En ce qui concerne les animaux de ferme ordinaires, la quantité de sel naturellement présente dans leur alimentation est tout à fait suffisante. Toutefois, dans le cas des pâturages situés dans des pays éloignés de la mer, il est courant d'approvisionner spécialement le bétail en sel. Cela se fait en plaçant un morceau de gros sel dans les champs.

Sources spéciales de sel.

Le sel du commerce provient de diverses sources. Outre la mer, nous disposons de nombreuses sources de sel dans les grands gisements salins que l'on trouve dans de nombreuses régions d'Europe, notamment en Autriche et en Angleterre dans le Cheshire.

L'action du sel indirecte.

D'après ce qui a été dit ci-dessus, il ressort clairement que l'action du sel comme fumier est indirecte et non directe. Nous allons maintenant discuter de la nature de cette action indirecte.

En examinant les preuves de la valeur manufacturière du sel, nous nous trouvons immédiatement confrontés au fait que l'expérience de son action dans le passé a été aussi souvent défavorable que favorable . Le sel, c'est bien connu, est à la fois un antiseptique et un germicide. C'est en effet l'un des conservateurs les plus couramment utilisés. Lorsqu'il est appliqué en grande quantité sur le sol, il a une action des plus nocives sur la végétation. Cette action nocive du sel est connue depuis longtemps ; et on en parle aussi souvent dans les écrits de l'antiquité à cause de son action défavorable qu'à cause de son action favorable . Ainsi, par exemple, chez les anciens Juifs, il était d'usage, après la conquête d'une ville ennemie, de répandre du sel sur les champs de l'ennemi, dans le but de les rendre stériles et infertiles. Chez les Romains, dans le même but, on répandait souvent du sel sur les lieux où quelque grand crime avait été commis.

Si donc son action défavorable est connue depuis longtemps, il est également reconnu depuis longtemps qu'il existe des circonstances dans lesquelles son action est, au contraire, favorable à la croissance des légumes . La difficulté pour l'étudiant en agriculture est de concilier ces deux expériences apparemment contradictoires. Pour l'agriculteur anglais, le sujet présente un intérêt particulier, car en Angleterre, il a été dans le passé le plus généralement utilisé et son action la plus discutée depuis l'époque de Lord Bacon, qui discute dans ses écrits de l'action de ses solutions sur différentes plantes.

La véritable explication de la différence d'action du sel réside dans la quantité appliquée, la nature du sol, la culture sur laquelle il est appliqué et les conditions dans lesquelles il est appliqué, c'est-à-dire s'il *est* appliqué seul. ou avec d'autres fumiers.

Action mécanique sur les sols.

En premier lieu, il faut remarquer que le sel exerce sur le sol une action mécanique très semblable à celle exercée par la chaux. Lorsqu'il est appliqué sur des sols argileux, il provoque une floculation ou une coagulation des fines particules d'argile et empêche ainsi le sol de former des flaques dans la même mesure que ce serait le cas autrement. En fait, un exemple de cette action du sel en solution provoquant la précipitation de fines matières argileuses en suspension est fourni par la formation de deltas à l'embouchure des rivières. Le pouvoir de clarifier l'eau boueuse est en effet commun aux solutions salines. Schloesing attribue le pouvoir clarifiant d'un sol à la présence des matières salines qu'il contient ; et de ce point de vue , il semblerait que les fumiers contenant une substance saline quelconque puissent exercer une influence mécanique importante sur le sol.

Action du solvant.

Mais une propriété bien plus importante du sel est son action dissolvante sur les aliments végétaux présents dans le sol. Son action dans la décomposition des minéraux contenant de la chaux, de la magnésie, de la potasse, etc., est semblable à celle du gypse. En agissant sur les silicates doubles , il libère ces aliments végétaux nécessaires. Ce n'est pas seulement sur les substances basiques sur lesquelles il agit, mais aussi sur les acides phosphorique et silicique qu'il libère. Son pouvoir de dissoudre l'ammoniac du sol est considérable. Des expériences avec une faible solution de sel sur un sol par Peters et Eichhorn pour tester son pouvoir solvant, ont montré que la solution saline dissolvait plus de deux fois plus de potasse et près de trente fois plus d'ammoniac qu'une quantité égale d'eau pure. Appliqué au sol, il semble libérer principalement de la chaux et de la magnésie. La nature exacte de l'action chimique en cours est un point assez douteux. Selon les uns, on le change en nitrate de soude ; selon d'autres, en carbonate de soude. Cette dernière théorie semble être la plus probable. Son action sur les composés de chaux et de magnésie est de les transformer en chlorures ; et cette réaction chimique explique l'action du sel en augmentant le pouvoir de rétention et d'absorption d'eau du sol ; car les chlorures de magnésie et de chaux sont des sels qui ont un grand pouvoir d'attirer l'eau de l'air.

Encore une fois, le fait même que le sel agisse comme antiseptique peut expliquer son action bénéfique dans certains cas où il empêche la croissance grossière. C'était sans aucun doute sa fonction lorsqu'il était appliqué avec le guano péruvien. Cela pourrait être le cas en empêchant une fermentation trop rapide (nitrification) du fumier ou en affaiblissant la plante. Son action lorsqu'il est appliqué avec du fumier de ferme peut également être similaire. Mais tandis que son effet dans de nombreux cas peut être de retarder la fermentation, en revanche son action, lorsqu'elle est appliquée avec de la chaux sur les tas de compost, est de favoriser une décomposition plus rapide. Il se produit probablement une réaction entre la chaux et le sel, dont le résultat est la formation de soude caustique.

Telles sont quelques-unes des façons dont le sel peut agir. Il faut voir immédiatement comment son action dans un cas sera favorable et dans un autre cas défavorable . Il doit y avoir des matières fertilisantes présentes dans le sol pour qu'il agisse favorablement . Encore une fois, ce n'est que dans de telles circonstances, où une croissance rapide est susceptible de s'ensuivre, que ses propriétés antiseptiques agiront favorablement et non défavorablement .

Mieux utilisé en petites quantités avec du fumier.

C'est probablement pour ces raisons que son action s'est avérée la plus favorable lorsqu'elle est appliquée avec d'autres engrais et non seule.

Appliqué avec du nitrate de soude, comme on le fait communément, il augmente sans doute l'efficacité du nitrate. Certaines plantes semblent bénéficier sans aucun doute du sel : parmi celles-ci, on peut citer le lin . L'application de sel sur les plantes de la tribu des choux semble également très bénéfique. Sur les mangels , avec d'autres fumiers, il s'est également avéré avoir un effet très favorable . Mais pour de nombreuses cultures, son action s'est révélée moins favorable .

Affecte la qualité de la récolte.

Bien que l'on ait souvent constaté que le sel augmentait la quantité d'une récolte, la qualité de la récolte en souffrait. Son action sur la betterave a été plus spécialement étudiée. L'effet de son application est de diminuer la quantité totale de matière sèche et de sucre dans la plante. Cela s'est avéré être le cas lorsque le sel était appliqué seul ou avec du nitrate de soude et d'autres fumiers. Sur les pommes de terre, là encore, son action s'est révélée délétère, diminuant leur pourcentage d'amidon. L'action délétère des chlorures sur la qualité des pommes de terre se voit également lors de l'application de chlorure de potassium. C'est pour cette raison qu'il ne faut jamais épandre de potasse sur les pommes de terre sous forme de chlorure.

Selon le regretté Dr Voelcker, les conditions dans lesquelles le sel avait l'action la plus favorable sur la récolte de mangel étaient dans le cas d'un sol légèrement sableux et appliqué à raison de 4 à 5 quintaux. par acre. Son action appliquée sur des sols argileux n'a pas été aussi favorable .

Taux d'application.

Enfin, le rythme auquel il pourra être appliqué variera naturellement. À partir de 1 quintal. et encore moins, jusqu'à 6 quintaux. voire plus, tel a été le rythme auquel il a été couramment appliqué dans le passé. D'après ce qui précède, on voit qu'il est plus susceptible d'exercer une influence favorable lorsqu'il est appliqué seulement en petites quantités.

CHAPITRE XXII.
L'APPLICATION DE FUMIER.

Les conditions qui régissent l'application des engrais sont nombreuses et variées, et le sujet, il faut l'admettre, malgré les nombreuses recherches déjà effectuées, est très imparfaitement compris. Pour ces raisons, il est impossible de faire autre chose que d'énoncer certains principes généraux qui pourraient être utiles à l'agriculteur en le guidant dans l'application de la fumure de ses récoltes.

Influence des fumiers sur l'augmentation de la fertilité du sol.

En premier lieu, on peut se demander : dans quelle mesure l'épandage d'engrais peut-il influencer ce que nous pouvons appeler la fertilité permanente d'un champ ? A cette question, il faut répondre que l'influence de la fumure sur l'augmentation de la fertilité du sol est très légère et ne se fait sentir que très progressivement. En témoigne la difficulté qu'il y a à tenter de redonner à un état fertile un sol longtemps traité par un système de culture exhaustif. Dans un tel cas, il sera impossible de restaurer la fertilité du sol, sauf très progressivement. Les agriculteurs qui cultivent dans de nouveaux pays et sur des sols vierges et riches ne se rendent parfois pas compte de la rapidité avec laquelle ils peuvent appauvrir la fertilité de leurs sols par un traitement exhaustif et de la lenteur du processus de restauration. Cela n'est d'ailleurs pas étrange si l'on considère les quantités relativement faibles d' engrais les ingrédients que nous avons l'habitude d'ajouter au sol par l'application de fumiers et la nature de leur action. La faible dose à laquelle ils sont appliqués et l'impossibilité de les répartir également dans le sol expliquent combien leur action doit nécessairement être relativement limitée. Certains engrais, il est vrai, ceux qui sont solubles, sont distribués plus également ; mais alors ces engrais, de par leur nature même, sont peu susceptibles d'affecter la fertilité permanente du sol.

Influence du fumier de ferme sur le sol.

Parmi les engrais les plus efficaces pour améliorer la fertilité permanente d'un sol, le fumier de ferme est sans aucun doute le plus important. Cela est dû en partie au fait qu'il est appliqué en grandes quantités et en partie à sa composition. Une fumure généreuse avec du fumier de ferme, effectuée systématiquement, contribuera à terme à renforcer la fertilité du sol. Mais une fumure généreuse avec des engrais artificiels aura également le même effet .

Cela se fait de manière indirecte grâce à l'augmentation des résidus de récolte obtenus grâce à un tel traitement. En effet, l'une des méthodes les plus rapides pour remettre un sol en bon état consiste à fertiliser abondamment certaines cultures vertes, puis à les labourer.

Fumier de ferme contre artificiels.

La question de savoir dans quelle mesure le fumier de ferme peut être remplacé par des engrais artificiels est souvent discutée. Nous avons déjà évoqué cette question dans le chapitre sur le fumier de ferme. Il est possible que, grâce à nos connaissances croissantes en sciences agricoles, nous puissions à l'avenir nous passer du fumier de ferme et nous contenter uniquement d'engrais artificiels. Mais à l'heure actuelle, toute notre expérience montre que les résultats les plus satisfaisants sont obtenus avec des engrais artificiels combinés avec du fumier de ferme. Il est préférable d'appliquer ensemble le fumier de ferme et les engrais artificiels, HYPERLINK "https://gutenberg.org/files/27274/27274-h/27274-h.htm" \l "Footnote_241_241" afin qu'ils puissent se compléter mutuellement. Même si tel est le cas, il peut y avoir des circonstances dans lesquelles il sera préférable d'utiliser uniquement des artificiels. Là où, par exemple, les champs, en raison de leur situation, sont inaccessibles et où les dépenses liées au transport du fumier de ferme volumineux seraient très considérables, il peut s'avérer plus économique d'appliquer des engrais artificiels plus concentrés. Toutefois, à quelques exceptions près, il s'avérera très souhaitable d'utiliser les engrais artificiels comme complément au fumier de ferme et non comme substitut.

Fumier de ferme peu favorable à certaines cultures.

Bien que ce qui précède soit vrai, il peut être bon de souligner un ou deux faits concernant la nature de l'influence du fumier de ferme sur certaines cultures. Par exemple, on a longtemps reconnu qu'il était déconseillé, dans les sols très riches, de l'appliquer directement à certaines cultures céréalières, comme l'orge et le blé, car une telle pratique est susceptible d'encourager une croissance grossière, c'est-à-dire un développement excessif de paille aux dépens de la végétation. le grain. Il est donc d'usage d'épandre du fumier de ferme sur la culture précédente. Cependant, selon Sir JB Lawes, l'application directe du fumier de ferme sur le blé n'entraîne pas de résultats défavorables là où le sol est léger ; ce n'est que lorsque le sol est lourd qu'il est préférable de l'appliquer sur la culture précédente. Les pommes de terre sont une autre culture sur laquelle il est préférable de ne pas l'appliquer directement. D'un autre côté, nombreux sont ceux qui estiment que les mangels semblent pouvoir bénéficier d'épandages importants de fumier de ferme.

Conditions déterminant l'application des engrais artificiels.

Lors de l'application d' engrais artificiels , un grand nombre de considérations doivent être prises en compte. Parmi ceux-ci, on peut citer la nature du fumier lui-même et son état mécanique et chimique ; la nature du sol et son traitement antérieur avec des engrais, ainsi que la nature du climat, la nature de la culture et la culture précédente. Il serait donc bon d'examiner de manière assez détaillée certaines de ces considérations.

Nature du fumier.

L'azote, l'acide phosphorique et la potasse existent dans les engrais communs, comme nous l'avons déjà souligné, dans des états différents. L'azote, par exemple, peut exister sous forme soluble ou insoluble, sous forme de nitrates, d'ammoniac ou sous diverses formes organiques. De même, l'acide phosphorique peut exister sous une forme soluble, comme dans le superphosphate de chaux, ou sous une forme insoluble, comme dans les os ou les scories basiques. La potasse, en revanche, n'existe – ou ne devrait exister – dans les engrais artificiels que sous une forme soluble. Or, une connaissance correcte du comportement de ces différentes formes d'ingrédients courants du fumier lorsqu'elles sont appliquées au sol est, en premier lieu, nécessaire pour leur utilisation réussie et économique.

Fumiers azotés.

Ainsi, notre connaissance de l'incapacité des particules du sol à retenir l'azote sous forme d'acide nitrique, ainsi que notre connaissance du fait que l'azote est sous cette forme immédiatement disponible pour les besoins de la plante, nous enseigne que le nitrate de soude ne doit jamais être appliqué avant que la plante ne soit prête à l' utiliser - en bref, qu'il ne doit être appliqué que comme pansement supérieur ; et en outre, que l'emploi d'un tel engrais pendant une saison humide est moins susceptible d'être économique que pendant une saison sèche. Encore une fois, en ce qui concerne l'azote sous forme de sels d'ammoniac, notre connaissance du fait que l'ammoniac est retenu par les particules du sol et qu'avant de devenir disponible pour les besoins de la plante, il doit subir le processus de nitrification, nous enseigne le Il est souhaitable de l'appliquer peu de temps avant son utilisation. Enfin, en ce qui concerne l'azote sous les différentes formes organiques sous lesquelles il se présente, notre connaissance de la vitesse à laquelle ceux-ci sont convertis en une forme disponible dans le sol déterminera le meilleur moment pour les épandre. Certaines formes d'azote organique sont à l'état soluble et ont une action tout aussi rapide que le sulfate d'ammoniaque. C'est le cas d'une proportion considérable des différentes formes organiques d'azote présentes dans le guano. D'autres formes d'azote organique ne le sont qu'un peu moins, comme par exemple le sang séché, qui fermente très rapidement. En ce qui concerne donc les nitrates et les sels d'ammoniaque, ainsi que les formes organiques d'azote plus rapidement disponibles, ils doivent être appliqués soit comme couche de finition après le début de la croissance de la plante, soit seulement peu de temps avant le moment des semis. Les os, de mauvaise qualité, et les divers soi-disant guanos indigènes devraient être appliqués assez longtemps avant d'être nécessaires, au plus tard à l'automne précédent.

Fumiers Phosphatés.

En ce qui concerne les engrais phosphatés, les mêmes considérations s'appliquent. Dans la mesure où l'acide phosphorique, qu'il soit appliqué à l'état soluble, comme dans le superphosphate, ou sous forme insoluble, comme dans les os, les scories basiques, etc., n'est pas susceptible d'être emporté par lessivage du sol, le risque de perte est très faible. et ne doit pas être pris en compte. Comme nous l'avons souligné en considérant l'action du superphosphate, l'acide phosphorique sous cette dernière forme est plus rapidement disponible pour la culture, et il n'est pas nécessaire de l'appliquer bien avant qu'il soit susceptible d'être utilisé. C'est pourquoi le superphosphate et le fumier contenant une quantité appréciable d'acide phosphorique soluble, tel que le guano, ne doivent être appliqués que peu de temps avant le semis. Les os, les scories basiques ou le phosphate minéral doivent en revanche être appliqués longtemps avant d'être susceptibles d'être utilisés. Pour de tels fumiers, une application automnale est donc recommandée.

Fumiers de potasse.

Enfin, en ce qui concerne les engrais potassiques, comme ils sont solubles, il n'est pas nécessaire de les appliquer longtemps avant qu'ils ne soient susceptibles d'être absorbés par la plante. Certains sont d'avis qu'il est préférable, sauf dans le cas des sols sableux, d'épandre la potasse peu de temps avant son utilisation, afin de permettre qu'elle soit entraînée dans le sol, processus qui n'a lieu que relativement peu de temps avant son utilisation. lentement. Comme on a souvent constaté que les engrais potassiques donnent de meilleurs résultats sur les pâturages la deuxième année que la première, il est préférable de les appliquer à l'automne.

Les indications ci-dessus concernant le comportement des différents engrais lorsqu'ils sont appliqués au sol ont une influence non négligeable sur les quantités dans lesquelles ils peuvent être appliqués en toute sécurité. Le taux auquel les engrais peuvent être appliqués dépend, comme nous le verrons immédiatement, d'autres conditions ; mais ce qu'il convient de souligner ici, c'est qu'il n'est pas prudent d'appliquer des engrais tels que le nitrate de soude, ou, d'ailleurs, le sulfate d'ammoniaque, en grande quantité à la fois. En effet, ces engrais, surtout les premiers, seront mieux appliqués en très petites quantités, et plutôt en plusieurs doses. En ce qui concerne les autres engrais, plus particulièrement les engrais phosphatés, les mêmes raisons de petites applications n'existent pas.

La véracité des affirmations ci-dessus est si évidente qu'il peut paraître superflu de les faire. Cependant, comme leur compréhension claire est essentielle pour comprendre les conditions d'une fumure réussie, il n'y a aucune excuse à présenter pour leur élaboration.

Nature du sol.

Une autre condition à prendre en compte lors de l'application d'engrais est la nature du sol, ainsi que son traitement préalable. Les sols pauvres en matière organique sont ceux qui sont les plus susceptibles de bénéficier de l'application de fumiers azotés. Les sols à caractère sec et léger nécessitent moins d'acide phosphorique que d'azote et de potasse ; tandis que sur un sol humide et lourd, les engrais phosphatés sont plus susceptibles d'être bénéfiques que les engrais azotés ou potassiques. Enfin, un sol riche en matière organique nécessite généralement des phosphates, et éventuellement de la potasse. Un point d'une importance considérable à noter est qu'un sol riche en chaux peut supporter une plus grande application d'acide phosphorique qu'un sol pauvre en chaux. En règle générale, on constate que les meilleurs résultats avec la potasse seront obtenus lorsqu'elle est appliquée sur un sol sableux. La nature du sol est un facteur important à prendre en compte pour déterminer dans quelle mesure il est conseillé d'épandre du fumier facilement soluble. Pour un sol très léger et non rétentif, le risque de perte lié à l'application d'un fumier facilement soluble est considérablement accru. La nature du climat est également importante. Ainsi, dans un climat sec, les engrais de nature soluble auront un meilleur effet que dans un climat humide, alors que ce sera l'inverse pour les engrais à action plus lente.

Nature de la fumure précédente.

Une considération tout aussi importante est le traitement préalable du sol avec du fumier. Par exemple, lorsqu'un sol a été généreusement traité avec du fumier de ferme, on a constaté que les engrais minéraux ont un effet très inférieur à celui obtenu par le fumier azoté. Lawes et Gilbert ont constaté que c'était le cas de manière frappante dans leurs expériences sur la croissance du blé. Dans ces expériences, il a été constaté que l'application d'engrais minéraux n'apportait que peu ou pas d'avantages à la culture, alors que des résultats très frappants suivaient l'application d'azote. Ils attribuent cela au fait que l'apport d' engrais minéraux contenu dans la paille du fumier de ferme dépasse largement l'apport d'azote. La nature de l'action du fumier épandu précédemment doit également être prise en compte pour déterminer la durée probable de son influence. Lorsque, par exemple, le fumier est constitué de nitrate de soude ou de sulfate d'ammoniaque, on peut conclure sans risque de se tromper que son influence directe ne se fait plus sentir un an après l'épandage. L'influence du superphosphate de chaux, quoique à peine aussi temporaire, peut être considérée comme ne durant qu'un temps relativement court. [242] En revanche, lorsque le fumier épandu est de nature à action lente, comme des os ou des scories basiques, son influence se fera probablement sentir pendant plusieurs années.

Nature de la culture.

Mais la nature de la culture elle-même est plus importante que toutes les conditions mentionnées ci-dessus. Notre connaissance des exigences des différentes cultures agricoles est encore très imparfaite. Toutefois, une très vaste expérience de l'effet des différents engrais sur les différentes cultures a prouvé de manière concluante que leurs besoins en engrais diffèrent considérablement. Le sujet est compliqué par d'autres considérations, telles que la nature du sol, etc. ; mais malgré cela, certains points semblent assez bien établis.

En cherchant à comprendre les besoins respectifs des différentes cultures en matière d'engrais , deux considérations importantes doivent être gardées à l'esprit. Ce sont : (1) *les quantités des trois ingrédients fertilisants − azote, acide phosphorique et potasse − que différentes cultures retirent du sol ;* et (2) *les différentes cultures énergétiques possèdent la capacité d'assimiler ces ingrédients.*

Quantités d' ingrédients fertilisants retirés du sol par différentes cultures.

La manière la plus commode d'établir une comparaison entre les besoins des différentes cultures à cet égard est de calculer la quantité, en livres, d'azote, d'acide phosphorique et de potasse, que les quantités moyennes des différentes cultures éliminent par acre. Le tableau suivant le montre pour les cultures courantes : -

		Azote.	Acide phosphorique.	Potasse.
Mangels	Racine, 22 tonnes	87	36,4	222,8
	Feuille	51	16,5	77,9
	Récolte totale	138	52,9	300,7
Navets	Racine, 17 tonnes	63	22.4	108,6
	Feuille	49	10.7	108,6
	Récolte totale	112	33.1	148,8
Haricots	Grains, 30 boisseaux	77	22,8	24.3
	Paille	29	6.3	42,8
	Récolte totale	106	29.1	67.1
Foin de trèfle rouge, 2 tonnes		102	24.9	83,4
Suédois	Racine, 14 tonnes	70	16.9	63,3
	Feuille	28	4.8	16.4
	Récolte totale	98	21.7	79,7
Avoine	Grains, 45 boisseaux	38	13,0	9.1
	Paille	17	6.4	37,0

	Récolte totale	55	19.4	46.1
Foin de prairie, 1-1/2 tonne		49	12.3	50,9
Blé	Grains, 30 boisseaux	33	16,0	9.8
	Paille	15	4.7	25.9
	Récolte totale	48	20,7	35,7
Orge	Grains, 30 boisseaux	35	16,0	9.8
	Paille	13	4.7	25.9
	Récolte totale	48	20,7	35,7
Pommes de terre, 6 tonnes		47	21,5	76,5
Maïs	Grains, 30 boisseaux	28	10,0	6.5
	Tiges, etc.	15	8.0	29,8
	Récolte totale	43	18,0	363

D'après le tableau, on voit que les cultures qui éliminent les plus grandes quantités des trois ingrédients fertilisants sont les plantes-racines, les mangels et les navets ; que les haricots absorbent deux fois plus d'azote que les céréales, avoine, orge et blé, qui, à cet égard, diffèrent pratiquement très peu les unes des autres ; tandis que les pommes de terre éliminent à peu près la même quantité d'azote que les céréales. On remarquera en outre que les quantités d'acide phosphorique éliminées par les différentes cultures diffèrent beaucoup moins que celles de l'azote et de la potasse. Les mangels en retirent un peu plus et les navets un peu moins, soit le double de la quantité retirée par les céréales. De toutes les cultures, le foin des prés est, comme on le verra, celui qui enlève le moins d'acide phosphorique.

En examinant les quantités de potasse, on est immédiatement frappé par leur grande divergence. Une culture comme les mangels élimine du sol plus de six fois plus de potasse que les céréales. Les navets sont également très exigeants en cet ingrédient, en éliminant plus de quatre fois plus que les céréales. Les légumineuses, comme le trèfle rouge et les haricots, en retirent environ deux fois plus.

Capacité des cultures à assimiler les fumiers.

Si instructifs que soient ces chiffres, *ils ne doivent pas être considérés, comme ils le sont souvent à tort, comme fournissant à eux seuls des données suffisantes sur lesquelles fonder la pratique de la fumure* . Une considération beaucoup plus importante est la capacité que possèdent les différentes cultures d'assimiler les divers ingrédients du fumier du sol. Considérée au point de vue de la quantité absolue, la plupart des sols contiennent une réserve abondante de nourriture végétale ; mais de ce montant, seule une petite proportion est disponible. De plus, la quantité de nourriture végétale disponible variera selon les différentes cultures, une culture pouvant pousser là où une autre mourrait de faim. À titre d'illustration, les expériences menées à Norfolk ont montré que le navet était capable d'assimiler la potasse d'un sol sur lequel le rutabaga était pratiquement affamé. C'est sur ce fait plus que sur tout autre que se fondent les principes de la fumure. Plusieurs explications sur les différentes capacités que possèdent les cultures à assimiler leur nourriture peuvent être avancées. Et nous pouvons souligner ici que les cultures appartenant à la même classe présentent, dans l'ensemble, une certaine similitude dans leurs besoins en engrais. Ainsi, par exemple, on peut dire que *les cultures graminées* se ressemblent jusqu'à présent par leur *faible capacité d'assimilation de l'azote* , *les plantes-racines pour l'assimilation de l'acide phosphorique* et *les légumineuses pour l'assimilation de la potasse* , et que, par conséquent, ces cultures bénéficient généralement le plus de l'application, respectivement, d'azote, d'acide phosphorique et de potasse. Mais s'il existe une certaine ressemblance générale, les cultures appartenant à la même classe diffèrent dans bien des cas de manière très considérable, comme nous le verrons immédiatement.

Différence dans les systèmes racinaires des différentes cultures.

Une explication de la capacité différente des différentes cultures à absorber la nourriture végétale du sol peut être trouvée dans la différence de leurs systèmes racinaires. Tout agriculteur sait que les cultures diffèrent considérablement à cet égard. Les cultures ayant des racines profondes auront naturellement une plus grande surface de sol à partir de laquelle puiser leurs réserves alimentaires que les cultures ayant des racines moins profondes. Des cultures telles que le trèfle rouge, le blé et les mangels sont capables de tirer leurs réserves de nourriture du sous-sol dans une mesure que ne possèdent pas les cultures à racines moins profondes, telles que l'orge, les navets et l'herbe. Par contre, les cultures ayant des racines superficielles ont souvent une plus grande capacité d'assimilation de l'azote, cet ingrédient, comme nous l'avons déjà souligné, se trouvant principalement dans le sol superficiel. La tendance à cultiver des cultures à racines superficielles aura donc tendance à appauvrir le sol superficiel ; tandis que la croissance occasionnelle d'une culture à racines profondes entraîne la réquisition de la nourriture végétale du sous-sol. A ce propos, il convient peut-être d'attirer l'attention sur la capacité singulière que possèdent certaines cultures d'absorber l'azote. Parmi ceux-ci, le cas du trèfle est le plus frappant et a longtemps intrigué les agriculteurs. La découverte, qui a été évoquée à plusieurs reprises dans ces pages, selon laquelle l'ordre des légumineuses, auquel appartient le trèfle, a le pouvoir d'absorber l'azote libre de l'air par l'intermédiaire de la vie micro-organique de la plante et de l'environnement. sol, a fourni une explication à ce problème longtemps débattu.

Période de croissance.

Une autre raison est la différence dans la période de croissance d'une culture. Une culture qui croît rapidement, et par conséquent occupe le sol pendant une période relativement courte, nécessitera naturellement un sol plus riche, et par conséquent un traitement de fumier plus libéral, qu'une culture dont la croissance est plus graduelle.

Une autre considération est la saison de l'année au cours de laquelle la croissance active des cultures a lieu. Par exemple, dans le cas du blé, la croissance active a lieu au printemps et cesse au début de l'été. Cependant, comme la nitrification se poursuit tout au long de l'été et que les nitrates sont plus abondants dans le sol à la fin de l'été et en automne, une culture telle que le blé est mal adaptée pour tirer le moindre bénéfice de cette abondance de la nature et est par conséquent particulièrement favorisée. par l'application de fumiers azotés. En revanche, les plantes-racines semées en été poursuivent leur croissance active jusqu'à l'automne et peuvent ainsi utiliser les nitrates formés lors du processus de nitrification. L'habitude de semer une plante verte à croissance rapide, telle que le seigle, la moutarde, le colza, etc., après une récolte de blé, est une pratique qui vise à conserver les nitrates et à empêcher leur perte par les pluies d'automne et d'hiver. Le nom de « culture dérobée » a été appliqué à une telle culture. En labourant sous la culture verte, l'azote extrait du sol sous forme de nitrates facilement solubles est restitué sous une forme organique insoluble, et le sol est en même temps enrichi par l'ajout d'une matière organique très précieuse. [243]

Ce sont principalement les faits ci-dessus qui constituent la base scientifique de la pratique de longue date de la rotation des cultures.

Variation dans la composition des cultures.

Un point d'intérêt considérable est l'influence exercée par les engrais sur la composition des cultures. On a supposé dans les pages précédentes que la composition des cultures d'une même plante était uniforme ; mais ce n'est pas strictement le cas, car il a été prouvé que non seulement le fumier et le sol ont une influence sensible sur la composition de la culture, mais aussi le climat.

Absorption des aliments végétaux.

Les lois qui régissent l'absorption des aliments végétaux sont très intéressantes, bien que malheureusement encore très imparfaitement comprises. Les ingrédients fertilisants sont capables de se déplacer considérablement dans la plante et ne sont absorbés que jusqu'à une certaine période de croissance. Chez de nombreuses plantes, cela est atteint lors de la floraison. Passé ce délai, ils ne sont plus capables d'absorber de la nourriture. La croyance populaire selon laquelle les plantes en mûrissant épuisent le sol de ses matières fertilisantes est donc une erreur.

fertilisants se logent dans la graine.

La tendance des matières fertilisantes est de remonter dans la plante à mesure qu'elle mûrit, et finalement de se loger dans la graine. C'est pour cette raison que les céréales s'avèrent une culture si exhaustive. Cependant, le fait que la plupart des matières fertilisantes contenues dans les feuilles matures en automne retournent dans l'arbre avant que les feuilles n'en tombent.

Formes sous lesquelles l'azote existe dans les plantes.

La forme sous laquelle l'azote est présent dans la plante est principalement sous forme d'albuminoïdes. Cependant, comme les albuminoïdes appartiennent à cette classe de corps appelés colloïdes, qui ne peuvent pas traverser facilement les membranes poreuses comme celles qui forment les parois des cellules végétales, ils se transforment pendant certaines périodes de la croissance de la plante en amides, qui sont des cristalloïdes, et donc capable de se déplacer librement dans l'usine. Les amides sont plus abondants dans les jeunes plantes pendant la période de leur croissance la plus active et, à mesure que la plante mûrit, les amides semblent être en grande partie convertis en albuminoïdes.

Bien que le sujet ne soit pas très clairement compris, il semble qu'il soit prouvé de manière assez concluante qu'il existe une relation directe entre la quantité d'acide phosphorique et la quantité d'azote absorbée.

Portée des faits ci-dessus sur la pratique agricole.

L'influence de ces faits sur la pratique est évidente. En premier lieu, ils montrent combien il est important que les plantes soient bien nourries lorsqu'elles sont jeunes et que dans la pratique de l'engrais vert, il est préférable d'enfouir la culture lorsqu'elle est en fleur, car aucun bénéfice supplémentaire n'en est retiré. en le laissant mûrir, en veillant à ce qu'aucune autre absorption d' ingrédients fertilisants n'ait lieu après la période de floraison.

Influence de la fumure excessive des cultures.

L'influence de grandes quantités de fumier est visible dans le cas de certaines plantes-racines. On constate, dans un tel cas, que même si les racines sont plus grosses, elles ont une composition plus aqueuse et une valeur nutritive moindre. Encore une fois, il semble être un fait assez généralement connu des hommes pratiques, que le nitrate de soude semble avoir un effet néfaste sur la qualité du foin. Il semblerait en outre que l'influence des engrais azotés sur les céréales soit d'augmenter le pourcentage d'azote dans le grain, mais qu'ils n'aient pas cette influence dans le cas des légumineuses. Les engrais phosphatés, en revanche, dans le cas des cultures de légumineuses, semblent avoir pour effet de diminuer la quantité d'azote présente dans la graine.

NOTES DE BAS DE PAGE :

[241] Mais pas nécessairement au même moment ou à chaque récolte suivante. Dans de nombreux cas, il peut y avoir des intervalles relativement longs entre les épandages de fumier de ferme.

[242] Bien entendu, il s'agit ici de l'influence directe de tels engrais. Leur valeur indirecte peut se manifester dans le sol par l'augmentation des résidus de culture qu'ils génèrent.

[243] Ceci est exprimé de manière très concise et claire dans M. L' admirable « Chimie de la ferme » de Warington .

CHAPITRE XXIII.
FUMIER DES CULTURES AGRICOLES COMMUNES.

Dans ce chapitre, nous tenterons de résumer brièvement les résultats d'expériences sur la fumure de certaines des cultures les plus courantes, et nous commencerons par la fumure des céréales.

CÉRÉALES.

Comme nous l'avons déjà souligné, il existe une certaine similitude dans les besoins en engrais des différents membres de cette classe. Ils se caractérisent , d'une part, par la quantité relativement faible d'azote qu'ils extraient du sol – moins que les légumineuses ou les plantes-racines. La plus grande proportion de cet azote, soit les deux tiers, est contenue dans le grain, la paille ne contenant qu'environ un quart de la quantité totale d'azote de la plante. La quantité d'acide phosphorique qu'elles extraient du sol n'est pas beaucoup inférieure à celle extraite par les deux autres classes de cultures ; mais cela, encore une fois, réside aussi principalement dans le grain. C'est pour cette raison que les céréales peuvent être considérées, en un sens, comme des cultures exhaustives, étant donné qu'elles sont presque invariablement vendues hors de la ferme. Mais d'un autre côté, en raison de leurs exigences relativement faibles en éléments fertilisants , les céréales continueront à pousser sur des terres pauvres pendant une période plus longue que la plupart des cultures, ce qui est d'une très grande importance pour l'humanité.

Bénéficie particulièrement des fumiers azotés.

Bien que les céréales extraient relativement peu d'azote du sol, il est quelque peu frappant de constater qu'elles profitent principalement de l'épandage d'engrais azotés. Ce fait peut s'expliquer par la brièveté de leur période de croissance et par le fait qu'ils assimilent leur azote au printemps et au début de l'été et sont donc incapables d' utiliser pleinement les nitrates qui s'accumulent dans le sol à la fin de l'été et à l'automne. . Comme ils semblent absorber leur azote presque exclusivement sous forme de nitrates, ils profitent particulièrement de l'application de nitrate de soude.

Pouvoir d'absorption des Silicates.

Un trait caractéristique de la composition des céréales est la grande quantité de silice qu'elles contiennent. En commun avec les graminées, elles semblent posséder le pouvoir, que n'ont pas d'autres cultures, de se nourrir de silicates.

Le fumier spécial requis pour les céréales est donc un fumier azoté, et celui-ci, en règle générale, d'un caractère rapidement disponible, tel que le nitrate de soude ou le sulfate d'ammoniaque. Par ailleurs, certains membres du groupe bénéficient également spécialement des engrais phosphatés.

Nous allons maintenant considérer individuellement quelques-unes des cultures céréalières les plus importantes.

ORGE.

Parmi les cultures céréalières, l'orge mérite d'être considérée en premier, car elle est, de toutes les cultures céréalières, la plus largement répandue. En Angleterre, en quantité, il vient après le blé parmi les céréales. Ses habitudes ont également été étudiées de manière très élaborée et minutieuse, et ont fait l'objet de nombreuses expériences, tant dans ce pays qu'à l'étranger.

Période de croissance.

Le premier point à remarquer concernant l'orge est le fait que sa période de croissance est courte. Cela a une incidence très importante sur son traitement avec du fumier. On peut dire qu'il mûrit en moyenne en treize ou quatorze semaines dans ce pays ; bien qu'en Norvège et en Suède, sa période de croissance soit beaucoup plus courte, c'est-à-dire de six à sept semaines. En effet, pas moins de trois récoltes ont été obtenues en une année dans certaines régions de ces pays, et deux récoltes sont courantes. En ce qui concerne la période de sa croissance, il diffère du blé, auquel il ressemble dans ses besoins généraux en engrais. Le blé, semé en grande partie en automne, a quatre ou cinq mois de démarrage d'orge. Du fait qu'il s'agit d'une culture de courte durée et que ses racines sont moins profondes que le blé et tirent leur nourriture principalement du sol superficiel, il bénéficie dans une plus grande mesure d'une fumure généreuse que le blé, qui est plus indépendant des engrais artificiels. approvisionnements en engrais .

Sol le plus approprié.

Encore une fois, alors que le blé se porte bien sur un sol lourd et ne nécessite pas un labourage fin, l'orge se porte mieux sur un sol léger, riche et friable. Il a cependant été cultivé avec beaucoup de succès sur un sol lourd après le blé. L'orge bénéficie plus que le blé de l'application de superphosphate de chaux ou de tout autre fumier phosphaté facilement disponible. Cela peut s'expliquer par sa période de croissance plus courte et son système racinaire moins profond, qui l'empêchent ainsi de tirer une grande partie de sa subsistance minérale du sous-sol. En fait, les cultures semées au printemps bénéficient généralement davantage du superphosphate que les cultures semées à l'automne. L'épuisement d'un sol en orge est essentiellement, comme dans le cas du blé, un épuisement de l'azote, comme l'a fait remarquer Sir J. Henry Gilbert. [244]

Le fumier de ferme ne convient pas.

On a soutenu, avec quelque raison, que le fumier de ferme ne convient pas à l'orge, car son action est trop lente pour avoir une grande influence sur une plante à vie aussi courte, et qu'il ne faut utiliser que des engrais à action rapide. Lorsque du fumier de ferme est épandu, il doit l'être sur la culture précédente ; et cela est conseillé pour plus d'une raison.

Importance d'une fumure uniforme de l'orge.

L'usage auquel l'orge est destinée, c'est-à-dire à des fins de maltage, rend l'uniformité de sa composition un point de grande importance. Sa qualité étant très largement influencée par son traitement avec les engrais, il faut apporter un soin particulier à leur application. Cultivé comme il l'est généralement à partir de racines, nourri avec des moutons, sa qualité, prétend-on, risque de souffrir de la répartition inégale du fumier ainsi appliqué. Il a donc été recommandé, pour éviter cette inégalité, de cultiver plutôt une culture de blé précédant immédiatement celle de l'orge.

Expériences de Norfolk sur l'orge.

M. Cooke, en résumant les résultats des intéressantes expériences du Norfolk sur l'orge, fait remarquer que dans ces expériences l'orge a toujours bénéficié d'engrais azotés, quelquefois de superphosphate de chaux, et plus rarement de potasse ; celui des engrais azotés, ceux à action la plus rapide, exercèrent la meilleure influence. En moyenne, il a été constaté que 1 cwt. le nitrate de soude par acre a donné une augmentation de 8 boisseaux d'orge et de 2 quintaux. a donné 14 boisseaux ; tandis que 3/4 quintaux. le sulfate d'ammoniaque (*c'est-à-dire* la quantité contenant la même quantité d'azote que 1 quintal de nitrate de soude) n'a donné qu'une augmentation de 5 1/2 boisseaux et de 1 1/2 quintal de nitrate de soude. (= 2 cwt. nitrate de soude) a donné 10 boisseaux.

M. Cooke recommande les fumiers suivants pour la récolte d'orge. De 1/4 à 1 quintal. de nitrate de soude, selon le traitement préalable du sol ; de 1 à 2 quintaux. super; et là où cela est nécessaire, de 1/2 à 1 cwt. muriate de potasse.

Le professeur Hellriegel, éminent chercheur allemand, a réalisé sur une petite échelle des expériences très élaborées, en vue d'étudier les habitudes de la plante d'orge. Dans la plante la plus parfaitement développée, cultivée dans les conditions les plus favorables , il constata que le grain et la paille avaient à peu près le même poids. Une telle proportion de grain n'est cependant jamais réalisée en pratique, la proportion de 2 de grain pour 3 de paille étant probablement la plus courante.

BLÉ.

Le blé occupe, en Angleterre, la première place parmi les céréales, quant à l'étendue de sa culture. En règle générale , il est semé en automne, bien qu'il soit également semé au printemps. Il est généralement pris après une rotation de graminées ou d'une légumineuse, comme des pois ou des haricots, ou après des pommes de terre ou des racines.

Contrairement à l'orge, elle pousse mieux sur un sol argileux, ou en tout cas sur un sol ferme, et nécessite un lit de semence humide. Du fait que le blé est souvent semé après une culture telle que des pommes de terre ou des plantes-racines auxquelles a été appliquée généreusement du fumier, il n'est pas nécessaire de l'engraisser autrement qu'avec une couche supérieure de nitrate de soude. En bref, il est généralement considéré comme hautement souhaitable de mettre la terre en « bon cœur » avant le blé, afin que le blé puisse se nourrir des résidus de la récolte précédente et du fumier de ferme précédemment épandu.

Bien que, en règle générale, le seul engrais qu'il soit nécessaire d'ajouter au blé soit un engrais azoté, tel que le nitrate de soude ou le sulfate d'ammoniaque, il y a néanmoins des circonstances dans lesquelles il sera bon de compléter ces engrais par des engrais phosphatés. ou encore des fumiers potassiques. Sur un sol léger, il peut être conseillé d'ajouter du superphosphate de chaux, de guano ou de farine d'os, en quantités de 2 à 3 cwt. par acre, en plus d'un fumier azoté.

Parmi les expériences effectuées sur la culture du blé, celles qui sont en cours depuis plus d'un demi-siècle à Rothamsted sont les plus précieuses et les plus célèbres. Dans ces expériences, la valeur comparative de l'azote et des engrais minéraux sur cette culture a été illustrée de manière frappante. Le premier a donné une augmentation très marquée de la récolte, tandis que le second a obtenu peu ou pas d'augmentation. En revanche, une combinaison d'engrais azotés et minéraux a donné les résultats les plus frappants. Une explication de ces résultats peut être donnée par le fait que, dans l'agriculture ordinaire, un excès de matière minérale, par rapport aux nitrates, est restitué au sol dans les résidus de récolte et dans la paille du fumier de ferme.

Parmi les engrais azotés, le nitrate de soude, dans l'ensemble, a donné de meilleurs résultats que le sulfate d'ammoniaque.

Croissance continue du blé.

La possibilité de produire de bonnes récoltes de blé année après année pendant cinquante ans sur la même terre, et cela sans aucun fumier, est l'un des résultats les plus frappants de ces célèbres expériences sur le blé de Rothamsted.

Expériences Flitcham .

En conclusion, nous pouvons nous référer aux expériences Flitcham de M. Cooke . Celles-ci ont été réalisées dans le but de déterminer le fumier le plus approprié pour la culture du blé dans différentes conditions.

Il suffira ici de donner les recommandations formulées par M. Cooke comme résultat pratique de ces expériences.

Il préconise l'épandage de 10 tonnes de fumier de ferme sur des sols légers ou mixtes, après rotation des semis, enfouis à l'automne, avec de 1/4 à 1 quintal. de nitrate de soude, semé au printemps. Dans certains cas, le fumier de ferme suffira sans le nitrate de soude. Lorsque le fumier de ferme n'est pas disponible, le substitut le plus efficace et le plus économique est 4 quintaux. par acre de tourteau de colza labouré à l'automne, soit 1 quintal. de sulfate d'ammoniaque, semé au printemps, avec, dans les deux cas, 1 quintal. de nitrate de soude comme top dressing de printemps. En plus de ce qui précède, sur des terres en état agricole douteux, ou exceptionnellement déficientes en l'un ou l'autre de ces ingrédients, M. Cooke recommande l'ajout de 2 quintaux. superphosphate, ou 1 cwt. muriate de potasse, ou ces deux engrais, labourés ou hersés en automne.

Comme l'orge, l'avoine est généralement semée au printemps et, comme l'orge, peut être décrite comme une culture à racines peu profondes. Ils ont donc besoin de fumier facilement disponible et leurs exigences en matière de différents ingrédients fertilisants sont très similaires à celles de l'orge. Les engrais qui donneront le meilleur rapport, par conséquent, pour l'avoine, sont le nitrate de soude, utilisé comme couche de couverture, et le superphosphate de chaux, appliqué avec les graines. Il est probable que le nitrate de soude ne soit aussi sûr et aussi efficace pour aucune autre culture que pour l'avoine. À certains égards, cependant, l'avoine diffère considérablement de l'orge.

Une culture très rustique.

En premier lieu, l'avoine est une culture beaucoup plus résistante que l'orge ou le blé. Ils peuvent pousser sur une gamme merveilleusement large de sols et dans des circonstances relativement défavorables, tant en termes de climat que de situation. Ils conviennent mieux à un climat humide comme le nôtre qu'à un climat chaud. Ils peuvent être décrits comme de toutes les cultures les moins exigeantes et prospéreront sur les sols sableux, tourbeux ou argileux. Bien qu'il en soit ainsi, ils montrent une préférence pour les sols riches en matières végétales pourries. C'est pour cette raison qu'ils prospèrent si bien sur les sols fraîchement détachés des pâturages, et qu'ils sont souvent la première culture à pousser sur de tels sols.

Nécessite un fumier azoté mélangé.

Stoeckhardt a constaté, dans des expériences sur la fumure de l'avoine, qu'elle absorbait avidement de l'azote pendant presque toute la période de sa croissance, et que, par conséquent, il est souhaitable de la fertiliser avec un fumier azoté mélangé qui doit contenir de l'azote, à la fois sous une forme facilement disponible pour approvisionner la plante pendant les premiers stades de sa croissance, et sous une forme moins disponible pour les stades ultérieurs de sa croissance. Il était d'avis que l'on favoriserait ainsi une croissance continue et satisfaisante de la culture.

Les expériences d'Arendt.

L'avoine a fait l'objet de nombreuses recherches approfondies. Parmi celles-ci, celles réalisées par Arendt sont les plus élaborées et les plus connues. Dans ces expériences, la composition de la plante d'avoine à différents stades de croissance a été étudiée. On a constaté que la croissance de la plante d'avoine s'est produite pendant toute la période de sa vie et que les deux tiers de l'azote absorbé l'étaient au cours de la période ultérieure de sa croissance. Il a cependant été démontré depuis que l'absorption de l'azote est très influencée par les circonstances. En effet, sa composition est particulièrement sensible à l'influence des fumiers, et notamment à celle des intempéries. Ainsi Arendt a constaté que l'assimilation de l'azote est freinée par un temps froid et humide ; tandis que, d'un autre côté, elle est favorisée par un temps chaud et sec. Le grain d'avoine cultivé pendant les saisons chaudes est mieux développé et sa composition est plus nutritive (*c'est-à-dire* qu'il contient plus d'azote) que celui de l'avoine cultivée pendant les saisons humides, tandis que l'inverse est le cas pour la paille.

" *Avénine* . "

Un point d'un intérêt considérable dans la composition de l'avoine est le fait qu'elle contient un corps qui exerce un effet stimulant remarquable sur le système nerveux de l'animal, et auquel le nom d'« avénine » a été donné.

Quantités de fumier.

Les quantités de fumier qui peuvent être appliquées à la récolte d'avoine sont semblables à celles qui devraient être appliquées à l'orge - de 1/2 à 1 quintal. de nitrate de soude, et de 2 à 3 cwt. superphosphate de chaux. Mais très souvent, la culture d'avoine ne reçoit que peu ou pas de fumier. Dans les expériences de la Highland and Agricultural Society of Scotland, le sulfate d'ammoniaque s'est révélé avoir une valeur bien moindre que le nitrate de soude comme engrais pour l'avoine. Les fumiers de potasse, notamment le muriate de potasse, avaient un effet très bénéfique. Les conclusions générales tirées de ces expériences étaient que le traitement du sol devait être tel qu'il y accumule des matières organiques, qu'il évite une trop grande perte d'humidité et qu'il fournisse aux jeunes plantes des engrais qui entrent rapidement en action.

HERBE.

La fumure de l'herbe est une question d'un très grand intérêt et d'une très grande importance, mais elle se heurte en même temps à des difficultés particulières. L'herbe est cultivée dans deux conditions : premièrement, celle cultivée sur des sols exclusivement réservés à sa croissance continue (pâturage permanent) ; et d'autre part, ceux cultivés dans le but d'être transformés en foin et de fournir du pâturage dans la rotation ordinaire des cultures (semences de rotation). Le fumage du premier est quelque peu différent du fumage du second.

Effet du fumier sur l'herbe des pâturages.

La nature des herbes qui poussent dans les pâturages est fortement influencée par le fumier appliqué. C'est, en effet, l'une des caractéristiques les plus remarquables liées à la fumure de l'herbe, et elle a été particulièrement observée dans les expériences de Rothamsted, où l'influence des différents engrais sur les diverses espèces d'herbes a été étudiée avec le plus grand soin. L'herbe qui constitue le pâturage est, comme tout agriculteur le sait, d'une description variée. Nous avons dans les pâturages un mélange de plantes appartenant à la fois aux classes des graminées et des légumineuses, ainsi qu'une variété de mauvaises herbes. Or le résultat de l'application de différents engrais tend respectivement à favoriser les différentes espèces de graminées. Ainsi , lorsqu'un type de fumier est appliqué, les graminées d'une sorte ont tendance à prédominer et à évincer les graminées d'une autre. On a constaté que *plus les pâturages sont fertilisés, plus la nature de leurs herbages est simple* (c'est-à-dire que moins les différentes sortes d'herbes qui y poussent) sont nombreuses. *Les pâturages sans fumier, en revanche, sont plus complexes quant à leur herbage.* Il en résulte que l'épandage du fumier sur les pâturages comporte certains dangers. Pour maintenir un bon pâturage, il est souhaitable d'assurer un bon équilibre entre les différentes sortes de graminées. Pour cette raison, on peut dire que les pâturages permanents sont, de toutes les cultures, la moins communément fertilisée. En général , il n'est fumé que par les excréments des bovins et des moutons qui s'en nourrissent.

Influence du fumier de ferme.

On constate que l'influence du fumier de ferme sur la composition du pâturage ne tend pas, dans la même mesure, à un développement excessif d'un type d'herbage par rapport à un autre ; et à cet égard, il est probablement préférable aux engrais artificiels.

Les mêmes raisons, cependant, ne s'appliquent pas à la rotation des semences, où une croissance abondante est souhaitée et où la complexité de l'herbage n'est pas si importante. Une autre raison qui justifie l'épandage d'engrais dans les prairies est l'appauvrissement plus grand du sol qui se produit dans de telles conditions. Pour illustrer l'influence des différents engrais sur les différents types d'herbages, on peut mentionner qu'en Nouvelle-Angleterre, les cendres de bois, un engrais couramment utilisé là-bas, ont été observées, lorsqu'elles sont appliquées aux pâturages, pour rapporter du trèfle blanc, et que l'application de gypse a eu le même effet.

Une explication de ce fait peut être trouvée dans l'influence de la potasse sur les cultures de légumineuses. La principale valeur des cendres de bois comme engrais est due au pourcentage élevé de potasse qu'elles contiennent, tandis que la valeur du gypse s'explique probablement par le fait qu'il a une action indirecte et libère la potasse de ses composés inertes. dans le sol. Dans les expériences de Rothamsted, ce point a été vérifié, et il a été démontré que la potasse augmente la proportion de plantes légumineuses dans un champ d'herbe. Au contraire, les engrais azotés, plus particulièrement le sulfate d'ammoniaque, ont montré qu'ils augmentaient la proportion des graminées proprement dites et diminuaient la proportion des légumineuses. L'effet du fumier de ferme, bien que moins marqué en ce qui concerne la simplicité de l'herbage, a un effet similaire à celui du sulfate d'ammoniaque ; tandis que les phosphates et autres engrais minéraux exercent une influence semblable à celle de la potasse. Les mélanges d'engrais minéraux et azotés ont donné les rendements les plus importants obtenus, mais leur influence a été d'augmenter la proportion de graminées proprement dites. L'irrigation par les eaux usées tend également principalement à développer des graminées.

Influence du sol et de la saison sur les pâturages.

Les fumiers ne sont pas les seuls facteurs influençant la qualité des pâturages. La nature du sol, ainsi que l'âge du pâturage et le caractère de la saison, exercent une influence très considérable. Les graminées poussant sur des sols humides ou mal drainés sont invariablement de mauvaise qualité, les graminées les plus grossières prédominantes. Là encore, les vieux pâturages sont généralement de meilleure qualité que les nouveaux.

FUMURE DE PRAIRIE-LAND.

Le nitrate de soude est un engrais commun pour l'herbe cultivée pour le foin. Il est souvent appliqué à raison de 2 ou 3 quintaux. par acre. Il est toutefois préférable de l'appliquer à plus petites doses. Sur les sols où la chaux est abondante, du superphosphate peut être appliqué, si nécessaire, à raison de 2 ou 3 quintaux. par acre, ou des os à un taux similaire. On a constaté que les scories basiques donnent de bons résultats comme engrais pour les prairies, surtout là où le sol est riche en matière organique.

Expériences de Bangor.

M. Gilchrist, de l'University College de Bangor, à la suite de nombreuses expériences menées dans différentes régions du Pays de Galles, recommande pour le foin de ray-grass et de trèfle sur des terres en bon état 1 quintal. de nitrate de soude ou de sulfate d'ammoniaque par acre, le premier étant appliqué vers la mi-avril, le second au cours du mois de mars. Pour les terrains en mauvais état, l'ajout de 2 cwt. de superphosphate est recommandé - cela doit être appliqué entre décembre et mars. Le fumier de ferme peut être utilement appliqué sur les jeunes graines de graminées et de trèfles à l'automne, plus particulièrement sur les sols légers. Pour les prairies qui produisent du foin chaque année, M. Gilchrist recommande en outre la rotation suivante de la fumure en 4 étapes :

La première année, 15 tonnes de fumier de ferme, épandues à l'automne.

Deuxième année, 1 quintal. nitrate de soude.

Troisième année, 4 quintaux. scories de base ou 3 cwt. superphosphate et 1 cwt. nitrate de soude.

Quatrième année, 1 quintal. nitrate de soude.

Expériences de Norfolk.

M. Cooke, d'après ses expériences dans le Norfolk, recommande les fumiers suivants pour la rotation des semences : -

Un à 1-1/2 quintal. nitrate de soude en top dressing au début du printemps. Là où le trèfle est bon et où l'on désire particulièrement le cultiver, il recommande comme pansement 1 quintal. de muriate de potasse par acre, à appliquer immédiatement après le semis du trèfle. D'après les expériences faites dans le Norfolk, la pratique consistant à habiller les graines en croissance au cours de leur premier hiver est moins recommandée que l'habillage antérieur.

FUMURE DES PÂTURAGES PERMANENTS.

Dans ce cas, le fumier doit être appliqué de manière à ne pas altérer la qualité de l'herbe. Les engrais à action lente sont donc les meilleurs, comme les scories basiques ou les os, qui se sont révélés particulièrement précieux. Sur terrain humide ou marécageux après drainage, la chaux est peut-être l'un des meilleurs engrais à appliquer en premier lieu. Comme nous l'avons déjà dit, le fumier de ferme fera plus pour maintenir la qualité des pâturages que n'importe quel type d'engrais artificiel. M. Cooke est d'avis qu'aucun système de fumure encore découvert ne permettra à la fois d'épaissir et d'améliorer l'herbe avec autant de succès qu'une alimentation soigneuse et régulière de l'herbe des bovins ou des moutons, les animaux ayant une bonne part de tourteau de coton décortiqué. ou encore de tourteau de lin.

RACINES.

De toutes les cultures, on peut dire que les racines nécessitent l'application la plus généreuse de fumier et y réagissent le plus librement. Elles contiennent de grandes quantités d' ingrédients fertilisants — azote, phosphates et potasse — et peuvent être considérées comme des cultures extrêmement exhaustives. C'est notamment le cas des mangels , qui sont particulièrement exigeants en éléments fertilisants du sol .

Les navets se caractérisent par la grande quantité de soufre qu'ils contiennent ; et, selon quelques-uns, ceci explique l'effet bienfaisant que produit le gypse lorsqu'on leur applique comme fumier. Toutefois, cela s'explique plus probablement par l'action indirecte du gypse dans la libération de la potasse du sol. Le fait que le succès de la culture des plantes-racines dépend de l'épandage de grandes quantités de fumier est reconnu dans la pratique, car ce sont elles qui reçoivent le plus de fumier parmi toutes les cultures de la rotation. Les racines s'épanouissent mieux sur un sol léger, ni trop humide ni trop sec ; mais avec une fumure généreuse et un travail du sol soigneux, on peut dire qu'ils réussissent bien sur n'importe quel sol. Les mangels profitent généralement davantage de l'application d'engrais azotés que les navets ou les rutabagas, qui, semble-t-il, ont un plus grand pouvoir d'absorption de l'azote du sol que la première culture nommée ; mais c'est une erreur de supposer qu'aucune des plantes-racines ne dépend d'un approvisionnement immédiat en azote ; et le fait que de grandes récoltes de navets peuvent souvent être obtenues par l' application seule de superphosphate, peut être considéré comme une preuve que le sol contient beaucoup d'azote. Les mangels sont, de par leurs racines plus profondes, plus capables de puiser leur apport en acide phosphorique du sol que les navets. Ils réagissent donc en général moins librement que les navets ou les rutabagas à une application de superphosphate. D'une manière générale, on peut dire que le fumier caractéristique des navets est le superphosphate, et celui des mangels est un fumier azoté, tel que le nitrate de soude ou le sulfate d'ammoniaque.

Une raison particulière pour laquelle on fume les plantes-racines est le fait qu'elles sont plus sujettes aux maladies que les autres cultures ; et c'est particulièrement le cas dans les premiers stades de leur croissance. L'un des grands avantages que confère à la culture du navet l'application de superphosphate est l'aide qu'elle apporte à la culture pour passer en toute sécurité la période critique de sa croissance. Il est préférable de semer le superphosphate avec la graine, en quantités variant de 3 à 5 cwt. En Ecosse, il convient de le souligner, la quantité d'engrais appliquée à cette culture dépasse de beaucoup la quantité habituellement appliquée en Angleterre ; car dans le premier pays, des applications plus importantes de fumier peuvent être employées avec profit. Les racines reçoivent généralement un apport important de fumier de ferme. On a constaté dans certains districts que le sel avait un très bon effet sur la culture du mangel , et on a souvent constaté que la potasse était largement rentable.

Influence du fumier sur la composition.

Un point très intéressant en ce qui concerne la fumure des racines est l'effet du fumier sur leur composition. Ce phénomène a fait l'objet d'études très approfondies à Rothamsted et ailleurs. Ainsi, on a constaté que l'application de quantités excessives d'engrais azotés avait pour effet de produire un développement trop important des feuilles aux dépens des racines.

Les fumiers azotés augmentent le sucre dans les racines.

Les fumiers azotés ont également tendance à augmenter la proportion de sucre et à diminuer la proportion de matière azotée dans les racines. Ceci a une incidence importante sur le traitement des racines qui sont cultivées pour leur sucre, telles que les betteraves, pour la croissance desquelles le nitrate de soude est le principal engrais artificiel appliqué. [245]

La feuille, on peut le remarquer, contient un plus grand pourcentage de matière sèche, tant chez le rutabaga que dans le navet, que la racine.

Quantité d'azote récupérée lors de l'augmentation de la récolte.

En ce qui concerne la quantité d'azote récupérée dans la récolte accrue de mangel et de racines lorsqu'elle est fumée avec différents engrais azotés, on a constaté à Rothamsted, en moyenne sur six ans, que les pourcentages d'azote suivants ont été récupérés : Lorsque le nitrate de soude était appliqué, 60 pour cent de l'azote qu'il contenait a été récupéré dans la récolte accrue; lorsque des sels d'ammoniaque étaient appliqués, 52 pour cent ; lorsqu'on utilisait du tourteau de colza, 50 pour cent ; et lorsqu'un mélange de tourteaux de colza et de sels d'ammoniaque était utilisé, 46 pour cent.

On peut souligner que l'influence de la saison et du climat sur la composition des plantes-racines est très grande, plus grande même que sur toute autre culture. Comme l'avoine, les navets poussent mieux en Ecosse qu'en Angleterre, le climat plus humide du premier pays étant plus propice à leur développement maximum, et par conséquent à l'économie d'épandage maximum en Ecosse.

Expériences de Norfolk.

En conclusion, quelques mots peuvent être dits sur les expériences du Norfolk, effectuées sous la direction de M. Cooke dans le but de déterminer le fumier le meilleur et le plus économique pour les mangels et les rutabagas sur différents sols du Norfolk. Dans la plupart de ces expériences, il a été constaté que le superphosphate n'avait pas beaucoup d'effet sur l'augmentation de la récolte dans le cas des mangels ; que le meilleur engrais azoté était le nitrate de soude ; et que, dans l'ensemble, il n'était pas économique d'épandre du fumier de ferme à raison de plus de 10 tonnes par acre. On a constaté en outre que, bien que la potasse ou le sel commun donnent une augmentation considérable du poids des racines, il n'était pas nécessaire de donner ces deux engrais à la fois, l'un d'eux étant à peu près aussi efficace que l'autre.

M. Cooke recommande les fumiers suivants comme étant les mieux adaptés aux mangels , à savoir 2 cwt. nitrate, 3 quintaux. sel commun et 2 cwt. superphosphate. Sur certains sols particulièrement adaptés aux mangels , et dans les localités chaudes où l'on cultive habituellement des récoltes supérieures à 25 à 30 tonnes par acre, il serait probablement avantageux d'augmenter ou de doubler la quantité ci-dessus de nitrate de soude. Dix tonnes de fumier de ferme pourront, si on le préfère, remplacer tout ou partie du nitrate de soude, ou même être utilisées en complément, selon les ressources de l'agriculteur à son égard et le rendement qu'il désire. à obtenir du fumier au cours de la première année d'application ou des années suivantes. Il est préférable d'appliquer le nitrate de soude en deux fois : la moitié au moment du semis et l'autre moitié en couche de finition immédiatement après le premier binage manuel des racines. Un troisième pansement peut souvent être administré avec avantage un mois plus tard.

Du fumier pour les Suédois.

Comme vinaigrette complète et économique pour les suédois du Norfolk, M. Cooke recommande 3 à 4 cwt. superphosphate, 1 quintal. sulfate d'ammoniaque et 1/2 cwt. de muriate de potasse. Parfois, il peut être jugé opportun de réduire la quantité de sulfate d'ammoniaque, ou de l'omettre complètement ; et dans d'autres cas , la potasse peut être judicieusement omise. L'ensemble du mélange doit être semé au moment du semis des navets. Si du fumier de ferme est utilisé - et s'il est utilisé, il doit être appliqué dans un état bien décomposé - pas d'autre fumier que 3 quintaux. de superphosphate sera nécessaire.

De précieuses expériences ont été réalisées au sujet de la fumure des navets par le Dr AP Aitken, pour la Highland and Agricultural Society of Scotland. Voici quelques-uns des résultats qui peuvent être tirés de ces expériences. L'effet d'un phosphate dissous par rapport à un phosphate moulu est de produire un navet de moindre valeur nutritive. Le superphosphate a eu un meilleur effet lorsqu'il est appliqué en avril que lorsqu'il est appliqué avec les graines en juin. On a constaté en outre que lorsque le fumier azoté était donné entièrement sous forme de nitrate de soude ou de sulfate d'ammoniaque, ce dernier donnait un navet plus dense et plus sain. Enfin, en ce qui concerne l'application de potasse, il s'est avéré que la meilleure façon était de l'appliquer plusieurs mois avant le semis. L'effet des engrais potassiques est d'augmenter la quantité de navets, mais de retarder la maturation des bulbes. Un apport excessif de fumier de potasse a pour effet de nuire gravement à la récolte.

Fumure pour de riches récoltes de navets.

Selon les propres mots du Dr Aitken : « Afin de produire une récolte de navets abondante et en même temps saine et nutritive, un tel système de fumure ou de traitement du sol, par fertilisation ou autrement, devrait être pratiqué de manière à obtenir le meilleur résultat possible. l'enrichissement général et l'amélioration de l'état de la terre, afin que la culture puisse croître naturellement et progressivement jusqu'à maturité. À cette fin , une plus grande application d'engrais à action lente, dont la farine d'os peut être prise comme type, est beaucoup mieux adaptée. que des applications plus petites de type à action plus rapide. Une certaine quantité de fumier à action rapide est très bénéfique à la culture, surtout dans sa jeunesse; mais la grande majorité de la nourriture dont la culture a besoin doit être de type à décomposition ou à dissolution lente. aussi uniformément que possible dans le sol. »

Expériences de l'auteur.

Les expériences de l'auteur sur la fumure des navets, effectuées dans différentes régions du sud et de l'ouest de l'Écosse, ont montré que si le fumier de ferme est précieux pour donner un bon départ à la culture et la faire avancer bien pendant la période de germination et de croissance précoce, en fournissant une certaine quantité d'engrais végétal facilement assimilable, et en cas de temps sec attirant une quantité d'humidité, son application à raison de 20 ou même 10 tonnes par acre ne peut guère être considérée comme rentable, donnant au fumier de ferme une valeur nominale. valeur de quelques shillings la tonne. Dans ces expériences, les scories se sont révélées être un engrais des plus précieux, et même l'un des plus économiques de tous les engrais expérimentés. Ils ont en outre montré que des pansements lourds contenant du superphosphate, s'élevant jusqu'à 8 cwt. par acre, sont, d'un point de vue économique, en règle générale justifiables en Ecosse ; et que le nitrate de soude et le sulfate d'ammoniaque ont une valeur à peu près égale comme engrais pour les navets. Dans presque chacune des expériences, l'avantage d'ajouter du fumier azoté au superphosphate a été démontré. La potasse s'est également révélée dans de nombreux cas comme un engrais très rentable pour la culture du navet, lorsqu'elle était appliquée avec de l'azote et des phosphates ; mais appliqué seul, loin d'exercer un bénéfice appréciable, il semblait exercer un effet préjudiciable.

PATATES.

Les pommes de terre sont souvent classées parmi les plantes-racines et, dans leurs besoins en fumier, elles présentent de nombreux points de similitude. Après les plantes-racines, on peut dire que ce sont celles qui sollicitent le plus le sol et nécessitent donc un engrais général libéral. Un point important dans la fumure des pommes de terre est un bon labour du sol, de manière à permettre une libre expansion des tubercules. On peut dire qu'ils poussent mieux sur des sols profonds et chauds ; mais, comme les racines, si elles sont généreusement fertilisées, elles peuvent pousser avec succès sur n'importe quel type de sol. Le fumier de ferme est depuis longtemps considéré comme particulièrement précieux pour la culture des pommes de terre. Dans de nombreuses régions d'Écosse, il est appliqué en quantités énormes, allant de 20 à 40 tonnes par acre. Il ne fait guère de doute que la valeur du fumier de ferme, ainsi que d'autres engrais volumineux, pour la culture des pommes de terre, est en partie due à leur influence mécanique sur le sol. Les pommes de terre se nourrissent en surface et nécessitent que leur nourriture soit facilement disponible. Il s'avère donc souhaitable de compléter le fumier de ferme par des engrais artificiels facilement disponibles. Les pommes de terre rémunèrent mieux que la plupart des cultures l'application d'un fumier mélangé contenant tous les ingrédients fertilisants – azote, acide phosphorique et potasse.

Expériences de la Highland Society sur les pommes de terre.

D'après les expériences de la Highland Society, l'azote est mieux appliqué sous forme de nitrate de soude. Le sulfate d'ammoniaque ne semble pas, lorsqu'on applique également du fumier de ferme, avoir un effet aussi précieux, car il influe sur la grosseur du tubercule, produisant une proportion excessive de petites pommes de terre. Cependant, lorsqu'aucun fumier de ferme n'est appliqué, le sulfate d'ammoniaque semble avoir un bon effet, surtout pendant les saisons humides.

Concernant la nature du fumier phosphaté à appliquer, le superphosphate est à privilégier. Les pommes de terre sont très exigeantes en potasse et nécessitent donc du fumier potassique. En raison du fait qu'ils reçoivent de grandes applications de fumier de ferme, la nécessité d'ajouter de la potasse sous forme d'engrais artificiel n'existe généralement pas. La potasse, si elle est appliquée en trop grandes quantités, s'est avérée exercer un effet délétère. Nous avons déjà souligné que le muriate de potasse tend à produire une pomme de terre cireuse.

Les expériences de Rothamsted avec les pommes de terre.

Les expérimentateurs de Rothamsted ont étudié de manière très approfondie les conditions des besoins en engrais des pommes de terre. Dans ces expériences, des pommes de terre ont été cultivées année après année dans le même champ. On a constaté que l'effet des engrais minéraux seuls était plus grand que celui des engrais azotés seuls, et que celui des engrais minéraux phosphatés avait, en règle générale, un meilleur effet que la potasse ; que sous l'action de la croissance des pommes de terre, il se produit dans le sol un plus grand épuisement des phosphates que de la potasse ; et enfin, qu'il est essentiel de disposer d'un approvisionnement abondant en différents ingrédients fertilisants pour obtenir des cultures réussies. Dans les expériences de Rothamsted, la lente action du fumier de ferme dans l'apport d'ingrédients fertilisants aux pommes de terre est démontrée de manière frappante. Ainsi, bien que le fumier de ferme ait été épandu à un taux tel que plus de 200 lb d'azote ont été ajoutés au sol, le résultat était inférieur à celui obtenu avec l'application de 86 lb d'azote appliqué sous forme d'engrais artificiel facilement disponible. .

Effet du fumier de ferme sur les pommes de terre.

On peut dire à cet égard que la pomme de terre est moins capable d' utiliser les éléments fertilisants du fumier de ferme que n'importe quelle autre culture agricole. Pourtant, malgré cela, le fumier de ferme s'est révélé être l'un des meilleurs engrais à épandre. La réconciliation de ces affirmations apparemment contradictoires dépend de l'influence exercée par le fumier de ferme sur l'état mécanique du sol, le rendant plus poreux et facilement perméable aux racines superficielles, du développement desquelles dépend tant le succès de la culture. . L'effet bénéfique du fumier de ferme est sans doute aussi dû à l'augmentation de la température que provoquent de grandes applications de fumier dans le sol.

Sir J. Henry Gilbert, dans sa célèbre conférence de Cirencester sur la croissance des pommes de terre, cite plusieurs exemples de traitement des pommes de terre avec du fumier dans différentes régions du pays. Dans le Forfarshire, le fumier de ferme ou le fumier d'écurie est largement utilisé (à raison de 12 à 14 tonnes, et dans certains cas même 20 tonnes par acre), et il est également largement complété par des engrais artificiels. Ces derniers sont appliqués à raison d'environ 10 quintaux et sont constitués de superphosphate, d'os dissous et de sels de potasse. Six tonnes de pommes de terre sont considérées comme une récolte équitable. Dans l'East Lothian, la fumure est similaire, à l'exception du fumier de ferme qui est épandu en quantités encore plus importantes – 30 à 40 tonnes étant souvent utilisées. Parfois, les pommes de terre sont cultivées uniquement avec des engrais artificiels. Il semblerait que la récolte habituelle de pommes de terre varie de 4 à 8 tonnes par acre.

Fumure de pommes de terre à Jersey.

La fumure de la pomme de terre, si largement cultivée à Jersey dans les îles anglo-normandes, présente un intérêt. On y cultive des pommes de terre pendant deux ou trois ans, puis du maïs, puis de l'herbe pendant quelques années, puis encore des pommes de terre, sans qu'aucune rotation particulière des cultures ne soit suivie. Du fumier de ferme ou des algues sont appliqués à raison de 25 à 30 tonnes par acre, complétées par 8 à 12 quintaux. d'engrais artificiels.

Ces déclarations montrent à quel point la pratique consistant à fertiliser massivement les pommes de terre est répandue.

L'influence du fumier sur la composition de la pomme de terre.

L'influence du fumier sur la composition de la récolte de pommes de terre présente un grand intérêt. Les pommes de terre cultivées sans fumier, tout comme les racines, contiennent un pourcentage d'azote plus élevé que les pommes de terre cultivées avec du fumier. L'effet de la fumure est donc d'augmenter la proportion d'amidon, qui est le constituant le plus important de la pomme de terre. Les engrais minéraux ont un effet plus important en augmentant le pourcentage d'amidon que les engrais purement azotés ; mais lorsqu'on les utilise ensemble, on obtient une augmentation encore plus grande que lorsqu'on les utilise seuls. L'effet des fumiers azotés sur la composition des racines et des pommes de terre apparaît donc similaire.

Dans le cas des deux cultures, l'effet est d'augmenter la proportion du constituant glucidique caractéristique, qui est le sucre dans les racines, et dans l'amidon de la pomme de terre. Les pommes de terre, comme les racines, sont également fortement influencées par la saison. L'effet de la saison et de la fumure sur la maladie de la pomme de terre mérite d'être souligné. Les saisons humides sont favorables au développement de la maladie. Il a été constaté que dans une culture avec fumier très azoté, la proportion de tubercules malades est plus grande que dans une culture sans fumier.

CULTURES LÉGUMINEUSES.

Nous avons déjà parlé de la fumure des cultures de la classe des légumineuses en discutant de la fumure des prairies et des pâturages permanents. On y a fait remarquer que la tendance de certains engrais était de favoriser la croissance des légumineuses de l'herbage, tandis que d'autres engrais avaient pour effet de favoriser celles de la classe des graminées. On a fait remarquer qu'un fumier qui avait cet effet était la potasse, ou tout fumier qui devait son action caractéristique au fait qu'il apportait de la potasse au sol ou qu'il la libérait dans le sol.

Les légumineuses bénéficient de la potasse.

C'est l'un des points les plus importants à prendre en compte lors de la fumure des légumineuses. De même qu'on peut dire que les engrais azotés sont particulièrement bénéfiques pour les céréales, et les engrais phosphatés pour les racines, de même la potasse est l'engrais spécial pour les légumineuses.

Les fumiers azotés peuvent en fait être nocifs.

Mais nous avons en outre une caractéristique encore plus frappante des cultures de légumineuses à remarquer. Nous avons vu que, en ce qui concerne les cultures déjà évoquées, s'il existe des cas dans lesquels un ingrédient fertilisant peut être sans valeur ou exercer positivement une action nuisible sur les cultures, ces cas ne sont qu'exceptionnels. Toutefois, en ce qui concerne les cultures de légumineuses, nous constatons qu'elles ne tirent presque toujours que peu ou pas d'avantages de l'utilisation d'engrais azotés artificiels. Et cela est d'autant plus frappant qu'ils contiennent dans leur composition de grandes quantités d'azote, deux fois plus que les céréales. Le fait, remarqué depuis longtemps à propos de certains membres de cette classe de plantes, comme le trèfle, que non seulement elles contiennent une grande quantité d'azote, mais qu'en les cultivant sur un sol, celui-ci s'enrichit largement en cet précieux constituant fertilisant , attend depuis longtemps une explication satisfaisante, qui est enfin disponible. La découverte que les légumineuses peuvent puiser dans les réserves illimitées d'azote présentes dans l'air a beaucoup contribué à éclaircir le mystère. Il existe cependant d'autres problèmes liés à la croissance des légumineuses qui attendent encore une solution.

L'un d'eux est le fait que les terres sur lesquelles pousse une légumineuse comme le trèfle depuis plusieurs années deviennent impropres à supporter sa croissance plus longtemps. Un tel sol est appelé « malade du trèfle » ; De nombreuses théories ont été avancées pour expliquer le phénomène, mais aucune d'entre elles ne peut être considérée comme satisfaisante.

Le fait de savoir que les légumineuses ont le pouvoir de tirer leur azote de l'air nous fournit un moyen économique d'enrichir nos sols en azote. En cultivant des légumineuses en alternance avec des céréales, par exemple, il faudrait faire en sorte que l'air fournisse l'engrais azoté nécessaire. En fait, des formes modifiées de cette pratique sont utilisées depuis longtemps – en fait, les rotations ordinaires des cultures sont, dans une certaine mesure, des adaptations de cette pratique.

Rotation alternée du blé et des haricots.

On peut citer ici une expérience intéressante effectuée à Rothamsted, qui illustre d'une manière frappante la vérité de l'affirmation ci-dessus. Le blé et les légumineuses étaient cultivés en alternance. Il a été constaté que huit récoltes de blé ainsi cultivées produisaient presque autant de blé (contenant presque autant d'azote) que seize récoltes de blé cultivées consécutivement dans un champ adjacent.

Les légumineuses les plus couramment cultivées sont le trèfle, les haricots et les pois. Ayant déjà parlé du trèfle, il suffit de dire un mot ou deux de la fumure des haricots et des pois.

HARICOTS.

Les haricots poussent mieux sur des terres solides et, contrairement à certaines des cultures considérées, ne nécessitent pas un labour particulièrement fin. Ils sont généralement cultivés après les céréales et sont généralement semés au printemps. Plus rarement cependant, ils sont semés en automne. Les haricots semés au printemps mettent environ sept mois pour arriver à maturité. Elles sont très affectées, comme les autres cultures, mais dans une plus large mesure, par la nature de la saison : une saison humide provoquant un développement excessif de la paille.

Fumier pour haricots.

Dans la pratique courante, le fumier utilisé pour la culture des haricots est du fumier de ferme, appliqué sur le sol en automne après la récolte du blé, de l'orge ou d'autres céréales cultivées. Cette pratique est si courante qu'il existe une croyance répandue selon laquelle le fumier de ferme est nécessaire au succès de la culture des haricots. Mais des expériences menées à la station expérimentale de la Highland Society à Pumpherston montrent que des récoltes complètes de haricots peuvent être cultivées à l'aide d'engrais artificiels sur des sols qui n'ont reçu aucune application de fumier de ferme depuis dix ans.

Valeur relative des ingrédients du fumier.

En annexe [246] , on trouvera un tableau donnant les résultats d'expériences avec des fumiers azotés, phosphatés et potassiques sur des haricots, effectuées par le Dr AP Aitken à la station expérimentale de la Highland Society. Ces expériences montrent que l'application de phosphates et d'engrais azotés, seuls ou ensemble, a exercé un effet relativement faible sur l'augmentation du rendement des haricots, comparativement à celui obtenu avec la potasse, seule ou combinée avec des phosphates. Comme le dit le Dr Aitken : « Sans potasse dans le fumier, les deux autres ingrédients sont de très peu d'utilité, à moins, en effet, que la terre ne soit très riche en potasse. »

Gypse.

Le gypse a un bon effet sur la récolte des haricots, à la fois à cause de la chaux qu'il contient et de son action indirecte en libérant de la potasse.

Le superphosphate est un fumier bien meilleur que les phosphates insolubles, et de même, dans les rares cas où les fumiers azotés sont bénéfiques, ceux qui agissent le plus rapidement sont les meilleurs. C'est pourquoi le nitrate de soude doit être préféré aux autres engrais azotés. Lorsqu'il est appliqué, il doit être appliqué en petites quantités. Un fumier azoté à action lente est franchement nuisible ; il en va de même, selon le Dr Aitken, du nitrate de soude, appliqué en couverture des cultures.

Parmi les fumiers potassiques, le muriate semble être plus efficace que le sulfate.

Effet du fumier sur la composition de la culture.

On peut enfin évoquer l'effet des engrais sur la composition de la culture. Ceci est, dans l'ensemble, très léger, surtout si on le compare à l'effet qu'exercent les engrais sur la composition de cultures telles que les navets ou les pommes de terre. C'est la quantité et non la qualité de la récolte qui est affectée par le fumier dans le cas des haricots.

PETITS POIS.

Les pois ne sont pas cultivés dans la même mesure que les haricots. En règle générale, lorsqu'ils sont cultivés , c'est avec les haricots, alors qu'ils sont nécessairement fumés de la même manière. Cependant, s'ils sont cultivés seuls, il peut être bon de souligner que les pois se portent mieux, contrairement aux haricots, sur un terreau léger, friable et crayeux. Lorsqu'ils sont cultivés dans de l'argile, ils ont tendance à développer une quantité excessive de paille. L'effet de la saison sur la culture est similaire à celui exercé sur la culture des haricots. En conclusion, on peut souligner que l'on prétend que le fumier de ferme aurait pour effet de forcer la paille sur les pois.

En concluant ce chapitre, nous pouvons dire un mot ou deux sur la fumure de deux autres cultures qui sont cultivées dans une mesure considérable dans ce pays, à savoir le houblon et le chou.

HOUBLON.

Les besoins de la culture du houblon en matière d'engrais sont assez singuliers. Il a été souligné que, pour la plupart des cultures, les engrais à action rapide sont préférables aux engrais à action lente. En revanche, pour le houblon, le cas est très différent ; car ils nécessitent et ne peuvent être cultivés avec succès sans engrais à action lente. Le houblon profite particulièrement des engrais azotés volumineux, tels que la farine de corne, les restes de peau, les sabots, la poussière de colza, etc.; et ce n'est que lorsque des engrais à action rapide seront appliqués en même temps que des engrais à action aussi lente qu'ils exerceront leur pleine influence. Il est préférable d'engraisser le houblon deux fois par an : au printemps avec du fumier de ferme, complété par un fumier azoté à action lente, comme du fumier de mauvaise qualité ; et encore en été avec un fumier à action plus rapide. Les pansements appliqués au houblon sont énormes par rapport à ceux utilisés sur d'autres cultures agricoles.

CHOUX.

Les choux appartiennent à cette classe de cultures connues sous le nom de cultures grossières, auxquelles n'importe quelle sorte de fumier, appliqué en presque toutes quantités, ne fait pas d'inconvénient. Les choux poussent mieux sur de bons loams avec un sous-sol poreux bien drainé, bien qu'ils poussent également bien sur des sols argileux. La quantité d' ingrédients fertilisants , notamment de potasse, qu'une grande récolte de chou retire du sol est très grande. Ils ont donc besoin de grandes quantités de fumier et bénéficient particulièrement des engrais salins, tels que le kaïnit et le sel commun, ainsi que de généreuses doses de nitrate de soude, qui peuvent être considérés comme le plus efficace des engrais pour toute la tribu des choux. Le fumier de ferme peut être épandu avec profit en plus grandes quantités qu'il ne le serait pour toute autre culture.

NOTES DE BAS DE PAGE :

[244] Voir sa conférence sur la croissance de l'orge.

[245] Les petites racines contiennent une plus grande proportion de sucre que les grosses racines.

[246] Voir note I., p. 530.

ANNEXE AU CHAPITRE XXIII.

REMARQUE I. (p. 526).

EXPÉRIENCES SUR LA FUMURE DES HARICOTS.

Expériences avec des haricots effectuées à la station expérimentale de la Highland and Agricultural Society à Pumpherston , montrant l'effet de la potasse :

N° de des parcelles.	Une sorte de fumier.	Boisseaux habillés grain, par acre.
27.	Pas de fumier	2-1/2
12.	Phosphate (cendres d'os)	5-1/6
18.	Nitrate	6-1/4
21.	Phosphate et nitrate	5-1/3
22.	*Potasse*	26-1/2
17.	*Potasse* et phosphate	42-1/3
dix.	*Potasse* , phosphate et nitrate	45-1/2
38.	*Potasse* , phosphate, nitrate et gypse	51

CHAPITRE XXIV.
SUR LA METHODE D'APPLICATION ET SUR LE MÉLANGE DES FUMIERS.

Après avoir considéré l'épandage des différentes cultures, nous pouvons maintenant passer à l'examen de quelques points relatifs au mode d'application et au mélange des engrais.

Répartition égale des fumiers.

L'un des objectifs les plus importants de l'épandage du fumier est d'assurer une répartition égale du fumier dans le sol. Cependant, cela s'avère souvent particulièrement difficile à réaliser, notamment dans le cas des engrais artificiels, où la quantité à épandre sur une grande surface du sol est extrêmement faible. La difficulté n'est pas si grande dans le cas du fumier de ferme ou d'autres engrais très volumineux. Afin de surmonter cette difficulté dans le cas des engrais artificiels, il est souvent conseillé de les mélanger avec des substances telles que du sable, des cendres, de la terre glaise, de la tourbe ou du sel. Le fumier est ainsi dilué en force, et on obtient une masse beaucoup plus grande de substance avec laquelle travailler. Les circonstances doivent décider laquelle de ces substances utiliser. Si le sol est une argile lourde, l'ajout de sable ou de cendres peut avoir un effet mécanique important en améliorant sa texture ; tandis qu'en revanche, s'il s'agit d'un sol léger, l'ajout de tourbe peut améliorer son état mécanique. Il ne faut pas non plus oublier que la tourbe elle-même contient une grande quantité d'azote et constitue ainsi un fumier d'une certaine valeur. En utilisant de la terre glaise ou de la tourbe pour les mélanger à des engrais artificiels, ils doivent d'abord être séchés puis criblés ; tandis que si l'on utilise des cendres, elles doivent être préalablement réduites à un état fin. Toutefois, les cendres de bois doivent être utilisées avec précaution et ne doivent pas être mélangées avec des engrais ammoniaqués, car ils sont susceptibles de contenir des alcalis caustiques, qui tendraient à chasser l'ammoniac à l'état volatil.

Il a été recommandé, afin d'éviter des ennuis et d'assurer une répartition égale, que le fumier à épandre soit toujours apporté dans la même quantité, afin que le fermier, par expérience, puisse déterminer la dose à laquelle il doit l'appliquer. Et ici, il serait peut-être bon de dire un mot ou deux au sujet du mélange des engrais, sujet avec lequel le fermier n'est pas toujours aussi familier qu'il le souhaiterait dans l'intérêt de sa propre poche.

Il est à craindre qu'il arrive souvent qu'un mélange inconsidéré puisse entraîner une perte très grave de l'élément le plus précieux du fumier. Il peut donc être bon de signaler une ou deux des causes des pertes qui peuvent résulter du mélange de différentes sortes d'engrais.

Comme la compréhension claire du sujet dépend de certains principes chimiques élémentaires, il pourrait être utile aux lecteurs non-chimistes de les énoncer de manière assez complète.

Risques de perte dans les mélanges.

Les risques de perte pouvant résulter du mélange d'engrais artificiels peuvent être de différentes natures. Le premier est le risque de perte réelle d'un ingrédient précieux par volatilisation ; un autre est le risque de détérioration de la valeur d'un mélange en raison d'un changement de l'état chimique d'un ingrédient précieux. La première source de perte est sans aucun doute la plus courante et la plus grave. Des trois ingrédients précieux du fumier — l'azote, l'acide phosphorique et la potasse — seul le premier est susceptible de se perdre par volatilisation , et cela généralement seulement lorsque l'azote est sous forme d'ammoniaque ou d'acide nitrique.

Perte d'ammoniac.

L'ammoniac, lorsqu'il n'est pas combiné, est un gaz très volatil avec une odeur âcre, propriété qui permet de détecter très facilement sa fuite d'un mélange de fumier. Il appartient à une classe de substances connues chimiquement sous le nom de bases et qui ont le pouvoir de se combiner avec des acides et de former des sels. Le sulfate d'ammoniaque est un sel formé, comme son nom l'indique, par l'union de la base, l'ammoniaque, avec l'acide, l'acide sulfurique . Or, lorsque l'ammoniac s'unit à l'acide sulfurique et forme du sulfate d'ammoniaque, il n'est plus volatil et susceptible de s'échapper sous forme de gaz, mais devient « fixe », comme on l'appelle.

Bien que la plupart des sels soient des corps plus ou moins stables, non susceptibles de changer, s'ils sont laissés seuls et s'ils ne sont pas soumis à une température élevée ou à une action chimique, ils peuvent être facilement décomposés s'ils sont chauffés ou mis en contact avec une autre substance qui donnera donner lieu à une action chimique. Le sulfate d'ammoniaque est un sel très facilement décomposé. Ceci est dû à ce que sa base, l'ammoniaque, est très volatile, et ne peut être retenue très fermement par un acide, même par le sulfurique , qui est un des moins volatils de tous les acides communs. Si donc le sulfate d'ammoniaque est chauffé au-dessus du point d'ébullition de l'eau, ou mis en contact avec toute autre substance susceptible de donner lieu à une action chimique, il se décompose facilement. Or, un sel peut être soumis à l'action d'une base, d'un acide ou d'un autre sel. Lorsqu'on le met en contact avec une base, si la base avec laquelle on le met en contact est une base plus forte que la base du sel, le sel se décompose et un nouveau sel se forme. En bref, l'acide échange son ancienne base contre la nouvelle.

Effet de la chaux sur le sel d'ammoniaque.

C'est exactement ce qui se produit lorsque la chaux de base entre en contact avec un sel d'ammonium, tel que le sulfate d'ammoniaque. L' acide sulfurique échange son ancienne base, l'ammoniac, contre la base plus forte, de la chaux, et du sulfate de chaux se forme, et l'ammoniac est libéré sous forme de gaz, s'échappe et se perd. Le sulfate d'ammoniaque, ou toute substance dans laquelle il y a un sel d'ammoniaque, ne doit jamais être mis en contact avec de la chaux libre, sinon l'ammoniaque serait perdue, et doit pour cette raison être hersée sur les sols crayeux.

Il en va tout autrement du gypse, qui est du sulfate de chaux, ou du phosphate de chaux, qui peuvent tous deux être mélangés en toute sécurité avec du sulfate d'ammoniaque sans aucun danger de fuite d'ammoniaque. Il résulte de ce qui précède qu'un mélange qu'il ne faut en aucun cas essayer est celui du phosphate de laitier et du sulfate d'ammoniaque. En effet, le phosphate de laitier contient un grand pourcentage de chaux libre, qui, aussitôt mise en contact avec le sulfate d'ammoniaque, le décomposerait et ferait perdre l'ammoniaque. Pour cette même raison, le guano ne doit pas être mélangé aux scories. Il n'est peut-être pas nécessaire, cependant, de mettre en garde contre cela, car il est peu probable qu'un tel mélange soit réalisé, car le rapport entre l'acide phosphorique et l'azote dans les guanos est généralement supérieur à ce qui est nécessaire. Si l'on désire mélanger les scories avec une forme d'azote rapidement disponible, le nitrate de soude n'est pas sujet à perte ; cependant, pour d'autres raisons, il n'est pas souhaitable d'appliquer du nitrate de soude avec les scories, car le premier fumier doit être presque toujours appliqué comme couche de finition.

Perte d'acide nitrique.

Les risques de perte d'azote sous forme d'acide nitrique, bien que moins importants que dans le cas de l'ammoniac, restent considérables. Comme l'acide nitrique n'est pas une base mais un acide, ce qu'il faut éviter en mélangeant les nitrates, c'est de les mettre en contact avec tout autre fumier qui contient un autre acide libre et plus fort, comme par exemple le superphosphate. L'acide libre présent dans le superphosphate a tendance à chasser l'acide nitrique du nitrate et à usurper sa place. Le risque de perte d'expulsion dans les cas ci-dessus est toujours augmenté par l'élévation de température qui accompagne invariablement l'action chimique, quelle qu'elle soit ; et bien que la perte d'azote, sous forme d'acide nitrique, causée par le mélange du superphosphate et du nitrate de soude, puisse, dans des circonstances ordinaires, s'élever à très peu, néanmoins, si l'on laissait le mélange reposer à tout moment , et que le température de la masse à élever, la perte qui en résulterait alors sans doute serait considérable.

Le sel d'azote qu'il est possible de mélanger sans danger avec le superphosphate est le sulfate d'ammoniaque.

Mais, comme nous l'avons déjà mentionné, le mélange des fumiers peut entraîner une autre perte. Il s'agit de la détérioration de la valeur d'un ingrédient en raison d'un changement de condition chimique. Il s'agit là d'une source de perte peu soupçonnée il y a quelques années, mais il est désormais bien connu que le superphosphate de chaux, dans certaines conditions, passe de sa forme soluble à une forme insoluble. Nous avons déjà parlé de la réversion du phosphate dans le chapitre sur la fabrication des superphosphates. [247] Il y a été souligné que la réversion est souvent provoquée par la présence de fer et d'alumine ou de phosphate non dissous, et que le risque de réversion est donc bien moindre dans un article bien fait, fabriqué à partir d'une matière première pure, que dans celui fabriqué à partir d'un phosphate brut contenant beaucoup de fer et d'alumine. Les superphosphates contenant un pourcentage élevé de phosphates insolubles ne doivent pas être conservés trop longtemps avant d'être utilisés comme engrais, sinon une grande partie du travail et des dépenses impliquées dans leur fabrication seront perdues par la réversion de leur phosphate soluble. De plus, il est fortement déconseillé de mélanger des superphosphates avec des scories basiques, qui contiennent un pourcentage élevé de fer et de chaux libre. Enfin, si l'on désire mélanger du superphosphate avec du phosphate insoluble, le mélange devra être réalisé juste avant l'application.

La question de l'épandage du fumier en mélanges est une question sur laquelle des divergences d'opinion considérables peuvent exister. Pour de nombreuses raisons, il est souvent préférable d'épandre le fumier non mélangé. Par exemple, un mélange d'un fumier azoté à action rapide et d'un fumier phosphaté à action lente ne convient pas. Dans un tel cas, soit le fumier azoté sera épandu trop longtemps avant d'être requis par la plante et souffrira ainsi d'un risque de perte, soit le fumier phosphaté ne sera pas épandu assez longtemps avant d'être susceptible d'être utilisé. En appliquant le fumier non mélangé, il y a de fortes chances que l'on en fasse une utilisation plus économique que ce ne serait le cas autrement. D'un autre côté, bien que l'application des constituants séparés puisse être souhaitable du point de vue scientifique, elle implique une quantité considérable de problèmes supplémentaires. Bien entendu, une autre considération est l'opportunité, dans de nombreux cas, d'avoir un fumier complet. Les indications ci-dessus sur les risques de perte qui existent lors du mélange des engrais peuvent donc être utiles à l'étudiant en agriculture.

NOTES DE BAS DE PAGE :

[247] Voir p. 389.

CHAPITRE XXV.
SUR LA VALORISATION ET L'ANALYSE DES FUMIERS.

Valeur de l'analyse chimique.

La valeur d'un fumier pour l'agriculteur dépend de la proportion d' *azote* , *d'acide phosphorique* et *de potasse* qu'il contient, ainsi que, et ce n'est guère moins important, de l'état dans lequel les ingrédients sont présents. Puisque ces faits peuvent être déterminés uniquement par une analyse chimique, il est évident que le fumier doit toujours être acheté avec une analyse chimique. Il est cependant regrettable que très souvent une analyse chimique, même réalisée, soit inintelligible. Il peut donc être utile de dire un mot ou deux sur l'interprétation correcte de la signification des données fournies dans l'analyse chimique ordinaire des fumiers.

Interprétation de l'analyse chimique.

La première chose que l'agriculteur doit rechercher lors de l'analyse d'un fumier est la quantité d'azote, d'acide phosphorique et de potasse que contient le fumier.

Azote.

Le pourcentage d'azote dans un fumier est généralement indiqué comme étant égal à son pourcentage équivalent d'ammoniac. Très souvent en effet, dans les analyses plus anciennes, son équivalent en ammoniaque était seul indiqué. Or, cette affirmation n'implique pas nécessairement que l'azote contenu dans un fumier est réellement présent sous forme d'ammoniac. Ainsi, par exemple, lorsqu'il est indiqué dans une analyse de farine d'os qu'elle contient 3,5 pour cent d'azote, soit 4,20 pour cent d'ammoniaque, il ne faut pas en déduire que la farine d'os contient réellement de l'azote sous forme de ammoniac. En effet, l'azote est présent sous une forme organique insoluble, lentement assimilable, qui possède une valeur fertilisante très inférieure à celle de l'ammoniac. Cette coutume est fort malheureuse et fort regrettable, car elle est souvent susceptible de donner lieu à de sérieux malentendus. Il ne faut donc pas oublier qu'une analyse chimique ordinaire ne précise pas toujours la forme exacte sous laquelle l'azote est réellement présent. Il est néanmoins important pour l'agriculteur de le savoir, ce dont la nature du fumier analysé est généralement une bonne indication. Malheureusement , ceci n'est pas démontré dans le cas des engrais *mélangés* ; et c'est là une des raisons pour lesquelles les engrais mélangés sont parfois suspects.

Acide phosphorique.

La quantité de phosphates présents dans un fumier est généralement indiquée dans son analyse comme étant une quantité d'acide phosphorique, tandis que dans une note de bas de page, la quantité de phosphate tricalcique (ou osseux ordinaire) à laquelle cette quantité équivaut est également indiquée, celle-ci étant l'unité de valorisation. Lorsque les phosphates sont à l'état soluble, ils sont indiqués comme tels, et en même temps on indique la quantité de phosphate tricalcique qui serait nécessaire pour fournir cette quantité par traitement à l'acide sulfurique . Ainsi, par exemple, dans une analyse d'un superphosphate de chaux, l'expression phosphate *monocalcique , 17,3 pour cent, égal au phosphate tricalcique rendu « soluble », 27,2 pour cent* , signifie qu'il faudrait 27,2 pour cent de phosphate tricalcique pour fournir 17,3 pour cent de phosphate soluble. Paradoxalement, la première quantité est appelée *phosphate « soluble »* , et un superphosphate tel que celui ci-dessus serait décrit comme contenant 27,2 pour cent de phosphate « soluble ».

Encore une fois, il existe différentes formes de phosphates dits « insolubles », [248] bien qu'ils ne soient souvent pas distingués lors d'une analyse chimique. Comme nous l'avons déjà souligné dans le chapitre sur les scories basiques, l'acide phosphorique se présente dans les scories sous forme de phosphate tétrabasique de chaux, bien qu'il soit invariablement indiqué dans l'analyse comme étant du phosphate tricalcique . Ensuite, nous avons ce qu'on appelle le phosphate dibasique de chaux, la forme sous laquelle le phosphate soluble en superphosphate est converti lors de la « réversion ». Jusqu'à présent, il n'était pas d'usage dans ce pays — bien que l'habitude soit répandue tant sur le continent qu'en Amérique — de distinguer dans l'analyse d'un superphosphate le phosphate « revert » du phosphate non dissous ; puisque la valeur supérieure du premier comme fumier n'est pas reconnue dans le commerce du fumier. [249]

Importance de l'état mécanique du phosphate.

Un autre point sur lequel il convient d'attirer l'attention est l' état *mécanique* des différents phosphates insolubles, qui a une influence importante sur leur valeur. Il existe, par exemple, une très grande différence entre la valeur du phosphate de chaux dans un engrais tel que le guano de Malden et dans l'apatite minérale cristalline ; quoique, chimiquement considérée, la forme sous laquelle l'acide phosphorique est présent soit la même dans les deux substances.

Potasse.

La potasse ne devrait se trouver que sous une forme soluble dans les engrais. Il est généralement indiqué comme étant autant de potasse, et dans une note en bas de page, la quantité équivalente de muriate ou de sulfate de potasse est indiquée, le premier étant la forme la plus concentrée de potasse.

À des fins de référence, un tableau se trouve en annexe [250] donnant quelques facteurs utiles pour convertir différentes formes d'azote, d'acide phosphorique et de potasse les unes dans les autres.

Autres éléments de l'analyse chimique des fumiers.

Les autres éléments de l'analyse d'un fumier sont d'une importance relativement secondaire par rapport à ceux déjà cités. Parmi eux, on peut citer l' *humidité* , les *matières insolubles* et la *matière organique* . La quantité d'humidité et la quantité de sable sont deux éléments importants, car, si elles sont excessives, elles font présumer que le fumier a été frelaté.

les engrais et les aliments pour animaux.

Une loi fut adoptée et entra en vigueur en janvier 1894, dans le but d'obliger tout vendeur de fumier fabriqué dans ce pays ou importé de l'étranger à remettre à l'acheteur « une facture indiquant le nom de l'article et s'il s'agit d'un produit ». article composé artificiellement ou non, et quel est au moins le pourcentage d'azote, de phosphates solubles et insolubles et de potasse, le cas échéant, contenus dans l'article, et cette facture aura le même effet qu'une garantie du vendeur des déclarations qui y est contenu. »

Différentes méthodes de valorisation des fumiers.

La valeur monétaire d'un fumier dépend d'un certain nombre de considérations commerciales plus ou moins compliquées, telles que les questions de l'offre et de la demande, etc., qui n'ont pas besoin d'être discutées ici et qui régissent de la même manière la valeur monétaire de tout autre article de commerce. .

Valeur « unitaire » des ingrédients du fumier.

Dans le but de fournir des données permettant de déterminer la valeur approximative d'un fumier, des tableaux ont été établis donnant ce que l'on appelle la valeur "unitaire" des différents ingrédients du fumier dans divers engrais. Ceci est obtenu en divisant la valeur marchande d'un fumier par tonne par le pourcentage d'azote, d'acide phosphorique et de potasse qu'il contient. Ainsi, par exemple, le sulfate d'ammoniaque d'une pureté de 97 pour cent contient 25 pour cent d'ammoniaque, et est actuellement (décembre 1893) évalué à 13 £, 15 shillings. par tonne. Pour obtenir la valeur unitaire de l'ammoniaque en sulfate d'ammoniaque, il suffit de diviser £13, 15s. par 25, ce qui nous donne 11s. La valeur de ces tableaux dépend de la compétence de ceux qui les établissent et ils nécessitent d'être soumis à une révision constante. En annexe se trouvent deux de ces tableaux, tirés des « Transactions of the Highland and Agricultural Society of Scotland ». [251]

Valeur intrinsèque des fumiers.

Mais il existe une autre façon d'évaluer les engrais, c'est d'essayer de déterminer quelle est leur valeur intrinsèque pour produire une augmentation des revenus des récoltes. Bien entendu, on peut dire que la valeur intrinsèque du fumier affecte directement sa valeur marchande. C'est sans doute vrai, mais ce n'est pas le seul facteur déterminant la valeur marchande d'un fumier.

Là encore, on peut dire que la valeur intrinsèque d'un fumier varie selon le sol sur lequel il est appliqué et les conditions climatiques. Ceci étant, il est important que chaque agriculteur essaie de vérifier par lui-même quelle est la valeur intrinsèque des différents engrais sur le sol de son exploitation ; et cela ne peut se faire qu'en effectuant lui-même des expériences de fumure. Cela nous amène à dire un mot ou deux sur le sujet important de

Expériences sur le terrain.

Il est impossible que chaque ferme puisse entretenir une station d'expérimentation dans le but de réaliser des expériences élaborées sur l'effet de différents engrais sur différentes cultures. Néanmoins, il est possible et hautement souhaitable que *tout* agriculteur qui s'occupe de grandes cultures, à quelque échelle que ce soit, effectue des expériences simples dans le but de déterminer les besoins caractéristiques en fumier de son sol. Cela peut être fait au prix d'un peu de temps et de peine, et doit être effectué de la manière suivante. Le champ sur lequel on souhaite réaliser les expériences doit être divisé en nombre requis de parcelles d'expérimentation. Ceux-ci, qui peuvent avoir une étendue d'un dixième, d'un vingtième ou d'un quarantième d'acre, devraient être, si possible, sur un terrain plat, tous également libres de l'abri d'une haie ou d'un arbre, et autrement soumis aux mêmes conditions. conditions. La nature du sol des différentes parcelles, ainsi que son traitement passé, doivent être similaires. Il est souhaitable, afin de minimiser au maximum les erreurs expérimentales, de réaliser les expériences en double, voire en triple. En premier lieu, il devrait y avoir ce qu'on appelle une parcelle *vide , c'est-à-dire* une parcelle ne recevant aucun fumier. Les produits obtenus sur cette parcelle, comparés aux produits obtenus sur les autres parcelles fumées, fourniront ainsi des données pour estimer les quantités respectives d'augmentation obtenues par les différents engrais. Un type d'expérience très simple est ce qu'on appelle le test des « sept parcelles ». Elle consiste à tester les résultats obtenus en utilisant des fumiers azotés, phosphatés et potassiques seuls et dans différentes combinaisons. Ainsi les parcelles seraient fumurées respectivement comme suit :—

Non.

1. Rien d'intrigue.

2. Azote.

3. Phosphates.

4. Potasse.

5. Azote et phosphates.

6. Azote et potasse.

7. Phosphates et potasse.

Les sujets d'autres expériences pourraient être tels que les valeurs respectives de l'azote dans les différentes formes de sulfate d'ammoniaque et de nitrate de soude ; l'acide phosphorique sous forme de superphosphate et sous forme non dissoute sous forme de laitier Thomas ; l'importance relative du fumier artificiel et du fumier de ferme ; l'effet des fumiers appliqués à des moments différents, ainsi que l'effet de différentes quantités du même fumier ; les engrais les plus économiques pour différents types de cultures ; et de nombreux autres problèmes intéressants liés à l'application pratique des engrais.

Lors de la réalisation de ces expériences, il convient de veiller à ce que les parcelles expérimentales ne soient pas *immédiatement* adjacentes les unes aux autres, car le fumier appliqué sur une parcelle peut, en s'infiltrant dans le sol, affecter le résultat sur la parcelle adjacente. Une attention particulière devra être portée aux conditions météorologiques pendant le déroulement de l'expérience. Afin de rendre ces expériences aussi utiles que possible, il convient de les poursuivre année après année. A la fin de l'expérience, les produits obtenus dans chaque parcelle doivent être soigneusement pesés.

Valeur pédagogique des expériences sur le terrain.

La valeur éducative de telles expériences est très grande et, à cet égard, les remarques faites par MFJ Cooke, lors d'une récente conférence donnée au London Farmers' Club, méritent d'être examinées avec la plus grande attention.

« Les expériences locales, dit-il, enseignent les principes simples qui doivent déterminer le choix des engrais, ainsi que la précision et la méthode scientifiques dans leur utilisation. La valeur des expériences est ainsi ramenée à la conscience des hommes qui n'iraient pas loin pour la découvrir. et la pratique de quelques essais simples sur un système correct, chacun dans sa propre ferme, est encouragée. Afin que de tels essais puissent être conduits avec très peu de frais pour le fermier, ou d'autres qualifications difficiles, et pourtant à son grand avantage pratique. Je me risquerai à l'affirmer sur la base de ma propre expérience personnelle. Depuis une vingtaine d'années, j'ai mené chaque année des expériences privées à une échelle très modeste, et je ne connais aucune autre pratique distincte qui m'ait été aussi utile. poursuivi sur deux fermes de terres légères dans différentes parties du même comté. Pourtant, en ce qui concerne les besoins en engrais, le traitement approprié pour l'une d'elles a différé si essentiellement de l'autre qu'une pratique commune sur les deux aurait été tout simplement ruineuse.

Valeur des Fumiers déduite des Expérimentations.

Des tableaux ont été établis dans le but de montrer la valeur comparative des différentes sortes d'engrais, déduite de ces expériences, et peuvent être comparés à juste titre avec les tableaux donnant les prix commerciaux. Nous avons déjà cité certains de ces tableaux en annexe du chapitre sur les phosphates minéraux. Ces tableaux montrent la valeur intrinsèque relative des différentes formes d'engrais phosphatés. Dans l'annexe [252] de ce chapitre, on trouvera des tableaux montrant la valeur relative des différents types de fumiers azotés et potassiques.

Valeur des fumiers non épuisés.

Un sujet qui a fait l'objet d'une grande attention ces dernières années est la question de la valeur des engrais non épuisés dans le sol. La loi sur les exploitations agricoles prévoit une indemnisation spéciale pour le locataire sortant d'une ferme en cas de fumier non épuisé dans le sol. La loi a donné lieu à d'interminables conflits entre propriétaire et locataire, en raison de l'extrême difficulté d'arriver à une estimation satisfaisante de la valeur réelle des engrais non épuisés. La difficulté vient du fait que nous ne disposons pas de données suffisantes pour nous guider dans l'estimation de cette valeur, qui varie encore selon les conditions. Les éléments fertilisants d'un sol sont présents pour la plupart dans un état inerte, à partir duquel ils ne sont que lentement transformés en une forme disponible.

Fertilité potentielle d'un sol.

Comme indication de la quantité totale des ingrédients minéraux les plus importants présents dans un sol, on peut mentionner qu'on a calculé, dans le cas d'un sol sableux pauvre, *que la quantité de potasse qu'il contient (à condition qu'elle soit dans un état disponible)* serait suffisant pour produire trois ou quatre récoltes moyennes de pommes de terre ; de phosphates, dix-neuf récoltes moyennes ; et de chaux, soixante-treize. Mais seule une très petite quantité de cette matière fertilisante se trouve sous une forme facilement disponible.

C'est pour cette raison que les engrais artificiels, bien qu'ajoutés en si petites quantités, exercent une influence si frappante sur l'augmentation de la croissance des plantes. Leur effet, cependant, n'est dans une large mesure que temporaire ; et en essayant d'évaluer la valeur non épuisée d'un fumier un an ou deux après son application, nous devons nous rappeler ce fait.

Certains fumiers sont très rapidement absorbés par les plantes, tandis que d'autres sont très facilement éliminés du sol. D'autres encore, cela semble hautement probable, ont tendance à se transformer en un état plus ou moins inerte après un certain temps. Cette remarque s'applique particulièrement aux constituants fertilisants (azote principalement) du fumier de ferme. [253] Cependant, toute la question est peu comprise. Un ou deux points peuvent être retenus. En premier lieu, on peut affirmer avec certitude qu'on ne peut attendre que peu d'effets directs de formes d'engrais azotés rapidement disponibles et facilement solubles, comme le nitrate de soude et le sulfate d'ammoniaque, un an après l'application. La potasse et les phosphates, en revanche, peuvent exercer un effet pendant une période considérablement plus longue ; et la durée de cette période dépendra de leur montant et de leur état. Il est donc peu probable que le superphosphate ait un effet notable plus de deux ans après son application. Par contre, les engrais tels que les os, les scories basiques et le fumier de ferme peuvent exercer une influence appréciable pendant un certain nombre d'années. Il est presque impossible de le dire exactement pendant combien de temps, car la vitesse d'application et la nature du sol ont une influence importante.

Tableaux de valeur des fumiers non épuisés.

De nombreux tableaux ont été établis dans le but de guider les agriculteurs dans l'estimation de cette valeur non épuisée à différentes périodes après l'épandage et pour différents engrais. De tels tableaux ne fournissent en général que des approximations très grossières et ne valent guère mieux que de simples suppositions. Plus compliqué encore est la tentative d'évaluer la valeur du fumier des aliments consommés par le cheptel de la ferme. Lawes et Gilbert ont consacré beaucoup d'attention à l'élucidation de cette question difficile et ont dressé des tableaux très élaborés et précieux, fournissant des données pour calculer la valeur du fumier non épuisé dans le cas d'aliments couramment utilisés. Ces tableaux sont donnés en annexe. [254] On y trouvera la valeur du fumier de différents aliments pour bétail, calculée sur la base de nombreuses expériences faites à Rothamsted.

Ainsi, ces expériences ont démontré qu'en moyenne, probablement pas plus d' *un dixième* de l'azote, de l'acide phosphorique et de la potasse qu'un aliment contient est éliminé de l'aliment lors de son passage dans le système animal. Le montant exact dépendra évidemment de diverses conditions, déjà évoquées dans un chapitre précédent. [255]

Pour expliquer ces tableaux, on peut souligner que le tableau I. donne les quantités totales des trois ingrédients fertilisants dans divers aliments ; tandis que le tableau II. montre la proportion retenue dans le corps de l'animal et la proportion rejetée dans le fumier, ainsi que la valeur fumière de l'aliment, en supposant qu'il exerce son plein effet théorique. Cependant, comme cela n'est jamais pleinement réalisé , il est nécessaire de faire quelques déductions. La déduction suggérée par les expérimentateurs de Rothamsted, sur la base de leur vaste expérience, est de 50 pour cent pour les aliments consommés au cours de la dernière année. C'est-à-dire que la valeur matérielle des aliments consommés au cours de la dernière année n'est *que la moitié de sa valeur théorique* . Pour les aliments consommés au cours de l'avant-dernière année, ils suggèrent une déduction d'un tiers de l'allocation de l'année dernière ; tandis que pour les aliments consommés il y a trois ans, il faudra déduire un tiers de cette dernière somme ; et ainsi de suite, quel que soit le nombre d'années, jusqu'à huit.

NOTES DE BAS DE PAGE :

[248] Le terme *phosphates insolubles* est regrettable, car le mot insoluble a une signification purement relative. Les phosphates *non dissous* seraient un meilleur terme.

[249] La quantité de phosphate « revert » est estimée par *le procédé au citrate d'ammonium* .

[250] Voir note I., p. 553.

[251] Voir Note II., p. 554.

[252] Voir note III., p. 556.

[253] Voir chapitre sur le fumier de ferme, p. 271.

[254] Voir Note IV., p. 557.

[255] Voir le chapitre sur le fumier de ferme, pp. 224-236.

ANNEXE AU CHAPITRE XXV.

REMARQUE I. (p. 543).

FACTEURS UTILES POUR CALCULER LE POURCENTAGE D'INGRÉDIENTS
IMPORTANTS
DU FUMIER DANS LEURS DIFFÉRENTS COMPOSÉS.
(Tiré des « Transactions de la Highland and Agricultural Society ».)

Quantité de	Multiplié par	Donne la quantité correspondante de
Azote	1.214	Ammoniac.
Azote	6.3	Matière albuminoïde.
Ammoniac	.824	Azote.
Ammoniac	3.882	Sulfate d'ammoniaque.
Ammoniac	3.147	Muriate d'ammoniaque.
Ammoniac	3.706	Acide nitrique.
Ammoniac	5.0	Nitrate de soude.
Potasse (anhydre)	1,85	Sulfate de potasse.
Potasse (anhydre)	1,585	Muriate de potasse.
Acide phosphorique (anhydre)	2.183	Phosphate de chaux.
Acide phosphorique (anhydre)	1.4	Biphosphate.
Acide phosphorique (anhydre)	1.648	Phosphate soluble.
Phosphate soluble	1,325	Phosphate de chaux.
Biphosphate	1.566	Phosphate de chaux.
Citron vert	1.845	Phosphate de chaux.
Citron vert	1.786	Carbonate de chaux.

Chlore	1.648	Chlorure de sodium.

REMARQUES II. (p. 545).

UNITÉS À UTILISER POUR DÉTERMINER LA VALEUR COMMERCIALE DES FUMIERS.

Pour la saison 1893.

Objets à valoriser.	Des classes	Phosphates		Ammoniac	Potasse	Prix à la tonne, Mars 1893	
		Dissous	Non dissous			Depuis	À
Guanos.							
Ichaboé .	Authentique.	—	2/-	16/-	—	250/-	270/-
Péruvien (criblé)	Authentique.	—	2/-	17/6	3/6	230/-	290/-
Mettez du fumier au rebut.							
Guano de poisson.		—	1/5	dix/-	—	130/-	150/-
Frey Bentos guano.	*un.*	—	1/6	11/6	—	150/-	180/-
Farine d'os	*un.*	—	1/4	dix/-	—	105/-	115/-
	b.	—	1/3	9/6	—	100/-	110/-
Farine d'os cuite à la vapeur.	*un.*	—	1/5	dix/-	—	95/-	110/-
Dissous ou vitriolés .		2/6	1/6	11/6	—	95/-	110/-
Superphosphates.		—	1/11	—	—	45/-	60/-
Composés dissous.	Depuis	2/-	1/3	dix/-	3/4	—	—
	À	2/6	1/9	12/-	3/8	—	—
	Moyenne.	2/3	1/6	11/-	3/6	—	—

PRIX AU COMPTANT DE DIFFÉRENTS FUMIERS, MARS 1893 .

	Prix par	

FUMIERS	Garantie.	tonne.	Unité.
	Pour cent.	£. s. d.	
Sulfate d'ammoniaque, 97 pour cent	24 heures du matin.	11 10 0	Suis. = 9/7
Nitrate de soude, 95 pour cent	19 heures du matin.	10 5 0	Suis. = 10/9
Poussière de ricin	5h50 du matin.	3 10 0	Suis. = 12/9
Poussière de corne	15 heures du matin.	8 10 0	Suis. = 11/4
Sang séché	15 heures du matin.	8 0 0	Suis. = 10/7
Muriate de potasse, 80 pour cent	50 Pots.	8 15 0	Pot. = 3/6
Sulfate de potasse, 50 pour cent	27 Pots.	5 5 0	Pot. = 3 /10
Kainit , 23 pour cent	12 Pots.	2 0 0	Pot. = 3/4
Nitrate de potasse, 73 pour cent	{14 heures du matin. {40 Pot.	14 10 0	{Suis. = 10/ {Pot. = 3/9
Phosphate de Charleston moulu	57 Phos.	3 0 0	Phos. = 1/
Phosphate belge	50 Phos.	2 5 0	Phos. = 0/11
Thomas-slag (fin) Scotch	30 Phos.	1 16 0	Phos. = 1/2
Thomas- slaag (bien) anglais	37 Phos.	2 3 0	Phos. = 1/2
Guano phosphaté	{67 Phos. { 1h du matin.	5 0 0	{Phos. = 1/4

		{ Un m. = 10/

REMARQUE III. (p. 549).

TABLEAUX MONTRANT LA VALEUR RELATIVE DU FUMIER DE L'AZOTE ET DE LA POTASSE DANS DIFFÉRENTES SUBSTANCES.

Wolff, 1893.

Azote sous forme d'ammoniac et de nitrates, et composés organiques facilement décomposables, comme le sang séché, la farine de chair, la farine de viande, le guano péruvien et l'urate.	100
Azote dans la farine d'os fine cuite à la vapeur, le guano de poisson, les tourteaux et de meilleurs types de guano artificiel	85
Azote dans la farine fine d'os et la farine de corne	77
Azote dans les os grossiers et les copeaux de corne, les déchets de laine , le fumier de ferme et la poudrette	61

Américain, 1892.

Azote dans les sels d'ammoniaque	100
Azote sous forme de nitrates	86
Azote dans le poisson sec et finement moulu, la viande et le sang	91
Azote dans la farine de coton et le marc de ricin	86
Azote dans les os fins et les réservoirs	86
Azote dans les os moyens et les réservoirs	68
Azote dans les os plus grossiers et les réservoirs	43

Azote dans les cheveux et les copeaux de
corne, ainsi que dans les déchets de poisson
grossier 40

Potasse sous forme de sulfate de haute qualité
et sous des formes exemptes de muriates (ou
de chlorures) 100

Potasse sous forme de muriate 82

Le professeur Wagner a établi, à partir de nombreuses expériences, les valeurs relatives des différents engrais azotés, qu'il évalue comme suit :

Nitrate de soude 100

Sulfate d'ammoniaque 90

Farine de sang, farine de corne et matière
végétale verte 70

Guano de farine d'os, de poisson et de viande
cuit à la vapeur finement moulu 60

Fumier du cour de ferme 45

De mauvaise qualité 30

Farine de cuir 20

REMARQUE IV. (p. 551).

TABLEAU I.— COMPOSITION MOYENNE, EN POURCENTAGE ET PAR TONNE, DES ALIMENTS POUR BÉTAIL.

Non	NOURRITURE.	POUR CENT.					PAR TONNE.		
		Sec Matière.	Azote.	Minéral Matière (Cendre).	Phosphorique Acide.	Potasse.	Azote.	Phosphorique Acide.	Potasse.
		pour cent.	pour cent.	pour cent.	pour cent.	pour cent.	kg.	kg.	kg.
1	Graine de lin	90.00	3,60	16h00	1,54	1,37	80,64	34.50	30.69
2	Gâteau aux graines de lin	88,50	4,75	6h50	2h00	1,40	106.40	44,80	31.36

3	Cake en coton décoré	90.00	6h60	7h00	3.10	2h00	147,84	69.44	44,80
4	Gâteau aux noix de palme	91.00	2,50	3,60	1.20	0,50	56h00	26,88	11h20
5	Galette de coton non décortiquée	87.00	3,75	6h00	2h00	2h00	84.00	44,80	44,80
6	Gâteau au cacao et aux noix	90.00	3h40	6h00	1,40	2h00	76.16	31.36	44,80
7	Gâteau de colza	89.00	4,90	7h50	2,50	1,50	109,76	56h00	33.60
8	Petits pois	85.00	3,60	2,50	0,85	0,96	80,64	19.04	21h50
9	Haricots	85.00	16h00	3h00	1.10	1h30	89.60	24.64	29.12
dix	Lentilles	88.00	4.20	16h00	0,75	0,70	94.08	16h80	15.68
11	Tare (graine)	84.00	4.20	2,50	0,80	0,80	94.08	17.92	17.92
12	mais indien	88.00	1,70	1,40	0,60	0,37	38.08	13h44	8.29
13	Blé	85.00	1,80	1,70	0,85	0,53	40.32	19.04	11.87
14	Malt	94.00	1,70	2,50	0,80	0,50	38.08	17.92	11h20
15	Orge	84.00	1,65	2.20	0,75	0,55	36,96	16h80	12h32
16	Avoine	86.00	2h00	2,80	0,60	0,50	44,80	13h44	11h20
17	Farine de riz*	90.00	1,90	7h50	(0,60)	(0,37)	42.56	(13.44)	(8.29)
18	Caroubes*	85.00	1.20	2,50	—	—	26,88	—	—
19	Peignes à malt	90.00	3,90	8h00	2h00	2h00	87.36	44,80	44,80
20	Têtard fin	86.00	2,45	5,50	2,90	1,46	54,88	64,96	32,70
21	Têtard grossier	86.00	2,50	6h40	3,50	1,50	56h00	78.40	33.60
22	Fibre	86.00	2,50	6h50	3,60	1,45	56h00	80,64	32.48
23	Foin de trèfle	83.00	2h40	7h00	0,57	1,50	53,76	12.77	33.60
24	Foin des prés	84.00	1,50	6h50	0,40	1,60	33.60	8,96	35,84
25	Paille de pois	82,50	1h00	5,50	0,35	1h00	22h40	7,84	22h40
26	Paille d'avoine	83.00	0,50	5,50	0,24	1h00	11h20	5.38	22h40
27	La paille de blé	84.00	0,45	5h00	0,24	0,80	10.08	5.38	17.92
28	Paille d'orge	85.00	0,40	4,50	0,18	1h00	8,96	4.03	22h40
29	Paille de haricots	82,50	0,90	5h00	0,30	1h00	20.16	6,72	22h40
30	Patates	25h00	0,25	1h00	0,15	0,55	5.60	3.36	12h32
31	Carottes	14h00	0,20	0,90	0,09	0,28	4.48	2.02	6.27

32	Panais	16h00	0,22	1h00	0,19	0,36	4,93	4.26	8.06
33	navets suédois	11h00	0,25	0,60	0,06	0,22	5.60	1,34	4,93
34	Wurzels Mangel	12h50	0,22	1h00	0,07	0,40	4,93	1,57	8,96
35	Navets jaunes*	9h00	0,20	0,65	(0,06)	(0,22)	4.48	(1.34)	(4,93)
36	Navets blancs	8h00	0,18	0,68	0,05	0,30	4.03	1.12	6,72

* Dans le cas de la farine de riz, des caroubes et des navets jaunes, aucune analyse de cendres n'a été enregistrée. Pour la farine de riz, les mêmes pourcentages d'acide phosphorique et de potasse que pour le maïs indien, et pour les navets jaunes, les mêmes que pour le rutabaga, sont provisoirement adoptés ; mais dans tous les tableaux, les résultats supposés sont donnés entre parenthèses. Pour les caroubes, aucun chiffre n'a été retenu et les colonnes sont laissées vides.

NOTE IV.— suite

TABLEAU II.— TABLEAUX DE LAWES ET GILBERT POUR LE CALCUL DE LA VALEUR NON ÉPUISÉE DES FUMIERS.

Non.	Description de nourriture	Engraissement — Augmenter en Poids vif (Bœufs ou moutons)		Dans la nourriture	En Engraissement Augmentation (à 1,27 pour cent)		Dans le fumier			
		Nourriture à 1 Augmenter	Augmenter par tonne de Nourriture	Par cent	Par tonne	Depuis 1 tonne de Nourriture	Pour cent de total consommé	Total restant pour Fumier	Azote égal Ammoniac	Valeur de Ammoniac à 6j. par livre
			kg.	%	kg.	kg.	%	kg.	kg.	£ sd
1	Graine de lin	5.0	448,0	3,60	80,64	5,69	7.06	74,95	91,0	2 5 6
2	Gâteau aux graines de lin	6.0	373.3	4,75	106.40	4,74	4.45	101,66	123,4	3 1 8
3	Cake en coton décoré	6.5	344,6	6h60	147,84	4.38	2,96	143.46	174.2	4 7 1
4	Gâteau aux noix de palme	7.0	320,0	2,50	56h00	4.06	7h25	51,94	63.1	1 11 7
5	Galette de coton non décortiquée	8.0	280,0	3,75	84.00	3,56	4.24	80.44	97,7	2 8 10

6	Gâteau au cacao et aux noix	8.0	280,0	3h40	76.16	3,56	4,67	72,60	88,2	2 4 1
7	Gâteau de colza	(dix)	(224)	4,90	109,76	2,84	2,59	106,92	129,8	3 4 11
8	Petits pois	7.0	320,0	3,60	80,64	4.06	5.03	76.58	93,0	2 6 6
9	Haricots	7.0	320,0	16h00	89.60	4.06	4.53	85.54	103,9	2 11 11
dix	Lentilles	7.0	320,0	4.20	94.08	4.06	4.32	90.02	109.3	2 14 8
11	Tare (graine)	7.0	320,0	4.20	94.08	4.06	4.32	90.02	109.3	2 14 8
12	mais indien	7.2	311.1	1,70	38.08	3,95	10h37	34.13	41.4	1 0 9
13	Blé	7.2	311.1	1,80	40.32	3,95	9h80	36.37	44.2	1 2 1
14	Malt	7.0	320,0	1,70	38.08	4.06	10.66	34.02	41.3	1 0 8
15	Orge	7.2	311.1	1,65	36,96	3,95	10.69	33.01	40.1	1 0 1
16	Avoine	7.5	298,7	2h00	44,80	3,79	8.46	41.01	49,8	1 4 11
17	Farine de riz	7.5	298,7	1,90	42.56	3,79	8.91	38,77	47.1	1 3 6
18	Caroubes	9.0	248,9	1.20	26,88	3.16	11.76	23.72	28,8	0 14 5
19	Peignes à malt	8.0	248,9	3,90	87.36	3,56	4.08	83,80	101,8	2 10 11
20	Têtard fin	7.5	298,7	2,45	54,88	3,79	6.91	51.09	62,0	1 11 0
21	Têtard grossier	8.0	280,0	2,50	56h00	3,50	6h35	52.44	63,7	1 11 10
22	Fibre	9.0	248,9	2,50	56h00	3.16	5,64	52,84	64.2	1 12 1
23	Foin de trèfle	14,0	160,0	2h40	53,76	2.03	3,78	51,73	62,8	1 11 5
24	Foin des prés	15,0	149.3	1,50	33.60	1,90	5,65	31.70	38,5	0 19 3
25	Paille de pois	16,0	140,0	1h00	22h40	1,78	7,95	20.62	25,0	0 12 6
26	Paille d'avoine	18,0	124,4	0,50	11h20	1,58	14.11	9.62	11.7	0 5 10
27	La paille de blé	21,0	106,7	0,45	10.08	1,36	13h49	8.72	10.6	0 5 4
28	Paille d'orge	23,0	97,4	0,40	8,96	1.24	13.84	7,72	9.4	0 4 8
29	Paille de haricots	22,0	101,8	0,90	20.16	1,29	6.39	18.87	22,9	0 11 6
30	Patates	60,0	37.3	0,25	5.60	0,47	8.39	5.13	6.2	0 3 1
31	Carottes	85,7	26.1	0,20	4.48	0,33	7.37	4.15	5.0	0 2 6
32	Panais	75,0	29,9	0,22	4,93	0,38	7.71	4,55	5.5	0 2 9

33	navets suédois	109.1	20,5	0,25	5.60	0,26	4,64	5.34	6.5	0 3 3
34	Wurzels Mangel	96,0	23.3	0,22	4,93	0,30	6.09	4,63	5.6	0 2 10
35	Navets jaunes	133.3	16,8	0,20	4.48	0,21	4,69	4.27	5.2	0 2 7
36	Navets blancs	150,0	14.9	0,18	4.03	0,19	4,71	3,84	4.7	0 2 4

NOTE IV.— suite

TABLEAU II.— suite

Non.	DESCRIPTION DE NOURRITURE.	ACIDE PHOSPHORIQUE.						
		Dans la nourriture.		En Engraissement Augmentation à (0,86 pour cent).			Dans le fumier.	
		Par cent.	Par tonne.	Depuis 1 tonne de Nourriture.	Pour cent de total consommé.	Total restant pour Fumier.	Valeur à 3j. par livre.	
		%	kg.	kg.	%	kg.	*s. d.*	
1	Graine de lin	1,54	34.50	3,85	11.16	30h65	7 8	
2	Gâteau aux graines de lin	2h00	44,80	3.21	7.17	41.59	10 5	
3	Cake en coton décoré	3.10	69.44	2,96	4.26	66.48	16 8	
4	Gâteau aux noix de palme	1.20	26,88	2,75	10.23	24.13	6 0	

5	Galette de coton non décortiquée	2h00	44,80	2.41	5.38	42.39	10 7
6	Gâteau au cacao et aux noix	1,40	31.36	2.41	7,69	28,95	7 3
7	Gâteau de colza	2,50	56h00	1,93	3.45	54.07	13 6
8	Petits pois	0,85	19.04	2,75	14h44	16h29	4 1
9	Haricots	1.10	24.64	2,75	11h10	21,89	5 6
dix	Lentilles	0,75	16h80	2,75	16h37	14.05	3 6
11	Tare (graine)	0,80	17.92	2,75	15h36	15.17	3 9
12	mais indien	0,60	13h44	2,68	19.94	10.76	2 8
13	Blé	9.85	19.04	2,68	14.08	16h36	4 1
14	Malt	0,80	17.92	2,75	15h35	15.17	3 9
15	Orge	0,75	16h80	2,68	15h95	14.12	3 6
16	Avoine	0,60	13h44	2,57	(19.12)	10.87	2 8
17	Farine de riz	(0,60)	(13.44)	2,57	(19.12)	(10.87)	2 8
18	Caroubes	—	—	2.14	—	—	—
19	Peignes à malt	2h00	44,80	2.41	5.38	42.39	10 7
20	Têtard fin	2,90	64,96	2,57	3,96	62.39	15 7
21	Têtard grossier	3,50	78.40	2.41	3.07	75,99	19 0
22	Fibre	3,60	80,64	2.14	2,65	78.50	19 8
23	Foin de trèfle	0,57	12.77	1,38	10.81	11h39	2 10
24	Foin des prés	0,40	8,96	1,28	14.28	7,68	1 11
25	Paille de pois	0,35	7,84	1.20	15h31	6,64	1 8
26	Paille d'avoine	0,24	5.38	1.07	19.89	4.31	1 1

27	La paille de blé	0,24	5.38	0,92	17h10	4.46	1 1
28	Paille d'orge	0,18	4.03	0,84	20.84	3.19	0 9
29	Paille de haricots	0,30	6,72	0,88	13h10	5,84	1 5
30	Patates	0,15	3.36	0,32	9.52	3.04	0 9
31	Carottes	0,09	2.02	0,22	10,89	1,80	0 5
32	Panais	0,19	4.29	0,26	6.10	16h00	dix
33	navets suédois	0,06	1,34	0,18	13h43	1.16	0 4
34	Wurzels Mangel	0,07	1,57	0,20	12.74	1,37	0 4
35	Navets jaunes	(0,06)	(1.34)	0,14	(10.78)	(1.20)	(0 4)
36	Navets blancs	0,05	1.12	0,13	11.61	0,99	0 3

NOTE IV.— suite

TABLEAU II.— suite

No n.	DESCRIPTION DE NOURRITURE.	Dans la nourriture.		En Engraissement Augmentation à (0,11 pour cent).			Dans le fumier.		Total original Fumier
		Par	Par	Depuis 1 tonne de	Pour cent de total	Total restant pour	Valeur à 2-1/2d.	valeur par tonne de nourriture	

		cent.	tonne.	Nourriture.	consommé.	Fumier.	par livre.	consommé.
		%	kg.	kg.	%	kg.	*s. d.*	*£. s. d.*
1	Graine de lin	1,37	30.69	0,49	1,60	30h20	6 3	2 19 5
2	Gâteau aux graines de lin	1,40	31.36	0,41	1.31	30,95	6 5	3 18 6
3	Cake en coton décoré	2h00	44,80	0,38	0,85	44.42	9 3	5 13 0
4	Gâteau aux noix de palme	0,50	11h20	0,35	3.13	10h85	2 3	1 19 10
5	Galette de coton non décortiquée	2h00	44,80	0,31	0,69	44.49	5 11	3 5 4
6	Gâteau au cacao et aux noix	2h00	44,80	0,31	0,69	44.49	9 3	3 0 7
7	Gâteau de colza	1,50	33.60	0,25	0,74	33h35	6 11	4 5 4
8	Petits pois	0,96	21h50	0,35	1,63	21h15	4 5	2 15 0
9	Haricots	1h30	29.12	0,35	1.20	28.77	6 0	3 3 5
dix	Lentilles	0,70	15.68	0,35	2.23	15h33	3 2	3 1 4
11	Tare (graine)	0,80	17.92	0,35	1,95	17h57	3 8	3 2 1
12	mais indien	0,37	8.29	0,34	4.10	7,95	1 8	1 5 1
13	Blé	0,53	11.87	0,34	2,86	11h53	2 5	1 8 7
14	Malt	0,50	11h20	0,35	3.13	10h85	2 3	1 6 8

15	Orge	0,55	12h32	0,34	2,76	11,98	2 6	1 6 1
16	Avoine	0,50	11h20	0,33	2,94	10.87	2 3	1 9 10
17	Farine de riz	(0,37)	(8.29)	0,33	(4h00)	(7,96)	(1 8)	(1 7 10)
18	Caroubes	—	—	0,27	—	—	—	—
19	Peignes à malt	2h00	44,80	0,31	0,69	44.49	9 3	3 10 9
20	Têtard fin	1,46	32,70	0,33	1.01	32.37	6 9	2 13 4
21	Têtard grossier	1,50	33.60	0,31	0,92	33.29	6 11	2 17 9
22	Fibre	1,45	32.48	0,27	0,83	32.21	6 8	2 18 5
23	Foin de trèfle	1,50	33.60	0,18	0,54	33.42	7 0	2 1 3
24	Foin des prés	1,60	35,84	0,16	0,45	35,68	7 5	1 8 7
25	Paille de pois	1h00	22h40	0,15	0,67	22h25	4 8	0 18 10
26	Paille d'avoine	1h00	22h40	0,14	0,63	22.26	4 8	1 11 7
27	La paille de blé	0,80	17.92	0,12	0,67	17h80	3 8	0 10 1
28	Paille d'orge	1h00	22h40	0,11	0,49	22.29	4 8	0 10 1
29	Paille de haricots	1h00	22h40	0,11	0,49	22.29	4 8	0 17 7
30	Patates	0,55	12h32	0,04	0,32	12.28	2 7	0 6 5
31	Carottes	0,28	6.27	0,03	0,48	6.24	1 4	0 4 3
32	Panais	0,36	8.06	0,03	0,37	8.03	1 8	0 5 5

33	navets suédois	0,22	4,93	0,02	0,41	4.91	dix	0 4 7
34	Wurzels Mangel	0,40	8h90	0,03	0,34	8,93	1 10	0 5 0
35	Navets jaunes	(0,22)	(4,93)	0,02	(0,34)	(4.91)	(dix)	(0 3 11)
36	Navets blancs	0,30	6,72	0,02	0,30	6h70	1 5	0 4 0

CHAPITRE XXVI
LES EXPÉRIENCES DE ROTHAMSTED.

Il a été fait référence à maintes reprises dans les pages précédentes aux expériences de Rothamsted sur les engrais, qu'il peut être une conclusion appropriée au présent traité de donner un bref compte rendu de ces expériences célèbres.

En décrivant ces expériences, l'auteur a remarqué ailleurs [256] "que, en ce qui concerne leur vaste portée, traitant comme elles l'ont fait avec presque tous les départements de l'agriculture, le soin et la précision complexes avec lesquels elles ont été réalisées, la durée depuis longtemps qu'elles sont en cours et, enfin, en ce qui concerne l'importance de leurs résultats sur la pratique agricole, ces fameuses expériences peuvent être à juste titre décrites comme sans égal par aucune autre expérience similaire.

Lancées à petite échelle en 1837 par Sir John (alors M.) Lawes, elles furent placées sur une base systématique en 1843, année où Sir John Lawes s'associa à lui-même Sir (alors Dr) J. Henry Gilbert. Ils sont ainsi en cours depuis cinquante ans - un fait qui a été célébré il y a quelques mois par la présentation de nombreux discours de félicitations de diverses sociétés savantes et agricoles aux éminents enquêteurs et par l'érection d'une dalle commémorative en granit à Rothamsted. . Ce qui augmente le sentiment de gratitude dû à Sir John Lawes par la communauté agricole, c'est le fait que la totalité des dépenses liées à la réalisation de ces expériences a été supportée par lui-même, et qu'il a en outre généreusement remis à la nation une importante somme d'argent et une certaine superficie de terrain pour les exploiter à perpétuité.

Nature des expériences sur les cultures et les engrais.

Les premières expériences systématiques ont porté sur les navets et depuis lors, presque toutes les cultures courantes ont été expérimentées. Le tableau I. (p. 562) est une liste des différentes expériences, avec leur durée, leur superficie et leur nombre de parcelles.

Sol de Rothamsted.

Avant de décrire les résultats les plus frappants de ces expériences, il convient de dire que l'élévation du terrain à Rothamsted est d'environ 400 pieds au-dessus du niveau de la mer ; que la pluviométrie moyenne est d'environ 28 pouces par an ; et que le sol superficiel est un limon lourd, et le sous-sol une argile dure, reposant sur de la craie.

TABLEAU I.— LISTE DES EXPÉRIENCES SUR LE TERRAIN DE ROTHAMSTED.

Cultures.	Durée.	Zone.	Parcelles.
	Années.	Acres.	
Blé (engrais divers)	50	11	34 (ou 37)
Blé en alternance avec jachère	42	1	2
Blé (variétés)	15	4-8	à peu près 20
Orge (engrais divers)	42	4-1/4	29
Avoine (fumiers divers)	10 [1]	0-3/4	6
Haricots (fumiers divers)	32 [2]	1-1/4	dix
Haricots (fumiers divers)	27 [3]	1	5
Haricots, alternés avec du blé	28 [4]	1	dix
Trèfle (fumiers divers)	29 [5]	3	18
Diverses légumineuses	15	3	18
Navets (engrais divers)	28 [6]	8	40
Betterave sucrière (engrais divers)	5	8	41
Mangel-wurzel (divers fumiers)	18	8	41
Total des plantes-racines	51		
Pommes de terre (fumiers divers)	18	2	dix
Rotation (fumiers divers)	46	3	12

| Gazon permanent (fumiers divers) | 38 | 7 | 22 |

[1] Y compris une année de jachère.

[2] Y compris un an de blé et cinq ans de jachère.

[3] Y compris quatre années de jachère.

[4] Y compris deux années de jachère.

[5] Trèfle, semé douze fois (d'abord en 1848), huit récoltes productives, mais quatre d'entre elles très petites, un an de blé, cinq ans d'orge, douze ans de jachère.

[6] Y compris l'orge sans fumier trois années (onzième, douzième et treizième saisons).

EXPÉRIENCES SUR LE BLÉ.

Les premières expériences dont nous parlerons sont celles sur *le blé* , car elles sont parmi les plus anciennes et leurs résultats les plus frappants.

Parcelles sans fumier.

Depuis cinquante ans, le blé est cultivé en continu, année après année, sur trois parcelles, sans aucun apport de fumier.

Nous donnerons d'abord les résultats des huit premières années pour illustrer l'effet de saison qui explique les résultats irréguliers obtenus. Mais en raison de la différence entre les saisons, nous devrions nous attendre à une diminution constante de la quantité de produits ; et cela se voit en prenant la moyenne des groupes d'années, comme nous le ferons dans le tableau suivant.

BLÉ CULTIVÉ EN CONTINU SUR LA MÊME TERRE (sans fumure).

TABLEAU II. — (a.) *Délais des huit premières années (1844 à 1851).*

Année.	Boisseaux.
1844	15
1845	23-1/4

1846	18
1847	16-7/8
1848	14-3/4
1849	19-1/4
1850	15-7/8
1851	<u>15-7/8</u>
Moyenne de 8 ans	<u>17-3/8</u>

TABLEAU III. — (b.) *Résultats des quarante années suivantes (1852 à 1891).*

	Grain (boisseaux).	Poids par boisseau.	Paille (quintaux .)
20 ans (1852-1871)	14-1/2	57-5/8	13
20 ans (1872-1891)	11-1/2	58-3/4	8-5/8
40 ans (1852-1891)	13	58-1/4	10-5/8
49e saison (1891)	9-3/8	59-1/2	7-1/2

Il est intéressant de remarquer la diminution relativement légère qui s'est produite dans le rendement du blé au cours de ces cinquante années. Avec des variations aussi importantes dues aux saisons, il est extrêmement difficile, comme l'a souligné Sir J. Henry Gilbert, d'estimer le taux de déclin dû à l'épuisement. En excluant les très mauvaises saisons, cela peut être estimé entre un quart et un tiers de boisseau par acre et par an. *Le rendement de la première année est de 15 boisseaux, tandis que le rendement de la quarante-neuvième saison est de 9 3/8 boisseaux.* La moyenne des rendements obtenus au cours de ces cinquante années est réellement *supérieure au rendement moyen des principaux pays producteurs de blé du monde* . C'est vraiment un résultat des plus étonnants.

Les prochaines expériences que nous décrirons sont celles sur l'influence du fumier de ferme sur la récolte de blé en culture continue.

TABLEAU IV.— Blé cultivé en continu avec du fumier de ferme (14 tonnes par an).

	Boisseaux.	Poids par boisseau (lb.)	Paille (quintaux.)
8 ans (1844-1852)	28	—	—
20 ans (1852-1871)	35-7/8	60	33-7/8
20 ans (1872-1891)	33-1/2	60-3/8	31-3/8
40 ans (1852-1891)	34-7/8	60-1/4	32-5/8

Il ressort des résultats ci-dessus, qui ne sont qu'une sélection d'un nombre beaucoup plus grand d'expériences, que le fumier de ferme donne une moyenne sur quarante ans aussi bonne que la plupart des mélanges artificiels. Que cela soit dû à l'azote qu'ils contiennent, cela est illustré de manière frappante par le fait que les engrais minéraux mélangés donnent à eux seuls moins de la moitié du rendement, et aussi par le fait que les sels d'ammoniaque donnent à eux seuls un rendement deux fois plus élevé que les mélanges minéraux ; tandis qu'enfin le mélange des engrais minéraux et des sels d'ammoniaque ne donne qu'un léger accroissement sur celui obtenu avec les sels d'ammoniaque seuls.

Les résultats restants, choisis parmi un nombre beaucoup plus grand, n'appellent aucun commentaire et nous les donnerons sous forme de tableau.

Tableau V.— Blé cultivé en continu avec des engrais artificiels, du fumier de ferme et sans engrais.

Moyenne de quarante ans (1852-91).

FUMIERS PAR ACRE ET PAR AN.	PRODUIT PAR ACRE : MOYENNE PAR AN.		
	Grain habillé.		
	Quantité.		
	20 ans, 1852-71.	20 ans, 1872-91.	40 ans, 1852-91.
	buisson.	buisson.	buisson.

Fumier de ferme, 14 tonnes par an depuis 1843	35-7/8	33-1/2	34-7/8
Sans fumier en continu	14-1/2	11-1/2	13
Fumiers minéraux mélangés [1] et 3-1/2 cwt. superphosphate	17	12-7/8	15
Fumiers minéraux mélangés, 3-1/2 cwt. superphosphate, 200 lb de sels d'ammonium	26-1/2	21-3/4	24-1/8
Fumiers minéraux mélangés et 3-1/2 cwt. superphosphate, 600 lb de sels d'ammonium	38-1/4	34-3/4	36-1/2
Fumiers minéraux mélangés, 3-1/2 cwt. superphosphate, 275 lb de nitrate de soude	36-7/8	34	35-3/8
275 lb de nitrate de soude	26	19-3/8	22-3/4
400 lb de sels d'ammonium chaque année depuis 1845	22-1/2	19	22-1/2
400 lb de sels d'ammonium, 3-1/2 cwt. superphosphate	28	22-1/4	25-1/8
Fumier minéral, 3-1/2 cwt. superphosphate, 400 lb de sels d'ammonium en automne.	31-5/8	29-1/2	30-1/2

[1] Par engrais minéraux mélangés, on entend un mélange d' engrais minéraux , à l'exclusion des phosphates.

TABLEAU V.—suite

	PRODUIT PAR ACRE : MOYENNE PAR AN.		
	Grain habillé.		
FUMIERS PAR ACRE ET PAR AN.	Poids par boisseau.		
	20 ans, 1852-71.	20 ans, 1872-91.	40 ans, 1852-91.

	kg.	kg.	kg.
Fumier de ferme, 14 tonnes par an depuis 1843	60	60-3/8	60-1/4
Sans fumier en continu	57-5/8	58-3/4	58-1/4
Fumiers minéraux mélangés et 3-1/2 cwt. superphosphate	58-7/8	59	58-7/8
Fumiers minéraux mélangés, 3-1/2 cwt. superphosphate, 200 lb de sels d'ammonium	59-3/8	60	59-5/8
Fumiers minéraux mélangés et 3-1/2 cwt. superphosphate, 600 lb de sels d'ammonium	59	60	59-1/2
Fumiers minéraux mélangés, 3-1/2 cwt. superphosphate, 275 lb de nitrate de soude	58-3/8	59-5/8	59
275 lb de nitrate de soude	56-5/8	56-5/8	56-5/8
400 lb de sels d'ammonium chaque année depuis 1845	58	57-3/8	57-5/8
400 lb de sels d'ammonium, 3-1/2 cwt. superphosphate	57-3/8	58	57-5/8
Fumier minéral, 3-1/2 cwt. superphosphate, 400 lb de sels d'ammonium en automne	59-1/2	60	59-3/4

TABLEAU V.—suite

	PRODUIT PAR ACRE : MOYENNE PAR AN.		
FUMIERS PAR ACRE ET PAR AN.	Paille totale.		
	20 ans, 1852-71.	20 ans, 1872-91.	40 ans, 1852-91.

	cwt.	cwt.	cwt.
Fumier de ferme, 14 tonnes par an depuis 1843	33-7/8	31-3/8	32-5/8
Sans fumier en continu	13	8-5/8	10-5/8
Fumiers minéraux mélangés et 3-1/2 cwt. superphosphate	15	9-3/4	12-3/8
Fumiers minéraux mélangés, 3-1/2 cwt. superphosphate, 200 lb de sels d'ammonium	24-1/2	19-1/8	21-7/8
Fumiers minéraux mélangés et 3-1/2 cwt. superphosphate, 600 lb de sels d'ammonium	41-3/8	39-5/8	40-1/2
Fumiers minéraux mélangés, 3-1/2 cwt. superphosphate, 275 lb de nitrate de soude	41-1/2	37-3/4	39-5/8
275 lb de nitrate de soude	28-1/4	18-1/2	23-3/8
400 lb de sels d'ammonium chaque année depuis 1845	24-3/4	16-1/4	20-1/2
400 lb de sels d'ammonium, 3-1/2 cwt. superphosphate	26-3/8	21	23-3/4
Fumier minéral, 3-1/2 cwt. superphosphate, 400 lb de sels d'ammonium en automne	31-1/4	28-3/8	29-3/4

TABLEAU VI.— EXPÉRIENCES SUR LA CROISSANCE DE L'ORGE PENDANT QUARANTE ANS, 1852-91.

	PRODUIT PAR ACRE : MOYENNE PAR AN.		
	Grain habillé.		
	Quantité.		
FUMIERS PAR ACRE ET PAR AN.	20 ans, 1852-71.	20 ans, 1872-91.	40 ans, 1852-91.

	buisson.	buisson.	buisson.
Sans fumier en continu	20	25-1/2	16-1/2
3-1/2 quintaux. superphosphate de chaux	25-1/2	17-3/4	21-3/4
Engrais minéraux mélangés	22-1/2	13-1/2	18
Fumiers minéraux mélangés, 3-1/2 cwt. superphosphate	27-1/2	17-1/4	22-3/8
200 lb de sels d'ammonium	32-1/2	25-5/8	29
200 lb de sels d'ammonium, 3-1/2 cwt. superphosphate	47	38-1/2	42-3/4
200 livres. sels d'ammonium, engrais minéraux mélangés	35	27-3/4	31-3/8
Fumier, 3-1/2 cwt. superphosphate de chaux	46-1/4	40-3/4	43-1/2
275 lb de nitrate de soude	37	28-3/8	32-3/4
275 lb de nitrate de soude, 3-1/2 cwt. superphosphate	49-1/4	42-1/4	45-3/4
275 lb de nitrate de soude, fumiers minéraux mélangés	37-3/8	29-1/2	33-1/2
275 lb de nitrate de soude, fumiers minéraux mélangés, 3-1/2 cwt. superphosphate	49-3/4	41-1/4	45-1/2
1000 lb de tourteau de colza	45-1/4	37-1/8	41-1/4
1000 lb de tourteau de colza, 3-1/2 cwt. superphosphate	46-3/4	40	43-3/8
1000 lb de tourteau de colza, engrais minéraux mélangés	43-5/8	35-5/8	39-1/2
1 000 lb de tourteaux de colza, d'engrais minéraux mélangés et 3 1/2 cwt. superphosphate	47-3/8	39	43-1/4

	48-1/4	49	48-5/8
Fumier de ferme, 14 tonnes chaque année			

TABLEAU VI.— suite

FUMIERS PAR ACRE ET PAR AN.	PRODUIT PAR ACRE : MOYENNE PAR AN.		
	Grain habillé.		
	Poids par boisseau.		
	20 ans, 1852-71.	20 ans, 1872-91.	40 ans, 1852-91.
	kg.	kg.	kg.
Sans fumier en continu	52-3/8	51-3/4	52
3-1/2 quintaux. superphosphate de chaux	53-1/4	53	53-1/8
Engrais minéraux mélangés	53	51-7/8	52-1/2
Fumiers minéraux mélangés, 3-1/cwt. superphosphate	53-3/8	52-3/8	53
200 lb de sels d'ammonium	52-1/8	52	52
200 lb de sels d'ammonium, 3-1/2 cwt. superphosphate	53-3/8	52-1/4	52-7/8
200 lb de sels d'ammonium, fumiers minéraux mélangés	52-3/4	52-1/2	52-5/8
Fumier, 3-1/2 cwt. superphosphate de chaux	54	54-1/8	54
275 lb de nitrate de soude	52	52-1/8	52
275 lb de nitrate de soude, 3-1/2 cwt. superphosphate	53-3/8	53-1/4	53-1/4
275 lb de nitrate de soude, fumiers minéraux mélangés	52-1/4	52-3/4	52-1/2

275 lb de nitrate de soude, fumiers minéraux mélangés, 3-1/2 cwt. superphosphate	53-3/8	54	53-5/8
1000 lb de tourteau de colza	53-3/4	53-7/8	53-7/8
1000 lb de tourteau de colza, 3-1/2 cwt. superphosphate	53-7/8	54-3/8	54-1/8
1000 lb de tourteau de colza, engrais minéraux mélangés	53-3/4	54-1/8	54
1 000 lb de tourteaux de colza, d'engrais minéraux mélangés et 3 1/2 cwt. superphosphate	53-5/8	54-1/4	53-7/8
Fumier de ferme, 14 tonnes chaque année	54-3/8	54-1/4	54-1/4

TABLEAU VI.— suite

FUMIERS PAR ACRE ET PAR AN.	PRODUIT PAR ACRE : MOYENNE PAR AN.		
	Paille totale.		
	20 ans, 1852-71.	20 ans, 1872-91.	40 ans, 1852-91.
	cwt.	cwt.	cwt.
Sans fumier en continu	11-3/4	6-7/8	9-3/8
3-1/2 quintaux. superphosphate de chaux	13-3/8	8-1/4	10-3/4
Engrais minéraux mélangés	12-1/4	7	9-5/8
Fumiers minéraux mélangés, 3-1/2 cwt. superphosphate	14-3/8	8-3/8	11-3/8
200 lb de sels d'ammonium	18-1/2	13-1/2	16

200 lb de sels d'ammonium, 3-1/2 cwt. superphosphate	27-5/8	20-1/8	23-7/8
200 lb de sels d'ammonium, fumiers minéraux mélangés	20-1/4	15-1/8	18
Fumier, 3-1/2 cwt. superphosphate de chaux	28-1/2	23-3/8	25-7/8
275 lb de nitrate de soude	22-1/8	15-7/8	19
275 lb de nitrate de soude, 3-1/2 cwt. superphosphate	30-1/2	23-3/8	27
275 lb de nitrate de soude, fumiers minéraux mélangés	23-7/8	17-1/2	20-3/4
275 lb de nitrate de soude, fumiers minéraux mélangés, 3-1/2 cwt. superphosphate	32-3/8	24-1/2	28-1/2
1000 lb de tourteau de colza	26-7/8	20	23-3/8
1000 lb de tourteau de colza, 3-1/2 cwt. superphosphate	28-3/8	21-1/2	24 heures sur 24, 7 jours sur 8
1000 lb de tourteau de colza, engrais minéraux mélangés	27-1/8	19-7/8	23-1/2
1 000 lb de tourteaux de colza, d'engrais minéraux mélangés et 3 1/2 cwt. superphosphate	29-3/4	21-7/8	25-5/8
Fumier de ferme, 14 tonnes chaque année	28-1/4	29-3/4	29

TABLEAU VII.

EXPÉRIENCES SUR LA CROISSANCE DE L'AVOINE , 1869-78.

	MOYENNE PAR AN. 5 ANS, 1869-73.		
	Grain habillé.		
FUMIERS PAR ACRE ET PAR AN.		Poids	Total

	Quantité.	le boisseau.	paille.
	buisson.	kg.	cwt.
Non fumé	19-7/8	33-3/4	10-3/8
200 lb de sulfate de potasse, 100 lb de sulfate de soude, 100 lb de sulfate de magnésie et 3-1/2 cwt. superphosphate de chaux	24-1/2	35	13-3/8
400 lb de sels d'ammonium	47	35-7/8	28-1/2
400 lb de sels d'ammonium, 200 lb de sulfate de potasse, 100 lb de sulfate de soude, 100 lb de sulfate de magnésie et 3-1/2 cwt. superphosphate	59	37	41-1/8
550 lb de nitrate de soude	47-1/8	35-1/2	27-1/2
550 lb de nitrate de soude, 200 lb de sulfate de potasse, 100 lb de sulfate de soude, 100 lb de sulfate de magnésie et 3-1/2 cwt. superphosphate	57-1/2	35-3/4	35

	MOYENNE PAR AN. 4 ANS, 1874-78.		
	Boisseaux.	kg.	cwt.
Non fumé	13-3/4	31-1/4	6
200 lb de sulfate de potasse, 100 lb de sulfate de soude, 100 lb de sulfate de magnésie et 3-1/2 cwt. superphosphate de chaux	13-1/8	31-5/8	6-1/8
200 lb de sels d'ammonium	28-7/8	33-1/4	14-1/8
200 lb de sels d'ammonium, 200 lb de sulfate de potasse, 100 lb de sulfate de soude, 100 lb de sulfate de magnésie et 3-1/2 cwt. superphosphate	38	35-1/2	20
275 lb de nitrate de soude	26-3/8	31-5/8	11-1/8

275 lb de nitrate de soude, 200 lb de sulfate de potasse, 100 lb de sulfate de soude, 100 lb de sulfate de magnésie et 3-1/2 cwt. superphosphate	28-1/2	34-1/8	14

TABLEAU VIII.— EXPÉRIENCES SUR LES PLANTES-RACINES : NAVETS SUÉDOIS.

Quinze saisons , 1856-70. [1] Racines et feuilles transportées hors de la terre.

Parcelles.	FUMIER STANDARD.	SÉRIE 1. Fumiers standards seulement.			
		Racines.		Feuilles.	
		Des tonnes.	cwt.	Des tonnes.	cwt.
1	Fumier de ferme, 14 tonnes	6	4	0	17
2	Fumier de ferme, 14 tonnes, et superphosphate	6	7	0	16
3	Sans fumier, 1846, et depuis	0	11	0	3

4	Superphosphate, chaque année ; sulfate de potasse, soude et magnésie, 1856-60	2	16	0	8
5	Superphosphate, chaque année	2	12	0	9
6	Superphosphate, chaque année ; sulfate de potasse, 1856-60	2	7	0	7
7	Superphosphate, chaque année ; sulfate, potasse et 36-1/2 lb de sels d'ammonium, 1856-60	2	12	0	7
8	Non fumé 1853, et depuis ; auparavant partiellement non fumé ; partie superphosphate	1	3	0	4

Note. — On estime que le sulfate d'ammoniaque contient 23 pour cent d'ammoniaque et le muriate d'ammoniaque 27 pour cent. Sels d'ammonium, dans chaque cas, à parts égales de sulfate et de muriate d'ammoniaque du commerce ; et on estime que le mélange contient 25 pour cent d'ammoniac. On a estimé que les 328 lb d'acide nitrique (sp. gr. 1,35) mélangés à de la sciure de bois et utilisés comme travestissement sur les parcelles de la série 2 de 1856 à 1860 contenaient de l'azote = 50 lb d'ammoniac.

[1] Les récoltes de 1859 et 1860 échouèrent et furent labourées ; mais comme les engrais étaient appliqués et qu'il y aurait accumulation avec le sol pour les récoltes suivantes, le produit moyen est calculé pour quinze ans, c'est-à-dire que le produit des treize années est, dans chaque cas, divisé par 15.

TABLEAU VIII.— suite

Parcelles.	FUMIER STANDARD.	SÉRIE 2. Fumiers standards, et travesti avec— 5 ans, 1856-60, 3 000 lb de sciure de bois, et 328 lb d'acide nitrique. 10 ans, 1861-70, 550 lb de soude nitrate.				SÉRIE 3. Fumiers standards, et travesti avec— 5 ans, 1856-60, 200 lb d'ammonium sels. 10 ans, 1861-70, 400 lb de sels d'ammonium.			
		Racines.		Feuilles.		Racines.		Feuilles.	
		Des tonnes.	cwt.	Des tonnes.	cwt.	Des tonnes.	cwt.	Des tonnes.	cwt.
1	Fumier de ferme, 14 tonnes	7	9	1	2	8	8	1	4
2	Fumier de ferme, 14 tonnes, et superphosphate	7	13	1	3	8	5	1	5
3	Sans fumier, 1846, et depuis	0	19	0	4	0	13	0	3
4	Superphosphate, chaque année ; sulfate de potasse, soude et magnésie, 1856-60	5	2	0	16	4	12	0	14

5	Superphosphate, chaque année	4	13	0	18	3	16	0	15
6	Superphosphate, chaque année ; sulfate de potasse, 1856-60	4	11	0	14	4	5	0	13
7	Superphosphate, chaque année ; sulfate, potasse et 36-1/2 lb de sels d'ammonium, 1856-60	4	13	0	14	4	12	0	14
8	Non fumé 1853, et depuis ; auparavant partiellement non fumé ; partie superphosphate	1	13	0	5	1	2	0	5

TABLEAU VIII.— suite

		SÉRIE 4.	SÉRIE 5.
		Fumiers standards, et travesti avec— 5 ans, 1856-60, 200 lb de sels d'ammonium, et 3 000 lb de sciure de bois.	Fumiers standards, et travesti avec— 5 ans, 1856-60, 3000 lb de sciure de bois.
	FUMIER STANDARD.	10 ans, 1861-70,	10 ans, 1861-70,

Parcelles.		400 lb de sels d'ammonium, et 2000. b. gâteau de viol.				2000 lb de tourteau de colza.			
		Racines.		Feuilles.		Racines.		Feuilles.	
		Des tonnes.	cwt.	Des tonnes.	cwt.	Des tonnes.	cwt.	Des tonnes.	cwt.
1	Fumier de ferme, 14 tonnes	8	16	1	9	8	0	1	4
2	Fumier de ferme, 14 tonnes, et superphosphate	8	14	1	9	7	16	1	2
3	Sans fumier, 1846, et depuis	3	6	0	14	3	8	0	13
4	Superphosphate, chaque année ; sulfate de potasse, soude et magnésie, 1856-60	6	12	1	5	5	8	0	17
5	Superphosphate, chaque année	5	16	1	7	5	0	0	19
6	Superphosphate, chaque année ; sulfate de potasse, 1856-60	6	6	1	2	5	3	0	16
7	Superphosphate, chaque année ; sulfate, potasse et 36-1/2 lb de sels d'ammonium, 1856-60	6	15	1	4	5	9	0	17

| 8 | Non fumé 1853, et depuis ; auparavant partiellement non fumé ; partie superphosphate | 3 | 19 | 0 | 18 | 3 | 14 | 0 | 19 |

TABLEAU IX.— Expériences sur Mangel-Wurzel.

Moyenne des seize saisons , 1876-92. Fumiers par acre et par an.

Parcelles.	FUMIER STANDARD.	SÉRIE 1. Fumiers standards seulement.			
		Racines.		Feuilles.	
		Des tonnes.	cwt.	Des tonnes.	cwt.
1	Fumier de ferme, 14 tonnes	16	6	2	17
2	Fumier de ferme, 14 tonnes et 3-1/2 quintaux. superphosphate	4	9	1	8
3	Sans fumier, 1846, et depuis	4	9	1	8
4	3-1/2 quintaux. superphosphate, 500 lb de sulfate de potasse et 400 lb de fumier minéral mélangé	5	8	1	1
5	3-1/2 quintaux. superphosphate	5	0	1	1

6	3-1/2 quintaux. superphosphate et 500 lb de sulfate de potasse	4	9	0	18
7	3-1/2 quintaux. superphosphate, 500 lb de sulfate de potasse et 36-1/2 lb de sels d'ammonium	5	17	1	8

TABLEAU IX.— suite

Parcelles.	FUMEURS STANDARD	SÉRIE 2. Fumiers standards, et travesti avec— 550 lb de nitrate de soude.				SÉRIE 3. Fumiers standards, et travesti avec— 400 lb de sels d'ammonium .			
		Racines.		Feuilles.		Racines.		Feuilles.	
		Des tonnes.	cwt.	Des tonnes.	cwt.	Des tonnes.	cwt.	Des tonnes.	cwt.
1	Fumier de ferme, 14 tonnes	22	11	4	2	22	3	5	7
2	Fumier de ferme, 14 tonnes et 3-1/2 quintaux. superphosphate	23	12	4	14	21	8	5	6
3	Sans fumier, 1846, et depuis	13	7	3	4	6	14	2	18
4	3-1/2 quintaux. superphosphate,	12	17	3	15	16	2	3	0

Parcelles									
5	500 lb de sulfate de potasse et 400 lb de fumier minéral mélangé 3-1/2 quintaux. superphosphate	15	13	3	5	8	dix	3	1
6	3-1/2 quintaux. superphosphate et 500 lb de sulfate de potasse	15	15	2	18	14	6	2	16
7	3-1/2 quintaux. superphosphate, 500 lb de sulfate de potasse et 36-1/2 lb de sels d'ammonium	16	0	3	1	16	3	3	0

TABLEAU IX.— suite

Parcelles.	FUMEURS STANDARD	SÉRIE 4. Fumiers standards, et travesti avec 2000 lb de tourteau de colza, et 400 lb de sels d'ammonium.				SÉRIE 5. Fumiers standards, et travesti avec 2000 lb de tourteau de colza.			
		Racines.		Feuilles.		Racines.		Feuilles.	
		Des tonnes.	cwt.	Des tonnes.	cwt.	Des tonnes.	cwt.	Des tonnes.	cwt.

1	Fumier de ferme, 14 tonnes	24	11	6	1	23	7	4	6
2	Fumier de ferme, 14 tonnes et 3-1/2 quintaux. superphosphate	23	12	6	1	23	1	4	6
3	Sans fumier, 1846, et depuis	dix	11	3	17	11	2	3	0
4	3-1/2 quintaux. superphosphate, 500 lb de sulfate de potasse et 400 lb de fumier minéral mélangé	24	18	5	7	20	4	3	9
5	3-1/2 quintaux. superphosphate	11	7	4	2	12	3	3	2
6	3-1/2 quintaux. superphosphate et 500 lb de sulfate de potasse	21	6	5	7	16	14	2	15
7	3-1/2 quintaux. superphosphate, 500 lb de sulfate de potasse et 36-1/2 lb de sels d'ammonium	21	6	5	9	17	dix	3	3

TABLEAU X.— EXPÉRIENCES AVEC DIFFÉRENTS FUMIERS SUR PRAIRIES PERMANENTES.

Trente-six ans , 1856-91.

PRODUIT PAR ACRE, PESÉ EN FOIN.

FUMIERS PAR ACRE ET PAR AN.	Moyenne par an, 20 ans, 1856-75 (1ères récoltes uniquement).			Moyenne par an, 16 ans, 1876-91 (1ère et 2ème récoltes).		
	10 années, 1856-65.	10 années, 1866-75.	20 ans, 1856-75.	1er cultures.	2ème cultures.	Total.
	cwt.	cwt.	cwt.	cwt.	cwt.	cwt.
Sans fumier en continu	22-1/2	20	21-1/4	18	8-1/2	26-1/2
3-12 quintaux. superphosphate de chaux	23-14	21-1/4	22-1/4	18	9	27-1/2
3-1/2 quintaux. superphosphate de chaux et 400 lb de sels d'ammonium	33-7/8	30-1/2	32-1/4	30-3/4	10-1/2	41-1/4
400 lb de sels d'ammonium	30-1/2	22	26-1/4	18-1/4	10-1/8	27-3/8
275 lb de nitrate de soude, 3-1/2 cwt. superphosphate et fumier minéral mélangé	45-1/4	47-5/8	46-1/2	41-1/8	12-1/8	53-1/4
275 lb de nitrate de soude	34-1/4	33-1/2	33-7/8	30-1/8	dix	40-1/8

TABLEAU XI.— EXPÉRIENCES SUR LA CROISSANCE DES POMMES DE TERRE.

Moyenne des cinq saisons, 1876-80. [1]

Parcelle.	FUMIER PAR ACRE PAR AN	PRODUIRE PAR ACRE : TUBERCULES.			
		Bien.	Petit.	Malade.	Total.

		Des tonnes.	cwt.	Des tonnes.	cwt.	Des tonnes.	cwt.	Des tonnes.	cwt.
1	Non fumé	1	18	0	6-1/4	0	2-1/4	2	7-1/2
2	Fumier de ferme (14 tonnes)	3	19-3/8	0	7-5/8	0	6-5/8	4	13-5/8
3	Fumier de ferme (14 tonnes) et 3-1/2 quintaux. superphosphate	4	9-1/2	0	8	0	8-3/4	5	6-1/4
4	Fumier de ferme (14 tonnes), 3-1/2 cwt. superphosphate et 550 lb de nitrate de soude	5	8	0	7	0	19-1/2	6	14-1/2
5	400 lb de sels d'ammonium	1	19-1/2	0	7-1/8	0	3-1/2	2	10-1/8
6	550 lb de nitrate de soude	2	11-7/8	0	6-7/8	0	5-1/4	3	4
7	400 lb de sels d'ammonium, 3-1/2 cwt. superphosphate, 300 lb de sulfate de potasse, 100 lb de sulfate de soude, 100 lb de sulfate de magnésie	5	14-1/4	0	8-1/4	0	14-3/4	6	17-1/4
8	550 lb de nitrate de soude, 33-1/2 cwt. superphosphate, 300 lb de sulfate de potasse, 100 lb de sulfate de soude, 100 lb de	5	19-7/8	0	7-7/8	0	19-1/8	7	6-7/8

Parcelle	Fumier	Bien. Des tonnes	cwt.	Petit. Des tonnes	cwt.	Malade. Des tonnes	cwt.	Total. Des tonnes	cwt.
9	sulfate de magnésie 3-1/2 quintaux. superphosphate	3	0-3/4	0	8	0	4-5/8	3	13-3/8
dix	3-1/2 quintaux. superphosphate, 300 lb de sulfate de potasse, 100 lb de sulfate de soude et 100 lb de sulfate de magnésie	3	4-1/2	0	6-1/2	0	4-7/8	3	15-7/8

1. Chaque année, les cimes étaient réparties sur les parcelles respectives.

TABLEAU XII.— Expériences sur la croissance des pommes de terre — *suite* .

Moyenne des douze saisons, 1881-92.

Parcelle.	Fumier par acre par an	Produire par acre : tubercules.							
		Bien.		Petit.		Malade.		Total.	
		Des tonnes.	cwt.	Des tonnes.	cwt.	Des tonnes.	cwt.	Des tonnes.	cwt.
1	Sans fumier en 1876, et chaque année depuis	1	3-3/4	0	3-3/4	0	0-1/4	1	7-3/4
2	Sans fumier en 1882, et depuis ; auparavant fumier de ferme (14 tonnes)	2	14-1/4	0	4-3/4	0	2	3	1
3	Fumier de ferme (14 tonnes) seul, 1883 et depuis ; auparavant 3-1/2 cwt.	4	3-1/4	0	4-1/4	0	4-1/2	4	12

	superphosphate aussi									
4	Fumier de ferme (14 tonnes) seul, 1883 et depuis. En 1882 et auparavant 3-1/2 cwt. superphosphate, et en 1881 et auparavant 550 lb de nitrate de soude également	4	6-1/4	0	4-1/2	0	4-3/4	4	15-1/2
5	400 lb de sels d'ammonium	1	2-3/4	0	4-3/4	0	0-1/2	1	8
6	550 lb de nitrate de soude	1	17-3/4	0	3-3/4	0	0-3/4	2	2-1/4
7	400 lb de sels d'ammonium, 3-1/2 cwt. superphosphate, 300 lb de sulfate de potasse et 200 lb de fumier minéral mélangé	5	6-3/4	0	5	0	4-1/2	5	16-1/4
8	550 lb de nitrate de soude, 3-1/2 cwt. superphosphate, 300 lb de sulfate de potasse et 200 lb de fumier minéral mélangé	5	7-1/2	0	4-1/4	0	3-3/4	5	15-1/2
9	3-1/2 quintaux. superphosphate	2	17-3/4	0	3-1/4	0	1	3	2
dix	3-1/2 quintaux. superphosphate, 300 lb de sulfate	3	2-1/4	0	3-1/4	0	1-1/4	3	6-3/4

de potasse et 200 lb de fumier minéral mélangé				

NOTES DE BAS DE PAGE :

[256] Voir Sir John Bennet Lawes, Bart., et les expériences de Rothamsted. Par CM Aikman. (Bureau des agriculteurs écossais, Glasgow.)